U0257613

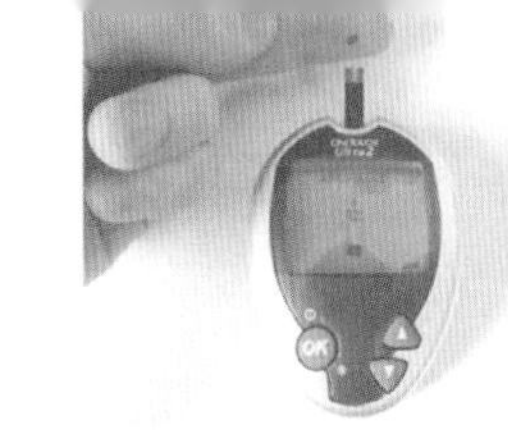

医疗器械设计与开发系列丛书

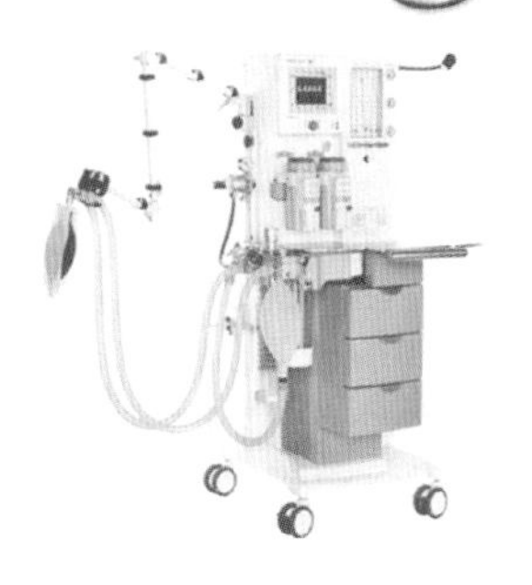
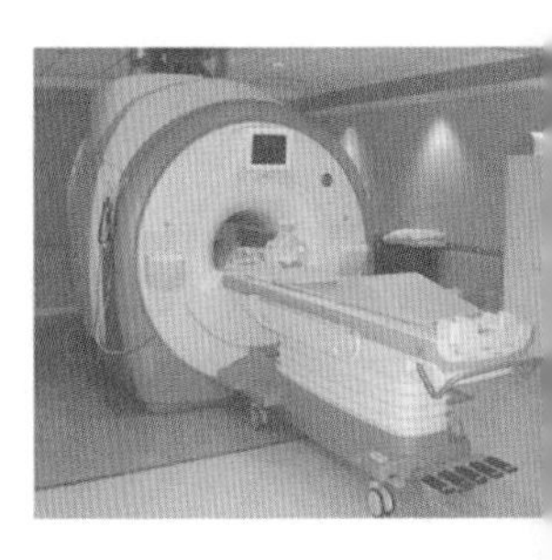

医疗器械可用性测试

（原书第2版）

迈克尔·E. 维克伦德（Michael E. Wiklund）
［美］乔纳森·肯德勒（Jonathan Kendler） 编著
艾莉森·Y. 斯特罗切科（Allison Y. Strochlic）

左针冰 陆 云 徐 芹 译

机 械 工 业 出 版 社

本书首先对人因工程及可用性测试在医疗器械领域的作用进行了简要介绍，然后从风险管理、商业活动、测试成本、可用性测试剖析、测试的类型、编写测试计划、选择测试参与者样本并招募测试参与者、测试环境、增加真实感、选择任务、执行测试、与测试参与者互动、记录测试、分析测试数据、报告结果、确认测试多个方面对可用性测试进行了全面立体的介绍。

希望本书能够为读者在其医疗器械产品测试过程中遇到的各种问题提供解决思路，以确保其产品更加安全、有效和吸引人。

本书可供医疗器械产品设计师、制造工程师、质量人员、采购人员、医疗器械监管机构人员等参考使用，也可供高等院校相关专业师生参考。

Usability Testing of Medical Devices 2nd Edition/by Michael E.Wiklund，Jonathan Kendler and Allison Y. Strochlic/ISBN：9781466595880

图书在版编目（CIP）数据

医疗器械可用性测试：原书第2版 /(美) 迈克尔・E. 维克伦德 (Michael E. Wiklund)，(美) 乔纳森・肯德勒 (Jonathan Kendler)，(美) 艾莉森・Y. 斯特罗切科 (Allison Y. Strochlic) 编著；左针冰，陆云，徐芹译. —北京：机械工业出版社，2024. 6

（医疗器械设计与开发系列丛书）

书名原文: Usability Testing of Medical Devices 2nd Edition

ISBN 978-7-111-75784-9

Ⅰ. ①医…　Ⅱ. ①迈…　②乔…　③艾…　④左…　⑤陆…　⑥徐…　Ⅲ. ①医疗器械－测试　Ⅳ. ①TH77

中国国家版本馆 CIP 数据核字（2024）第 093966 号

机械工业出版社（北京市百万庄大街22号　邮政编码100037）

策划编辑：雷云辉　　　　　责任编辑：雷云辉　王春雨

责任校对：马荣华　牟丽英　责任印制：邓　博

北京盛通印刷股份有限公司印刷

2024年8月第1版第1次印刷

184mm×260mm・19.5印张・3插页・456千字

标准书号：ISBN 978-7-111-75784-9

定价：168.00 元

电话服务　　　　　　　　网络服务

客服电话：010-88361066　　机　工　官　网：www.cmpbook.com

　　　　　010-88379833　　机　工　官　博：weibo.com/cmp1952

　　　　　010-68326294　　金　　书　　网：www.golden-book.com

封底无防伪标均为盗版　　机工教育服务网：www.cmpedu.com

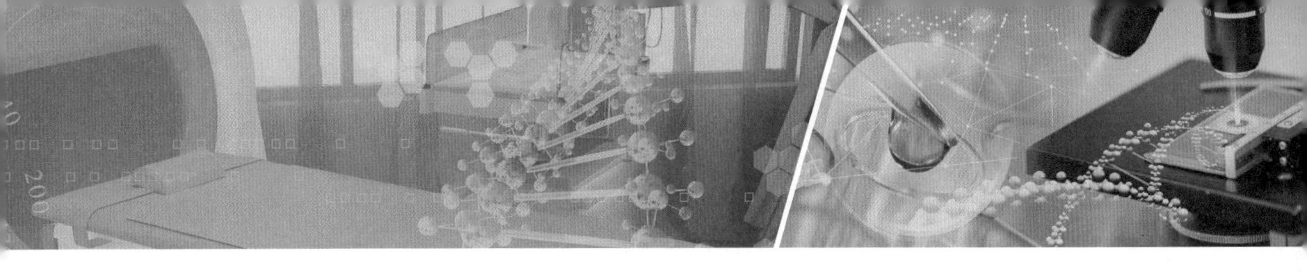

译 者 序

乔布斯说：设计的核心目标并不是看起来的感觉和摸起来的感觉，而是用起来的感觉。

作为一名长期从事医疗器械研发的技术人员，我时常会考虑我们开发的产品在实际应用中的使用性与便捷性，是否能让使用者更安全有效地操作，以达到预期的诊断或治疗目的。那么，在使用者未曾亲身试用之前，如何证明一款产品是安全且好用的呢？可用性测试是确保产品在开发设计、迭代更新、合规上市等各阶段，其安全使用方面的综合素质达标的可靠方法。

医疗器械的可用性与其安全性密切相关，可用性测试能够协助识别医疗器械使用过程中的风险，验证产品的有效性、效率，提升用户满意度。医疗器械可用性测试正逐渐成为欧盟、美国等诸多国家和地区不可或缺的监管准入要求，ISO 13485：2016 标准中明示了可用性的要求，虽然我国目前的法规没有强制规定，但相应的要求是存在的，由此可见，在社会日益进步的今天，对于医疗器械可用性的要求正在逐步提高，不仅促使更多医疗器械企业将新产品快速推向市场，而且能有效协助现有产品在竞争中脱颖而出。

在偶然的一次交谈中，译者了解到《医疗器械可用性测试》这本书，其原版书为 2009 年版的 *Usability Testing of Medical Devices*，在拜读完此书后，译者备受启发。在后续的反复阅读中，译者发现原版书作者迈克尔・E. 维克伦德在 2015 年对该书进行了更新，发布了第 2 版，译者拜读完第 2 版后发现，以迈克尔・E. 维克伦德为核心的作者们对医疗器械可用性测试各阶段需要的人员、物料、环境、风险分析等均进行了完善，译者相信这本书一定是医疗器械可用性测试中极具指导意义的一本指南。

我国医疗器械行业起步较晚，各方面的法规、标准或产品要求均可参考国外已有的内容，并学以致用。译者怀着谦卑的心阅读国外专业书籍，在学习的同时惦念为医疗器械行业贡献自己的力量，因此怀着一腔热情将这本英文书籍翻译成中文，迫切分享给国内医疗器械行业的从业人员，为行业内相关人士尽一份绵薄之力，希望同行能够吸收本书关于医疗器械可用性测试的精髓，希望我国医疗器械人能够更加正视医疗器械设计开发阶段的可用性，也希望这本书籍能够为大家提供思路，丰富创新思想，促使研发人员在国内外现有医疗器械的基础上，推陈出新，坚持以人为本，设计开发出更好用、更符合我国国情的医疗器械。

我们翻译团队深刻意识到，产品的安全可靠对于医疗器械企业的重要性，进行医疗器械人因工程设计与可用性测试势在必行。未来，医疗器械可用性测试标准将在我国持续推行，此举也可促进我国医疗器械设计水平和产品市场竞争力的提高，助力国产医疗器械实现“进口替代”，创造属于中国医疗器械的崭新篇章。

由于译者水平有限，本书的翻译可能存在不当之处，请各位读者见谅，如果有更好的建议，也希望与我们联系。

最后，感谢“医械研习社”翻译团队的辛苦付出，让这本书籍得以在我国传播得更加深远。知识就是力量，希望这本书能为我国医疗器械行业发展贡献一点点力量。

“医械研习社”是译者创立的微信公众号，旨在为医疗器械从业人士提供一个交流平台，欢迎各位读者关注并交流。

左针冰

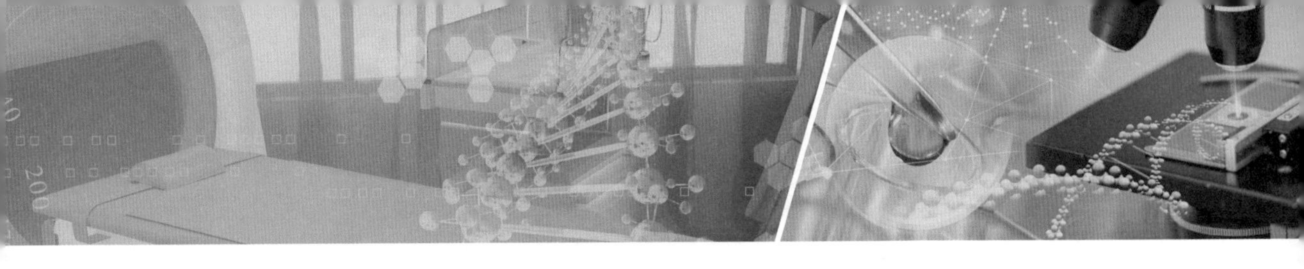

致　谢

在编写本书第 1 版的过程中，我们采访了以下人因工程（HFE）和设计专业人士，以帮助确定我们应该在本书中讨论的主题（即定义本书的“用户需求”）：

- 玛丽安·博斯切利（Marianne Boschelli）
- 杰森·布什（Jason Bush）
- 托尼·伊斯蒂（Tony Easty）
- 托尔斯滕·格鲁希曼（Torsten Gruchmann）
- 彼得·赫吉（Peter Hegi）
- 爱德华·伊斯拉尔斯基（Edward Israelski）
- 韦恩·门齐（Wayne Menzie）
- 保罗·莫尔（Paul Mohr）
- 詹妮弗·尼科尔斯（Jennifer Nichols）
- 凯尔·奥特劳（Kyle Outlaw）
- 杰拉尔德·帕尼茨（Gerald Panitz）
- 苏珊·普劳克斯（Susan Proulx）
- J.B. 里斯克（J.B.Risk）
- 加里·塞尔（Gary Searle）
- 马赫什·西塔拉曼（Mahesh Seetharaman）
- 埃里克·史密斯（Eric Smith）
- 安妮塔·斯滕奎斯特（Anita Stenquist）
- 保罗·厄本（Paul Upham）
- 马修·温格（Matthew Weinger）

在本书的第 1 版中，独立可用性工程顾问斯蒂芬妮·塞拉芬娜（Stephanie Seraphina）充当了“试用”读者这一重要而任务艰巨的角色，她审阅了所有内容，着眼于提高其实用性和可读性，并对我们的意见进行完整性检查。我们的同事雷切尔·阿伦奇克（Rachel Aronchick）和艾米·德克斯特（Amy Dexter）在第 2 版中担任了这一重要角色。

我们过去和现在的其他人因工程的同事帮助我们进行了大量的可用性测试，这些测试最终形成了我们在本书中分享的见解。

许多客户允许我们使用本书中出现的照片，这些照片来自我们为他们进行的可用性测试(所有没有来源的照片均由作者提供，版权归作者所有)。

CRC 出版社的迈克尔·斯莱特（Michael Slaughter）支持我们对第 1 版图书的修订计划，以符合美国食品药品监督管理局和其他监管机构对医疗器械可用性测试不断变化的期望。Taylor & Francis 出版集团的杰西卡·瓦基利（Jessica Vakili）和乔斯林·班克斯·凯尔（Joselyn Banks Kyle）分别为第 1 版和第 2 版提供了出色的指导和编辑支持。

最后，也是最重要的一点，挚爱的家人和朋友给了我们鼓励使我们能利用空闲时间来撰写本书。

感谢大家。

作　者

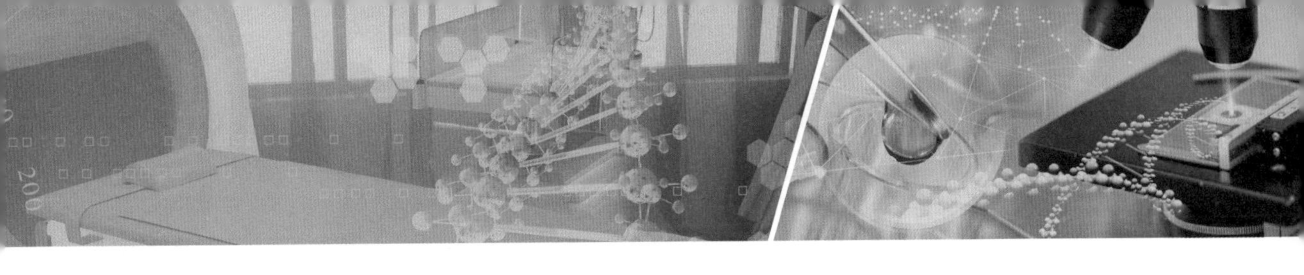

作 者 介 绍

作者们共同创立了 Wiklund Research & Design Incorporated 公司（以下简称 Wiklund R&D 公司）（位于马萨诸塞州康科德市），这是一家主要为医疗器械制造商提供用户研究、用户界面设计和评估服务的咨询公司。2012 年，Underwriters Laboratories（UL）公司收购了该公司，以扩大这家知名安全机构的咨询服务范围。

本书的每位作者都接受过人因工程（HFE）方面的正式培训，经常开展对医疗器械和软件进行可用性测试的工作，以确定改进设计的机会，并以监管审批为目的验证其使用安全性。2008 年，作者们预见需要一本书来提供有关如何进行医疗器械可用性测试的详细指南，并指出全球越来越多的公司选择更加关注 HFE 并被迫实践它以满足监管机构的期望。2015 年，作者们对第 1 版图书进行了修订，以确保与美国食品药品监督管理局（FDA）和其他监管机构对医疗器械可用性测试不断变化的期望保持一致。

迈克尔 · E. 维克伦德（Michael E.Wiklund）作为一名顾问和教育工作者，在 HFE 行业工作了 30 多年。他在塔夫茨大学获得工程设计硕士学位（专攻 HFE），随后在那里教授用户界面设计超过 25 年。他拥有专业的工程许可证，并且是权威机构认证的人因工程专业人士。

他在 20 世纪 80 年代中期加入该行业，当时微处理器技术开始改变医疗技术的基本性质。他最初受过训练以使机器安全且用户友好，他早期的工作重点是“旋钮和转盘”，但很快就转变为使软件用户界面更易于用户理解。如今，他帮助优化硬件、软件和混合设备及学习工具（如快速参考指南、用户手册和在线资源）的设计。

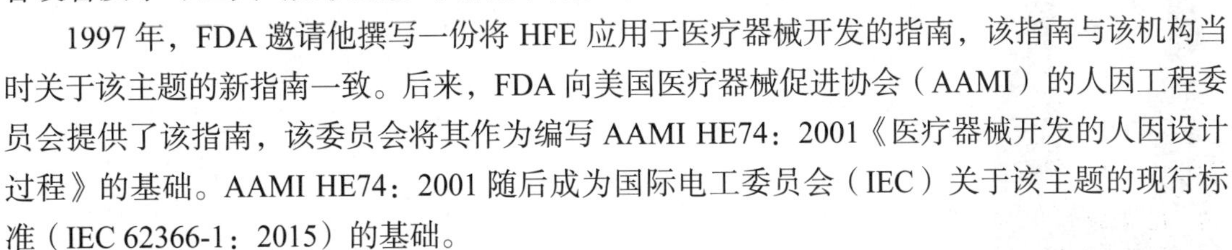

1997 年，FDA 邀请他撰写一份将 HFE 应用于医疗器械开发的指南，该指南与该机构当时关于该主题的新指南一致。后来，FDA 向美国医疗器械促进协会（AAMI）的人因工程委员会提供了该指南，该委员会将其作为编写 AAMI HE74：2001《医疗器械开发的人因设计过程》的基础。AAMI HE74：2001 随后成为国际电工委员会（IEC）关于该主题的现行标准（IEC 62366-1：2015）的基础。

2005 年，他与其他人共同创立了 Wiklund R&D 公司，其目标是为行业（尤其是医疗设备制造商）提供全面的 HFE 服务。在随后的几年中，该公司为多个国家的 50 多家客户提供了用户研究、用户界面开发和可用性测试服务。现在，作为 UL-Wiklund 公司（现在名称为 EMERGO By UL）的 HFE 总经理，他管理着多个国家的 HFE 专家的工作，同时仍担任关键项目的技术顾问。

他撰写的书籍包括 *Usability in Practice*（主编）（Academic 出版社），*Medical Device and Equipment Design*（Interpharm 出版社），*Designing Usability into Medical Products*（合著）（CRC 出版社）和 *Handbook of Human Factors in Medical Device Design*（合编）（CRC 出版社），*Medical Device Use Error——Root Cause Analysis*（CRC 出版社）。他在医疗器械及诊断工业（MD&DI）杂志上发表了 70 多篇文章，促进 HFE 在医疗器械开发中的应用并提供实用技巧。他曾受邀在多个专业会议和大学发表演讲，因 HFE 的有效性、可用性和吸引力而将 HFE 描述为医疗行业的当务之急，以及成为确保医疗器械安全和商业成功的途径。

他担任 AAMI 人因工程委员会的投票委员已超过 20 年。他还曾在 IEC 的人因工程委员会任职，并担任美国工业设计师协会医学分会主席。

乔纳森·肯德勒（Jonathan Kendler）在波士顿美术馆获得视觉设计专业艺术学士学位后，一直从事 HFE 行业。他在本特利学院（现为本特利大学）获得信息设计人因工程硕士学位。因此，他为自己的 HFE 作品带来了强烈的艺术感。

作为 Wiklund R&D 的联合创始人，他对确保医疗技术的可用性有着浓厚的兴趣。作为 UL-Wiklund 的 HFE 小组的设计总监，他经常参与为医疗设备开发“简洁”的用户界面，以及改进需要“更新”的现有设计。客户认为他设计的用户界面直观且有吸引力，让人将注意力集中在关键信息和控制上。他的设计作品包括从小型手持医疗器械到房间大小的诊断扫描仪等各类医疗器械。

他绝大多数的用户界面设计工作都以用户研究和形成性可用性测试为基础，他经常亲自进行这些测试以接近目标用户，并深入了解设计改进的机会。他认为，用户界面设计师积极参与评估个人工作是有益的，但需要遵守相关的规定来保持客观性。

乔纳森还在塔夫茨大学教授应用软件用户界面设计课程，并为医疗和非医疗行业客户举办过 HFE 研讨会。

艾莉森·Y. 斯特罗切科（Allison Y. Strochlic）在塔夫茨大学获得 HFE 理学学士学位，后在本特利学院（现为本特利大学）获得信息设计人因工程硕士学位。在获得学士学位后不久，她加入了迈克尔和乔纳森的 Wiklund R&D 公司，在公司被 UL 公司收购之前的几年中，她帮助公司建立了相关业务，现在担任 UL-Wiklund 的 HFE 团队的研究总监。

她已经积累了数千小时的可用性测试经验，其中大部分涉及医疗器械。她热衷于让测试参与者在可用性测试期间感到轻松自在，使他们能够尽可能自然地执行任务，以便她和她的同事能够识别医疗设备的优缺点，揭示设计改进的机会。她的可用性测试项目足迹遍布美国、欧洲和亚洲。因此，她特别擅长从涉及口译人员的测试环节及远程（即通过电话或网络）进行的测试环节中提取有用的结果。

除了进行可用性测试，作为研究总监，她还确保她的同事进行的可用性测试可以满足客户的需求，并在适用的情况下满足监管机构的需求。她对 FDA 和国际监管机构的可用性测试相关期望有着深入的了解，并经常就有效的可用性测试方法为同事和客户提供建议。

她是一名获得权威机构认证的人因工程专业人士，曾在塔夫茨大学担任人因学兼职讲师。她是人因工程学会新英格兰分会和用户体验专业协会的成员。她还是 AAMI 家庭使用环境委员会的成员。她就有效的可用性测试方法及如何在整个医疗器械开发过程中应用 HFE 向行业界和学术界发表了多次演讲。

如何使用本书

本书并不试图取代可用性测试主题的其他优秀作品，如杜马（Dumas）和雷迪什（Redish）的 *A Practical Guide to Usability Testing*（1999 年）（Intellect Books 出版社）、鲁宾（Rubin）和奇斯内尔（Chisnell）的 *Handbook of Usability Testing*（2008 年）（Wiley 出版集团），或美国政府的可用性网站（https：//www.usability.gov）。相反，本书旨在帮助读者从其他资源中获取关于可用性测试的知识，并将其用于医疗器械软件和学习工具（如快速参考指南、用户手册）的评估。

作为已经进行了数千次涉及医生、护士、治疗师、技术人员和患者使用的医疗设备的测试的人因工程专家，我们相信我们有一些重要的经验教训和技巧可以分享。因此，我们出版了我们在开始测试医疗器械时希望使用的书，并且现在已经进行了修订，这也解释了为什么这本书有这么多插图，而且内容简单明了。

我们怀疑许多人可能会像阅读丹妮尔·斯蒂尔或斯蒂芬·金的小说那样，跑马拉松式地从头至尾读完这本书。这本书没有主角、反面角色或出人意料的结局，只是试图回答医疗器械制造商在测试其设备的可用性时面临的诸多问题，而且我们是以一种有序、易读的方式回答这些问题。如果您想在各个章节间跳读，也不会破坏内容的完整性。

尽管如此，我们还是以合理的逻辑顺序呈现内容。本书粗略地回顾了 HFE，以及可用性测试在该领域的应用，介绍了促使许多医疗器械制造商进行可用性测试的政府法规和行业标准。本书的主要内容涵盖了规划、实施和报告可用性测试结果的细节。

在阅读本书时，请记住可用性测试就像雪花一样，每个测试都是独一无二的。例如，100 名独立工作的可用性专家可以采用 100 种不同的方法来测试同一台透析机。当然，他们的方法会有相当大的重叠，但在方法上也会存在有意义的差异，从业者会根据实际情况积极维护这种有意义的差异。

因此，我们建议从本书和其他资源中汲取尽可能多的见解，并以自己独特的方式自信地进行可用性测试。毕竟，进行学术上完美的可用性测试本身并不是重点，关键是从可用性测试中获得最好的见解，这样您和您的开发团队就可以使您的医疗器械尽可能安全、有效和吸引人。

本书建议的局限性

这本书就广泛的可用性测试主题提供了我们最好的建议，而“建议”是关键词，这表明本书并非一本充满可证明的定律和公式的物理教科书。虽然力显然等于物体的质量乘以它的加速度（$F=ma$），但人因工程领域缺乏计算可用性的等效精确方法。因此，我们的建议很难成为任何特定主题的最终方案。相反，请将其视为其他可用性专家的意见以及您个人意见和判断的起点或补充。

我们在本书第 2 版中提供的意见和建议源于 50 多年的可用性测试经验。不过，我们认识到，我们的专业同事可能有不同的经验，并认为我们的某些建议是有争议的，甚至是完全错误的。这就是任何一本分享知识的书籍的本质，即这些知识很多是经过几十年而不是几个世纪的研究和实践形成的，是具有很大的主观性的。

正如我们在第 1 版中提醒的那样，请认识到我们的一些建议的有效期。与医疗器械和软件的可用性测试有关的法规和公认做法可能会随着时间的推移而改变，我们的一些建议可能会过时。因此，请根据最新要求检查我们的建议。我们最初在 2009 年编写了本书的内容，并在 2015 年对内容进行了修订。

免 责 声 明

我们在此处包含一些旨在保护读者、作者和出版商的法律声明：

- 读者若选择使用本书中提供的信息和建议，需要自行承担风险并酌情处理。
- 作者和出版商对本书中包含的信息和建议不做任何明示或暗示的保证。
- 在任何情况下，读者均不得要求作者或出版商对因应用本书中包含的信息和建议而造成的任何损失负责。

以上是我们的免责声明，希望读者喜欢我们的书，并发现它的内容是有用的、适用的和发人深省的。

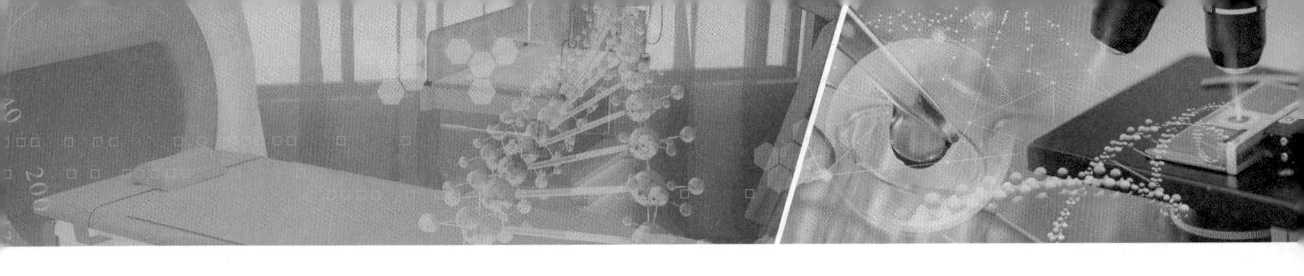

使用本书的群体

如果您对医疗器械（或系统）的可用性测试有兴趣、有需要或直接参与其中，或者您目前正在研究该类课题，本书应该是一个很好的资源。以下是可能会遇到本书所述情况的专业人士和群体：

- 生物医学工程师、生物医学技术人员
- 文化人类学家
- 电气工程师
- 民族志学者
- 人因工程师、可用性专家、人体工程学专家
- 工业设计师、产品设计师
- 工业工程师、制造工程师
- 教师和学生
- 市场研究员、营销经理
- 机械工程师
- 医疗器械发明人
- 医疗器械监管机构
- 项目经理、项目规划师
- 质量保证专家
- 采购代理、采购专家
- 监管事务专家
- 风险经理
- 软件用户界面程序员
- 技术文档作家、技术传播专家
- 用户界面设计师、用户界面体验规划师、信息架构师

目　录

第1章 简 介

1.1 什么是可用性测试？

可用性测试要求有代表性的用户执行有代表性的任务，以此来揭示交互特性和改进医疗器械的机会。您可以将这项活动视为对医疗器械的用户接口进行压力测试或调试，就其如何满足用户需求而言，其中一个关键需求是安全操作。测试可能针对早期的设计概念模型、更高级的原型，甚至是生产的产品。一个两人团队通常每次与一名测试参与者合作运行测试。良好的可用性测试实践要求制定详细的可用性测试计划和报告，并将其添加到医疗器械的设计历史文件中。

可用性测试是一种确认指定医疗器械是否能满足其预期用户需求和偏好的方法。引申开来，这是一种判断医疗器械是否更容易发生危险的使用错误，从而导致用户或患者受伤或死亡的方法。

在其经典案例中，可用性测试在专用设施（可用性测试实验室）中进行，测试管理员可以在一个房间内指导测试活动，而相关人员可以通过单向镜从相邻房间观察（见图 1-1）。然而，在实践中，您可以在广泛的环境中进行可用性测试，包括护士休息室、会议室、医疗器械储藏室、酒店套房、焦点小组活动场所、医疗模拟器和实际临床环境（如手术室）。

图 1-1 配备单向镜的传统可用性测试实验室

任何可用性测试的目的都是让测试参与者使用指定的医疗器械（无论是早期原型、工作模型、生产等效器械还是可销售的医疗器械）执行任务。如果医疗器械是患者监护仪，测试参与者可能会将模拟患者的传感器引线连接到监护仪上，打印心电图（ECG）描记，“拍摄”心输出量测量值，并调整收缩压和舒张压警报限值。如果医疗器械是内窥镜，测试参与者可能会将内窥镜放入模拟消化道，将内窥镜通过食道移动到胃部，然后移至幽门括约肌（瓣膜），然后将内窥镜逆行放置，以观察食道下括约肌。如果医疗器械是胰岛素泵，测试参与者可能会编写一个基础速率曲线，要求在一天中的每个小时以不同的输送速率提供胰岛素，查看烤土豆的碳水化合物含量，在进餐前提供 8 个单位的剂量，然后将一个月的数据上传到计算机，以便进行后续趋势分析。重要的是，胰岛素泵不会连接到测试参与者身上（因为它会连接到使用该器械管理胰岛素的最终用户）。相反，涉及胰岛素输送的任务将被模拟，如果测试参与者需要为器械填充胰岛素，通常会使用生理盐水或白开水等非活性液体（即安慰剂）来代替。如上述示例所示，医疗器械的可用性测试通常不涉及接受治疗或服用活性药物的实际患者。

当测试参与者执行任务时，测试人员——通常是测试管理员和记录者（如数据记录员、数据分析师）——集中观察以确定医疗器械如何促进或阻碍任务完成。除了记录观察到的使用错误，测试人员还可能记录任务时间、测试参与者的评论和各种主观设计属性评级等数据，如易用性和使用速度（见图 1-2）（收集信息具体说明请参阅 14.1 节）。

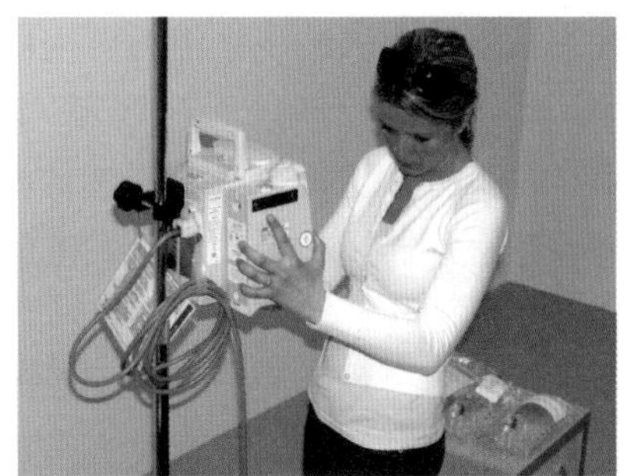

图 1-2　各种医疗器械可用性测试的场景

如果您正在测试一个相当简单的器械，那么测试过程可能会在短短 30min 内轻松完成。不过，大多数测试时间会持续 1~2h，这样才有足够的时间让测试参与者正确地了解测试环境、目的和基本规则；亲自动手完成任务；就设计的优势和改进机会等问题采访测试参与者。如果所评估的器械需要一个人执行大量任务［如开箱、组装、校准、操作（以多种模式）和维修］，那么半天的测试时间也是非常合理的（有关确定适当测试时间长度的更多信息，请参阅 5.2 节）。

可用性专家（或负责进行测试的相关专业人员）编写详细的测试计划，以指导有效、一致和客观的设计评估。在完成测试、分析数据和总结结果后，测试管理员以所需的详细程度和形式报告他的结果。有时详尽的叙述性测试报告描述了测试的目的、方法和参与者，并对数据、发现项和建议进行了分析，这是一种常见的最终结果，医疗器械开发人员可以将其添加到他们的设计历史文件中并提交给监管机构。

医疗器械开发人员可以在器械开发过程中"尽早且经常"进行形成性可用性测试，以评估设计备选方案并确定改进设计的机会。在设计开发过程的后期，开发人员基本上需要进行总结性可用性测试，以从交互设计的角度证明他们的医疗器械可以安全使用。在任何一种类型的测试中，用户与指定医疗器械的所有交互都顺利进行时，表明该设计开发处于正确的轨道上，甚至可以进入市场。相反，测试可能会发现一些可用性问题，这些问题在器械发布之前可以、应该或必须得到纠正。

与市场调查研究和临床试验相比，可用性测试通常只涉及少数测试参与者。仅涉及少数测试参与者的非正式测试可能会很有成效。不过，8~25 名测试参与者的样本量是常态（请参阅 8.1 节），参与者规模一般在 12~15 人。也就是说，最终（也称为确认或总结性）可用性测试可以包括大量参与者，以确保结果可靠并满足监管机构的期望。为了满足最终可用性测试的需求，样本量通常是 15 的倍数。例如，对六个不同的、相互独立的用户组使用的器械进行最终可用性测试，将需要 90 个测试参与者的样本。

无论群体样本规模大小如何，关键是要找到合适的测试参与者。这意味着招募的测试参与者样本可以很好地反映实际使用给定医疗器械的人群的特性。可用性专家有时会扩大样本规模，使其包含可能影响用户使用器械能力的限制（即障碍）的人群比例高于平均水平。以这种方式扩展样本有助于可用性专家检测无障碍用户不一定会犯的潜在危险使用错误。此外，采用这种方式还有助于确定医疗器械对残障人士的无障碍性和可用性。

在可用性测试期间可能会出现各种各样的可用性问题（请参阅第 12 章的 12.3 节）。例如，因为菜单选项的措辞不当，或者因为感兴趣的信息和控件位置不当，测试参与者在软件屏幕层次结构中走错路径的情况并不罕见（见图 1-3）。有时，测试参与者会因为屏幕或打印的说明不完整、不正确或不清楚而卡在任务上。此外，测试参与者可能会因为误解了代表按钮的图标，或者因为按钮太小并且离其他按钮太近而按下错误的按钮。

在可用性测试期间也会发生很多好事。例如，测试参与者可能在未经培训的情况下，首次尝试就能正确设置及使用器械——这预示着在可能出现的动手任务范围内具有良好的可用性。他们可能会按照屏幕提示中规定的确切顺序执行治疗程序。而且，通过使用快速参考指南，测试参与者可以正确理解屏幕和声音警报，并快速执行解决潜在问题所需的故障排除步骤。

因此，可用性测试的目的是发现用户接口的优点和缺点（即缺陷），以便进行设计改进和验证。程序员可能会认为可用性测试是从用户交互的角度调试用户接口的一种方法。机械工程师可能会将可用性测试比作压力测试，或者比作将用户接口从相当高的高度扔到混凝土地板上。而且，可以请您再做一个比较，我们将用户接口的可用性测试比作医生给患者做身体检查——检查通常表明大多数情况都是正常的（即符合要求），但也会强调一些需要改进的地方。

图 1-3　显示了任务序列的用户接口结构示例

 1.2　什么是医疗器械？

医疗器械是用于诊断、治疗或监测医疗状况的产品。鉴于这一宽泛的定义，监管机构根据给定医疗器械的复杂性和对患者造成伤害的内在可能性，将医疗器械分为不同的类别。根据给定医疗器械的类别，或多或少的人因工程（HFE）是必不可少的。

我们对“医疗器械”这个术语都有大致的了解。医疗器械是医师、医生、护士、技术人员甚至普通人用来诊断、治疗或监测医疗状况的东西。此外，我们还将医疗器械视为可能包含软件用户接口的物理设施。医疗器械的尺寸和用途差异很大（见图 1-4）。

注射器和磁共振成像（MRI）扫描仪都是医疗器械，检查手套和体外循环机亦是如此。然而，正如将要讨论的，医疗器械分为不同的类别。您几乎可以对任何医疗器械进行可用性测试，但Ⅱ类和Ⅲ类医疗器械的制造商可能会在可用性测试上投入更多精力，因为如果操作不当，他们的医疗器械对他人造成伤害的可能性更大。

美国食品药品监督管理局（FDA）对医疗器械的定义如下。

医疗器械是指仪器、器械、器具、机器、装置、植入物、体外试剂或其他类似或相关物品，包括以下部件或附件：

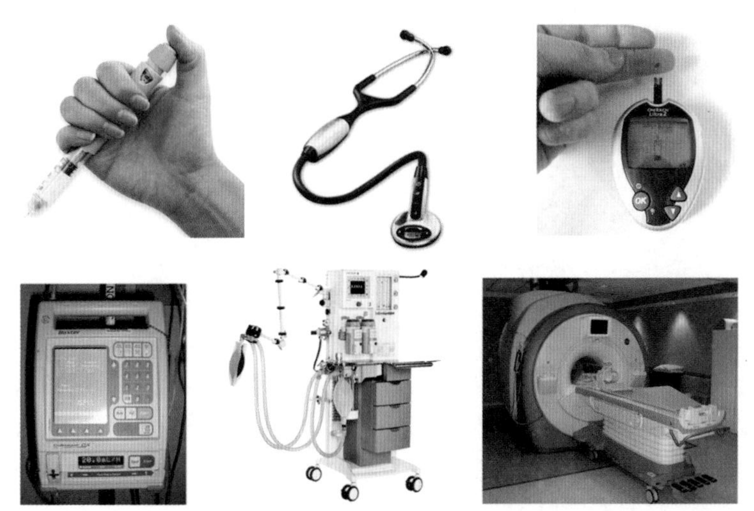

图 1-4　医疗器械在形状、尺寸、功能、复杂性和用途方面差异很大

注：照片（从左上角顺时针）分别由 Industrial Design Consultancy、3M、David Ivison、BrokenSphere、HEYER Medical AG 和 Waisman Laboratory for Brain Imaging and Behavior 提供。

1）在官方国家处方集、美国药典或其任何增补中得到认可。

2）用于诊断人类或其他动物的疾病或其他状况，或者治愈、缓解、治疗或预防疾病。

3）旨在影响人或其他动物身体的结构或任何功能，不能通过人或其他动物体内或身体上的化学作用实现其任何主要预期目的，并且不依赖于新陈代谢而实现其任何主要预期目的。

在欧盟委员会 93/42/EEC 指令中，欧盟（EU）提供了以下定义。

医疗器械是指任何仪器、器械、器具、材料或其他物品，无论是单独使用还是组合使用，包括制造商打算用于人类的适当应用所需的软件，用于：

1）疾病的诊断、预防、监测、治疗或缓解。

2）伤害或残障的诊断、监测、治疗、减轻或补偿。

3）解剖学或生理过程的研究、替换或改造。

4）妊娠控制。

医疗器械不能通过药理学、免疫学或新陈代谢手段在人体内或人体上实现其主要预期作用，但可以通过这些手段辅助其功能。

FDA 将医疗器械分为三种类别。

1.2.1　Ⅰ类：一般控制

Ⅰ类医疗器械受到最少的监管控制。它们对用户造成伤害的可能性很小，而且设计上通常比Ⅱ类或Ⅲ类医疗器械更简单。Ⅰ类、Ⅱ类和Ⅲ类医疗器械都受“一般控制”的限制。

一般控制包括以下内容：

1）建立公司注册，根据美国联邦法规（CFR）第 21 条第 807.20 部分要求对诸如制造商、分销商、再包装商和再贴标商等进行注册。

2）FDA 公布上市医疗器械的医疗器械清单。

3）根据 CFR 第 21 条第 820 部分中的良好生产规范（GMP）制造医疗器械。

4）根据 CFR 第 21 条第 801 或 809 部分中的标签规定为医疗器械贴标签。

5）在销售医疗器械之前提交上市前通知 510（k）。

Ⅰ类医疗器械的例子包括弹性绷带、检查手套和手持式手术器械。大多数Ⅰ类医疗器械免于上市前通知和 / 或 GMP 法规要求。

1.2.2　Ⅱ类：特别控制

Ⅱ类医疗器械是那些仅通过一般控制不足以确保安全性和有效性的医疗器械，需要现有的方法来提供此类保证。除了遵守一般控制，Ⅱ类医疗器械还受到特别控制，特别控制可能包括特别标签要求、强制性性能标准和上市后监督。

Ⅱ类医疗器械的例子包括电动轮椅、输液泵和手术床单。

1.2.3　Ⅲ类：上市前批准

Ⅲ类是对医疗器械最严格的监管类别。Ⅲ类医疗器械是那些没有足够的信息说明仅通过一般或特别控制就能确保安全性和有效性的医疗器械。

Ⅲ类医疗器械通常是那些支持或维持人类生命的医疗器械，在防止人类健康受损方面具有重要意义的医疗器械，或者预防潜在的、不合理的疾病或受伤风险的医疗器械。

上市前批准是科学审查的必要过程，以确保Ⅲ类医疗器械的安全性和有效性。并非所有Ⅲ类医疗器械都需要获得批准的上市前批准申请才能上市。与 1976 年 5 月 28 日之前合法销售的医疗器械等效的Ⅲ类医疗器械可以通过上市前通知［510（k）］流程进行销售，直到 FDA 发布要求该通用类型医疗器械的制造商提交上市前批准数据。

需要获得批准的上市前批准申请才能上市的Ⅲ类医疗器械包括：

1）在 1976 年 5 月 28 日之前被规定为新医疗器械，也称为过渡器械。

2）发现与 1976 年 5 月 28 日之前销售的医疗器械实质上不等同的医疗器械。

3）根据 CFR 第 21 条的规定，需要上市前批准申请的Ⅲ类预修正医疗器械。

需要上市前批准的Ⅲ类医疗器械的例子包括替换心脏瓣膜、硅胶填充的乳房植入物和植入式小脑刺激器。

可以通过上市前通知 510（k）上市的Ⅲ类医疗器械：修订后（即 1976 年 5 月 28 日之后引入美国市场）Ⅲ类医疗器械基本上等同于修订前（即 1976 年 5 月 28 日之前引入美国市场）Ⅲ类医疗器械，并且法规要求上市前批准申请尚未在 CFR 第 21 条中公布的医疗器械。

目前需要上市前通知的Ⅲ类医疗器械的例子包括植入式起搏器脉冲发生器和骨科植入物。

1.3　为什么要对医疗器械进行可用性测试？

可用性测试有助于揭示使医疗器械更方便、更安全、更高效、更令人愉快的机会。这些改进的交互特性使与指定医疗器械相关的几乎所有人受益，尤其是制造商、最终用户（即护理人员）和患者。FDA 和其他监管机构基本上都要求医疗器械制造商进行可用性测试，以证明他们的医疗器械对预期用户、用途和使用环境是安全有效的。

对医疗器械进行可用性测试的最根本原因是保护人们不因使用错误而受伤和死亡。例如，在使用医疗器械时，有太多人因按错按钮、误读数字、放错组件、跳过步骤或忽略警告消息而受伤或死亡。虽然可用性测试不会发现所有可能导致危险使用错误的设计缺陷，但它会发现其中的许多缺陷。因此，可用性测试应被视为一种道德要求和事实上的监管要求。此外，可用性测试通常也是一项具有商业利益的活动。

可用性测试有许多受益者，一般包括：

（1）制造商　可用性测试可导致用户接口设计改进，从而可能增加医疗器械销量、提高客户忠诚度、减少对客户支持的需求（如拨打热线电话）、延长医疗器械的使用寿命并减少产品责任索赔的风险。简而言之，它对企业有利。

（2）客户　可用性测试以多种方式使医院、诊所、私人医疗机构和救护车服务等客户受益。易于使用的医疗器械可提高员工的工作效率和满意度，降低培训和支持成本并改善患者护理。

（3）医疗保健专业人员（HCP）　可用性测试也有利于 HCP，如医生、护士和治疗师，以及技术人员和维护人员。由于基于可用性测试而进行的设计改进可能会使医疗器械更易于学习和使用，减少对技术支持的需求，并使 HCP 能够更好地开展工作。可用性强的医疗器械甚至可以加快工作进度并使 HCP 能够准时回家。

（4）患者　可用性测试使患者受益，因为可用性测试使因用户接口缺陷而导致用户犯错而受伤或死亡的可能性降低。可悲的是，每年有成千上万人因涉及医疗器械的医疗错误而死亡。例如，输液泵编程错误（如输入数字“80”而不是“8.0”）导致大量人员死亡，以至于业界提出了“十进制死亡”的说法。HFE 和可用性测试在医疗器械开发中的应用有助于降低使用错误率，并限制使用错误造成的后果的确实发生。患者越来越多地成为医疗器械的最终用户，因此患者也能从他们最终可能亲自使用的医疗器械的可用性测试中受益。

（5）非专业护理人员　许多医疗器械已经或正在从临床环境过渡到家庭环境，由非专业护理人员（如患者的监护人、亲属或朋友）使用。虽然家庭保健可以为患者提供更好的护理和便利，但也会给负责操作医疗器械的非专业用户和 / 或护理人员带来负担。可用性测试有助于确保医疗器械的用户接口非常适合此类非专业护理人员。

对医疗器械进行可用性测试的另一个原因——与防止患者受伤和死亡密切相关——是为了满足医疗器械监管机构的期望。本书将在 2.1 节中广泛讨论这个主题。此处，笔者将提供 FDA 对可用性测试相关期望的一些基本细节。

FDA 认为，可用性测试是制造商通过评估现有产品的性能来生成设计输入的方法之一，此外，它还可以验证医疗器械的设计。在其 HFE 指南（2011 年发布）中，FDA 将可用性测试（又称“模拟使用测试”）确定为证明“医疗器械的预期用户能够在预期的使用环境中安全有效地执行关键任务”的主要手段。这一声明特指总结性（即确认）可用性测试，但该指南也将可用性测试确定为一种有助于设计安全有效医疗器械的高效形成性评估技术。

甚至在 2011 年发布 HFE 指南之前，FDA 就规定“设计验证应确保医疗器械符合定义的用户需求和预期用途，并应包括在实际或模拟使用条件下对生产样品进行测试。”FDA 的另一份出版物《医疗器械使用安全：将人因工程纳入风险管理》将可用性测试描述为一种识别潜在使用相关危害的工具。请参阅 2.2 节了解有关这一特定主题的更多信息。

1.4 什么是使用错误？

“使用错误”是可用性专家用来描述可用性测试参与者犯错误情况的术语。重要的是，该术语并非要将责任归咎于用户本身（否则，人们可能会将这种情况称为“用户错误”）。事实上，可用性测试表明，大多数使用错误是由于医疗器械用户接口的缺陷造成的，而不是用户的失误。使用错误包括执行错误的操作或在必要时未能采取行动。

“使用错误”是可用性专家等人使用的专业术语，它描述了医疗器械用户做错事情的情况，包括不作为（不执行必要的操作）和作为（执行错误的操作）。不过，与其使用暗示用户应该受到责备的术语“用户错误”，“使用错误”一词更中性地表示用户 - 医疗器械交互问题。

在与可用性测试参与者交谈时，通常使用“错误”一词而不是“使用错误”。当测试参与者在完成动手任务后接受采访时，他们会理解测试人员所说的“你认为你犯了什么错误吗？”的意思。

从技术角度看，错误是错误思维的结果。根据唐纳德・诺曼（Donald Norman）的说法，当“一个人做出错误的决定、错误地进行情况分类或没有考虑到所有相关因素”时，就会发生错误。不过，测试人员使用的术语更宽泛，涵盖所有类型的错误，包括那些被经典描述为思维疏忽和失误的错误。

另一个资料来源——IEC 62366-1：2105——将使用错误定义为“用户在使用医疗器械时的操作或不操作行为导致与制造商预期或用户预期的结果不同”。该标准中包括以下注释作为说明：

1）使用错误包括用户无法完成任务。

2）用户、用户接口、任务或使用环境的特征不匹配可能会导致使用错误。

3）用户可能意识到或没有意识到发生了使用错误。

4）患者的意外生理反应本身不被视为使用错误。

5）导致意外结果的医疗器械故障不被视为使用错误。

根据上述标准定义，当测试参与者偏离规定的程序时，就会发生使用错误。但在实际操作中，只要偏离规定程序不影响参与者实现预期结果的能力，就不构成可用性测试报告中所指的使用错误。

以下是使用错误（即错误）的示例。

1）非专业人员在使用单次剂量吸入器时，只通过吸嘴进行单次吸入，但单次剂量需要连续吸入两次。

2）外科医生将药物端口倒置（面向体内而不是向外）植入，因此无法使用注射器将药物注入端口的隔膜。

3）重症监护护士试图使用静脉泵与一次性管路进行静脉输血，但该组设备与血液输注不兼容。

4）住院医师将加压氧气管而不是静脉输液管连接到静脉通路。

5）药剂师从摆满了含有不同容量药物的笔的货架上选择了错误的肾上腺素笔（例如，体重≤ 29.94kg 的儿童使用 0.15mg，体重 >29.94kg 的人员使用 0.30mg）。

6）医院管家在使用湿布清洁病床的安全护栏时无意中调整了病床的位置。

7）生物医学技术人员在透析机设置屏幕的输入栏中输入了错误的校准值。

图 1-5 来自 FDA 关于使用错误的演示文稿，该演示文稿反映了 IEC 62366：2007 中类似的图。图 1-5 所示为用户与医疗器械交互的逻辑驱动视图，以及用户如何确定是否发生使用错误。该方案考虑了使用错误可能是由有意或无意的操作引起的。该方案还允许制造商将构成异常使用的预期行为视为风险控制范围之外的行为。异常使用是指不合格的人员和 / 或未接受强制性培训的人员操作医疗器械并出错的情况。例如，皮肤科医生使用麻醉机对患者进行麻醉，或者外科医生在缺乏必要培训的情况下进行机器人辅助手术，都属于异常使用。

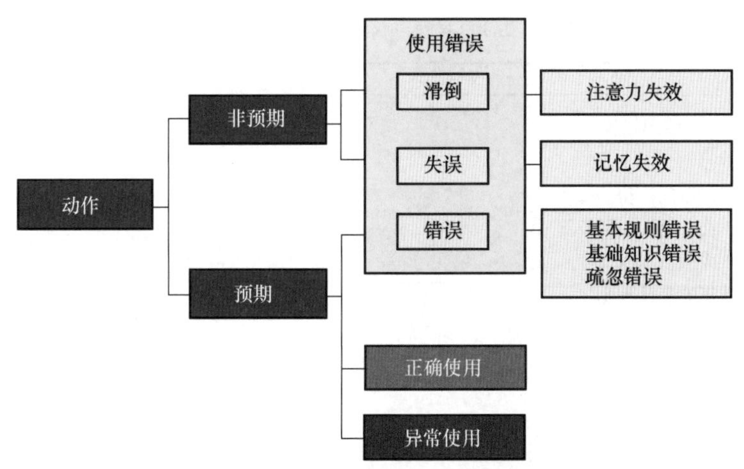

图 1-5　用户与医疗器械交互的逻辑驱动视图，以及用户如何确定是否发生使用错误

2015 年，国际电工委员会（IEC）发布了 IEC 62366（IEC 62366-1：2015）的更新版本，提出了一种新的使用错误分类方案（见图 1-6）。新方案与之前的方案类似，区分正常使用和异常使用。但是，它现在将使用错误分为以下三类：

1）感知错误导致的使用错误；

2）认知错误导致的使用错误；

3）动作错误导致的使用错误。

新方案与日益流行的任务分析方法非常吻合，该方法侧重于用户感知（P）、认知任务（C）和行动（A），许多可用性专家称之为“PCA 分析”。根据该方案，在使用血糖仪测试血液的任务中，误读试纸容器上的有效期将是一种感知错误，在采血前忘记对指尖进行消毒将是认知错误，而将血滴偏离标记滴在试纸上是一个动作错误。

使用错误不是险肇事故（参见本章 1.5 节）或困难（参见本章 1.6 节）。如果测试参与者犯了错误，但立即发现并纠正了错误，而且没有造成重大伤害，称其为险肇事故。如果测试参与者完成一项任务的过程中长时间挣扎，则肯定存在困难，但不一定是使用错误。如果用户无法完成一项任务，则她或他未能完成该任务。然而，尽管任务失败通常涉及某种类型的使用错误，但测试参与者可能并没有犯使用错误。在识别和分析可用性测试期间发生的使用错误时，这些区分很重要。

正常使用

正确使用

- 没有使用错误的使用

使用错误

感知错误导致的使用错误

- 不能（或无法）看到视觉信息（如显示器被部分遮挡或仅显示光反射）
- 不能（或无法）听到听觉信息（由于环境噪声或信息过载）

认知错误导致的使用错误

- 记忆失效
  - 无法回忆以前获得的知识
  - 省略（或忘记）计划步骤
- 基本规则失效
  - 误用适当的公认规则
  - 无法回忆以前获得的知识
- 基础知识失效
  - 特殊情况下的即兴发挥
  - 不正确的心智模型导致对信息的误读

动作错误导致的使用错误

- 未能（或无法）实现控制（如零件距离太远）
- 与错误的组件接触（如零件靠得太近）
- 对组件施加不适当的力（如所需的力与实际使用条件不匹配）
- 无法激活控制（如所需的力与预期用户的特征不匹配）

异常使用

- 异常违规（如将医疗器械作为锤子使用）
- 鲁莽使用（如移除防护罩后使用医疗器械）
- 破坏（如破解软件控制了医疗器械的软件）
- 有意识地忽视禁忌症（如用于有心脏起搏器的患者）

图 1-6　根据 IEC 62366-1：2015 对正常使用（正确和错误）和异常使用的定义

使用错误可能与安全有关，也可能与安全无关。如果针对最终产品开展潜在失效分析模式及影响分析（FMEA）或等效的使用相关风险分析，分析出的这些错误构成造成伤害、死亡或财产损失的重大风险，则它们与安全相关。在总结性可用性测试中，构成低风险的使用错误被视为与安全无关。一种极端情况是，使用错误不会造成直接的伤害威胁，但会导致可能有伤害的治疗延迟。与安全无关的使用错误可能会妨碍特定医疗器械的有效使用——这是一个重大问题——但不会造成伤害、死亡或财产损失的重大风险。有关危险使用错误的更多信息，请参阅 2.3 节。

在总结性可用性测试期间，即使出现一个与安全相关的使用错误，也需要进行深入的根本原因分析（请参阅 15.3 节），并且可能需要修改设计。这就是形成性可用性测试如此重要的原因。形成性可用性测试的目的是：①揭示给定医疗器械是否容易出现使用错误，因此需要修改；②识别潜在的风险减轻措施以防止已识别的使用错误；③在医疗器械进行（并试图通过）总结性可用性测试之前，减少发生使用错误的机会。

1.5 什么是险肇事故?

在可用性测试期间，测试参与者有时会接近犯错误，或者他们犯了错误但在可能发生任何伤害之前纠正了错误。这些事件称为险肇事故。多次出现险肇事故表明，出现未更正的使用错误的可能性更大，这可能说明用户接口存在应该修复的问题。对于医疗器械检测到使用错误，指导用户纠正问题，并且用户确实纠正了问题的情况，在技术上不属于险肇事故。相反，它们是风险减轻措施正常有效的案例。

您可能知道“呀！那是一个千钧一发的决定”，在避免交通事故或差点将热咖啡洒在腿上时，人们可能会说这句话。航空公司的飞行员会在飞机过度旋转，并险些在跑道上刮到尾翼时说“好险”。这种表达用于描述坏事几乎发生但没有发生的情况（见图 1-7）。

图 1-7 美国空军 C-5 Galaxy 差点撞到跑道上（照片由卢卡斯·瑞恩提供）

在可用性测试业务中，“险肇事故（close call）”是一个专业术语，指的是测试参与者接近犯错但没有犯错的情况。稍微扩展一下定义，该术语还可以描述测试参与者犯了错误（即犯了使用错误），但在任何伤害发生之前迅速识别和纠正的情况。理性的人可能会认为，后者确实是一个使用错误，但很快就采取了纠正措施。无论您对此类险肇事故持何种观点，都需要在可用性测试报告中进行解释，并在区分使用错误和险肇事故时保持一致。

接下来回到险肇事故的经典案例中，在这种案例中，用户几乎犯了使用错误。

1）雾化器：一位患有慢性阻塞性肺疾病（COPD）的普通人正在逐个清洁雾化器的拆卸部件。他拿起一个包含电子零件的部件，准备将其浸入一盆肥皂水中，但在最后一刻，他意识到肥皂水会损坏部件。

2）呼吸机：麻醉师正准备开始一个新病例的麻醉工作。上一个患者是成年人，下一个患者是幼儿。麻醉师执行了各种机器设置任务，但忽略了将机器切换到儿科模式。当他完成机器设置并即将开始通气时，他意识到机器仍处于成人模式，于是将其切换到儿科模式。

3）药物端口和导管：神经外科医生将导管连接到外部医疗器械的端口，将橡胶导管尖端滑过端口一侧的细管。当任务即将完成时，他意识到自己没有使用夹子来确保连接，于是开始纠正自己的疏忽。

4）血糖仪：糖尿病患者将试纸倒置插入血糖仪，他立即意识到自己的错误，将试纸从血糖仪中取出，并以正确的方向插入试纸（这是一个立即纠正使用错误的例子）。

在这些例子中，每个用户最终都正确地完成了任务，没有发生任何伤害，但每个用户都经历了一次险肇事故。

有时，可用性测试专家可以简单地通过观察来检测一次险肇事故。例如，当有人以错误的方向将试纸插入血糖仪时，通常很容易看出，然后通过重新调整试纸方向来纠正问题。但是，有时有必要询问测试参与者在任务期间是否经历过任何险肇事故。您可以在每个任务结束后或测试参与者执行所有任务后提出这个问题。

为什么要关心险肇事故的识别？这与人们关心汽车司机险些闯红灯的原因是一样的。一次险肇事故表明发生可能导致伤害的实际错误（即使用错误）的可能性增加。此外，险肇事故可能会延迟任务完成和/或导致用户不满意。

监管机构之所以关心险肇事故的情况，主要是因为它们表明发生有害使用错误的可能性增加，并且可能延误关键治疗。如果考虑涉及上述呼吸机的假设性险肇事故的例子，这是非常明智的。如果可用性测试显示，11 名麻醉师作为测试参与者在治疗 1 名两岁儿童之前正确地将呼吸机从成人模式切换到儿科模式，但有 4 名测试参与者经历了险肇事故的情况，该怎么办？这一结果表明，当实际使用医疗器械时，发生模式选择错误的风险增加。因此，人们希望找出造成险肇事故的根本原因，并引入一种或多种新的风险减轻措施，以进一步降低用户忘记设置和确认正确模式的可能性。

现在，让我们来讨论一个看似属于险肇事故但实际上并非如此的事件，至少从 FDA 的一位人因工程专家的角度来看是这样。我们谈论的是用户最初犯错误，但医疗器械检测到问题并指导用户纠正错误，从而使用户改正了错误的情况。例如，在将一次性血液管组连接到透析机并开始治疗时，用户可能会忘记打开能够实现流体流动的特定夹具。血泵起动后，机器可能会检测出表明夹具闭合的异常流体压力，并显示带有故障排除说明的警告消息，提示用户检查和打开夹具。上述过程中虽然有一个初始使用错误，但用户随后在出现重大问题之前对其进行了更正。FDA 通常将此类事件视为风险减轻措施正常有效的案例。因此，该事件不需要作为使用错误或险肇事故报告。可用性测试专家需要使用他们的判断来决定事件是否值得报告为“困难”（参见本章 1.6 节）。

根据笔者的经验，在可用性测试过程中，险肇事故的次数比使用错误要少（次数可能只有后者的一半）。这种频率的降低可能是由于用户往往没有意识到自己犯了错误，因此他们没有采取纠正措施。

FDA 和其他监管机构要求制造商寻找险肇事故的模式及困难。什么是模式？根据定义，单个险肇事故不构成一种模式。但是，几次相同类型的险肇事故就构成了一种模式，特别是在测试参与者数量相对较少的情况下。这表明特定的险肇事故不是异常，而是表明用户接口可能存在设计缺陷，需要进一步的风险控制。确定了一种险肇事故的模式（两个或更多是我们的关注标准）之后，下一步就是确定其根本原因（参见 15.3 节）。

> 记录用户表现
>
> FDA 人因工程团队的前成员莫莉·斯托里（Molly Story）在美国医疗法规事务学会（RAPS）的演讲中表示，可用性测试专家应该“观察并记录所有使用错误、失败和困难，包括有关表现的细节，如任务成功或失败、使用错误、险肇事故、使用说明（IFU）、需要帮助、困难或困惑的证据、主动提出的意见”。

1.6 什么是困难？

困难是执行任务时遇到的障碍。当可用性测试参与者与一台包含小零件且难以操作的医疗器械交互时，试图记住正确校准传感器的确切动作顺序时，或在一系列级联软件菜单中搜索所需选项时，都可能会出现困难。遇到困难并不一定要“停止测试”，测试参与者可能在不犯错误的情况下完成一项测试任务，但会感觉测试任务本来可以更容易。

包括使用错误和险肇事故在内的“三人组”的第三个成员是困难。通过排除法，不符合前两个术语定义的用户 - 医疗器械交互问题（参见 1.4 节与 1.5 节的相关内容）被认为是困难。困难是测试参与者以某种方式努力执行任务的情况。在交互问题的分层结构中，困难可能被视为最低层级的问题，但困难可能会阻碍医疗器械的发展，并可能导致用户拒绝使用该医疗器械，即使它是安全且临床有效的。因此，用户交互困难的存在与否应该是营销人员的主要关注点。医疗器械的商业成功可能取决于最大限度地减少困难（即使医疗器械可用性强）。

当测试显示许多测试参与者难以执行给定的任务（即有困难）时，这可能表明发生使用错误和险肇事故的可能性增加。这也表明，即使用户完成一项任务，他们也可能需要比理想时间更长的时间来完成它，这会引发对医疗器械有效性的担忧。

以下是一些困难的例子。

1）护士打开包含导管和附件的套件（即托盘）花费的时间比预期的要多，因为他最初无法找到视觉上模糊不清的拉环，然后在试图用戴手套的手拉动拉环时反复失去对拉环的抓握。

2）麻醉师尝试将块状二氧化碳过滤器以各种方向插入塑料外壳，直到在第四次尝试时发现了正确的方向——正确插入塑料外壳的方向。

3）非专业人员试图通过按住开 / 关按钮打开雾化器的电源，但设备没有起动。他再次尝试但没有成功。沮丧的她在第三次尝试时迅速按下并释放按钮，设备起动。在前两次尝试中，他按住按钮的时间过长，设备忽略了他的输入。

4）药房技术人员反复阅读一组说明，试图确定注入一瓶冻干药物（即粉末）的正确稀释剂量，以配制正确体积和浓度的液体药物用于静脉注射。

5）眼科医生努力正确对齐穿透角膜的手术器械的两个零件，发现这些零件很容易因为最轻微的错误手部动作而错位。

6）患者转运人员无法确定如何降低病床的安全护栏，他尝试拉动和推动各种零碎部件，直到最终拉动释放杆，但从他的站立位置很难看到释放杆。

7）医生尝试访问患者监视器上的警报日志屏幕，他按下监视器的菜单按钮，然后触摸各种弹出菜单选项，直到最终找到正确的选项。

8）普通人试图按照印刷说明将针头连接到笔式注射器，但她最初无法完成这一操作。经过几次尝试，她意识到自己误解了说明图形中的箭头，之前是逆时针而不是顺时针旋转了针头。

如前所述，医疗器械制造商可能比监管机构更关心此类困难，因为他们假设任何导致任务执行缓慢或不成功的困难都与安全无关。这是因为困难是不满的根本原因，可能会赶走客户。事实上，早在人因工程成为监管要求之前，一些医疗公司就已经开始通过卓越设计来提高其医疗器械的易用性，以寻求商业优势。

同时，请记住，最初的困难可能会导致使用错误和险肇事故。在这种情况下，没有必要在可用性测试报告中单独和详尽地报告困难。相关使用错误和险肇事故的事件描述应该提供足够的细节，以便理解交互问题。

人们第一次使用医疗器械时往往会遇到更多的困难，尤其是在他们没有接受过使用培训的情况下。通常，当人们第二次使用器械时，困难就会消失。但是，如果需要培训来传达对执行任务至关重要的信息，而这些信息并非不言自明或可以发现的，那么困难可能会持续存在。

可用性测试专家应该能够检测到测试参与者在执行任务时遇到的困难。困难的迹象包括以下几点。

1）一系列不成功的操作（例如，在尝试连接两个零件时，试图通过错误地将它们推到一起而不是将它们拧在一起，如鲁尔接头的情况）。

2）表示沮丧或困惑的面部表情（如做鬼脸）。

3）自发评论，例如：

- “嗯……我现在不知道该怎么做。”
- “这有点无聊，不是吗！”
- “这就像把果冻钉在墙上一样。”
- “不确定这是怎么回事。”
- “我漏掉了什么吗？”

识别困难的其他方法包括：①要求测试参与者对执行特定任务的难易程度进行评分；②要求测试参与者对执行特定任务的难易程度发表评论。

1.7 监管机构对总结性（即确认）测试计划的常见意见是什么？

监管机构鼓励医疗器械制造商进行可用性测试，并因此制定测试计划，重点关注最危险的动手任务。从监管的角度来看，理想的测试计划将提高人们的信心，相信随后的可用性测试将揭示可能导致危险用户错误（如果存在）的用户接口设计缺陷。有效结合可用性测试和风险管理的测试计划增强了这种信心。对于那些重要但与医疗器械安全无直接关系的测试活动，如主要关注可用性和吸引力的评估，应予以标明。

医疗器械制造商可能会选择在进行总结性可用性测试之前向监管机构寻求对其可用性测试计划的反馈。例如，FDA 可能会根据要求审查可用性测试计划，并通过电话会议和信函提供官方意见。毫无疑问，对反馈意见做出适当回应可以增加监管机构接受修订后的可用性测试方法的机会。当然，接受测试方法与接受测试结果作为设计有效（即使用安全）的证据几乎没有关系。

以下是制造商在过去几年通过与监管机构的讨论和信函收到的反馈意见案例。请注意，笔者汇编了对测试计划和报告的意见，因为它们确实分别以前瞻性和回顾性的方式解决了相同的方法问题。

警告：为了清楚起见，笔者对反馈意见进行了转述，并在某些情况下进行了拓展。因此，这些反馈是间接的，不应被视为监管政策。此外，不同的监管机构可能对所涉及的问题有不同的看法。因此，您应该将反馈意见视为影响可用性测试方法的许多可能输入之一。

（1）发现新的使用错误　假设每个任务期间可能出现的使用错误，并将它们合并到一个检查表中，测试人员可以使用该检查表来评估测试参与者在可用性测试期间的交互情况。将检查表作为附录列入测试计划中，并确保测试人员还将记录发生的任何意料之外（即意外）的使用错误。

（2）确定任务的优先级　根据风险分析结果确定动手任务并确定其优先级。本书将在 11.18 节中广泛讨论这个主题。

（3）将任务与风险分析结果联系起来　创建一个表格，划分已确定的风险和相关任务，以表明可用性测试参与者将执行风险最高的任务（即受使用错误影响最有可能造成伤害的任务）。还应说明测试参与者将执行用于评估风险减轻措施有效性的任务，如保护性设计特征、标签、警告和 IFU。

（4）包括与“基本性能”相关的任务　测试应包括医疗器械基本性能的核心任务，即使这些任务与高评级风险无关。

（5）包括次要任务　如果次要任务与医疗器械的安全使用相关，则测试应包括清洁、维护和存储医疗器械等任务。

（6）模拟使用　描述您将如何评估用户交互的关键环节，而无须让测试参与者实际使用该医疗器械提供或接受治疗。

（7）让有代表性的用户参与　描述您将如何招募足够多样化的潜在用户样本，包括可能选择或被指导使用该医疗器械的受过少量培训甚至未受过培训的用户，以及有某些障碍的用户。例如，在适当的情况下，测试参与者样本应包括具有不同水平的临床经验、教育程度和使用上一代医疗器械经验的个人。

（8）让“低功能”用户参与　在用户组样本中纳入“低功能”用户。仅招募“高功能”用户不会产生目标用户组的代表性样本。

（9）让语言能力低下的人参与进来　包括对医疗器械所选语言（如英语）不太熟练的人，同时注意某些医疗器械，尤其是那些在柜台销售的无需处方的医疗器械，可能会被所选语言不太熟练的人使用。

（10）公司员工作为测试参与者　不要让公司员工参加可用性测试。

（11）提供培训　充分解释您计划向测试参与者提供的任何培训的必要性和性质，确保在测试期间提供的培训与您期望在上市时提供的实际培训相匹配。

（12）提供培训材料 / 学习工具　说明测试参与者可以访问在实际使用场景中通常可用的任何医疗器械培训材料和学习工具（包括用户文档）。

（13）允许培训收益衰减　培训和测试之间应该存在延迟，这可能会实际上导致培训期间获得的知识和技能出现一些“衰减”。延迟时长应根据实际使用场景而定，至少应为 30 min 或 60min。

（14）包括足够的样本量　从每个不同用户组中抽取适当大小的样本——每组至少 15 人进行总结性可用性测试。监管机构似乎不太关心总测试样本量，但至少 15~25 名测试参与者似乎是一个不错的有效数字，如果目标用户组具有功能差异很大的细分市场并以独特的方式使用给定医疗器械，则样本量可能需要增加（有关选择合适样本量的更多信息，请参阅 8.1 节）。确保您的计划包含样本量的基本原理。

（15）识别异常值　建立将测试参与者定义为“异常值”的标准（请参阅 15.2 节），其数据应从测试后的分析中排除。如果在可用性测试之前为测试参与者提供了培训，则应制定标准，如果测试参与者无法使用指定的医疗器械，则取消其参与后续可用性测试的资格。例如，如果护士培训师根据预先建立的核心能力清单确定，当前的家庭透析患者（可用性测试候选者）不能在家中安全地使用透析机，那么这样的人就不适合参加这种医疗器械的测试。

重要的是，只有“能力评估”是“真实世界”中所提供培训的一部分时，可用性测试培训师才应该进行“能力评估”。制造商不应仅基于识别理想（从通过测试的角度）可用性测试参与者的目的而开发或实施此类评估。

（16）收集主观评估　表明您将提出开放式问题以收集“主观评估”——测试参与者对医疗器械使用安全性、标签清晰度及任何使用错误的潜在根本原因的反馈。监管机构认为这种主观反馈是对客观任务绩效数据的重要补充。

（17）收集与使用安全无关的数据　描述您计划收集的数据类型，以及您将如何分析这些数据以得出有关给定医疗器械的使用安全的结论。请务必区分您为确认而收集的数据（如观察到的使用错误、报告的根本原因、测试参与者对医疗器械使用安全的主观评估）和服务于商业利益的数据（如主观易用性和满意度评级）。说明您将优先报告与使用安全相关的主要数据和相关分析，并以不影响验证相关数据的方式（如在报告附录中）涵盖次要数据和相关分析。纯粹与可用性相关的数据和相关分析可以排除在总结性可用性测试报告之外，除非可用性缺陷可能导致治疗严重延迟，根据定义，这将使缺陷与安全相关。

（18）预先定义与安全相关的使用错误和潜在危害　列出在每个动手任务期间可能发生的与安全相关的使用错误，包括可能导致危害的任何行动或未采取行动。参考源风险分析文档，简要描述每个使用错误和相关危害。

（19）跟踪和分析险肇事故和困难　除了描述您将如何检测和记录使用错误，还应描述您将如何检测和记录险肇事故（测试参与者几乎犯了使用错误的情况）和困难（测试参与者执行特定步骤或任务时遇到困难的情况）。描述您将如何就使用错误风险和医疗器械使用安全性分析这些发现。

（20）跟踪临床发现项　临床测试结果很有价值，但不能替代可用性测试结果。您需要进行专门针对使用相关风险的可用性测试，然后（如果合适，如使用输液泵的情况）跟进在临床使用背景下进行的可用性研究。

（21）跟踪任务时间　仅在任务执行速度对安全至关重要时，任务时间才具有相关性，如治疗延迟可能使患者处于危险之中。

（22）测试生产等效医疗器械　应在生产等效医疗器械上进行总结性测试，而不是在不完整的原型上或基于计算机模拟进行。同样，总结性测试应包括生产等效标签，以及培训材料。

（23）分析使用失败　总结如何评估使用错误、测试管理员协助的实例及相关的根本原因，以确定是否需要修改医疗器械，从而将相关风险的可能性降低到可接受的水平。

（24）保护人类受试者　概述您将如何确保人类受试者受到保护（请参阅13.5节的相关内容），包括您计划如何保护人类受试者免受身体和精神伤害，最大限度地降低人类受试者的风险，以及消除测试数据的身份标识。

（25）实际执行任务　解释测试环境、场景和任务如何合理地代表实际使用条件。

（26）确保工作流程真实　指定测试参与者可以按照现实的（即自然的）工作流程执行的任务，而不是要求测试参与者以潜在的扭曲或解构方式执行孤立的步骤。

（27）按用户组报告结果　测试结果应按用户组分开，但应附有所有用户的总体表现。

何时应要求监管机构审查测试计划草案?

如果这是您第一次对给定医疗器械进行总结性可用性测试，笔者建议要求监管机构（在美国，指定是FDA）审查您的总结性（即确认）测试计划草案。如果监管机构对之前的测试计划不满意，或者即将进行的可用性测试具有特别高的风险，并且不得不重复它以解决监管问题，那么让监管机构对您的总结性测试计划审查和提出意见也很有帮助。如果您寻求监管机构的反馈，请务必在项目时间表中分配足够的时间进行审查，并在必要时修改并重新提交测试计划。在笔者撰写本文时，FDA估计其审查可能需要2~3个月的时间（请参阅7.5节的相关内容）。

1.8 您是否需要对医疗器械进行可用性测试?

监管机构和国际标准机构已将可用性测试作为事实上的要求。因此，可用性测试已成为设计开发医疗器械制造商的标准操作程序。如果未能在进行最终设计的过程中进行可用性测试，监管机构就会以使用安全数据不足为由拒绝制造商将医疗器械推向市场的许可申请。

在笔者撰写本书时（2015年年中），任何政府法律都没有明确要求对医疗器械进行可用性测试。也就是说，在“质量体系法规”中没有明确规定。相反，建议使用这种方法代替另一种可靠的、相当有效的方法来评估医疗器械的交互特性。因此，如果医疗器械制造商在医疗器械开发过程中不进行一项或多项可用性测试，他们就会面临相当大的监管障碍和责任索赔。

多年来，可用性专家、监管机构及其特定的指导文件和行业标准都将可用性测试作为确保医疗器械满足用户需求且不会引发危险用户错误的主要手段。可用性测试并不是判断医疗器械交互特性的唯一方法，因此当前的监管和指导文件并没有明确规定制造商必须根据法律进行可用性测试。但是，实际上存在着一种强制要求（如果您愿意，也可以说是一种谨慎标准），即按照上述内容中描述的方式进行可用性测试。此外，很难想象在不要求代表性用户使用给定医疗器械执行任务的情况下，还有评估特定医疗器械交互式特性的替代方法。这就像在不打开医疗器械并查看它保持多长时间的情况下评估其电池寿命。

FDA在1996年10月7日发布的修订版GMP法规中提出需要进行可用性测试，但未使用该术语。CFR规定：设计确认应确保医疗器械符合定义的用户需求和预期用途，并应包括在实际或模拟使用条件下对生产产品进行测试。

FDA在其网站上描述了CFR设计确认部分的人因工程相关性，即应使用设计确认来证明可能导致患者受伤的使用错误已降至最低。该法规要求在实际或模拟使用条件下对医疗器械进行测试。因此，实际使用条件应由代表一系列典型预期用户的测试参与者执行，以了解他们从医疗器械获取信息、操作和维护医疗器械及理解随附标签的能力。

FDA在其指导文件《医疗器械使用安全：将人因工程纳入风险管理》中进一步鼓励制造商采用可用性测试作为设计确认的一种手段：

设计确认可确定医疗器械满足预期用户的需求。医疗器械使用者的首要需求是能够在实际使用条件下安全有效地使用医疗器械。应用可用性测试方法可以直接验证用户接口设计。

出于确认的目的，使用医疗器械的生产版本、代表性医疗器械用户及实际或模拟的使用环境，并解决预期用途的所有方面尤为重要。如果在开发医疗器械时对接口组件进行了充分的小规模迭代测试，那么在设计过程结束时可能就不再需要进行广泛的验证工作。但是，有必要在具有代表性用户的实际条件下对整个系统进行一定程度的测试。以警报音量测试为例，确定患有中度听力损失的用户是否能够很好地听到警报，以使他们能够安全有效地使用医疗器械是确认此用户接口要求的重要组成部分。

此外，FDA 于 1996 年 12 月发布了《按照设计去执行》，它提供了有关如何进行可用性测试的详细指导。该文件指出：计算机微处理器提供了卓越的功能——用数据访问、操作、计算、快速完成功能和信息存储。然而，如果软件设计是在没有充分了解用户的情况下完成的，那么技术复杂性可能会对用户不利。建议设计人员在软件开发过程中，至少要利用人机界面（HCI）指南进行彻底的分析，并进行可用性测试。对用户组的全面了解是必要的，测试易用性和准确性是确保用户能够安全有效地操作、安装和维护医疗器械的唯一方法。通过迭代原型，可以在整个开发过程中测试、改进和重新测试各个设计概念。这个过程的最终结果是对一个模型进行全面测试，该模型体现了一个功能齐全的医疗器械的硬件和软件的所有用户接口特性。

FDA 的 HFE 指南（2011 年发布），标题为“工业和食品药品管理局工作人员指南草案——应用人因工程和可用性工程优化医疗器械设计”，其中指出：人因工程验证测试表明，医疗器械的预期用户可以在预期使用环境中安全有效地执行预期用途的关键任务。在验证测试期间，使用医疗器械的生产版本、有代表性的医疗器械用户、实际使用或在适当的真实环境中模拟使用，并解决预期使用的所有方面尤为重要。

2001 年，美国国家标准学会（ANSI）和美国医疗器械促进协会（AAMI）发布了 ANSI/AAMI HE 74：2001《医疗器械的人因工程设计流程》。该标准的目的之一是描述一个响应 FDA 人因工程相关指南的人因工程过程。标准发布后不久，FDA 正式认可了该标准，这意味着该机构认为该标准中规定的人因工程方法（包括可用性测试）符合其预期。由于文件年代久远，AAMI 多年前撤销了该标准，并将其实质性并入 IEC 62366：2007 中，该标准指出：HFE 设计原则的系统应用，通过涉及最终用户的测试得到加强，是识别和解决此类设计缺陷的有效手段……使用医疗器械模型或模拟的可用性测试可以识别由于不常见的物理配合和外观、不必要的复杂输入序列或模棱两可的消息导致的管道连接错误的可能性。

2004 年，IEC 发布了 IEC 60601-1-6《医用电气设备　第 1-6 部分：安全通用要求—附加标准：可用性》。该“附加”标准包含的内容与 ANSI/AAMI HE 74：2001 中的内容大致相同，作为信息性附录也适用于机械和电气类医疗器械。因此，它也将可用性测试作为确保医疗器械安全性和有效性的关键步骤。

2007 年，IEC 发布了 IEC 62366：2007《医疗器械——可用性工程在医疗器械中的应用》，适用于所有医疗器械。该标准于 2008 年被欧盟采纳为管理人因工程指南，其中 40 多次提到可用性测试，并提供了对注射泵用户接口进行细微修改的案例研究，建议制造商应该：

1）对早期原型（计算机模拟或工作模型）进行可用性测试，以确定原型是否满足安全性和可用性目标，并发现改进设计的机会。

2）进行第二次简短的可用性测试，以验证经过改进后接近最终成品的设计。

简而言之，上述文件，以及 IEC 62366 的更新版本（现在分为两部分，其中第 1 部分于 2015 年发布，第 2 部分（技术报告）于 2016 年发布）使可用性测试成为事实上的要求，即使不是一项明确的法律。此外，医疗器械制造商实际上需要进行可用性测试作为“尽职调查”（参阅 3.2 节的相关内容）。

IEC 62366：2007 的附录 K（又称修正案 1）对通过可用性测试来评估医疗器械的使用安全性和有效性这一事实上的要求创建了一个例外情况。附录 K 现在采用更新标准 IEC 62366-1：2015 中附录 C（未知来源用户接口评估）的形式，呼吁医疗器械开发商全面重新评估与具有“未知来源”用户接口的“遗留”医疗器械相关的使用相关风险。但是，这并不强制要求进行总结性可用性测试（请参阅 6.7 节的相关内容）。因此，寻求通过 CE 标识重新认证现有医疗器械（每 5 年重复一次）的制造商不一定必须对医疗器械进行可用性测试，即使它以前从未接受过此类测试。

一个重要的警告

笔者建议读者检查与进行医疗器械可用性测试相关的引用法规和指南的变化。例如，在您阅读本书时，FDA 可能已经完成了其 HFE 指南（很可能是略有修改的形式）。此外，IEC 预计将在本书出版后的一年内发布更新后的 IEC 62366 标准的第 2 部分㊀。第 2 部分将包含教程信息并介绍各种可用性工程方法，制造商可以应用这些方法以符合第 1 部分中规定的标准。

1.9 您是否必须测试较小的设计更改？

从监管的角度来看，如果较小的设计更改可能会影响用户执行与安全相关任务的方式，您就需要对其进行可用性测试。毕竟，即使是较小的设计更改，也可能会引发严重的使用错误。用户基本上看不到的微小设计更改可能不需要进行可用性测试。尽管如此，如果医疗器械从未经过测试，即使仅仅进行轻微改动，监管机构也可能会要求对其进行全面的可用性测试。

假设一家制造商在过去 5 年一直在销售已获批准的医疗器械，并且刚刚“更新”了设计以保持竞争力。新设计采用一个宽大的液晶数字（LCD）显示器，取代了技术老旧的阴极射线管（CRT）显示器，并且用薄膜键盘取代了一组机械按键。由于使用了更紧凑的内部组件，该医疗器械体积缩小了 40%，因此，它现在可以放在工作台面上而不是专用推车上。翻

㊀ 原书第 2 版于 2015 年出版，此处所说的“IEC 62366 标准的第 2 部分”指 IEC 62366-2：2016，该标准发布于 2016 年。——译者注

新后的软件用户接口的布置方式与原来的医疗器械相同，但文本菜单选项新增了图标，并且之前的单色内容已变成彩色。用户可以选择感兴趣的参数并查看定制的趋势图。尽管如此，该医疗器械的功能与前代产品几乎相同。

新设计是否需要进行可用性测试？在笔者看来，答案肯定是“是”，无论原始设计是否经过可用性测试。这是实践尽职调查的问题，监管机构也可能希望在授予医疗器械许可之前审查总结性可用性测试报告。

笔者认为可用性测试是有必要的，因为设计改进虽然可以说是微不足道，但从用户交互的角度来看却非同小可。这些增强功能将改变用户与医疗器械的交互方式，并可能影响使用安全，使以前的任何安全研究（即风险分析）过时。例如，新的键盘可能会诱使用户出现更多的数据输入错误（如按错键或双击按键），导致用户输入错误的数字（如输入“100”而不是“10”）。LCD 显示器可能会产生更多眩光，导致用户误读关键参数值。用户可能难以理解呈现在不同颜色背景上的图标和彩色文本，从而选择错误的菜单选项并延迟患者治疗。用户可能会误解趋势图，从而导致误诊和患者治疗不当。当制造商更新老设计时可能会出现这些类型的问题，但可以在可用性测试期间快速发现。

真正微小的用户接口设计更改可能不需要进行总结性可用性测试，但前提是前代医疗器械必须经过严格的可用性测试。以下是设计更改示例，这些设计更改可能不需要进一步的可用性测试，因为它们微不足道或仅用于提高可用性，几乎没有产生意外后果的可能性：

1）将医疗器械的外壳颜色从米色更改为浅蓝色。

2）将关键标签的大小增加 15% 以提高其易读性。

3）为医疗器械手柄添加更柔软的抓握套，以提高其舒适度。

4）添加电源开关防护装置。

5）使用屏幕上的圆形按钮与方形按钮。

6）安装备用电池，使医疗器械在断电时能够不间断运行长达 2h。

您需要多少测试参与者来验证微小的设计更改？

假设前代医疗器械经过了广泛的可用性测试，使用相对较小的测试参与者样本来评估微小的设计更改可能就足够了。以输液泵为例，由于软件更改，现在每 5min 发出一次提醒警报，以通知用户任何未解决的问题（即忽略警报）。除了警报，用户现在还可以查看“警报历史”屏幕，其中列出了活动的泵警报、可能的原因及警报激活的时间。除了这些变化，该医疗器械与去年通过 30 名测试参与者参加的总结性可用性测试验证的医疗器械完全相同。与其进行完整的验证测试，您或许可以用更少的测试参与者来验证新的警报和“警报历史”屏幕。笔者倾向于只进行 15 次补充测试，但要与相关监管机构核实这个数字是否足够，并考虑需要代表的不同用户组的数量。关键是将补充测试结果与原始测试报告联系起来，从而解释为什么最新的测试紧紧围绕一些新的设计元素。

如上所述，如果用户接口设计更改需要制造商申请监管批准［如 510（k）批准］，则设计更改可能需要验证性可用性测试，特别是如果前代医疗器械没有经过测试，那么当时的批准是不依赖于可用性测试的。

1.10 您如何向市场研究人员解释可用性测试方法?

应保持积极的心态，并假设可用性专家和市场研究人员之间是和谐的。然而，在为可用性测试方法（尤其是在测试参与者相对较少的情况下运行测试）的有效性进行辩护时，可用性专家应该强调他们经过验证的方法的显著效果和效率。可用性测试旨在揭示可用性问题，而不一定要确定它们发生的可能性。

市场研究人员和可用性专家应该是（而且往往是）专业的同行人士。毕竟，他们的共同目标是开发满足用户需求和偏好的产品。然而，市场研究人员和可用性专家实现类似目标的不同方法有时会导致职业间紧张关系。也许最常见的矛盾来源是选择合适的可用性测试样本量。

市场研究可能涉及从医疗器械功能、价格到可维护性等多种因素，通常涉及数百名潜在用户。大样本量通常由统计能力要求和市场研究人员如何将潜在用户组划分为离散的细分市场所决定的。此外，市场研究人员通常在多个国家 / 地区进行研究，以获得最大目标市场（如美国、德国、日本）的反馈。

相比之下，可用性测试（特别是形成性可用性测试）通常最多涉及几十个测试参与者，有时甚至只有 5~8 个。小样本量有时会引起不相信的市场研究人员的质疑甚至嘲笑，他们认为小样本测试的结果不可靠。因此，可用性专家有时会处于防守态势，被要求解释为什么他们没有采取更严格的方法来进行研究。以下是笔者支持的一些论点：

1）对于任何组织来说，以最有效和最高效的方式进行可用性测试是很重要的。研究证明，只需进行几次可用性测试环节，就可能揭示大多数（也是最严重的）用户接口设计问题。

2）可用性测试的主要目标是揭示可用性问题，而不一定要确定它们发生的可能性。因此，相对少量的测试环节通常足以发现您可能有时间和资源来解决的问题。

3）可用性测试绝对遵循收益递减法则。如果目标是识别可用性问题，您可能会在前十几次测试环节中识别出几乎所有问题。当然，如果您再进行一二十次测试，您可能会发现更多问题。在第 250 次测试中，您可能会发现另一个可用性问题。但是，您始终可以假设，有一个隐藏问题可能直到第 1000 次或第 10000 次测试时才会暴露出来。关键是要进行足够多的测试以确信您已经确定了主要的甚至中等程度的可用性问题，然后修改设计并进行更多测试。就一般可用性测试而言，医疗器械制造商最好分散地进行三次 12 人参加的可用性测试，而不是进行一次由 36 人参加的形成性可用性测试。

4）例如，涉及 5~12 名测试参与者的形成性可用性测试与权威教科书、标准和关于人因工程和可用性测试的监管法规相匹配。

5）FDA 等组织和多项人因工程标准都承认，5~8 名测试参与者的形成性可用性测试和

15~25 名测试参与者的总结性可用性测试都得出高质量的结果。值得注意的是，这些样本量是指应代表每个不同用户组的测试参与者数量。

6）即使您发现 12 名测试参与者的可用性测试中，只有一两个人遇到了重大的可用性问题，也建议您分析用户接口设计以查看是否有必要进行设计更改。至于测试结果是否具有高置信度的统计意义是没有意义的。实用起见，即使可用性问题只出现一两次，您也应该考虑改变设计，因为在成百上千次的使用过程中，这种使用错误很可能会出现很多次。

可用性专家通常不愿意批评市场研究人员进行的大型研究，反之，他们也不希望因进行小型研究而被市场研究人员批评。每种类型的专业人士都以明智的和注重资源的方式应用他们的专业标准来服务他们的用户（内部或外部）。

您可以将市场研究整合到可用性测试中吗?

从理论上讲，制造商应该分别独立地进行市场研究和可用性测试。但是，您可以在最终访谈中加入一些市场研究类型的问题。例如，您可以要求测试参与者对医疗器械概念的可行性发表评论，并确定该医疗器械相对于市场上其他医疗器械的优势。如果您选择在最终访谈中加入此类问题，请确保在有关医疗器械的可用性和安全性的问题之后提出这些问题，并且不会影响任何可用性测试目标。

参考文献

1. U. S. Food and Drug Administration（FDA）. 2009. *Is the Product a Medical Device*? Retrieved from http：// www.fda.gov/MedicalDevices/DeviceRegulationandGuidance/Overview/ClassifyYourDevice/ucm051512.htm.

2. European Union. 1993. *Council Directive 93/42/EEC of June 14，1993 Concerning Medical Devices. Article 1：Definitions，Scope*. Retrieved from http：//eur-lex. europa. eu/LexUriServ/LexUriServ. do? uri=CELEX：31993L0042：EN：HTML. *Note*：Only European Union legislation printed in the paper edition of the *Official Journal of the European Union* is deemed authentic.

3. U.S. Food and Drug Administration（FDA）. 2009. *General and Special Controls*. Retrieved from http：// www.fda.gov/MedicalDevices/Device Regulationand Guidance/Overview/GeneralandSpecialControls/default.htm.

4. Kinnealey，E.，Fishman，G.，Sims，N.，Cooper，J.，and DeMonaco，H. 2003. *Infusion Pumps with"Drug Libraries"at the Point of Care—A Solution for Safer Drug Delivery*. Retrieved from http：//c.ymcdn. com/sites/www.npsf.org/resource/collection/ABAB3CA8-4E0A-41C5-A480-6DE8B793536C/Kinnealey2003_NPSF.pdf.

5. Food and Drug Administration（FDA）/Center for Devices and Radiological Health（CDRH）. 2011. *Draft Guidance for Industry and Food and Drug Administration Staff—Applying Human Factors and Usability Engineering to Optimize Medical Device Design*. Retrieved from http：//www.fda.gov/downloads/MedicalDevices/DeviceRegulationandGuidance/GuidanceDocuments/UCM259760.pdf.

6. Design Validation. *Code of Federal Regulations*，21 CFR 820.30，Pt. 820，Subpart C，Subsection G. Retrieved from http：//www.accessdata.fda.gov/scripts/cdrh/cfdocs/cfcfr/CFRSearch.cfm? FR=820.30.

7. Food and Drug Administration（FDA）. 2000. *Medical Device Use-Safety：Incorporating Human*

Factors Engineering into Risk Management. Retrieved from http：//www.fda.gov/downloads/MedicalDevices/.../ucm094461.pdf.

8. Norman，D. A. 1988. *The Design of Everyday Things*. New York：Doubleday.

9. International Electrotechnical Committee（IEC）. 2007. *IEC 62377：2007：Medical Devices—Application of Usability Engineering to Medical Devices*. Geneva，Switzerland. Paragraph 3. 21.

10. EpiPen® Auto-injector dosing. Retrieved from https：//www.epipen.com/hcp/about-epipen/dosage-and-administration.

11. Story，M. and Nguyen，Q. Identifying use errors and human factors approaches to controlling risks. *Public Workshop：Quarantine Release Errors*，September 13，2011. Slide 23.

12. International Electrotechnical Committee（IEC）. 2015. *IEC 62366-1：2015：Medical Devices—Part 1：Application of Usability Engineering to Medical Devices*. Geneva，Switzerland.

13. FDA Perspectives on Human Factors in Device Development，Molly Follette Story，PhD，FDA/CDRH/ODE. Understanding Regulatory Requirements，for Human Factors Usability Testing，RAPS Webinar—June 7，2012. Slide 36. Available at http：//www.fda.gov/downloads/MedicalDevices/DeviceRegulationandGuidance/HumanFactors/UCM320905.pdf.

14. Food and Drug Administration（FDA）. 2000. *Medical Device Use-Safety：Incorporating Human Factors Engineering into Risk Management*. Retrieved from http：//www.fda.gov/downloads/MedicalDevices/.../ucm094461.pdf.

15. Food and Drug Administration（FDA）. 1996. *Do it by Design：An Introduction to Human Factors in Medical Devices*，pp. 11，28. Retrieved from http：//www.fda.gov/downloads/MedicalDevices/DeviceRegulationandGuidance/GuidanceDocuments/ucm095061.pdf.

16. FDA/CDRH，2011，p. 23.

17. Association for the Advancement of Medical Instrumentation（AAMI）. 2001. *ANSI/AAMI HE74：2001 Human Factors Design Process for Medical Devices*. Arlington，VA：Association for the Advancement of Medical Instrumentation，p. 2.

18. These regulations have been incorporated into IEC 62366，which applies to a broader set of medical devices than the original standard. International Electrotechnical Commission（IEC）. 2007. *IEC 62366：2007，Medical Devices—Application of Usability Engineering to Medical Devices*. Geneva，Switzerland：International Electrotechnical Commission.

19. International Electrotechnical Commission，*IEC 62366：2007，Annex D，Section D.3.2.2*，p. 45.

20. Virzi，R. A. 1992. Refining the test phase of usability evaluation：How many subjects is enough? *Human Factors* 34：457–468.

21. Dumas，J.S. and Redish，J.C. 1999. *A Practical Guide to Usability Testing*（rev. ed.）. Portland，OR：Intellect.

22. Association for the Advancement of Medical Instrumentation（AAMI）. 2013. *ANSI/AAMI HE75：2013 Human Factors Engineering—Design of Medical Devices*. Arlington，VA：Association for the Advancement of Medical Instrumentation，Section 9.3.2.

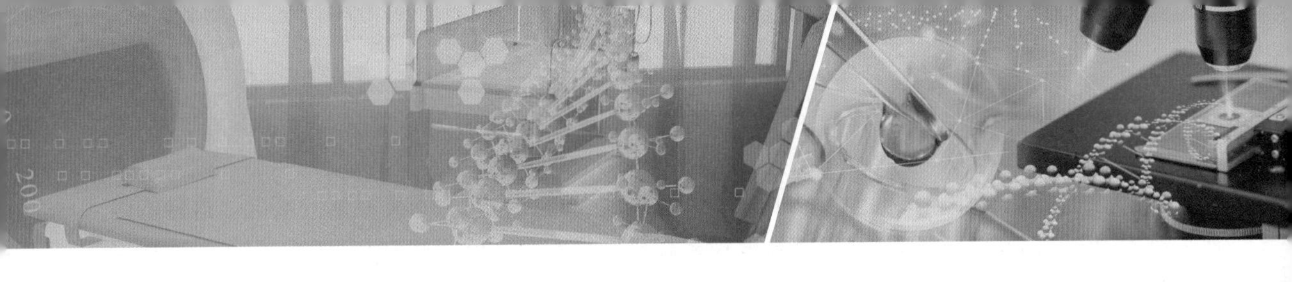

第2章　风险管理和可用性测试

 2.1　可用性测试和风险管理之间的关系是什么？

可用性测试应该是整体风险管理计划的一部分。测试有助于确定使用医疗器械是否会带来在医疗器械上市前应降低或消除的风险。因此，总结性可用性测试应侧重于处理根据先前的分析和形成性可用性测试得出最大风险的任务。

风险管理是医疗器械开发商在特定场景中识别并最大限度地降低与使用医疗器械相关的风险的过程。参与该过程的人员（如风险管理人员）识别医疗器械的基本危害（如短路）及与使用它相关的潜在有害事件（如错误地将传感器插入交流电源），根据危险事件发生的可能性和严重性估计风险水平，并采取措施降低不可接受的风险。可能的风险减轻措施包括软件和硬件用户接口设计更改、警告标签、说明书和培训。

原则上，风险管理过程将风险降低到可接受的最低限度，但不一定能消除它。因此，医疗器械通常具有所谓的残余风险，即医疗器械可能造成人身伤害和损害的可能性。

FDA 等监管机构基本上要求制造商进行总结性（即确认）可用性测试，以判断与用户接口相关的风险减轻措施的有效性。推而广之，监管机构希望制造商了解用户在使用医疗器械执行一系列综合任务时是否犯了任何危险的使用错误。

因此，可用性测试和风险管理是密不可分的。正如 11.4 节的相关内容所述，测试计划人员需要审查风险分析文档，以确定最适合纳入总结性可用性测试中的任务集。如果测试计划人员想在开发可以成功确认的医疗器械时抢占先机，他们可能会采用相同的方法来选择形成性可用性测试任务。

在理想情况下，设计开发人员将找到一种方法来完全消除医疗器械危害，从而将相关风险降至零。例如，他们可能会消除医疗器械上可能导致划伤的锐利边缘，或者对输液泵进行编程以计算适当的输液速度，而不是要求用户执行计算，因为这可能会导致数学计算错误。在其他情况下，制造商可能无法消除危害，但至少能够实施保障措施。例如，激光治疗设备可能需要用户执行两个连续动作来发射激光。这种类型的风险减轻措施并不能真正消除意外损坏激光的可能性，需要通过总结性可用性测试进行确认。具体来说，您将指导测试参与者模拟发射激光，并确认他们了解其操作的后果，而且没有发生意外发射的情况。这样的确认工作可能看起来很敷衍。您可能会假设保障措施只要存在就能达到其目的。但是，值得确认的是保障措施的有效性，因为当人们与医疗器械交互时，可能会发生不可预测和违反常规直觉的事情。此外，为响应先前发现的可用性问题而实施的风险减轻措施可能会引入意想不到的新危害。

FDA 的 HFE 指南更深入地阐述了可用性测试与风险管理的关系。

2.2 可用性测试能否识别与使用相关的危害?

可用性测试是发现使用相关危害的一种特别有效的方法。通常，测试管理员会目睹开发人员从未想过会发生的使用错误。制造商最好在开发过程中尽早进行可用性测试，以便在更容易减少或消除风险时识别风险。为了发现最广泛的潜在使用相关危害，测试应同时探索常见和不常见的医疗器械使用场景。

FDA 的 HFE 指南要求医疗器械制造商关注“使用错误涉及未能感知、阅读、解释或识别来自监测或诊断测试医疗器械的信息并采取行动，以及对提供医疗服务的医疗器械进行不当处理（如无效或危险治疗方法)。”该指南列出了可能导致使用相关危害的医疗器械和使用环境特征。

正如 2.1 节中所讨论的那样，可用性测试是确定旨在防止危险使用错误（即风险减轻措施）的设计功能是否有效的主要手段。可用性测试也是发现在先前分析中可能逃脱检测的危险的有效方法，这些危险主要是在模拟医疗器械使用期间无害，但在实际（即真实世界）使用中可能存在危险的类型。当然，应采取预防措施以确保可用性测试不会使测试参与者面临实际危险（请参阅 13.5 节的相关内容)。

发现与使用相关的危害（如果有的话）的好时机是在早期的形成性可用性测试期间。更糟糕的时机是在总结性可用性测试期间，因为测试的目的是确认设计而不是确定进一步改进的机会。尽管如此，在医疗器械开发过程的后期发现与使用相关的危害肯定比在医疗器械投入实际使用之后发现更好。

在可用性测试期间，当测试参与者执行可能被视为常规和良性的任务时，可能会发生在实际使用场景中可能很危险的使用错误。但是，危险的使用错误更容易在紧张的情况下发生，例如以下情况：

1）测试参与者在未经培训的情况下首次使用医疗器械（或原型样机）（现实生活中发生的频率比大多数医疗保健消费者愿意相信的更高)。

2）电话、同事请求帮助、其他医疗器械的警报和其他事件分散了测试参与者的注意力（请参阅 10.1 节的相关内容，了解如何将这些干扰因素纳入可用性测试)。

3）测试参与者正在执行一项特别困难的任务，该任务突破了他的身体能力（如灵巧性）和认知能力（如记忆力）的极限。

4）由于整个诊所停电，测试参与者在昏暗的照明条件下设置医疗器械。

您的可用性测试计划应该说明您的测试方法是如何通过创建一个具有合理代表性的使用

环境，并在一个合理的使用场景中提出任务，从而最大限度地实现任务的真实性。

不要对可用性测试期间出现新的、具有潜在危险的使用错误感到惊讶。要预测用户与新医疗器械交互的每一个细微差异几乎是不可能的。例如，笔者曾观察到一种安全机制未能保护用户免受锋利的导引针头的伤害，医疗器械警报音超出老年测试参与者的听力范围，以及用户接口导致用户无意中在先前设置的输液流速上添加数字而不是覆盖它。

上述使用错误可能看起来很奇怪，但它们并不比许多导致实际患者受伤和死亡的错误更奇怪。不信的人可以阅读医疗器械报告系统的一些使用错误以获得佐证。

2.3　什么是危险的使用错误？

危险的使用错误是那些可能导致人员伤亡和财产损失的错误。彻底和现实的风险分析将检查预期的和不寻常的使用场景，以及典型和“最坏情况”用户的预期行为，以确定潜在使用错误的可能性和后果。原则上，医疗器械开发商必须将与使用相关的风险降低到可接受的低水平，然后才能获得监管许可，从而销售相应医疗器械。

医疗器械的总结性（即确认）可用性测试必须特别注意可能导致危险使用错误的任务和交互。虽然监管机构和标准认识到通用医疗器械可用性的重要性，但确保医疗器械安全是他们的首要任务。换句话说，如果医疗器械能够让用户快速且满意地执行任务固然好，但最重要的是确保用户不会受到伤害。

当您准备进行总结性可用性测试时，医疗器械开发人员应该已经进行了相对完整的风险分析。这种分析识别了预期（有时是非预期）用户可能遇到的危险并判断危险事件发生的可能性和潜在后果（即伤害或财产损失）的严重性。

国际标准化组织（ISO）发布的 ISO 14971：2007 为危险事件（即伤害）的可能性分类提供了以下指导。

1）频繁（可能性 $\geq 10^{-3}$）

2）可能（$10^{-4} \leq$ 可能性 $<10^{-3}$）

3）偶尔（$10^{-5} \leq$ 可能性 $<10^{-4}$）

4）不大可能（$10^{-6} \leq$ 可能性 $<10^{-5}$）

5）不可能（可能性 $<10^{-6}$）

该标准为危险事件的严重性分类提供了以下指导。

1）灾难性：导致患者死亡。

2）危急：导致永久性损伤或危及生命的伤害。

3）严重：导致需要专业医疗干预的伤害或损害。

4）轻微：导致不需要专业医疗干预的暂时性伤害或损伤。

5）可忽略不计：造成不便或暂时不适。

表 2-1 列出了可能性 - 严重性矩阵举例，说明了一些制造商如何联合检查可能性和严重性，以确定哪些风险是可接受的，哪些是不可接受的，后者需要在医疗器械上市之前采取某

种形式的风险减轻措施。

根据表 2-1，最左边一列是危害可能性分类，最上面一行是危害严重性分类，可用性测试计划者应该选择和优先考虑与阴影区域中的风险相关的任务（请参阅 11.18 节的相关内容）。已识别、估计的风险绘制在图表中并标记为 R_i。例如，表 2-1 中表明制造商识别并分类了 6 种风险（即 R_1、R_2、R_3、R_4、R_5、R_6）。原则上，在进行总结性可用性测试之前，应通过以下各种方式降低不可接受的风险：

1）重新设计硬件零件以消除危险。

2）安装防护装置以防止直接暴露于危险中。

3）在医疗器械上放置警告以提醒用户注意危险。

4）添加或修改说明以提醒用户注意危险和避免危险的方法。

表 2-1　可能性 - 严重性矩阵举例

半定量，补救前可能性分类	定性的、风险减轻前的严重性分类				
	可忽略不计	轻微	严重	危急	灾难性
频繁					
可能	R_1	R_2			
偶尔		R_4		R_5	R_6
不大可能					
不可能			R_3		

注：无阴影框 = 可接受的风险；阴影框 = 不可接受的风险。

将向用户提供的信息作为降低风险的方法的局限性

读者应注意，更改说明书和培训可以减少使用错误的机会，因此是降低风险的实用方法。这与医疗器械指令 93/42/EEC 的基本要求 13.1 一致，即“考虑到潜在用户的培训和知识，每种医疗器械必须附有安全和正确使用所需的信息，并标明制造商。”然而，EN 14971：2012（ISO 14971 的欧洲统一版本）表明，“制造商不得将任何额外的风险降低归因于向用户提供的信息。”因此，一些欧洲监管机构可能期望制造商通过“向用户提供信息”以外的方式（如说明、警告、培训）将使用错误的风险降低到可接受的水平。尽管如此，“向用户提供的信息”肯定会起到促进安全有效使用医疗器械的作用。通过其他方式降低风险以符合标准并不能消除对高质量“向用户提供的信息”的需求，这仍然是医疗器械整体用户接口的重要组成部分。本着这一精神，进行可用性测试是一种可以评估“向用户提供的信息”的方法，以确定它是否有助于防止使用错误，或者如果信息有问题，是否可能会导致使用错误。

如果是这样，总结性可用性测试将证明风险减轻措施是否成功和有效。否则，可用性测试可能会显示指定的医疗器械仍然容易引发危险的使用错误，并且有必要进一步降低风险。

表 2-2 列出了将已识别的风险与潜在的使用错误和测试任务联系起来的假设案例。

表 2-2　将已识别的风险与潜在的使用错误和测试任务联系起来的假设案例

注射泵	原始设计缺点	电源按钮容易被意外按下
	危险事件	停止治疗可能会导致不良影响（如血压急剧下降）
	危险事件可能性	偶尔：用户不小心撞到电源按钮，使泵停止运行
	后果严重程度	危急：患者得不到关键治疗，导致受伤
	风险水平	不可接受
	风险减轻措施	软件更改：①用户必须按住电源按钮 3s，同时显示屏倒计时至关机；②泵在关机期间每秒发出一次蜂鸣声，并在关闭时发出独特的提示音
	可用性测试目标	确定测试参与者是否会意外关闭泵
	确认方法	1）指导测试参与者按下开 / 关按钮 1s 后松开，然后让测试参与者解释泵的响应 2）指导测试参与者关闭泵
	讨论	观察测试参与者可能多久犯下可能很少见的（千分之一）使用错误，如撞到电源按钮，是不切实际的。因此，虽然您可以在测试参与者执行其他任务时监控此类事件的发生，但模拟该事件（即告诉测试参与者您正在模拟意外的动作）也很有意义。在这种情况下，您可以通过观察用户有意关闭泵并查看其是否遇到任何困难或对保护功能有任何担忧来跟进测试过程
透析机	原始设计缺点	用户在治疗期间必须运行外部钙输液泵，以补充在血液过滤期间从患者体内排出的钙
	危险事件	未能开始钙输注会导致患者出现低钙血症
	危险事件可能性	可能：用户经常会被其他机器、患者或需要他注意的紧急情况分散注意力
	后果严重程度	严重：患者出现低钙血症，需要静脉输钙。用户可能会在收到每 4~6h 执行一次的测试结果后检测到患者的低钙血症
	风险水平	不可接受
	风险减轻措施	软件更改：用户开始透析治疗 2min 后，透析机的软件用户接口上会出现开始钙输注的提醒
	可用性测试目标	确定测试参与者是否正确理解了开始透析后开始钙输注的提醒
	确认方法	1）将测试参与者引导到测试环境时，指出模拟的钙输液泵（和其他模拟元件），并指导测试参与者根据需要与模拟元件进行交互以完成任务 2）指导测试参与者设置并开始透析治疗
	讨论	创建一个模拟环境，要求测试参与者控制模拟钙输液泵并执行其他仿真的交互（如在模拟监视器上检查患者的生命体征、接听医生电话）。当测试参与者开始透析治疗并出现屏幕提醒时，记录测试参与者是否按下模拟钙输液泵的电源按钮或说他或她将开始钙输注
血糖仪	原始设计缺点	提示用户输入并确认试纸代码的消息会在 3s 后从用户接口消失，无须用户输入
	危险事件	错误编码的试纸可能会导致血糖检测结果不准确
	危险事件可能性	不大可能：用户只需在开始使用新瓶试纸时确认试纸代码即可
	后果严重程度	轻微：血糖仪产生不准确的血糖测试结果，可能导致不正确的胰岛素用量或碳水化合物消耗量
	风险水平	可接受
	风险减轻措施	软件更改：测试条代码确认屏幕出现在用户接口上，直到用户通过按 <Enter> 键确认或调整值后按 <Enter> 键确认将其关闭

（续）

血糖仪	可用性测试目标	确定测试参与者在开始使用新瓶试纸时是否正确设置并确认试纸代码
	确认方法	要求测试参与者使用血糖仪和新试纸模拟测试他的血糖水平
	讨论	向测试参与者展示原始包装中的血糖仪和试纸。观察测试参与者是否意识到需要在进行血液测试之前输入试纸代码。确定测试参与者是否在血糖仪中输入了正确的代码。在重复验血后，给测试参与者一包新的试纸，并确定他或她是否意识到需要输入新代码并正确输入

一些风险分析考虑了用户发现故障（如使用错误）的可能性，使他们有机会避免负面结果。以下是一个典型可检测评级量表（见表 2-3），将较高值分配给不易检测到的事件。

表 2-3　典型可检测评级量表

等级	说明
10	绝对不确定性的检出机会
9	几乎不可能的检出机会
8	极低的检出机会
7	很低的检出机会
6	低检出机会
5	中等检出机会
4	中高等的检出机会
3	高的检出机会
2	非常高的检出机会
1	几乎确定的检出机会

如果考虑可检测性，您应该为与发生频率和结果严重程度相关的类别分配数字等级（如 1~10 级)。使用三个维度的数字表，将发生频率（如 3 级)、结果严重性（如 4 级）和事件可检测性（如 2 级）的单个评级相乘，以确定所谓的风险优先级数（RPN）（如 2 级、4 级)。笔者认为，以这种方式考虑可检测性是很有意义的，因为明显的故障显示可能是用户检测和纠正其使用错误与未检测到的使用错误导致患者受伤害之间的区别。

创建一个可能性 - 严重性矩阵

制造商采用不同的评分方案，但最终根据可能性（即概率）和严重性对与使用相关的风险进行排名。本章中的可能性和严重性评级只是制造商创建矩阵来总结各种风险严重性的一种方式。如 ISO 14971 所述，制造商可以创建具有不同定量或定性水平的矩阵。例如，您可以使用更抽象的定性级别，如低（“不太可能发生，罕见”)、中（“可能发生，但不频繁”）和高（“可能发生，频繁”)，而不是用数字表示可能性；您可以选择使用三个或四个级别来描述已识别的危害，而不是采用五个严重性等级（即灾难性、危急、严重、轻微、可忽略不计)。重要的是不要低估用户犯错的可能性。因此，彻底和现实的风险分析应该考虑最坏情况下的用户和不寻常的使用场景。

2.4 可用性测试是评估危险使用错误发生可能性的可靠方法吗?

可用性测试是识别用户在使用医疗器械时可能犯下的使用错误的有效方法。但是，它并不是评估医疗器械使用安全性的“灵丹妙药”。某些类型的使用错误在可用性测试期间不太可能发生，并且大多数测试中使用相对较小的样本量，不太可能对使用错误发生的可能性产生具有统计意义的估计。这就是为什么您应该将可用性测试视为降低使用相关风险的整个系统中的一个组成部分。

安全专家认识到对危险进行多层防范的价值。例如，如果一家游泳池制造商想要保护消费者免受意外伤害，它应指导业主：①在游泳池周围竖起围栏；②在大门上安装儿童安全锁；③张贴独自游泳和浅水区潜水的危险警告；④通过各种方式（如课程、视频、安全册）学习安全操作方法。

以类似的方式，医疗器械制造商可以（并且实际上被强制要求）采取多层方法来识别医疗器械可用性问题，包括审查涉及同类和前代医疗器械的使用相关问题的报告、进行设计评审（根据既定的人因工程程序判断设计是否适当）、进行可用性测试，以及在某些情况下进行临床试验。如果缺少其中一个步骤，最终用户将更有更高的概率遇到可用性问题。也就是说，进行一项或多项可用性测试可能有助于识别大多数可用性问题，尤其是主要问题，从而使制造商有机会在医疗器械上市之前对其进行纠正。

> 问题报告系统
>
> 急救医学研究所（ECRI）（https：//www.ecri.org/）建立了第一个医疗器械问题报告系统，呼吁医院工作人员（如生物医学工程师、护士、风险管理人员）、医疗保健专业人员和患者报告医疗器械问题和使用错误。一个医学专家团队调查每个报告的事件，并在该研究所的期刊 *Health Devices* 的“Hazard Reports”中突出显示反复出现的问题，并通过其危害和召回警报系统向医院发布。2009 年 9 月 17 日，ECRI 的健康技术、评估和安全副总裁吉姆·凯勒（Jim Keller）与笔者之一的电话交谈中估计，大约 75% 的报告使用错误可以追溯到用户接口设计缺陷。除了管理其医疗器械问题报告系统及相关的危害和召回数据库，ECRI 还出版月刊 *Health Devices*。每期期刊都聚焦某种类型的医疗器械［如患者升降机、计算机断层扫描（CT）仪］，并提供各种因素的比较评估数据，包括整体性能、安全性、质量、人因工程设计和易用性。

当然，有些可用性问题比其他问题更难检测。就像耐药菌一样，似乎存在抗可用性测试的可用性问题。它们是在数十次测试过程中可能仅出现一次的问题类型，或者它们可能仅在临床试验期间或医疗器械投入商业使用后才会显现出来。

以下是一些触发可用性问题，但在可用性实验室环境中难以预测或重现的现实因素：

1）分散用户注意力并导致他们犯遗漏错误的环境条件和事件（如未能确认医疗器械设置并导致医疗器械默认为之前的设置）。

2）与医疗器械的异常物理交互可能导致部件松动、损坏和意外输入（如双键按下时，按键抖动算法会对其进行抑制）。

3）独特的文化背景和经验导致一小部分用户误解符号、图标或文本标签。

4）涉及医疗器械的意外交互，可能存在于实际医疗环境中，但不存在于可用性测试场景中（如将鼻饲管连接到气管袖带充气管）。

5）导致一些用户故意跳过程序步骤并以“创新”方式操作医疗器械以实现目标的工作条件（如时间压力），临床医生称之为变通方法。

6）长期形成的习惯，导致用户在应对医疗器械事件（如警报）时变得不那么警惕。

7）干扰正确信息传递的工作场所事件（如轮班人员流动），可能导致错误（即有意但错误的操作）。

8）社会学问题（如工作场所等级制度）和人员问题（如分配临时护士或所谓的巡回护士执行不熟悉的任务），可能导致缺乏经验的 HCP 使用其未受过有效使用培训的医疗器械。

为了在您的可用性测试计划中考虑到这些现实世界中的因素（请参阅 7.1 节的相关内容），您可以在测试环境中引入现实的干扰（请参阅 10.1 节的相关内容），甚至在医疗模拟器中进行测试（请参阅 9.2 节的相关内容），这些模拟场地可以呈现这里提到的一些影响性能的条件。但是，您仍然有可能无法引发和检测所有可用性问题。这正是监管机构希望制造商进行上市后监督并报告重大问题的原因。

2.5 您是否必须评估每一项风险减轻措施？

实际上，每个医疗器械都包含旨在保护用户免受伤害的用户接口功能。我们将这些功能称为风险减轻措施（也称为风险控制措施），制造商负责通过包括总结性可用性测试在内的各种方式确认其有效性。一种简单而彻底的确认方法是制定与使用相关的风险减轻措施的完整列表，并评估所有这些措施，但已完全消除原始危害的措施除外。

当您尝试确定哪些风险减轻措施需要通过总结性可用性测试来确认时，可能会感到困惑。由于最终目标是确认医疗器械的用户接口有助于用户与给定医疗器械进行安全有效的交互，因此，如果制造商在医疗器械上添加警告以防止潜在的危险使用错误（例如，在应将呼吸机置于儿科模式时以成人模式操作呼吸机），则应设计可用性测试以确定预期用户是否会理解并注意该警告。

最初，用户接口设计人员和风险管理人员应合作识别与使用相关的风险，首先识别潜在的使用错误，然后评估可能出现的潜在危害的可能性和严重性。理想情况下，此活动发生在开发过程的早期，以便用户接口设计人员可以设计不存在危险的医疗器械，引入针对指定危险的保护措施，就有关危险、潜在危害和避免方法向用户发出警告，或要求制定说明并提供培训以帮助防范危险。如果通过设计消除了原始风险（这是一个很好的结果），您可能想知道如何确认不存在的风险是否得到有效减轻。毕竟，“减轻”一词意味着减少而不是完全消除。

另一个潜在的混淆点是总结性可用性测试应该关注最高风险。然而，最初的高风险可能已经被消除或充分降低，从而变成了低风险。这就是进行风险分析和实施风险减轻措施的关键。因此，对早期和后续风险分析的回顾显示了一些倒置现象，并提出了一个问题：您应该关注最初（风险减轻前）构成最高风险的用户任务还是随后（风险减轻后）构成最高风险的任务？为全面起见，笔者建议进行总结性可用性测试，重点关注最初构成并随后构成最高风险的任务，但不要关注已经无可辩驳地降低到零的风险。

以下是一些指导原则。

1）最好的风险减轻措施是完全消除相关危害，从而无须评估风险减轻措施。例如，如果存在用户忘记校准医疗器械的风险，那么明智的风险减轻措施就是消除校准的需要。稍后在总结性可用性测试期间，将没有什么需要确认的，因为不会有剩余的危险。要求测试参与者校准医疗器械是不合逻辑的，因为该任务变得不适用和不可能。

2）要求测试参与者执行可能造成与以前（风险减轻前）高风险相关的使用错误的任务。有时，这些任务似乎毫无意义，因为风险减轻措施看起来非常有效。例如，与意外关闭医疗器械相关的高风险可能会通过以下方式显著降低：①在电源按钮上放置一个铰链式塑料防护装置；②要求用户连续按下按钮 5s；③甚至可能要求用户通过触摸屏幕上的确认按钮来确认他们关闭医疗器械的意图。尽管如此，风险减轻措施仍需要通过基于用户的测试而不是检查（即确认）进行验证。好消息是，几乎所有用于验证其他风险减轻措施的用户任务（或一组任务）都可能验证防止意外关闭医疗器械的保护措施。在其他情况下，这些任务似乎是确定风险减轻措施是否有效的重要手段。

3）制造商通常将警告、使用说明书和培训作为主要的风险减轻措施——与旨在消除或降低风险的设计更改相比，监管机构认为这些风险减轻措施相对较弱。在这些情况下，总结性可用性测试是确定风险减轻措施是否有效的有效手段。例如，呼吸治疗师的任务可能是为儿童使用呼吸机做好准备。这样的任务将评估产品上关于将呼吸机置于正确模式（儿童与成人）的警告的有效性，特别是如果测试人员将呼吸机预先配置为以成人模式起动。

4）一项任务可用于评估多项风险减轻措施，而一项风险减轻措施可能会在多项任务期间重复评估。为了确保完整的评估，在可用性测试计划中列出与使用相关的风险及相关任务是有帮助的。

5）对保留了制造商认为不可接受的风险的医疗器械进行总结性可用性测试是没有意义的。因此，总结性可用性测试始终关注所有与使用相关的风险都被认为是可接受的医疗器械（风险减轻后），即使剩余风险水平很高，但由于医疗器械的较高的比较收益而被认为是可以接受的。

未发现的风险怎么办?

在给定任务期间可能发生，但没有人预见或通过其他方式发现的使用错误该怎么处理? 如果您在总结性可用性测试期间没有对所有用户任务进行评估，那么用户接口设计缺陷是否会逃脱检测?

原则上，在形成性可用性测试期间很可能出现使用错误，这就是监管机构强烈鼓励制造商进行一次或多次形成性可用性测试的原因。例如，监管机构将一系列形成性可用性测试视为检测使用错误的一种特别有效的方法，这些错误在进行任务分析、评估类似医疗器械的操作历史，以及观察和采访目标用户时可能并不会显现出来。

因此，全面的形成性可用性测试的历史可以作为从总结性可用性测试中消除某些常规任务的理由，因为您之前已经确定它们风险很小或没有风险。

参考文献

1. Food and Drug Administration（FDA）/Center for Devices and Radiological Health（CDRH）. 2011. *Draft Guidance for Industry and Food and Drug Administration Staff—Applying Human Factors and Usability Engineering to Optimize Medical Device Design*. Retrieved from http：//www.fda.gov/downloads/MedicalDevices/DeviceRegulationand Guidance/GuidanceDocuments/UCM259760.pdf.

2. Food and Drug Administration（FDA）/Center for Devices and Radiological Health（CDRH）. 2011. *Draft Guidance for Industry and Food and Drug Administration Staff—Applying Human Factors and Usability Engineering to Optimize Medical Device Design*. Retrieved from http：//www.fda.gov/downloadsMedicalDevices/DeviceRegulationandGuidance/GuidanceDocuments/UCM259760.pdf.pp.6–7.

3. U. S. Food and Drug Administration（FDA）. *Medical device reporting*（*MDR*）*database*. http：//www.accessdata.fda.gov/scripts/cdrh/cfdocs/cfMDR/Search.cfm.

4. International Organization for Standardization（ISO）. 2007. *ISO14971*：*2007—Medical Devices—Application of Risk Management to Medical Devices*. Geneva，Switzerland：International Organization for Standardization，Table D. 4.

5. ISO 14971：2007，Table D. 3.

6. ISO 14971：2007，Figure D. 5.

7. Official Journal of the European Communities. 1993. Council Directive 93/42/EEC. *Council Directive Concerning Medical Devices*. Section 13. 1，page 30.

8. CEN/CENELEC. 2012. *EN 14971*：*2012*：*Medical Devices—Application of Risk Management to Medical Devices*. Brussels，Belgium：CEN-CENELEC Management Centre.

9. Quality Associates International. *Severity*，*Occurrence*，*and Detection Criteria for Design FMEA*. Retrieved from http：//www.fmeainfocentre.com/guides/DesignPktNewRating.pdf.

10. International Organization for Standardization（ISO）. 2007. *ISO 14971*：*Medical Devices—Application of Risk Management to Medical Devices*. Geneva，Switzerland：International Organization for Standardization.

第3章 商业活动

3.1 测试如何影响开发进度？

与任何其他医疗器械开发活动一样，可用性测试需要时间。不过，通过充分的计划，可用性测试可以通过引导设计朝着成功的方向发展而缩短整体开发进度，并揭示那些如果发现得太晚可能会严重影响进度的可用性问题。

不知情或有抵触情绪的项目经理可能会忽视可用性测试的实用性和监管要求，因为他们紧张的开发进度不允许进行这样的活动。随着无数营销、设计、工程和监管活动填满典型的医疗器械开发时间表，可用性测试似乎是一个额外的、（也许是）多余的负担。但是，可用性测试并不会明显影响医疗器械开发进度。事实上，它可以加快开发进度，原因如下：

1）形成性可用性测试帮助开发团队做出设计决策并继续开发设计，而不是因为内部对用户接口设计问题的分歧而停滞不前。

2）形成性可用性测试可以在开发过程的早期识别用户接口设计问题，因为它们可以在没有明显延迟的情况下相对容易（且成本低廉）地进行修复。

3）形成性可用性测试可能有助于识别对用户需求的误解和设计原理中的基础缺陷，使设计开发团队能够在工程师投入过多精力开发产品之前重新考虑其设想。

4）一系列可用性测试（如 2~3 次形成性测试和 1 次总结性测试）可能会识别并帮助解决所有主要的可用性问题，从而大大降低在临床试验或产品发布时出现与安全相关的可用性问题的概率。

诚然，如果不及早、有效地将可用性测试纳入整个开发过程，可用性测试可能会延长开发时间。因此，测试的时间应该是这样安排的：①不会干扰关键路径；②在适当的开发阶段提供设计输入，使并行活动能够以最佳速度进行。这样做，可用性测试怀疑论者通常会成为最大的支持者，他们经常会得出“我们需要在所有未来的开发工作中尽早并经常进行可用性测试”的结论。

在本地进行一次简单的、形成性可用性测试可能共需要 6 周的时间，包括计划、机构审查委员会（IRB）审查、招募、测试、分析数据和撰写报告。但是，实际的测试时间可能不超过 1 周，有时甚至只有几天。因此，认为可用性测试会减慢开发工作的速度是一种夸张的说法。

计划、执行和报告可用性测试的结果需要多少时间?

您可以在最短 6 周内完成可用性测试。我们通常留出 2 周的时间来创建和确定测试计划，2 周的时间用于招募，1 周的时间用于 IRB 审查（包含假设的批准时间），1 周的时间用于测试，以及最多 2 周的时间用于分析数据和撰写报告。请注意，您可以在创建正式报告之前讨论测试结果，并同时执行一些活动，可用性测试计划表示例见表 3-1。

表 3-1　可用性测试计划表示例

行动	时间 / 周				
	1	2	3	4	5
创建和确定测试计划					
招募测试参与者					
IRB 审查和批准					
执行测试					
分析数据					
撰写报告					

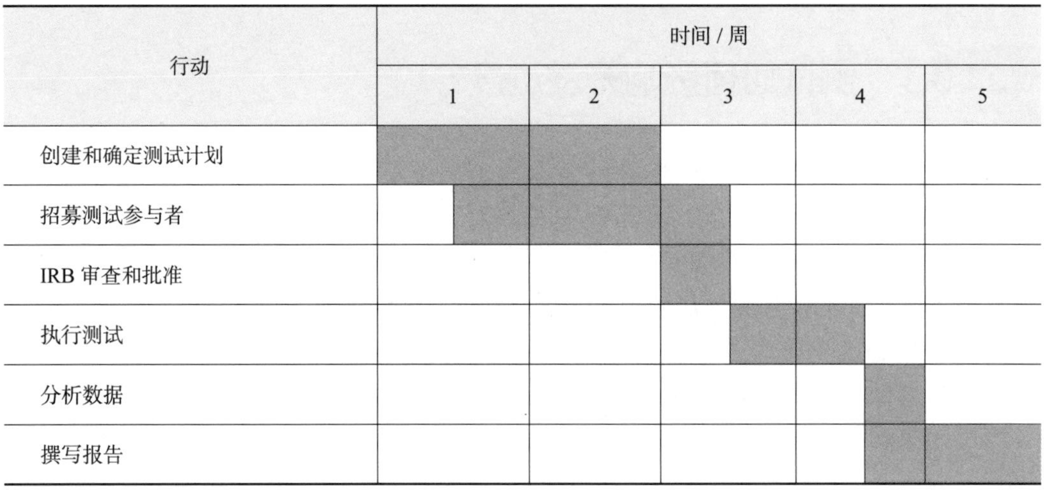

我们通常会在开始招募测试参与者之前和最终确定测试计划之前寻求招募筛选人员的 IRB 批准，从而使招募与测试计划并行进行。然后，在执行测试之前，我们会寻求最终测试计划、知情同意书和任何其他所需文件的批准。请参阅 7.3 节有关需要寻求 IRB 批准的更多信息。

保持正常工作与可用性测试并行的策略包括以下内容：

1）在可用性测试的最后一次会议之后，或者甚至每天或在每次测试会议之后（如果时间允许），立即与项目利益相关者进行汇报。在得出结论之前，测试管理员可以先等待测试环节中的所有数据，并提出适当的注意事项，从而可以提供临时结果；只要其他团队成员愿意在必要时提供支持以解决相互矛盾的问题，他们就可以采取行动。

2）让开发人员关注用户接口中已解决或“冻结”的部分，而可用性测试则关注那些未解决或“流动”的部分。

3）尽早安排多次可用性测试，以便其他项目利益相关者可以围绕它们制订计划。将可用性测试放入预先制订的时间表中可能会造成混乱，尽管这可能是必要的。

4）将早期可用性测试工作与营销活动结合起来，如焦点小组和用户访谈。

5）考虑将可用性测试计划的部分或所有方面（如招募、审核）分包出去，以便团队成员可以专注于他们的主要任务（如探索医疗器械各种硬件方案的可行性）。

当可用性测试必然会减缓名义上的开发进程时，继续进行测试的理由包括：

1）我们最好现在就发现可用性问题，而不是延迟数月（甚至可能花费数百万元）来解决问题。

2）如果我们现在不进行测试，我们的医疗器械可能在总结性可用性测试中表现不佳，这样我们又将回到原点。

3）总结性测试是事实上的要求。我们需要这样做，以确保在主要市场获得监管许可。我们希望批准过程顺利进行。FDA 会就我们的人因工程工作是否充分提出后续问题，而我们无法承受长时间的延误。

通过指出以下几点，您始终可以占据道德制高点，甚至引起用户焦虑：

1）我们对用户及患者负有进行可用性测试的道德义务，一个严重的使用错误可能会导致患者严重受伤或死亡。

2）未来能否避免产品责任索赔取决于是否进行可用性测试，这是一个尽职调查的问题。

3.2　可用性测试是否提供责任保护？

可用性测试是质量设计过程中公认的一部分。因此，缺乏可用性测试可能被原告的律师和陪审团视为疏忽（即缺乏应有的注意）。

让我们暂时搁置与产品责任相关的哲学和伦理问题。可用性测试可以为制造商提供少量的责任保护，至少可以为自己辩护，以免被指责没有遵循最佳设计实践。相反，在开发医疗器械的过程中不进行可用性测试的制造商可能会被指控失职，甚至更糟。

考虑一个项目经理提供证词或接受盘问时的处境，因为他所在的公司的医疗器械被指控引发了导致患者严重受伤或死亡的使用错误。原告的律师可能会提出以下问题。在这种情况下，如果项目经理负责监督的项目涉及一系列形成性可用性测试，并以总结性（即确认）可用性测试为上限，那么他应该对回答问题感到自在，并确信他的团队应用了人因工程角度的最佳实践。

问题一：贵公司是否有人因工程计划？

回答：是的。我们有一个正式的人因工程计划，在我们的质量控制系统文档中有详细描述。人因工程是完全集成到我们产品开发过程中的标准操作程序。我们可以自由地与内部专家或外部人因工程顾问合作以执行必要的工作。

问题二：贵公司是否进行可用性测试？

回答：是的。我们在产品开发的适当阶段进行形成性和总结性可用性测试。

问题三：在设计涉事医疗器械的过程中，您进行了哪些可用性测试？

回答：我们进行了两次形成性可用性测试和一次总结性可用性测试。前两次测试各涉及

12 名测试参与者，最后一次测试涉及 25 名测试参与者。

问题四：您的可用性测试工作是否考虑了导致事件发生的使用场景？

回答：是的。所有三次可用性测试都要求测试参与者更换泵的一次性静脉给药装置。

问题五：与所讨论的使用场景相关的可用性测试结果是什么？

回答：在第一次形成性可用性测试中，我们观察到一些测试参与者未能打开该装置的上游夹具。

问题六：测试结果是否导致医疗器械或标签的更改？

回答：是的。我们添加了一个视觉和听觉警告，如果用户在夹具关闭的情况下起动泵，则会出现该警告。我们还在用户手册中添加了关于在起动泵之前打开夹具的特殊说明和警告。此外，在夹具关闭的情况下，泵只会运行几秒钟，然后自动关闭。

问题七：您是否进行了任何后续测试以确认更改有效？

回答：我们在第二次形成性可用性测试期间评估了设计变更。然后，我们在总结性可用性测试期间验证了设计更改以新的用户手册内容，检测结果合格。25 名总结性可用性测试参与者中有 3 名最初未能打开夹具，但当屏幕上出现警告时，他们都正确打开了夹具，并且泵在几秒钟后自动停止。这三个人评论说这个警告很有帮助，他们不太可能再犯同样的使用错误。

您可以想象，如果这位项目经理所在的公司缺乏人因工程计划，并且没有在产品开发过程中进行可用性测试，那么作证的项目经理将面临多大的困难。原告将声称该公司存在过失——它没有使用广为人知且有价值的方法来确保医疗器械的使用安全。因此，从遵循最先进的设计实践的角度来看，可用性测试可以提供责任保护。这并不是说可用性测试在涉及使用错误的案件中可以不受惩罚。导致使用错误的固有设计缺陷可能仍然存在，设计团队可能没有执行可用性专家的重新设计建议，或者可用性测试可能没有正确进行。这些是超出本书讨论范围的质量问题。

重要的是，可用性测试可以通过从一开始就防止伤害或致命事件的发生来帮助制造商避免责任索赔。例如，早期甚至后期的可用性测试可能会揭示用户犯了以下一个或多个潜在危险的使用错误：

1）在治疗输送类医疗器械上更改参数值后未能按确认按钮，导致医疗器械在 60s 后默认为原始设置。

2）将气体管路连接到错误的气体出口。

3）反向安装一次性药盒。

4）由于模拟使用环境中的高环境噪声水平而错过警报信号。

5）误读显示的参数值。

6）误解了医疗器械的设置说明。

7）无意中启动了控制器。

在发现这些类型的使用错误时，最好通过设计更改来降低发生的概率。然后，制造商可以通过额外的测试来评估这些风险减轻措施的效果。理想情况下，风险减轻措施将消除使用错误的可能性，或将使用错误的可能性降低到实际最低限度。

什么是“不可避免的不安全”医疗器械？

不可避免的不安全医疗器械是指“经过适当准备，并附有适当的指示和警告，没有缺陷，也没有不合理危险”的产品。要被“不可避免的不安全”辩护所涵盖，产品需要正确制造，包含足够的警告，并且已经证明了其益处即使没有超过其风险也是合理的。此外，用现有和可用的技术制造更安全的医疗器械必须是不可行的。当满足这些标准时，医疗器械制造商不一定对与使用产品相关的不幸后果（如患者受伤）负责。虽然主要应用于处方药案例，但一些医疗器械（尤其是植入体内的医疗器械，如起搏器和脊髓刺激器）被认为具有不可避免的不安全性。根据这些准则，手术刀片和其他锋利的医疗器械也可能被认为不可避免的不安全，因为使此类医疗器械变钝以防止意外割伤会破坏产品的主要用途。

现在，让我们讨论哲学和伦理问题。显然，笔者大力倡导可用性测试，这不仅是为了生产可用的医疗器械，也是为了生产安全的医疗器械。尽管有责任保护，但保护医疗器械用户免受伤害的目标应该（并且可能）是所有制造商的基本关注点。因此，笔者断言，在开发交互式医疗器械的过程中进行可用性测试是一种道德要求。

3.3 您可以根据测试结果制定销售声明吗？

卓越的可用性可以成为医疗器械的有效卖点——制造商可以在其营销资料中强调这一竞争优势。然而，缺乏数据支持（如对可信报告的引用）的卓越可用性声明可能是似是而非的，从而使制造商面临监管挑战和竞争对手的诉讼。

医疗器械用户通常非常关心医疗器械的可用性，关于哪些医疗器械属性对用户最重要的大量研究就证明了这一点。笔者根据无数研究活动得出这个结论，在这些研究活动中，一般要求 HCP 和非专业人士优先考虑（如排序）医疗器械属性，如易用性、美观性、便携性、功能先进性和价格。易用性总是在优先级列表的前列（即使不在首位也应在靠前的位置）。因此，对制造商而言，尝试以可用性为卖点销售他们的商品是明智的，只是他们应该确保相关声明是合法的，而这正是可用性测试发挥作用的地方。

在笔者看来，有太多医疗器械制造商毫无根据地宣称他们的医疗器械具有出色的可用性（即直观性）。这种可疑而空洞的说法让人想起许多大肆宣传各种汽车优点的商业广告和平面广告。这类声明通常是无可争议的，主要是因为它们不能直接比较，也不易于检验。然而，医疗器械制造商如果想要合法且令人信服地宣称自己的医疗器械优于竞品，就应该进行公正的可用性测试。

开发经证实的可用性声明一般有两种主要方法。一种方法是写下您想要提出的声明，然后进行公平的测试以查看结果是否支持这一声明。例如，您可能想要声称“Alpha X30 血气分析仪比竞争对手的分析仪更易于学习使用”，这就表明随后的可用性测试应侧重于最初的易用性。另一种方法是进行广泛的可用性测试，看看可以从数据中推断出什么声明。后一种方法会引起“筛选”，制造商和营销人员通过这种方法专注于医疗器械的特定优势，即使医疗器械的总体性能较差，因此可用性测试人员可能希望保留批准所有最终声明的权利。

您可以通过自行测试医疗器械并以绝对而非比较的方式看待交互特性，从而得出销售声明。例如，您的测试结果可能支持以下不一定需要竞争优势的声明：

1）在 项涉及 30 人的研究中，超过 90% 的初次使用者无须事先培训或阅读用户手册即可分析血液样本。

2）使用 Alpha X30 后，75% 的测试参与者表示它比他们目前的血气分析仪更“直观易操作”。

3）所有测试参与者都能够在 3min 或更短的时间内校准血气分析仪。

不过，比较性声明通常更具说服力，这就是为什么温蒂汉堡和百事可乐经常将其汉堡和可乐的味道分别与麦当劳和可口可乐生产的汉堡和可乐味道进行比较。因此，将一种新的血气分析仪与市场领先的竞品（称为 Omega AT）进行对比测试可能会产生以下更多引人注目的声明：

1）使用 Alpha X30，93% 的初次使用者无须事先培训或阅读用户手册即可分析血液样本。而使用 Omega AT 时，只有 44% 的初次使用者能够在没有事先培训或阅读用户手册的情况下分析血液样本。

2）超过 2/3 的测试参与者认为 Alpha X30 比 Omega AT 更“直观易操作”。

3）测试参与者校准 Alpha X30 平均需要 1min 45s，而校准 Omega AT 则需要两倍以上的时间（3min 54s）。

制造商最好聘请独立组织进行比较可用性测试，从而得出营销主张。由于内在的利益冲突，制造商如何公平地进行内部测试通常并不重要。可用性测试人员会被怀疑存在偏见，无论是有意识的还是无意识的。面对与寻求索赔的制造商的业务关系，即使是独立组织也面临证明其客观性的挑战，但在大多数情况下，独立组织仍然是内部测试的首选选择。增强客观性的策略包括：

1）聘请一名（或多名）行业专家作为监督者，审核可用性测试计划并报告任何潜在的偏差。作为附加步骤，您可能会保留一名或多名“监督者”来直接观察测试。这种策略的劣势是，您需要向所谓的独立专家和监督者支付报酬，但如果选定的人有良好的声誉，那么这种策略还是可行的。

2）建立一个明显客观的方法来选择动手任务。例如，对护士进行调查以确定哪些任务对给定医疗器械的安全性、有效性、可用性和吸引力至关重要，确保任务不偏袒您的医疗器械的优势，也不刻意揭示其他医疗器械的缺点，而是代表用户提供使用给定医疗器械执行活动的适当剖视。

3）制定一项规则，规定必须由一个独立组织（可能是可用性测试顾问）来制定或至少批准由可用性测试产生的所有销售声明。

4）准备一份提供所有测试结果的公开报告，以便可以在适当的背景下评判性能声明。

制造商的营销资料通常包括与人因工程相关的销售声明。有些说法可能是准确的，而另一些则可能是夸张的。以下是根据医疗器械制造商网站改编的实际声明案例：

1）非常易于使用。
2）非常直观。
3）以用户最喜欢的数字和图形格式提供数据。
4）即使从极端的视角观看，波形图的显示仍然明亮清晰。
5）可以从一种治疗模式快速切换到另一种治疗模式。
6）在一个屏幕上提供所有相关信息。
7）使屏幕导航变得简单。
8）支持关键决策。
9）为您提供所需的即时反馈。
10）直观的设计节省了培训时间。
11）让您更加关注患者。
12）用户接口针对手术室进行了优化。
13）仅需一人操作。
14）单手即可输入数据。
15）保护患者和 HCP 免受伤害。
16）更容易移动患者。
17）实现精确和快速的控制。
18）轮廓分明的手柄易于抓握。
19）将控制器和显示屏准确地放在需要的位置。
20）紧凑型医疗器械满足您的生活方式。
21）可以改进工作流程。
22）执行关键任务变得易如反掌。

参考文献

American Law Institute. 1965. *Restatement（Second）of Torts*. Section 402A，Comment k. Philadelphia，PA：ALI Publications.

第4章 测试成本

4.1 可用性测试的报价邀请书应该包括什么?

购买可用性测试服务的制造商可以准备详细的报价邀请书（RFQ）。RFQ 通常可以大致描述所需的服务，也可以进行详细描述，这取决于需求者对可用性测试的了解，以及是否希望能够通过规定所需的任务与授予投标人更多方法上的自由来进行公平的比较。

建议签订可用性测试服务合同的医疗器械制造商制定 RFQ，也可称为建议邀请书（RFP）或工作说明书（SOW）。以下是对医疗器械进行可用性测试的要求中应包含的一些详细信息。

1）测试类型：说明您希望供应商进行的可用性测试类型。正如 6.1 节和 6.2 节所述，常见的可用性测试类型是形成性测试、总结性测试和基准测试。

2）可交付成果：列出所需的可交付成果。最低限度，您将需要一份测试计划草稿和最终测试计划，以及一份测试报告草稿和最终测试报告。其他可能性成果包括测试数据和照片的副本、原始视频或重点视频（代表最引人关注的和最重要的测试参与者与医疗器械交互的视频片段汇编）、数据收集电子表格的副本或测试结果的亲自演示。

3）时间表：说明整个测试工作的首选项目开始和结束日期，包括测试计划、测试参与者招募和报告。此外，请说明您希望供应商在哪几天或几周内进行实际测试。在选择目标测试日期时，请务必考虑开发周期时间节点（如设计“冻结”日期、监管提交日期）、医疗器械或原型的可用性，以及可能参与测试计划或观察测试过程的主要利益相关者的时间安排。

4）测试参与者：建议选择适当类型和数量的测试参与者。例如，提供市场细分数据和您希望的测试参与者数量（请参阅 8.1 节的相关内容），可根据供应商的建议进行调整。概括您设想参与测试的特定参与者群体（如护士、技术人员）的特征。这些信息将有助于供应商了解潜在的测试参与者，并估计招募可能需要的时间和精力。

5）测试参与者招募：明确供应商是否应负责招募测试参与者。如果您希望供应商招募测试参与者，请说明您是否可以提供潜在测试参与者或需要联系的机构的名单。如果适当的测试参与者具有不寻常的特征，那么这样的名单可能是必不可少的。例如，供应商可能只需要招募那些使用特定医疗器械（如待测试医疗器械的早期版本）至少 1 年的人。

6）地点：指定您的首选测试地点及选定每个地点的简要理由。例如，出于特定原因，您可能希望在芝加哥（美国）、慕尼黑（德国）和曼彻斯特（英国）进行测试。一个原因可能是这些城市所在的国家 / 地区拥有必要的支持设施，可以以合理的成本进行可用性测试，或者所选国家 / 地区代表了要测试的医疗器械的主要市场。

7）设施：说明您是否希望供应商在特定类型的设施中进行测试。例如，您的组织可能习惯于在传统研究设施中进行此类测试，其中包括由单向镜隔开的测试室和观察室。或者，您可能需要在下班后在高级医疗模拟器或实际诊所中进行测试。此外，请说明您是否希望供应商代表您预订设施并承担费用。

8）会议：告知供应商您是否希望他们参加项目“启动”会议、测试计划评审会议、测试后的汇报会议及测试结果的最终总结报告会议。具体说明会议是现场参加（如果是，在哪里），还是通过网络会议或其他沟通渠道进行。

9）人员：说明您是希望测试工作是一个人的任务，还是因为计划活动的性质和提供指导、进行详细观察和捕获数据的需要，希望测试需要两个或更多人。说明您是否希望您的内部员工在测试中发挥作用（如收集数据），因为需要深入的技术知识或降低成本。值得注意的是，供应商可能会根据其对类似医疗器械进行类似范围的可用性测试的经验提出修订的人员配置计划。

10）测试管理员：说明测试管理员是否应该具有特定的背景或人口统计特征。例如，您可能要求女性测试管理员对专门针对女性的医疗器械进行测试，（请参阅 12.6 节的相关内容）。

11）仪器：列出您将为支持测试提供的仪器。该列表可能包括指定医疗器械的外观模型、运行交互式原型的便携式计算机、工作装置、可供“操作”的解剖模拟器，以及操作给定医疗器械所需的其他材料和设备（如校准液、试纸、注射器、管组、静脉注射液袋）。

12）培训：说明您是否希望为测试参与者提供培训，以及可能需要多长时间（请参阅 12.11 节的相关内容）。包括提供培训的详细理由，并建议谁最适合提供培训（如经过认证的护士教育者、公司代表）。

13）学习工具：表明您是否希望提供学习工具（如说明书、快速指导卡、动画 / 视频）供参与者在测试期间使用，并说明学习工具的开发状态（如粗略、完善或最终完成）。

14）热线电话：指明测试参与者是否可以访问热线电话（真实的或模拟的）以匹配实际用户拨打热线电话的方式。

15）数据收集目标：表明您是否希望收集除使用安全和可用性相关数据之外的其他类型的信息。例如，您可能希望收集有关工业设计和营销问题的反馈，作为形成性可用性测试的辅助手段。

16）现场观察员：说明希望有多少人观察测试过程。

17）远程观察：说明是否需要提供基于互联网的视频流，使无法前往测试站点的项目利益相关者远程观察测试。

18）合同类型：说明您更愿意按固定价格还是按时间和材料签订合同。根据笔者的经验，客户通常会要求提供固定价格的劳动力报价，并计划向供应商支付所谓的直接费用（可能包括管理费），如测试用品、场地租赁费和测试参与者补偿。

19）劳动力水平：考虑为供应商提供最大限度的工作，这实际上是假设地区合适的劳动力价格条件下，说明您的最大预算。此信息可能会导致供应商为寻求利润最大化而提供更高的报价，但更多情况下，它将帮助供应商基于对可用资源的清晰了解来优化其报价。

20）报价格式：表明您是否希望报价单便于在多个提案之间进行比较的特定格式。

21）报价内容：表明您是否希望报价组织成特定内容，例如：①执行摘要；②目标（即项目目标）；③假设和约束；④技术方法，如一种分为特定阶段并与 RFQ 中概述的需求、可交付成果和时间节点相关联的方法；⑤可交付成果（如果未与技术方法相结合）；⑥项目人员（包括技术人员和管理人员）；⑦时间表；⑧定价（包括必要的定价选项）；⑨条款和条件；⑩相关经验（在与不熟悉的供应商交流时尤其重要）。

22）参考资料：前文已经概述了 RFQ 可能包含的内容，接下来必须指出有一种更简单的方法来聘用可用性测试供应商：拿起电话，致电首选供应商（基于以前的合作或推荐）或多个供应商，并说明您的需求。经验丰富的咨询顾问应该能够提出正确的问题，以获取所需的相关信息，从而根据您的要求制定全面的提案。通过电话讨论需求还可以减少后续电话和电子邮件沟通的需求，否则供应商可能需要电话或电子邮件来接收对正式 RFQ 中描述项目的澄清。如果您要联系多个供应商，请务必告知每个供应商相同的信息，以便您以后可以在平等的情况下进行比较。笔者认为这种非正式的方法是最简单和最有效的方法，但这种方法可能违反公司政策，公司一般要求准备正式的 RFQ 作为其批准的采购流程的一部分。

供应商提供方案需要多长时间?

供应商回复您的 RFQ 的时间量取决于多个因素，包括供应商在联系时的工作量，以及熟悉项目和确定最合适的测试方法所需的时间量。供应商一般会尝试在一两周内回复书面（或致电）RFQ，具体取决于供应商的可用性和在供应商觉得有能力编写适当的方案之前需要收集的信息量。在为现有（或以前的）客户提议支持新项目时，供应商有时会写一封信函方案，该方案比常规方案要短，并且不包括有关供应商公司、以前的经验和员工背景信息。有些客户希望收到每个新项目的完整方案，而另一些客户则寻求更短的备忘录式方案（有时只是一封电子邮件），其中概述了建议的技术方法、项目进度和报价。

您可能希望供应商签署保密协议（NDA）或保密表，然后再向他们发送 RFQ 并分享有关正在开发的医疗器械的其他信息。虽然可以笼统地谈论项目和医疗器械，但笔者发现，在提出特定的可用性测试方法之前，查看给定医疗器械的图片或渲染图并了解尽可能多的细节是很有帮助的。

 4.2 可用性测试的成本是多少？

由于影响可用性测试范围的各种因素，可用性测试的成本可能会有很大差异。根据经验，假设可用性测试的人工部分每位测试参与者将花费 1800~2500 美元，平均约为 2100 美元。通常，形成性测试的费用较低，总结性测试的费用较高，这反映了总结性测试的计划、实施和报告更加严格的要求。

一般来说，12 人参与的形成性可用性测试的人工成本为 20000~35000 美元，而 30 人的总结性可用性测试的人工成本为 50000~70000 美元（除非另有说明，否则本节讨论中使用的是 2015 年的货币价值，1 美元 =6.2284 元人民币）。取中间值，上述两项测试分别为 27500 美元和 60000 美元的报价，其中不包括直接费用（如场地租金和测试参与者补偿）。现在，您至少对测试的成本有了一个大概范围的认知。不过，考虑到进行可用性测试的方法多种多样，这些数字相当粗略㊀。

考虑到劳动力和直接费用，影响测试总成本的主要变量包括以下几个方面。

1）可用性专家的工作：一般需要两个人来进行有效的可用性测试，通常是一名高级员工和一名初级员工。基本任务包括制定测试计划、招募和安排测试参与者（或管理做这些任务的第三方公司）、进行测试、分析数据、编写报告和展示结果。让一个两人团队连续工作数周，人工成本可能会很高。测试过程持续时间从 30min 到 4h 或更长时间不等，因此进行一定数量的测试所需的天数可能会有很大差异。另一个与劳动力相关的变量是分析数据和报告测试结果所需的时间，这通常会随着医疗器械的复杂性而增加。例如，分析和报告血液透析机测试结果所需的时间可能比一次性预填充注射器测试结果所需的时间更长。

2）测试参与者招募：通常聘请第三方公司招募测试参与者，平均为每位合格的预定测试参与者支付 130~160 美元的费用。但是，如果您寻求高度专业化的 HCP 或具有特定医疗状况或医疗器械使用经验的患者，这些成本可能会大幅增加。

3）测试参与者奖励：如果您向每位测试参与者支付 150 美元或更多，那么奖励将成为您总成本的重要部分。笔者发现，可以向某些类型的测试参与者支付较少的费用，但一般希望保持在合理的基线之上，以尊重测试参与者的宝贵时间和贡献，并避免由于对研究机会的反应不够热烈而导致招募工作旷日持久。同时，一般希望对激励措施设置一个合理的上限，以使实际或感知测试参与者胁迫的可能性很小，并且制造商总体上符合美国《阳光法案》的要求，该法案旨在确保参与在美国进行的研究的医疗保健专业人员的报酬透明度。

4）设施租赁：如果您在自己的设施中进行测试，假设没有设施时间分摊费用（即内部管理费用），那么您将节省大量资金。如果您没有合适的内部测试空间，您可能需要以通常分别为 400~600 美元和 1800~2000 美元的日租金租用酒店会议室或测试设施（即焦点小组活

㊀ 本书第 1 版的读者可能会注意到，可用性测试的成本在过去 5 年中有所增加。这种增加源于通货膨胀，以及与典型的医疗设备可用性测试相关的严格程度的增加。

动场所）。如果租用先进的医学模拟室，每天可能要花费 2000~4000 美元或更多，这具体取决于您是否需要中心提供工作人员和 / 或辅助设备（除房间）以促进测试进行。

5）测试医疗器械：您可以在备用会议室进行一些测试，而其他测试则需要更高保真度的环境。建立一个模拟医疗器械实际使用环境的测试室的价格可能会非常昂贵。例如，考虑租用或购买设置模拟客厅（如沙发、躺椅、咖啡桌）、药房（如药房货架、可上锁的柜子、药丸柜台）或手术室（如患者担架、麻醉工作站、患者监护仪）所需设施的成本。显然，借贷是出租或购买的绝佳选择。这是我们曾经在需要担架来评估紧急呼吸机在救援场景中的使用时采用的方法。当地消防局很高兴借给我们一个演示装置，为期几周。

6）差旅费用：无论您是通过平价出行，还是通过乘坐商务舱和住在高档酒店以增加成本，差旅费用（尤其是去其他国家和涉及周末住宿的差旅）都会变得很高。在国际测试项目中，差旅费用可能会占测试总预算的 1/3 或更多。

7）运输：在测试站点之间移动大型医疗器械会成为一笔巨大的开支，除非您可以将医疗器械及其相关附件带到您要前往目的地的公共汽车、火车和飞机上。虽然您有时可以通过选择陆运（而不是空运）来节省资金，但您可能需要推迟开始测试的时间，以便有足够的时间让医疗器械到达，尤其是医疗器械在两个城市之间返往时。由于与医疗器械相关的潜在海关费用，在医疗器械国际运输时，成本可能会更高。如果您运送的医疗器械需要加固箱（如 Pelican™ 箱）的形式提供异常坚固的保护，成本也会增加。

8）翻译：如果您到国外出差，可能需要聘请专业的笔译（或口译员）来促进您和测试参与者之间的沟通。这可能会每天花费 1500~2000 美元，除非您公司内部有人（如会说当地语言的营销经理或产品专家）可以胜任。

常规和次要的额外费用包括餐费、测试参与者的茶点费用、视听设备租赁费用和杂项用品费。

一些可用性专家可能从来都不必计算可用性测试的真实成本，因为他们为承担劳动力、设施和其他测试费用的机构工作。当顾问向客户提供服务时，情况就不同了。在这种情况下，顾问可能会估计将要进行测试的人工成本，然后添加直接费用和利润。人工成本和费用的高低将根据顾问的定价策略、当前的服务需求、经验水平和地理位置而有所不同。表 4-1 列出了减少或增加测试成本的影响因素。

表 4-1　减少或增加测试成本的影响因素

影响因素	减少费用	增加费用
招募	当您招募更多的测试参与者时，与开发筛选规则和发布公告相关的成本会分摊给更多的人，从而降低每个测试参与者的成本	如果具有合适背景的作为测试参与者的人数有限，则招募更多而不是更少数量的测试参与者可能需要更长的时间（基于每个测试参与者）
测试策划	如果总结性可用性测试遵循一系列形成性可用性测试，则形成性测试计划可以作为总结性测试计划的基础，从而减少与测试计划相关的工作量	总结性可用性测试计划描述了“高风险”活动。因此，您最终可能会多次修改计划以满足管理层的要求，并满足监管和质量保证要求

（续）

影响因素	减少费用	增加费用
测试环节	较短的测试时间使您能够每天进行更多的测试。例如，如果您正在运行30min的测试程序，那么您可能每天可以进行10~12次，具体取决于测试之间的时间间隔	用时更长的测试会限制您每天可以进行的测试次数。例如，您可能每天只能进行两次3h的测试，注意，您或许可以通过延长工作日来进行第三次测试 培训测试参与者还将增加与每位测试参与者相处的时间，从而增加劳动力和激励成本
测试报告	与叙述性的总结性测试报告相比，以简洁的形式记录形成性可用性测试结果所需的时间更少（例如，以项目要点形式总结测试结果的备忘录）	在叙述性报告中记录总结性可用性测试需要相对较长的时间，其中包括大量数据表、观察到的使用错误、险肇事故和困难的目录，以及对每个用户接口设计问题的扩展讨论
差旅费用	如果您在自己的设施内进行测试，则不会产生差旅费用	在多个国内和国际站点进行测试可能会增加大量差旅费用
测试设施	在您自己的设施中进行测试可避免设施租赁费用	设施租赁成本会迅速增加，特别是如果您选择提供高水平服务（如餐饮、糖果、免费的便签本，有时还有按摩椅）的两室套房（测试和观察室由单向镜隔开）
工作人员数量	鉴于劳动力是一个很大的成本组成部分，让一个人进行测试的成本要低得多。但是，这可能会影响测试的质量，尤其是让单独的测试管理员在指导测试参与者的同时难以彻底收集数据	指派两个人进行可用性测试通常是最合理的，但会增加成本
口译服务	如果您需要口译服务，一种节俭的解决方案是让开发机构的一名双语员工（可能是计划观察测试的人）担任口译员	如果内部工作人员无法担任口译员，您将不得不以高额费用聘请专业口译员。翻译人员的时薪可以与可用性专家的时薪相同或更高

下面，笔者提供了与前面介绍的价格点相匹配的12人参加的形成性可用性测试（见表4-2）和30人参加的总结性可用性测试（见表4-3）的估算样本。您需要输入自己的人工费率并调整费用以进行更准确的估算。

表4-2　12人参加的形成性可用性测试成本

项目		高级可用性专家	初级可用性专家
测试活动成本	1. 编写测试计划 /h	20	4
	2. 准备IRB批准文档 /h	—	3
	3. 管理测试参与者招募 /h	—	3
	4. 执行测试 /h	20	20
	5. 分析数据 /h	—	12
	6. 编写报告 /h	32	24
	总时长 /h	72	66
	每小时人工费率 / 美元	200	150
	每人总费用 / 美元	14400	9900
	总劳动力价格 / 美元	24300	

（续）

项目		高级可用性专家	初级可用性专家
支出	测试参与者招募 / 美元	1800	
	测试参与者激励 / 美元	1500	
	茶歇 / 美元	10	
	总支出 / 美元	3310	
总计 / 美元		27610	

表 4-3　30 人参加的总结性可用性测试成本

项目		高级可用性专家	初级可用性专家
测试活动成本	1. 编写测试计划 /h	32	16
	2. 准备 IRB 批准文档 /h	—	3
	3. 管理测试参与者招募 /h	—	6
	4. 执行测试 /h	60	60
	5. 分析数据 /h	—	32
	6. 编写报告 /h	64	40
	总时长 /h	156	157
	每小时人工费率 / 美元	200	150
	每人总费用 / 美元	31200	23550
	总劳动力价格 / 美元	54750	
支出	测试参与者招募 / 美元	11700	
	测试参与者激励 / 美元	3750	
	茶歇 / 美元	4375	
	总支出 / 美元	19855	
总计 / 美元		74605	

笔者基于以下假设估算了 12 人参加的形成性可用性测试的成本：

1）被测医疗器械具有中低复杂度。

2）测试将在制造商总部的会议室进行，因此不收取场地租赁费。

3）每次测试时间为 90min（假设每天有 5 次测试，测试将持续 2.5 天，测试时间为上午 8：00 至下午 6：30）。

4）测试将包括 12 名 2 型糖尿病患者（招募时间可能比招募普通人更长，但比招募外科医生更短）。

5）第三方招募公司将以每人 150 美元的费用招募和安排测试参与者。

6）每位可用性测试参与者将获得 125 美元奖励。

笔者根据以下假设估算了30人参加的总结性可用性测试成本：

1）被测医疗器械具有中低复杂度。

2）测试将在当地的研究机构进行，该机构可以通过单向镜进行不显眼的观察（焦点小组活动场所的租金为每天1800美元）。

3）每次测试将持续2h（假设每天有4次测试，测试将花费大约7.5天，测试会在正常工作时间之间进行）。

4）测试将包括30名2型糖尿病患者（招募时间可能比招募普通人更长，但比招募外科医生更短）。

5）第三方招募公司将以每人150美元的费用招募和安排测试参与者。

6）每位可用性测试参与者将获得175美元的奖励。

成本控制策略举例子如下：

1）在实验室外进行测试时，租用酒店会议室，而不是可用性测试实验室或焦点小组活动场所（除非您期望有很多测试观察员）。

2）如果可能，使用您自己的设备录制测试过程，而不是从研究设施提供商或音像公司租用设备。

3）如果资源允许，让内部员工招募测试参与者，而不是聘用外部招募公司，因为后者通常会基于招募的测试参与者数量收取合理但可观的费用。

4）尽可能提前预订不可退款的机票，以获得更低的价格。

5）在适当的时候，通过互联网进行可用性测试（请参阅9.6节的相关内容）。

6）聘请在偏远地区工作的合格附属机构在所在地进行测试，从而减少或消除差旅费用、与差旅时间相关的劳动力成本，以及对翻译服务的需求。

7）在简明的备忘录中总结关键的形成性测试结果，与提供所有测试结果的传统叙述性报告相比，该备忘录的制作时间更短。

8）跳过面对面的项目启动会议，转而使用网络会议。

9）频繁进行进度审查，以避免出现代价高昂的测试计划中断的情况。

10）确保所有利益相关者都提供了他们对测试计划的反馈，这样就不会在最后一刻中断测试或根据替代计划重复测试。

4.3 投资回报率是多少？

医疗器械可用性测试的好处远远超出了满足法规要求和提高医疗器械的易用性。对可用性测试的投资可以使制造商在许多方面受益，包括优化开发计划、增加销售额、简化培训和产品支持，以及减少法律风险。

可以说，可用性测试中的投资回报率（ROI）是不确定的，因为ROI计算受到许多变量的影响，如与创收相关的无数购买决策标准、驱动医疗器械定价的因素、销售队伍的效率和特定时期的市场需求。此外，很难将可用性测试的好处与实施综合人因工程项目相关的好处区分开。

尽管如此，笔者仍然有信心断言，可用性测试在降低开发和产品支持成本、促进销售（部分原因是及时上市），以及降低诉讼和监管行动的风险方面的收益超过了测试投入。以下是得出此结论的详细理由。

1）减少后期设计更改：随着医疗器械开发计划的进展，进行设计更改变得更加困难和昂贵。用工程术语来说，设计被“冻结”了。也就是说，许多医疗器械制造商被迫在开发过程的后期更改“冻结”的设计了，以纠正严重的用户接口设计缺陷（请参阅5.5节的相关内容）。通常，后期设计更改会导致高成本，因为需要更改硬件工具和软件重新编程，以及推迟产品发布，从而危及制造、分销、培训和广告计划。

2）获得批准的可能性更大：在本书的其他部分，笔者指出，进行总结性（即确认）可用性测试是一项事实上的监管要求。笔者预计，如果Ⅱ类或Ⅲ类医疗器械的每个制造商为未经可用性测试的医疗器械申请许可，他们将受到FDA和其他监管机构的反对（即询问有关其医疗器械开发过程的各种问题）。如果制造商的可用性测试工作似乎不够充分，那么制造商也可能会受到抵制。因此，为了满足监管机构对可用性测试作为设计验证手段的期望，对全面、高质量的可用性测试进行投资可以促进监管审批，使制造商能够按时将其产品推向市场。当然，这种好处的前提是假设可用性测试和相关的风险管理工作会带来明显安全的医疗器械。

3）产品准时上市：在医疗器械行业，上市时间对于医疗器械的商业成功至关重要。基于其他段落中所讨论的原因，可用性测试可以帮助制造商准时推出他们的目标产品。

4）增加销售量：如果您想知道可用性是否有销路，只需询问医疗器械营销人员和销售代表即可。他们会告诉您，医生、护士和患者等最终用户将医疗器械可用性视为高优先级（甚至是最高优先级），因为它直接影响他们的效率、舒适度、工作量和工作质量。因此，假设最终用户在购买决策中拥有发言权，那么源自可用性测试的设计改进将对销售产生积极影响，这是合乎逻辑的。除了增加特定医疗器械的销量，开发和销售用户友好型医疗器械的制造商还可以将用户转变为忠于其品牌的终身客户。对于在家中使用医疗器械、对值得信赖的品牌感到满意且不愿切换到另一个品牌的消费者来说，这一点可能尤为重要。诚然，如果与最终用户隔离的医疗保健机构的采购组根据价格和功能做出购买决定，那么可用性对销售的影响可能较小。

5）降低客户支持需求：可用性好的医疗器械可以消除整个类别的客户支持请求。用户可能永远不会遇到需要制造商帮助解决的问题，而不是致电客户支持部门来解决操作困难或困惑。

6）更简单的学习工具：可用性测试无疑会带来更好的用户接口。更好的用户接口的连带好处是，相关的学习工具（如用户手册、快速参考卡、在线教程）更容易创建。与复杂的过程相比，描述一个简单的过程通常需要更少的文字和图像。因此，培训工具开发人员（无论是内部员工、顾问还是自由职业者）应该需要更少的时间来完成他们的工作。此外，他们可能会制作更简短的文档（如60页的用户指南，而不是150页的“巨著”），从而降低这些文档的打印和分发成本。

7）更简单的培训：培训用户操作易于使用的医疗器械通常更容易。因此，理论上可以缩短培训课程和在岗服务（如 20min 而不是 1h），或者可能完全没有必要开展培训。

8）持续的适销性：医疗器械制造商通常通过发布更新软件来解决可用性问题。通常，软件更新也会解决其他问题，并且可能会引入新功能。尽管如此，在首次发布时就做好用户接口设计比后续版本中更新更具经济效益。

9）减少法律风险：在美国等诉讼国家，易受法律索赔影响的医疗器械制造商从可用性测试中受益匪浅。正如3.2节所述，可用性测试可以帮助检测用户接口问题，如果不这样做，可能会导致患者受伤和财产损失，并可能导致诉讼。远离法庭可以为制造商节省大量资金，更不用说由可避免的不利结果所带来的痛苦和负面宣传。如果一家医疗器械制造商在法庭上发现自己的产品存在缺陷，那么提供可用性测试报告就能证明制造商遵循了最先进的设计实践，并尽到了应有的注意义务。

10）减少监管执法行动的机会：当用户接口设计问题导致不良事件报告时，监管机构会采取积极行动，包括扣押库存、医疗器械召回和进口禁运。因此，制造商的声誉受损、销售受损，并招致了高昂的纠正与预防措施（CAPA）项目成本。在许多情况下，全面的可用性测试工作会在开发过程中检测到用户接口设计的缺陷，从而纠正这些缺陷，进而避免不利影响。

第 5 章　可用性测试剖析

5.1　可用性测试的共同要素是什么?

尽管每个可用性测试都是独一无二的，但大多数测试都具有共同的结构。通常情况下，测试开始时，首先要审查和填写知情同意书，并介绍测试设施和工作人员，以及正在评估的医疗器械。接下来，测试管理员可能会询问测试参与者对医疗器械的第一印象（仅在形成性可用性测试期间），然后指导他执行特定任务。测试最终通常以一次访谈结束，重点关注测试参与者对医疗器械的好恶、使用错误的原因和影响，以及设计改进的机会，然后对测试参与者进行补偿和解雇。

可用性测试不是一个“一刀切”的命题。相反，可用性测试应根据其目的和给定医疗器械的特性量身定做。因此，可用性测试的规模和技术方法各不相同。一项测试可能需要 30min 的时间，而另一项测试可能需要跨越 4h，以便为测试参与者提供执行一组具有代表性的任务所需的时间。一项测试可能是为了评估替代物理模型（即硬件），另一项测试可能是为了验证等效于生产的软件用户接口。尽管如此，大多数可用性测试都有一个共同的活动流程。

接下来，列出了笔者认为的典型可用性测试的共同点。笔者已经估计了每项活动所需的时间，并认识到适当的时间分配将根据给定可用性测试的性质而有所不同。值得注意的是，仅在收集测试参与者对医疗器械的第一印象（如果是形成性可用性测试）之前的“样板”活动可能会消耗近 20min。再分配 10~15min 的时间进行最终访谈和必要的总结活动，这样已经消耗了 1h 测试时间的一半。这就是为什么即使只需要少量用户交互的医疗器械的可用性测试也会消耗 1.5h、2h 甚至更多时间（以及为什么 30min 的测试时间通常是不现实的）。图 5-1~ 图 5-4 所示为这一过程的各个部分。

1）签署知情同意书（3~4min）。在邀请测试参与者进入测试室之前，请他查看并签署知情同意书。该知情同意书应概述与参与测试相关的风险（如果有）和益处、相关的保障措施，以及他采取适当预防措施的责任，还应要求测试参与者对医疗器械研究活动保密，尤其是有关医疗器械本身的详细信息。此外，您可以使用相同的形式来征求对测试进行拍照和录像的许可。当您招募每位测试参与者时，向他们提供一份知情同意书副本，以便他们在参与之前有时间查看和提问。

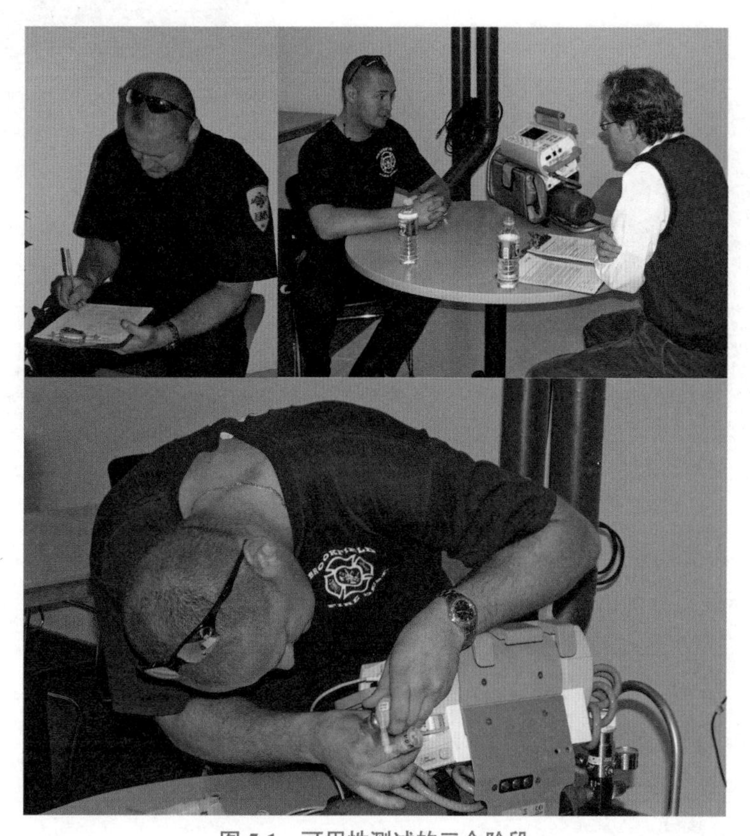

图 5-1 可用性测试的三个阶段

注：参与者填写知情同意书和保密表（左上），回答背景问题（右上），并使用原型呼吸机执行动手任务（下）。

图 5-2 测试管理员（左）与测试参与者互动

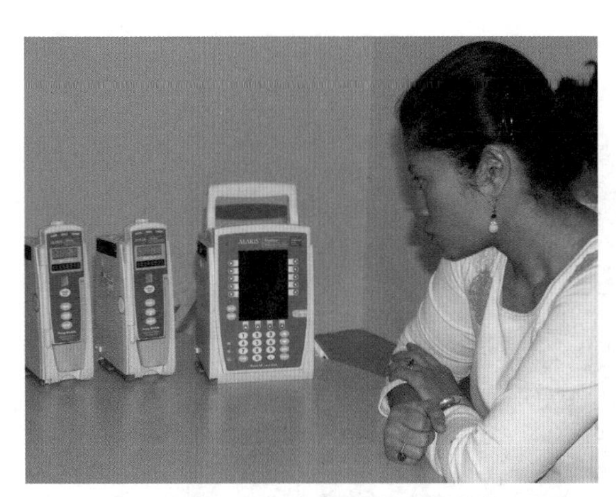

图 5-3　测试参与者提供了她对输液泵的第一印象

图 5-4　测试参与者填写他的补偿收据

2）欢迎测试参与者（2~3min）。问候测试参与者，为其提供茶点，感谢测试参与者前往测试场地支持研究工作，并护送他进入测试室。进行随意的交谈以使测试参与者放松，并建立良好的融洽关系。进入测试室后，向测试参与者介绍室内的其他人，并解释医疗器械的一般用途。笔者通常会指出单向镜（如果有的话），有时会说："我们的一些同事将在单向镜后面观察今天的测试。他们从另一个房间观察更方便，不会分散我们注意力。嘿，伙计们！如果你们在后面，请敲门。"当听到敲击玻璃的声音时，测试参与者通常会发笑，同时也消除了被看不见的人观察的不安。

3）概述测试参与者的权利（1min）。告诉测试参与者，他们可以随时自由退出测试，无须解释，也不会失去补偿。还要告诉测试参与者可以在任何时候以任何理由休息。

4）解释测试的目的（1~2min）。解释您进行测试的原因，用不太可能影响测试参与者的任务表现和感知的一般术语进行解释。向测试参与者保证您正在判断给定医疗器械的设计质量，而不是他的能力。向测试参与者说明其在执行任务时遇到的任何困难都表明设计可能需要改进。

5）概述测试活动（1~2min）。描述随后的测试活动，以及每个活动可能消耗的时间。如果您计划让测试参与者在开始任务之前大声朗读卡片上的任务说明，请向他展示一张示例卡片。

6）教测试参与者如何"自言自语"（2min）。向测试参与者展示如何有效地自言自语。笔者经常使用一个常见的物体（如数码相机或订书机）作为道具。为了完成练习，笔者有时会让测试参与者使用其他道具（如手机）练习自言自语。重要的是，测试参与者只适合在形成性可用性测试期间自言自语，而不是在总结性测试期间（请参阅 13.1 节的相关内容）。

7）解释评级量表（如果使用）（1min）。展示您将用来量化测试参与者对医疗器械的主观印象的评级量表。鼓励测试参与者做一个公平的评分者，根据需要给予医疗器械低、中、高等级，避免“评分膨胀”，本着实事求是的精神。在某些情况下，要求测试参与者将特定医疗器械（如他们自己的同类医疗器械）视为中性基准（即在“1”到“7”的评级量表中定为“4”）。

8）进行测试前访谈（2~3min）。向测试参与者询问有关他背景（如人口统计学）的问题，以便让他对随后的任务表现、评级、任务时间和评论有一个正确认识。

9）提供医疗器械概述（3~5min）。在收集测试参与者对医疗器械的第一印象之前或之后，您可以选择告诉他更多关于医疗器械的信息。通常，笔者会在收集第一印象之前提供医疗器械的基本概述（例如，阅读 100~200 字的摘要或播放 1~2min 的视频），不过有时在收集第一印象之后提供概述也是合理的。正如 12.11 节所述，有些可用性测试需要进行正式培训，这可能会在测试前几小时或几天进行。

10）收集第一印象（3~5min）。根据医疗器械的类型及其完善程度，酌情邀请测试参与者操作产品并探索其硬件和 / 或软件用户接口和说明。然后，根据所选属性征求对医疗器械的第一印象或医疗器械评级。请注意，在进行总结性可用性测试时，此项活动不合适。

11）指导测试参与者执行任务（时间取决于医疗器械的复杂性）。作为可用性测试的核心活动，指导测试参与者执行特定任务；这些任务是您为评估用户接口设计的关键部分而选择的（请参阅 11.2 节的相关内容）。记录测试参与者在执行各种任务时的评论。任务完成后，记录任务时间（如果相关）、评级和后续问题的答案。请注意，您的总结性可用性测试计划可能要求仅在某些任务集完成之后才提出后续问题，从而确保工作流程更自然。

12）进行最终访谈（5~10min）。通过一般评论、对准备好的访谈问题的回答和评级，收集测试参与者对医疗器械的总体印象。

13）补偿测试参与者（1min）。向测试参与者支付商定的补偿金额并获得签名收据（如果需要用于追踪支付情况）。

14）感谢并解雇测试参与者（1~2min）。感谢测试参与者对正在评估的医疗器械提出的宝贵意见。当您护送他离开测试设施时，提醒测试参与者需要保密。

15）向利益相关者进行汇报（测试环节结束后 5~10min，一天结束时 30~60min）。召集所有测试人员和观察员，分享和比较从之前的测试环节中获得的见解。请注意，测试环节之间的间隔时间通常不足以在每次测试环节后进行彻底的汇报，而是需要等到每天测试结束。如果测试参与者犯了一个特别严重的使用错误，需要立即引起注意并有理由决定暂停测试，您可能会破例在中午进行更详细的汇报。

可用性测试可以包含比上述所列内容更多的内容。以下是一些没有时间估计的附加测试项目的列表，请注意每个活动可能会因测试的医疗器械不同而有很大差异：

1）评估学习效果。指导测试参与者重复特定任务，并记录他的任务表现（如任务时间、成功率）和对医疗器械的印象（如评价、评级）如何随时间变化。

2）评估易读性。例如，要求测试参与者站在几个预定的距离并阅读标签或软件用户接口上显示的信息。记录测试参与者可以阅读信息（如患者姓名、当前心率）的距离及他是否正确阅读信息。

3）评估图标清晰度。在让测试参与者执行动手任务之前或之后，请他解释特定的图形图标或用户接口元素。在完整软件用户接口之外呈现图形元素，利用“压力测试”检验这些元素的直观性。

4）评估说明。要求测试参与者阅读和评论用户文档的某些部分（如快速参考卡、IFU），确定混淆点和改进机会。

5）评估警告。要求测试参与者阅读和解释警告。在测试参与者以自然方式执行任务的情况下，对警告的效果进行不太公开的评估，这样的练习可能是一种适当的补充。

6）进行扩展访谈。在测试开始或结束时，就感兴趣的设计问题进行更广泛的采访。

7）比较设计方案。收集测试参与者对多种视觉设计（软件）和模型（硬件）美学的反馈。同样，收集有关多个硬件模型的物理操作特性的反馈。

8）确定设计优先级。进行可用性属性加权练习，对测试期间收集的评级进行更精确的解释。或者，要求测试参与者根据其感知的重要性对潜在的医疗器械特性和功能进行排名。

9）探索新的设计方案。进行参与式设计练习，要求测试参与者在设计师的帮助下绘制他们对最佳医疗器械的概念草图或物理模型。

5.2 测试环节的可能持续时间是多少？

可用性测试环节通常持续 1~2h。但是，您可能能够在 30min 内进行一次全面测试，也可能需要 3~4h 才能完成计划的活动。这完全取决于很多因素，如您的测试目标、测试参与者的特征及医疗器械的复杂性和可用性。

可用性测试环节的适当持续时间没有硬性规定。一般来说，测试过程应该持续尽可能长的时间，以充分调查感兴趣的用户 - 医疗器械交互，同时确保测试参与者的身心舒适。

最常见的测试持续时间是 30min 的倍数（如 30min、60min、90min 和 120min），但会话有时会延长到 3~4h。最常见的持续时间是 1h 和 2h。

以下是一些时间管理技巧：

1）至少分配 10min 的时间与测试参与者打招呼，让他了解测试环境，让测试参与者签署保密协议，解释测试目的，介绍一些测试基本规则并询问一些背景问题。注意：您可能会建议测试参与者在测试开始前 15min 到达，以查看并签署保密协议，并在进入测试场地前完成背景调查问卷。

2）测试结束时，至少需要 5min 来适当补偿并感谢测试参与者，重申保密的必要性，并护送他离开测试设施。

3）自言自语可能会增加测试参与者执行每项计划任务的时间，总时长可能会增加25%。

4）当测试时间达到 60~90min 或以上时，您应该安排 5~10min 的休息时间，在此期间测试参与者可以使用洗手间、喝饮料和品尝点心，并在与医疗器械原型进行紧张的互动后放松一下。一个 4h 的测试过程可能需要两次或更多的休息时间。您可以在测试期间的特定时间安排休息时间，在测试参与者开始出现不适或疲劳迹象时进行休息，或者根据测试参与者的要求进行休息。

5）如果医疗器械使用起来相对直观，当您指导用户遵循医疗器械的使用说明书而不是按照他们的直觉时，测试可能会花费更长的时间。显然，阅读说明会消耗额外的时间。如果使用说明书写得不好且可能具有误导性，则会消耗更多时间。但是，如果医疗器械特别不直观且使用说明书写得很好，则可能相反。

6）一些测试参与者将可用性测试视为一个受欢迎的论坛，用于发泄他们对医疗器械的不满并描述他们的理想，并且可以热情洋溢地自言自语（即忘乎所以地评论）。如果时间不受限制，虽然这种用户意见或反馈可能会引起人们的兴趣，但您可能需要积极推进讨论（即插入下一个问题），以便测试不会超过分配的时间。

7）测试的时间通常比您最初估计的要长，通常会延长约 1/3。因此，进行 1~2 次引导测试以确定适当的测试持续时间，并在需要时调整测试范围。为防止“范围蔓延”，请确保在安排会议之前收到所有利益相关者对测试计划（尤其是任务列表）的反馈。如果您在最后一刻更改测试时间（和时间表），会给测试参与者招募人员带来困难，也会给测试参与者带来不便。

8）您应该在测试环节之间至少分配 15min 的时间。这段时间让您有时间为下一位测试参与者准备测试室（即重新配置医疗器械、整理表格和整理工作空间），为已完成的测试环节添加注释，并放松几分钟。如果您希望在每个测试环节后进行汇报，请在 2 次测试环节之间分配更多时间。

9）预计 10%~20% 的测试参与者会因为各种原因迟到（如睡过头、在去场地的路上迷路及交通拥堵）。您应计划如何处理迟到情况。笔者典型的恢复策略是匆匆完成介绍性评论并跳过选测项目或低优先级的任务。另外，可以建立一个截止时间，在此之后再开始测试将是无效的。例如，如果测试参与者在总时长 1h 的测试中迟到 40min，您最好让他重新安排时间，而不是匆忙完成测试、跳过几项任务，并可能延迟下一次测试。

10）如果您有 2h 的时间来完成一个测试环节，请安排您希望在 15min 左右的空闲时间完成的活动，从而考虑到遇到工作缓慢或话多的测试参与者，也能让您在测试之间留出更多时间来重新组织和休息。

11）按计划进行测试需要遵守纪律。因此，在进行测试时应经常检查时钟，并准备跳过不必要的活动和问题以保持进度正常。

在计划可用性测试时，您必须确定在一个工作日（包括午餐或晚餐休息时间）中可以进行多少次测试。下面提供了一些计划举例，它们可以最大限度地增加您一天可以运行的测试数量，但如果持续数天或数周都这样安排，它们会显得“激进”，并且可能会让人感到疲倦。在一天内，我们最多可以进行 8 次 1h 的测试、6 次 1.5h 的测试或 4 次 2h 的测试（见表 5-1~表 5-3）。当您试图适应紧张的开发时间表或限制租赁设施费用时，这种苛刻的时间表可能是有利的。

表 5-1　1h 的测试场次举例

场次	场次时间
1	上午 8 : 00~9 : 00
2	上午 9 : 15~10 : 15
3	上午 10 : 30~11 : 30
4	中午 11 : 45~12 : 45
午餐	下午 12 : 45~1 : 30
5	下午 1 : 30~2 : 30
6	下午 2 : 45~3 : 45
7	下午 4 : 00~5 : 00
8	下午 5 : 15~6 : 15

表 5-2　1.5h 的测试场次举例

场次	场次时间
1	上午 8 : 00~9 : 30
2	上午 9 : 45~11 : 15
3	中午 11 : 30~1 : 00
午餐	下午 1 : 00~1 : 45
4	下午 1 : 45~3 : 15
5	下午 3 : 30~5 : 00
6	下午 5 : 15~6 : 45

表 5-3　2h 的测试场次举例

场次	场次时间
1	上午 8 : 00~10 : 00
2	上午 10 : 15~12 : 15
午餐	中午 12 : 15~1 : 30
3	下午 1 : 30~3 : 30
4	下午 3 : 45~5 : 45

笔者进行过的最短可用性测试持续了 15min，尽管当时分配了 30min。测试参与者必须从冰箱中选择一个特定的药物包，其中包含目标包和几个“干扰”包。核心任务（选择目标包）实际耗时 5min，剩下的时间用于介绍性的评论、简短的访谈和对测试参与者进行补偿。

笔者进行过的最长可用性测试包括两部分：持续 4h 的白天测试和持续 8h 的夜间测试（请参阅 9.8 节的相关内容）。该测试要求非专业人员使用透析机执行多项任务，包括设置机器和响应警报。该测试旨在验证代表性用户可以安全地使用机器，并且不会犯任何可能导致伤害的使用错误。测试参与者知道他们要做什么——总共 12h 的测试，加上培训时间——但他们评论说，长时间的活动并不比他们正常的透析治疗程序要求更高。相对而言，考虑到密集观察和数据收集的繁重工作，笔者似乎是这次测试中最辛劳的人。

> 分配足够的准备时间
>
> 本节的测试场次举例中要求测试人员从大约上午 8:00 到下午 6:00 进行测试。如果您在不熟悉的设施进行测试，您应该在第一天分配 1~2h 的准备时间，以确保您的视频和音频记录设备正常运行。例如，可能需要一些时间和调整才能使基于互联网的视频流正常工作，以便利益相关方可以远程观察测试过程。您可能还需要时间来配置给定的医疗器械并练习各种干预措施，如通过将空气引入流体管线来触发医疗器械警报。

5.3　您是否必须是可用性专家才能进行测试?

成为可用性专家的门槛相对较低，但有效履行职责的要求很高。虽然许多可用性专家接受过人因工程方面的正式培训，但有些人基本上是自学成才的，他们可能通过技术阅读和参加短期课程、研讨会和/或网络会议来增强他们的在职培训。归根结底，资历不如能力重要，例如，以市场营销、技术写作或工业设计为职业的人也可以成为出色的可用性专家。不过，笔者必须向广大专业同仁点头致意，因为他们拥有更深入的人因工程知识，这正是正确规划可用性测试和解释结果的关键。所以，您不必成为可用性专家后再进行可用性测试并产生有用的结果，但它可能会有所帮助。

可用性测试大致类似于烹饪。通过遵循食谱，观察其他人的工作（即观看您最喜欢的烹饪节目）并运用一些常识，大多数人都可以烹饪可食用的饭菜。同样，相当聪明的人只要阅读了可用性测试的相关书籍，或许观察了专业人员进行的几次测试后，就可以进行有效的测试。然而，正如专业厨师准备的饭菜可能更美味一样，可用性专家（经过正式培训和自学）进行的测试可能会产生更深入和更有用的见解。

因此，笔者认为，在可用性测试方面受过训练和经验丰富的人可能是进行可用性测试的最好人选。如果他们拥有人因工程或相关领域的学位，那就更好了；如果他们在自己领导测试之前为经验丰富的可用性专家做过助理，那就更好了。但是，请记住，一些最好的厨师也是自学成才的！

如果您不是可用性专家，并且想成为熟练的可用性测试管理员，笔者建议从以下事项做起：

1）完整阅读本书（不过您已经知道了）。

2）阅读其他关于可用性测试的书籍（参见本书末尾的“资源”）。

3）参加关于可用性测试的一门或多门课程、短期课程、研讨会或网络会议。

4）观看他人进行测试。

5）与经验丰富的可用性专家合作进行您的第一次测试。

6）确保您的第一次测试不是“高风险”测试（如确认测试），以防测试失败。

如果不是可用性专家，什么样的人最有可能领导可用性测试？笔者观察到以下相关专业人士做得很好：

1）具有同理心并且已经从事与被测医疗器械相关工作的技术作家（如编写使用说明书）。

2）具有强大研究背景并能够以公正的方式提出问题的营销代表。

3）了解可用性的重要性，并在工作中积极考虑用户需求的软件用户接口设计师。

4）可能参加过人因工程课程和经常参与设计研究的工业设计师，并采取以用户为中心的设计方法。

5）民族志学者，他们已经是分析人们如何工作的专家。

既然笔者已经说服您，许多聪明的人可以在充分准备后进行可用性测试，那么笔者接下来准备反驳一下自己。

在可用性测试期间，可用性专家所做的不仅仅是翻阅论文、管理任务、从准备好的脚本中读取问题及记录数据。可用性专家要对给定医疗器械是否适合代表用户使用形成总体见解。在这个过程中，他们运用对人类能力（和局限性）的深入了解和应用的设计原则。再次使用前面的类比，可用性专家类似于训练有素的厨师，他们会品尝自己的食物，以确定它是否经过适当的调味和烹饪。由于缺乏盐和其他香料，厨师可能会认为汤的味道太淡了。同样，可用性专家可能会观察到，由于误导性的屏幕标题和不一致的导航，测试参与者可能会形成一个不准确的软件用户接口结构心智模型。

无论谁进行可用性测试，重要的是以符合已发布标准和监管机构期望的质量意识的方式进行测试。

5.4 是否需要“脑外科医生”来评估医疗器械？

说到医疗器械的可用性测试，只懂得一点医学知识并不是什么危险的事情。虽然您不需要全面的医学知识或经验来进行医疗器械的可用性测试，但对给定医疗器械相关医学细节的基本了解将增强您评估其交互细微差别的能力，并与医疗专业人员进行更丰富对话。

面对评估医疗器械的任务，您可能希望自己掌握更多的医学知识。但是，请记住，您无须是出类拔萃的脑外科医生才能来评估用户与脑外科医生在手术中使用的医疗器械的交互。只要您已经做了一些功课，您就可以成为一名称职的可用性专家。对于在飞机驾驶舱工作但不是飞行员的可用性专家来说，情况也一样。在进行可信的评估之前，您可能需要掌握大量的知识，但您没有理由成为“他们中的一员”。您的专业背景将带来一个受欢迎的，并且在很大程度上公正的观点。

既然提到了脑外科手术，笔者将继续分享我们在对深部脑刺激器的编程器进行可用性测试时所学到的经验教训。该编程器是一种与手术植入医疗器械通信的遥控器，它使神经外科医生和专门研究运动障碍的临床医生能够通过连接到类似起搏器的植入电极来调整流向患者大脑的电流。在准备可用性测试时，笔者感到有必要至少学习有关深部脑刺激的基础知识及其对运动障碍（如帕金森病、特发性震颤和痉挛）的影响。

例如，笔者了解了有关帕金森病的基础知识，包括患者大脑中解剖学变化的性质（如产生多巴胺的神经细胞的丢失或损坏）及控制病情所用药物的益处（如行走能力的提高）和副作用（如增加不自主运动）。笔者还研究了一些大脑解剖结构及植入刺激器和相关电导线的手术性质。诚然，笔者不会解剖大脑，但笔者将与神经外科医生和其他医生进行互动，他们对笔者刚刚研究的主题拥有丰富的知识。笔者的新知识对于笔者在可用性测试期间与医疗器械的潜在用户进行有效沟通至关重要。这也为笔者赢得了测试参与者的赞赏和尊重，从而省去了他们向笔者"灌输"基本知识的麻烦，从而使讨论变得更加深入。

完成这些功课后，笔者就可以跟上并引导（如果合适的话）临床医生将如何使用编程器的讨论。在随后的可用性测试中，笔者可以自信地指导临床医生："增加双极刺激水平，直到看到运动障碍的迹象，然后逐步降低水平。"在适当的程度上，笔者知道自己在说什么，这在进行可用性测试时总是一件好事。请注意，这种详细的指导在总结性可用性测试中是不合适的，但在形成性可用性测试中却有其特定的作用。

为医疗器械制造商工作的可用性专家可能会参加他们公司的用户培训计划（甚至可能是雇用的条件）。例如，笔者认识一位可用性专家，他接受过为患有肾衰竭的重症监护患者提供紧急血液透析的培训，而另一位则参加了"工程师护理"课程以准备评估麻醉器械。在对专用显微镜进行可用性测试之前，笔者曾经参加过细胞学培训课程（见图 5-5）以了解细胞学（细胞研究）和细胞学家（如接受过巴氏涂片检查培训的专业人员）。其他同事在进行可用性测试之前，观察了许多医疗程序，采访了临床医生，或寻求认证［如心肺复苏（CPR）认证］。在熟悉任务的基础上更进一步，在少数情况下，笔者寻求对特定医疗器械或流程的亲身经验。例如，笔者曾经在评估患者监护系统时戴上配备电极的前额带和帽子；在研究采血过程时献血（见图 5-6）。

图 5-5　细胞学培训课程（照片由北布里斯托尔 NHS 信托基金提供）

图 5-6　研究人员（合著者艾莉森·Y. 斯特罗切科）通过实际献血来熟悉血液采集医疗器械

如果缺乏这样的准备，可用性专家可能会进行不充分的测试。错误的测试重点、无法识别使用错误或不恰当的测试数据分析都可能会产生错误的结果，如果该医疗器械以有缺陷的用户接口进入市场，可能会使患者面临风险。此外，知识渊博的测试参与者可能会觉得，与对相关主题缺乏基本了解的人分享反馈是在浪费时间。通过展示适当水平的基础知识，可用性专家会显得更值得信赖，从而与测试参与者建立更好的关系。

重要的是，在研究当前相关的医学主题时，请记住，您是可用性测试专家，无须为绕过护理或医学院而道歉。在可用性测试期间，以下类型的评论可以帮助测试顺利进行并实现相互尊重，特别是在测试参与者比较迂腐或傲慢的情况下：

1）我是一名专门从事可用性测试的人因工程师。我精通这种医疗器械的工作原理及其在患者护理中的一般应用。但是，如果您是医学专家，那么在测试中的某些时候，我可能需要您澄清某些意见和问题。

2）在本次测试期间，如果您对治疗的效果或应用有任何疑问，我可能会咨询我的同事。我的医学和工程学知识不如他们丰富，我想给您最好的答案。

3）今天，我们将重点关注用户与医疗器械交互的质量。我们将较少关注潜在的医疗问题，我们的同事正在单独解决这些问题。如果您的问题需要深入的医学知识，我可能需要咨询我们的医学专家后回复您。

如今，互联网上提供了大量的医疗信息，很容易在很短的时间内收集到大量的相关领域信息。在计划和进行可用性测试之前，笔者会采取以下许多步骤来了解医疗器械、它们的应用程序和它们的用户：

1）在 WebMD（https://www.webmd.com）或 MedicineNet（https://www.medicinenet.com）等网站在线阅读相关主题内容。在给定特定主题的情况下，这些网站通常是便捷的起点，但不一定是最终决定。

2）访问提供高质量医学内容但面向非专业人士而非临床医生的网站。例如，如果您想了解冠状动脉旁路移植术（CABG），您可以访问几个详细解释该过程的网站，甚至会提供显示特定手术步骤的动画。

3）阅读以相对简单的术语解释医疗状况和相关医疗程序的书籍和小册子（针对非专业人士）。

4）请一位知识渊博的同事或客户代表为您提供一个“信息汇编”，其中涵盖某人需要了解的相关主题的基本信息。此外，条件允许时，还可以要求进行医疗器械演示。

5）学习基础知识后，阅读医学文章的适当内容。

6）在实际使用中观察医疗器械（或类似医疗器械）。理想情况下，带上一位临床知识渊博的“口译员”，他可以随时解释正在发生的事情。

7）为了更好地理解流行的设计惯例，可以研究解决相同病症或具有其他共性（如使用相同的数据输入设备，在单个屏幕上显示图形和数字数据，并且需要相同的手部动作）的医疗器械的设计和交互特性。

如果您没有时间研究与您将要评估的医疗器械相关的临床细节，或者对复杂的医疗细节感到不知所措，请与可以支持您的测试工作的主题专家合作。这个角色可以由临床专家或具有相关临床环境工作经验的同事来完成。笔者有一个由护士和医生组成的小型群体，他们通过审查测试计划、观察测试环节或向笔者解释基本的医疗流程和工作流程来支持笔者的项目。

“快速了解”医学主题

如果您是医疗器械制造商的外部顾问，请不要羞于要求您的客户提供有关医疗器械的概述，或向您推荐有关相关治疗和适应症准确信息的网站和印刷材料。

5.5　如果您无法更改设计，为什么还要进行测试？

即使设计被认为是完整且不可更改的，可用性测试也是一项富有成效的工作。在最坏的情况下，可用性测试可能会揭示关键的设计缺陷，这将要求高级管理人员在推出医疗器械之前重新考虑他们可以做出哪些改变。在不太严重的情况下，可用性测试可以揭示用户接口设计问题，这些问题可能会在未来的设计迭代中得到解决。

当一些制造商对其第一款医疗器械进行可用性测试时（通常用于确认目的，而且是在项目后期），他们认为设计已“冻结”，这意味着它不再需要更改。但是，笔者的经验表明，“冻结”确实意味着进一步的设计更改将是昂贵的，并且会破坏产品发布计划，但如果这些更改是必不可少的，则并非不可能。在实践中，当别无选择时，高级管理人员似乎很有能力“解冻”设计。从产品安全性和可用性的角度来看，这是个好消息，因为可用性测试有时会得出需要更改设计的结论。

但是，为了便于讨论，假设您将要测试的医疗器械已经“冻结”。制造商无意更改其硬件或软件的任何部分，因为它预计将在几个月内推出该产品。有一个默认的假设是可用性测试会顺利进行，并且该活动被贬低地视为“格格不入”。由于这种情况，就针对检测到的问题实施增强功能而言，继续测试医疗器械似乎毫无意义，但事实并非如此。

假设从设计确认的角度来看，可用性测试进展顺利，表明没有主要的用户接口设计缺陷。它仍然可能揭示多个可用性问题，这些问题可能会降低该医疗器械在市场上的竞争力。由于以下原因，此类发现可能非常有价值：

1）通过调整医疗器械的学习工具（可能包括用户手册、快速参考卡和在线教程），以相对低廉的价格快速解决一些可用性问题。

2）同样，一些可用性问题可以通过调整制造商随他们的医疗器械一起提供的培训（如服务培训）来解决。

3）可用性问题可以在医疗器械的修订版（或软件版本）中解决，修订版可能计划在初始产品发布后的几个月内发布。

4）一些可用性问题可能会导致制造商调整其营销策略，突出某些功能而淡化其他功能。

5）在售后监督工作期间，制造商可以密切关注与已识别的可用性问题相关的问题，以确定它们最终是真正的问题还是可用性测试的伪命题。

因此，如果管理层说医疗器械设计已“冻结”，请不要绝望。只要管理层支持，对医疗器械进行可用性测试仍然可以取得超出监管预期的巨大成效。

5.6 您如何设定期望?

除了照顾测试参与者并确保测试本身顺利进行，测试管理员有时还需要管理测试观察员，确保他们对测试有适当的期望。在开始可用性测试之前，花一些时间向没有密切参与测试计划的观察者解释测试方法和目标。

这是可用性测试领域的一个常见场景：现在是周一上午 8：45。一盘糕点和切片水果放在普通咖啡壶和无咖啡因咖啡壶旁边。测试室为即将到来的测试进行了适当的准备，包括一个用毯子盖住的人体模型来模拟患者，一张放着液体袋、一次性管路套装及其他用品的桌子，以及最重要的贵宾——高通量透析机，它将作为可用性测试的主角。测试管理员在上周五完成了几次试点测试后，准备顺利进行测试。现在，来自多个目的地的是利益相关者，包括产品经理、项目经理、工程副总裁和营销副总裁。首席执行官（CEO）可能会在当天晚些时候过来观察几次测试，但您不确定何时会发生这种情况。

简而言之，事关重大。根据笔者的经验，利益相关者抱有不切实际的高期望，即被评估的医疗器械即使不是完美的，也会表现良好。因此，无论您根据试点测试结果预期医疗器械的性能如何，现在都是控制期望的黄金时间。以下是笔者对测试观察者说的一些话（最好是在测试开始之前，而不是在几次测试之后），让他们保持建设性的心态：

1）抵制根据几次测试就得出结论的诱惑。我们可能会看到大量不同的测试参与者表现。在一次或几次测试期间观察到的可用性问题可能会或可能不会在其他测试中重复出现。

2）可用性测试本质上是一种“压力测试”。我们所做的相当于使医疗器械从台面高度掉落，然后查看它是否损坏及在何处损坏。如果我们看到测试中断（换句话说，可用性问题），我们将获得必要的洞察力，使医疗器械变得更好。

3）在某种程度上，在可用性测试中发现问题是件好事。它使您有机会在医疗器械上市之前解决任何问题。

4）您会惊讶于有些人对用户接口的反应。由于我们熟悉该医疗器械，对我们来说似乎非常明显的事情可能会使新用户感到困惑。我们可能很容易得出测试参与者并不那么聪明的结论，但细微的设计缺陷甚至可能让最聪明的人感到困惑。

5）您有时很容易忽视测试参与者的评论或行为，因为您可能无法想象他会在现场使用该产品。也许他们的领域知识较少或使用技术的经验较少。请记住，我们的目标不是只招募典型用户，而是招募代表潜在最终用户不同特征的一系列个人，包括一些“最坏情况的用户”。

6）请记住，我们的目标是让医疗器械进行良好的测试。我们正在研究一些不寻常的使用场景，并在对测试参与者进行最低限度的培训后评估初始易用性。因此，您应该会看到一些具有明确根本原因的使用错误，但也会看到一些更神秘且可能缺乏快速识别原因的使用错误。

7）请记住，我们正在进行的测试可能与您可能观察到的其他类型的营销研究不同。我们的目标是尽可能不引人注意地观察测试参与者，以便从他们的行为中学习。因此，如果我们让测试参与者长时间地在一项任务中挣扎，或者如果我们对测试参与者的反馈和鼓励似乎有些保留，请不要惊慌。请记住，我们并不是试图出售医疗器械或创造未来的用户本身。

8）（如果观察者将在测试室）您可能偶尔会想插话，并解释医疗器械功能或为测试参与者提供一些指导。为了使测试顺利有效地进行，最好避免这样做。在测试结束时，我会与您联系，看看您是否还有其他问题要问。测试结束后，您可以随时与测试参与者交谈并讨论任何未解决的问题。

除了传达上述注意事项，回顾测试的重点和目标可能会有所帮助，尤其是在观察者未参与测试计划过程的情况下。未参与测试计划的观察员可能并不特别熟悉医疗器械、您如何选择任务、为什么及如何招募特定的测试参与者，以及测试如何与其他设计和开发活动相互关联。

正如后续章节中所讨论的，在进行总结性（即确认）可用性测试时，风险特别高。例如，一个特别严重的使用错误（如果医疗器械在实际使用中可能会伤害患者）可能是一个重大挫折，有时需要重新设计。因此，在进行总结性可用性测试时，作为可用性测试人员，您还可以告诉观察者以下内容：

1）我们准备好进行所有的测试环节，即使我们在早期的一个环节中发现了一个特别令人不安的使用错误。额外的测试环节将使我们更深入地了解使用错误的可能性，并使我们能够识别可能需要进一步关注的任何其他使用错误。此外，为了应对一个或多个主要使用错误，我们可以选择在可行的情况下进行设计更改，并且如果仍有足够的剩余测试环节来实现我们的确认测试目标。当然，如果您希望在我们进行部分测试环节后停止测试并重新评估，我们可以这样做。

2）在我们进行所有预定的测试环节并完成必要的后续分析之前，让我们对测试是否会确认医疗器械的用户接口保持判断。如果我们看到可用性问题，开发团队将需要在整体风险分析的背景下评估它们的可能性和后果的严重性。

3）鉴于这是医疗器械的第一次正式可用性测试，如果您发现一些可用性问题，请不要感到惊讶。可用性问题很常见，即使您已经执行过早期测试。我们并不期望测试参与者可以完美地执行任务，并且可能存在在开发过程早期没有出现的残留用户接口设计问题。我们会拭目以待。完成测试后，我们将对如何推进用户接口设计有一个很好的认识，我们应该得出它已经完成还是需要进一步改进的结论（如果在总结性可用性测试之前没有形成性可用性测试，请提供此建议）。

5.7 什么情况下可以推迟可用性测试？

可用性测试很容易被推迟。延迟的一个常见原因是测试项目（如软件原型、工作设备）尚未准备好。其他常见原因包括等待监管机构的反馈或 IRB 批准您的测试计划，以及测试参与者招募困难。因此，应制定应急措施（可能会增加成本），如确认测试团队成员不仅在预定的测试日期有时间，而且在接下来的一周也有时间。

根据笔者的经验，至少有 25% 的可用性测试由于某种原因而被推迟。幸运的是，大部分推迟发生在原定开始日期之前。但是，也有一些延迟在最后一刻会出现。笔者还注意到，与形成性可用性测试相比，总结性可用性测试被推迟的情况更多，主要是因为总结性可用性测试需要生产等效医疗器械、配件和学习工具。因此，产品制造延迟和意外故障会自动推迟总结性可用性测试。

表 5-4 列出了推迟的常见原因及可能的预防措施和解决方法。

表 5-4　推迟的常见原因及可能的预防措施和解决方法

常见原因	预防措施	解决方法
监管事务组等待监管机构对可用性测试计划（即协议）的审评	提交您的测试计划后，请您的监管机构联系人估算预期的响应时间。在预期响应延迟的情况下，在测试计划中留出数周的弹性时间	1）如果您对您的测试计划和医疗器械的使用安全性有信心，请按照您的原始时间表继续测试，并认识到测试可能未能达到监管机构预期的风险 2）推迟测试，并向测试参与者支付少量酬金，以补偿最后一刻的时间更改
IRB 审查您的可用性测试计划的时间比预期的要长，然后建议进行重大的方法更改或不赞成您的测试参与者招募和保护计划	提交您的测试计划后，请您的 IRB 联系人估算预期的响应时间。在正式提交 IRB 之前，请一位熟悉 IRB 要求的顾问审查您的测试计划和相关文件	推迟测试并向测试参与者支付少量酬金，以补偿最后一刻的时间更改
项目缺少完成工作模型所需的零件	鼓励工程师在预计需要额外零件或更换零件时立即订购零件	1）确定您是否可以使用部分功能模型进行合理有效的可用性测试 2）使用基于计算机的模拟或草图增强部分功能模型

（续）

常见原因	预防措施	解决方法
软件开发人员遇到了问题，当前的“架构”存在太多“错误”而无法测试	在测试计划中留出几周的时间来考虑调试问题	确定您是否可以对软件用户接口的稳定部分进行合理有效的可用性测试
培训材料不完整，可用性测试需要参加培训	在计划中分配充足的时间来开发培训材料，包括与技术作者和其他利益相关者的审查反馈互动	使用任何可用的材料进行形成性测试，并根据需要补充非正式的口头指导和解释。请注意，此策略不适用于总结性可用性测试
首选测试设施在所需测试期间已被预订满	尽早联系候选设施，并在最适合测试的设施进行初步预订。要求设施保留房间并告诉您可以重新安排时间而不会产生费用处罚的最晚日期	1）在另一个研究机构或酒店会议室进行测试 2）鼓励测试机构为您的测试腾出空间，可能通过询问其他客户是否愿意将活动移至另一个日期以换取折扣价
首选测试地点有一个大型会议，并且没有可用的酒店房间，至少价格不合理	在确定测试日期和地点之前，请检查酒店和研究设施的可用性	选择不同的测试地点
没有人考虑将原型运送到测试地点所需的时间，包括通过海关的时间	提前估计预计的运输时间，并在时间表中预留更多时间，特别是当原型将运往海外并需要清关	联系快递公司并为其最快（最昂贵）的服务付费，以确保原型及时到达测试地点
测试项目在运输过程中损坏或在测试过程中发生故障	1）通过不同的路线或不同的承运人运输两个或多个测试项目 2）要求能够修复损坏或故障测试项目的个人参加测试 3）在两次测试之间安排充足的时间，以便您有时间重置测试室并在需要时修改或修复原型 4）提供低保真原型或模型，以防高保真原型或模型损坏或出现故障。低保真原型总比没有原型好	1）准备好强力胶水、胶带或腻子来修补轻微损坏 2）向测试参与者指出医疗器械的哪些部分已损坏或出现故障，因此无法按预期运行
正值假期，招募工作困难，更别说派遣测试队出差了	1）确保研究的赞助商（即医疗器械制造商）了解节假日测试的局限性 2）寻找机会在不影响测试有效性的情况下放宽招募标准	1）聘请不受假期长时间工作困扰的测试人员 2）为测试参与者提供高于平均水平的激励措施，以增加成功招募的可能性
自然灾害（如飓风、暴风雪）造成广泛的破坏（如取消航班、延长停电时间）	尽量避免在一年中的某些时间段前往某些目的地，注意哪些机场经常因季节性风暴而受到延误或取消的困扰	1）将测试移动到不同的测试位置或重新安排测试在原始位置进行 2）如果测试基于计算机的原型，尝试在互联网上进行测试（请参阅 9.6 节的相关内容）
即将举行的国际测试的测试管理员意识到他的护照已过期，或者他忘记办理进入目的地国家的签证	将国际旅行列入日程表后，请立即检查您护照的资格	1）支付额外费用以加快新护照的签发。在美国，增加的费用为 100~300 美元（2015 年价格），具体取决于人们需要多快收到新护照 2）联系相应的大使馆，了解是否可以加快签证办理速度

（续）

常见原因	预防措施	解决方法
由于您没有工作签证，移民局会阻止您进入所选国家/地区	1）提前确定目的地国家的可用性测试是否需要您获得工作签证，如果是，请立即申请 2）如果您是在外国公司工作的顾问，请要求您的客户通过证明其对服务的需求和缺乏合适的当地供应商来协助获得签证	如果您被拒签，请尝试联系您的客户，看看该客户是否可以与移民官交谈，或提供验证您访问目的的信息
医疗器械制造商刚刚制定了旅行禁令（出于安全原因）或旅行冻结（出于经济原因）	—	1）如果可行，切换到基于互联网的测试方法 2）确定供应商是否可以不顾禁令出差，并让其他人（即内部项目利益相关者）通过流视频服务远程观察测试
选定的招募公司未能聘用足够多的合格测试参与者	1）尽早提供详细的招募标准，并要求招募人员在您授予他们工作之前确认他们可以完成招募 2）避免对招募标准进行不必要的限制 3）要求每日更新已确认测试参与者的数量和类型 4）提供潜在测试参与者的招募线索和联系信息（如果有）	1）如果随着测试的临近，您仍然缺乏测试参与者，请放宽非关键的招募标准 2）聘请额外的招募公司，为每位招募的参与者支付“人均”费用
由于准备不足，医疗器械制造商在最后一刻推迟了测试（如样机尚未准备好，并非所有批准都已到位）	1）如前所述，在测试计划中留有余裕，以确保原型准备就绪并获得所需的批准 2）提醒测试团队，测试可能需要比原计划晚一周或更长时间开始（注意：有些顾问可能无法提供这样的灵活性，并且需要额外收费以保留额外的时间）	取消预定的测试参与者并向他们支付适当的金额（可能是全部奖励或合理的一部分）作为他们先前承诺参加测试的补偿

5.8 可能会出现什么伦理难题？

可用性测试计划、执行和报告过程带来了大量的决策。您应利用您的教育和经验来推动可用性测试工作朝着正确的方向发展。不幸的是，有时似乎在您认为的对与错之间需要做出选择。理性的人可能对孰是孰非产生分歧，这没有问题。但是，有时方向似乎是错误的，您必须对采取特定方法来评估医疗器械的安全性和有效性进行辩护，并以您认为有原则和建设性的方式行事。

如果您进行了足够多的可用性测试，您最终将面临您认为的伦理难题。事实上，您可能会面临不同程度的伦理难题，而且频率令人不安。

可以理解的是，医疗器械制造商渴望看到他们的医疗器械通过总结性可用性测试。当您考虑到为生产可能的最终产品而努力工作的团队希望看到它成功时，这是情理之中的事。然而，通过总结性可用性测试有时成为一种必要而非愿望，“失败不是一种选择”。而且，当失败不是一种选择时，总结性可用性测试可能会变得有压力，导致一些人以可疑的方式行事。

以下是一些（可以说）造成伦理难题的假设情景。

1）场景 1：异常值——在可用性测试开始之前，护士接受 30min 的培训以使用重症监护设备。之后，培训师向测试人员提到，护士起初似乎有点困惑，但最终“明白了”。在测试期间，受过培训的护士在执行与安全相关的任务时犯了几个错误（即使用错误）。测试结束后，制造商的项目经理要求将护士指定为“异常值”，并将测试数据排除在分析之外。

2）场景 2：风险降级——在对测试计划草案进行并行评审期间，一名评审员反对某项特定任务似乎为使产品失败而设计，认为这是不公平的。测试计划者指出，总结性可用性测试专门用于判断基本风险减轻措施的有效性，包括与该任务相关的风险减轻措施。随后，分析师重新审视风险分析，并将特定使用错误的风险降级到其减轻措施不再需要确认的程度。

3）情景 3：轻微的或已矫正的听力障碍——测试计划要求对未矫正的听力障碍者使用的医疗器械进行评估。管理层坚持认为，佩戴完全矫正助听器的成年人应符合“受损”参与者的条件，拒绝将有残余损伤的人（即听力不正常或接近正常的矫正听力者）包括在内。

4）场景 4：不信任使用错误——可用性测试涉及多个测试参与者，他们作为一个团队进行模拟手术。在一项任务中，在无菌区外工作的巡回护士在将仪器交给无菌区内的手术护士时不正确地触摸了医疗器械。正常情况下，巡回护士只能接触仪器的包装，只有手术护士才能握住医疗器械。手术护士将现在被污染的仪器转移给医生。管理层争辩说，在真正的手术室工作的手术护士会注意到巡回护士的污染行为并要求更换医疗器械。因此，管理层认为应将使用错误视为“测试用品”（请参阅 16.3 节的相关内容）。同时，测试人员观察到，手术护士似乎没有看到污染行为，并且发生了合法的使用错误。

5）情景 5：特殊培训——每位测试参与者在其测试前接受 45min 的一对一培训，制造商坚持应在培训后 1h（而不是 1 天或多天）开始测试。最终，制造商希望独立的护士教育者（受过制造商培训的人）来培训实际的最终用户。因此，制造商计划在现实世界中采用“TTT 培训”的方法。但是，出于测试目的，制造商坚持要求由其培训总监将对所有测试参与者进行培训，以及将培训课程的内容和持续时间缩短 60%，以便在 45min 的课程中专注于与测试参与者被要求执行的任务相关的信息。

6）情景 6：改进且不一致的培训——尽管接受了培训，但前 10 名测试参与者中有 8 名犯了使用错误，错误地安装了特定的医疗器械零件。测试人员不知道，在培训间隙，培训师走进单向镜后面的观察室，观看了几场测试。在观察到重复出现的使用错误后，培训师独立决定修改培训并强调正确安装给定器械零件的重要性。接下来接受修改培训的 5 名测试参与者正确安装了医疗器械零件，但他们在没有提示的情况下表示，“从我的培训中，我知道在打开医疗器械之前正确安装该零件并确保其安全是多么重要。”

以上 6 种情景及许多其他情况可能会导致测试人员扪心自问：

1）质疑我的客户和 / 或管理层的指示，并在此过程中质疑他们的诚信是否合适？

2）如果我对方法问题听之任之，我的行为是否不道德，我是否会因此给最终用户带来严重后果（如更大的受伤或死亡风险）？

3）如果我与我的客户和 / 或管理层“交锋”，我会被视为麻烦制造者吗？我会失去客户或工作吗？

4）我是不是过于学术化了？我是不是过于理想化了？我的反对意见是否不合理，或者我是否有坚实的方法论基础？

要明确地回答这些问题是不可能的，因为答案在很大程度上取决于不明确的技术细节。但是，由于您可能对笔者对每个假设场景的看法感兴趣，因此笔者将假设的伦理难题和建议行动列在了表 5-5 中。请注意，笔者提到的是客户，反映的是顾问的观点。但是，客户很可能是您的老板或公司内其他部门的人员。

表 5-5 假设的伦理难题和建议行动

场景	建议行动
场景 1：异常值	以客观和不带感情的方式公开表达您的担忧（这种方法也适用于场景 2~6），强调仅根据预设标准声明异常值的重要性，从而避免出现“挑拣”测试参与者，并仅包含来自表现最佳者的数据的情况
场景 2：风险降级	为了获取信息，请寻求风险分析的完整解释。如果推理似乎有问题，请指出您认为的缺点，以便充分披露。最终，接受其他人对风险分析负有责任，并继续运行与客户提供的最新版本一致的测试。道德责任最终在于那些负责风险分析的人。只有在分析似乎被故意歪曲的情况下，才可以拒绝进行测试
场景 3：轻微的或已矫正的听力障碍	假设 FDA 和其他监管机构感兴趣的是，当人们的行为受到损伤的合理影响（并且可能受到限制）时，他们与医疗器械的交互效果如何。因此，应大力鼓励招募没有完全或几乎完全矫正损伤的人员。也就是说，在接受监管机构审查的测试计划中，对招募功能障碍已基本矫正的人员持开放态度。这样，可以让监管机构接受或拒绝提议的招募方法。如果未提交测试计划供监管机构审查，请清楚地传达监管途径风险，即仅包括未明显受损的个人，并在测试报告中明确说明测试参与者的限制（或缺乏限制）
场景 4：不信任使用错误	按目击情况报告使用错误及其明显原因。此外，报告模拟外科手术的潜在局限性，这可能导致一些测试参与者不那么警惕，或将某些事件（如受污染的医疗器械）视为模拟中的不恰当。换句话说，将“测试用品”识别为诱因，但也要指出测试中发生的事件的任何特定根本原因（如包装设计缺陷、手术护士全神贯注于另一项并行任务）
场景 5：特殊培训	在测试之前，鼓励客户实施“TTT 培训”方法，尽管这可能会带来额外的后勤负担。在测试报告中，客观地描述测试参与者接受的培训类型，以及它与预期的实际培训的任何不同之处，同时认识到监管机构可能仍然认为修改后的培训是可以接受的。如果客户反对完全披露，请强调完全披露是真正有必要的。如果客户继续反对，不要松懈，指出删除澄清细节会带来麻烦，并影响审批结果
场景 6：改进且不一致的培训	以非指责的方式与制造商代表和培训师（如果他们不是同一个人）谈论测试参与者正确安装给定医疗器械零件的能力的显著变化。同时提到测试参与者对正确安装组件重要性的认识和主张显著提高。说明一下，如果修改后的培训不能反映产品上市时要使用的培训，那么修改培训可能是合适的，但任何修改（尤其是在总结性可用性测试期间）必须在测试报告中进行全面描述和披露。在今后的工作中，应重申培训师不应观察测试过程

是的，这是一团糟。但是，如果您认为上述情况的发生不可避免，只需要采取专业的应对措施，不必产生过度的压力。当您解释为什么提议的方法不符合他们的最佳利益时，客户通常会让步。因此，请向制造商明确说明您认为不可接受的风险。您还可以用一种可能导致质疑者默许的方式阐述您的理由，以免他们显得不道德。

不过，您可能会面临客户驱使您以您认为不合适甚至不道德的方式行事的情况。在这种情况下，笔者建议您应坚持正确的做法并接受自己承担的风险。

笔者引用爱德华 · R. 默罗（Edward R.Murrow）的话来结束本章，他是一位广播记者，他在 20 世纪四五十年代为美国哥伦比亚广播公司（CBS）做过报道。他说：“要具有说服力，我们必须是可信的；要可信，我们必须可靠；为了可靠，我们必须诚实。就是如此简单。”

参考文献

This catch line was spoken by Gene Kranz's character (the flight director, played by Ed Nelson) in the movie *Apollo 13*, describing the options available to NASA when determining how to return the astronauts to Earth after their spacecraft suffered a catastrophic failure that ended their mission to the moon. The catch line was actually written by the moviemakers.

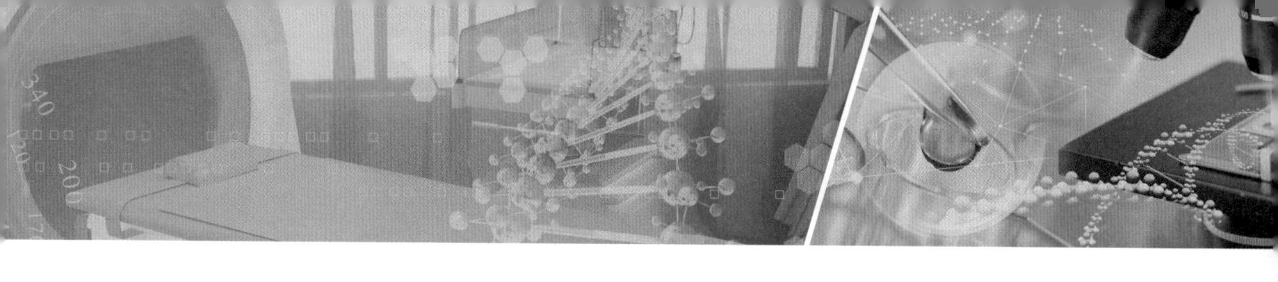

第 6 章　测试的类型

6.1　形成性和总结性可用性测试有什么区别？

形成性可用性测试涉及对不断发展的设计的评估，目的是识别改进的机会并确认设计正在朝着正确的方向发展。总结性可用性测试涉及对生产等效产品设计的评估，目的是确认它是否满足预期的用户要求并实现安全、有效的用户交互。

在可用性工程的早期，人因工程专业人士谈论测试医疗器械的观点是“尽早且经常”。如今，他们使用形成性和总结性这两个术语来更准确地描述制造商应在产品开发周期的不同阶段进行的测试类型。

形成性可用性测试是在医疗器械从初步概念演变为完善解决方案的过程中进行的。形成性可用性测试有助于确定不断发展的设计的可用性优点和缺点。制造商通常受益于在整个产品开发周期中进行的多次形成性可用性测试。通常进行至少 2 次或 3 次这样的测试。但是，制造商可能会选择完全跳过形成性可用性测试，因为它本身不是监管要求，而医疗器械监管机构最关心最终设计的性能（即安全性和有效性）。笔者建议不要跳过形成性可用性测试，因为跳过一种固有形式的测试是不合逻辑的，这种测试几乎肯定会发现改进机会，从而提高产品对用户的价值并增加其商业成就。

形成性可用性测试可以以非正式或正式的方式进行，测试目标是生成有关设计可用性的有用见解，以支持后续设计决策。测试计划者可以选择在一个或多个测试地点让少量、中等或大量的测试参与者参与进来。通常情况下，每次通过形成性可用性测试后，测试参与者的数量都会增加，这是因为需要增加对测试结果的信心。例如，制造商可能会选择在设计的早期阶段进行六人测试，并在以后的测试中将该数字增加 1 倍或 2 倍。

与此相反，一些制造商可能更适合反其道而行之，在早期阶段让更多的测试参与者参与进来，因为此时更广泛的意见输入可以帮助设计工作走上正确的道路。例如，如果制造商正在寻求潜在用户对三个早期原型样机的反馈，每个原型样机代表不同的概念模型和视觉设计（即美学），那么增加测试参与者的数量可能是值得的，以期关于哪种解决方案最好达成明确共识。但是，在这种情况下，笔者可能会建议让更多的人参与早期

（较早的）形成性可用性测试，而不减少后期测试的样本量。简单地说，随着设计变得更加精致，减少样本量是不对的，因为不那么严格的测试会削弱人们对不断进化的设计的信心。

总结性可用性测试是在设计处于“总结点”时进行的，这时的设计被认为是完整的并且几乎可以投入生产（即生产等效）。测试的主要目标是确认设计是否能使用户与产品进行交互时，犯下危险使用错误（请参阅 2.3 节的相关内容）的可能性很小。对于涉及任何用户交互的所有Ⅱ类和Ⅲ类医疗器械（请参阅 1.2 节的相关内容），总结性可用性测试基本上是强制性的。在密切观察的临床研究之外，没有其他被广泛接受和适用的方法来确认用户可以安全有效地与医疗器械交互，即使是临床研究，也存在可用性测试所无法克服的局限性。有关监管机构可用性测试相关要求和期望的更多信息，请参阅 1.8 节的相关内容。

理想情况下，制造商将进行一项总结性可用性测试，以确认（即验证）设计“原样”良好。然而，总结性可用性测试可能会揭示进一步设计改进的需要。在这种情况下，制造商可以将总结性可用性测试重新定义为另一个形成性可用性测试，进行任何必要的设计更改，再进行另一个总结性可用性测试。实际上，尽管存在一些潜在的方法差异（如寻求改进的机会，收集某些类型的反馈），但额外的形成性可用性测试和失败的总结性可用性测试之间几乎没有区别。

总结性可用性测试应始终以正式的方式进行，以彻底的、经过全面审查的测试计划为指导，并始终如一地进行管理。由于需要产生令人信服的使用安全性证据，因此需要一种更加规范的总结性可用性测试方法。方法的变化和不完整的测试数据会引起监管机构的“警惕”。正如 AAMI HE75：2009 中所讨论的，监管机构建议包括至少 15 名代表每个独特用户组的测试参与者。对于包括一个用户组的总结性可用性测试，25 人以上可能是合适的测试参与者人数。然而，正如关键指导文件中所述，可能需要更大的样本量来考虑可能影响用户执行任务的不同用户特征（请参阅 8.1 节的相关内容）。表 6-1 列出了一些有关形成性和总结性可用性测试的问题和答案。

表 6-1　有关形成性和总结性可用性测试的问题和答案

问题	答案	
	形成性可用性测试	总结性可用性测试
监管机构是否要求您进行此类测试？	不会。但是，FDA 的 HFE 指南和现行的 HFE 标准（IEC 62366 系列标准）提倡进行形成性可用性测试作为总结性可用性测试的良好前提	是的
测试的目标是什么？	测试的目标是确定与可用性和使用安全相关的产品优点和缺点（即改进的机会），以改进设计	测试的目标是确认（即验证）代表性的用户可以以安全、有效的方式与给定医疗器械进行交互，并且该医疗器械不会引发危险的使用错误
什么时候应该进行这种可用性测试？	在整个产品开发周期中尽早并经常进行这种测试	在您获得可能是最终的、生产等效的医疗器械时，并在申请监管许可之前进行这种测试

（续）

问题	答案	
	形成性可用性测试	总结性可用性测试
在测试期间让测试参与者与功能受限的原型或模型进行交互是否合适？	合适。您可以使用几乎任何设计实例进行形成性可用性测试，包括纸质原稿、基于计算机的原型或部分功能的医疗器械	不合适。您应该使用生产等效医疗器械及其附件进行总结性可用性测试。但是，某些测试场景可能需要您临时调整（即操作）生产等效医疗器械以支持对异常用例的探索，如医疗器械故障和其他警报条件
应该有多少测试参与者参加测试？	每个不相同（即同质）用户组应该有5~8人，如果您认为让更多人参与会带来更大的技术和策略效益，则可能更多	每个不相同（即同质）用户组应至少有15人。如果您只使用一个用户组进行测试，请考虑将样本量大小增加到25人或更多，以揭示在较少测试参与者的测试中可能不会暴露的细微交互问题
您应该在哪里进行可用性测试？	您可以在可用性实验室、会议室、焦点小组活动场所和许多其他方便的环境中进行形成性可用性测试	这取决于模拟医疗器械使用环境所需的模拟级别。可用性实验室或会议室可能就足够了，但有时测试需要使用先进的医学模拟器，甚至是实际使用环境（如救护车）
您是否应该要求测试参与者在测试期间自言自语？	是的。连续的评论将提供有价值的见解，帮助您识别医疗器械设计的优点和缺点	不会。要求测试参与者自言自语会打断自然的任务工作流程并扭曲测试参与者与医疗器械的交互。尽管如此，正如13.1节中所讨论的那样，让测试参与者在重复任务中自言自语以揭露某些类型的使用错误，并了解其相关的根本原因可能是合适的

形成性和总结性评估与形成性和总结性可用性测试有什么区别?

IEC 62366-1：2015将可用性测试确定为几种可能的用户接口评估技术之一。在这样做的过程中，它强调了一个事实，即还有其他有效的方法可用来评估用户接口，特别是随着设计的迭代。例如，通过专家评审、启发式分析、认知演练，以及临床医生或非专业人士顾问小组对不断迭代的设计进行评审，从而发现对设计的独到见解。

当用户接口设计完成并准备进行确认时，总结性可用性测试通常是首选方法。但是，由于用户与给定医疗器械交互的特性，可能需要使用额外的或替代的评估方法。例如，模拟使用的限制性可能会促使制造商在临床研究中实际使用医疗器械期间评估某些用户与医疗器械的交互。再比如，可用性测试可能永远不会揭示某些设计优势与劣势，因为它们不太可能自发或按计划发生（如引入具有挑战性的使用场景）。如果要评估临床医生有意但错误地将高吸力管路直接连接到患者的重力引流管的可能性，这可能会导致内部组织损伤。除了长期研究，评估这种情况的唯一方法可能是向有代表性的用户展示设计解决方案，解释错误连接的风险，并收集他们对设计解决方案的意见。与涉及动手任务的方法相比，这种基于意见的评估方法应在罕见且合理的情况下使用。通常，最好让目标用户对医疗器械用户接口的充分性发表意见，最好在动手任务之后进行面对面交流。

IEC 定义：

（1）形成性评估　用户接口评估旨在探索用户接口设计的优点、缺点和意外的使用错误。

（2）总结性评估　用户接口评估在用户接口开发结束时进行，目的是获得用户接口可以安全使用的客观证据……总结性评估涉及确认用户接口的安全使用。

（3）可用性测试　在指定的预期使用环境中，与预期用户一起探索或评估用户接口的方法。

 6.2　什么是基准可用性测试？

在您开始设计您的医疗器械之前，可用性测试可能很有用。基准测试需要评估前代医疗器械（即您计划取代的医疗器械）或竞争对手的医疗器械，目的是确定医疗器械可用性方面的相对优点和缺点。当您为未来的医疗器械制定要求时，基准测试特别有用；当您的医疗器械几乎完整，并且您想证明其优于其他医疗器械时，基准测试也很有用。

基准可用性测试可以为制定新医疗器械的用户接口性能标准提供基础。例如，您可以测试现有的非接触式（或吹气式）眼压计（一种使用快速空气脉冲测量眼内压力的医疗器械）以帮助确定新医疗器械的要求（见图 6-1）。您可以将测试重点放在一个或多个现有医疗器械上，大概包括那些您认为拥有最好、最先进的用户接口或市场领先的医疗器械。

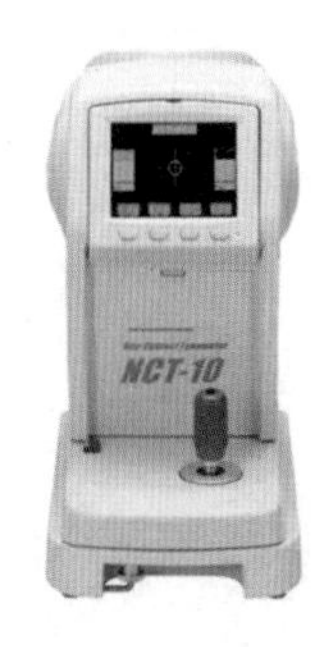

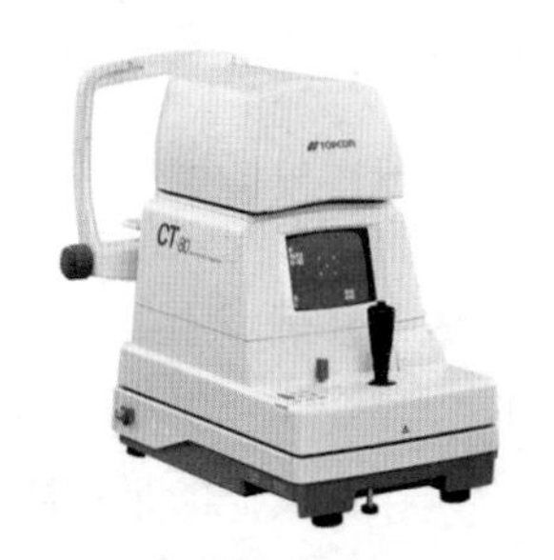

图 6-1　非接触式眼压计

注：照片（从左到右）分别由 Tomey、Canon U.S.A.Inc.、Topcon Medical Systems 和 Reichert Technologies 提供。

基准测试——一个质量保证过程，一个组织在此过程中设定目标并衡量其绩效，并与其他被认为是领先组织的产品、服务和实践进行比较。

基准可用性测试可以在以下几个方面与“常规”可用性测试不同：

1）您可以根据多个属性（如初始易用性、错误预防、任务速度）收集更多性能数据，如任务时间和主观医疗器械评级。

2）如果您寻求与所有任务相关的性能数据，而不是具有代表性的样本，则测试可能需要更长的时间。

3）测试参与者可能会与多台医疗器械进行交互和评论，而不仅仅是一台医疗器械。将主要关注的医疗器械与多种医疗器械进行对比测试可能是有意义的，因为每种医疗器械可能在不同的方面具有优势或劣势，有助于您寻求确定“同类最佳”的性能。

4）您应该特别注意控制测试参与者在基准可用性测试中使用竞争医疗器械的经验。例如，如果您要针对两种已上市医疗器械对一种主要关注的新医疗器械进行对比测试，您可能希望一半的测试参与者对一种医疗器械有经验，而另一半的测试参与者对另一种医疗器械有经验。这里假定所有测试参与者都没有使用新医疗器械的经验。

5）您可能不太关注如何改进基准医疗器械，除非它是您用新的改进型号替换的医疗器械。例如，ABC 公司可能希望对其当前眼压计的用户接口进行全面评价，作为改进它的基础，但 XYZ 公司可能对详细评价 ABC 公司眼压计的控制布局兴趣不大，因为 XYZ 公司没有计划抄袭这种医疗器械。

在典型的基准可用性测试中，测试参与者使用多个竞争医疗器械执行一组相同的任务。您应该以均衡的顺序呈现这些医疗器械，这意味着，当一个测试参与者按字母顺序与三个医疗器械（设为 A、B 和 C）交互时，第二和第三个测试参与者应以不同的顺序与医疗器械交互（如 C、A、B，B、C、A）。基准医疗器械的均衡展示顺序可降低测试参与者对一个医疗器械的总体性能和反馈受展示顺序和通过与其他医疗器械交互所获知识影响的可能性。

例如，如果所有测试参与者都按字母顺序使用医疗器械 A、B 和 C，则任务绩效数据可能表明医疗器械 C 更胜一筹。然而，这种明显的优势可能仅仅是由于测试参与者通过使用医疗器械 A 和 B 执行任务而获得的对任务和一般医疗器械功能的熟悉程度，这无疑与使用医疗器械 C 有一些相似之处。例如，就非接触式眼压计而言，测试参与者需要打开每个医疗器械并将其与患者的角膜正确对齐，然后才能开始吹气。

为了获得有关竞争医疗器械的丰富反馈信息，笔者建议在测试参与者与每个医疗器械交互后进行简短的采访。然后，在测试参与者使用完所有医疗器械后，进行更彻底的访谈，要求测试参与者评比这些医疗器械，并确定主要优点（新医疗器械最终也应该包括的）和明显的弱点（新医疗器械应剔除的）。

基准测试数据在新医疗器械开发工作的早期阶段最有用，此时您仍然可以将测试结果转化为用户需求和 / 或可用性目标。以下是各种医疗器械可用性目标的一些举例：

1）平均来看，用户应该能够在 2min 或更短的时间内校准分析仪。

2）平均来看，用户应能够在 30s 或更短的时间内组装呼吸机的呼吸回路。

3）平均来看，用户应将患者监护仪的初始易用性评为 5 级或更高（1 级为“差”，7 级为“优秀”）。

4）平均来看，用户应该能够在 15s 或更短的时间内停止输液泵。

5）平均来看，用户应该能够在 10min 或更短的时间内将一次性管组连接到机器上。

6）在新用户中，75% 的用户首次尝试就能将血糖检测数据上传至数据管理软件应用程序即算作成功。

在编写此类用户要求或可用性目标时，您必须根据包括技术和资源限制在内的许多因素来决定新医疗器械是否应该接近、等于或超过特定基准。也就是说，笔者建议在开始新的开发工作时，根据可靠的测试数据设置雄心勃勃的用户要求，并假设您寻求的设计将达到或超过既定基准（即对标领先医疗器械的性能）。例如，如果基准测试确定性能最佳的分析仪平均需要 2min 30s 来校准，那么您的目标可能是生产能够 2min 完成校准的医疗器械，这是性能提升 20% 的目标。

注意事项：如果您着手设定可用性目标，请不要将任何安全有效使用的声明建立在满足这些目标的基础上。应严格将它们作为指导可用性医疗器械开发的一种手段。该建议是因为监管机构曾“抵制”过这种说法，即某设备因为达到了可用性目标（如“95% 的首次使用者成功执行了紧急关机”）而声称其足够安全有效。笔者认为，监管机构的担忧是有道理的。那 5% 的用户无法成功执行紧急关机的情况要如何应对呢？在医疗器械行业，更高的谨慎标准是合适的。按照监管机构的要求，开发人员应努力追求完美，并最终在剩余风险极低时接受任何不完美之处。请注意，笔者在 7.2.1 节中进一步讨论了这个问题，特别是最近更新的 IEC 62366（即 IEC 62366-1：2015）不再提倡将可用性目标作为主要可用性工程实践。相反，更新后的标准已将其降级为确保可用性的许多可选技术之一。

> 您应该在基准可用性测试中包含多少医疗器械?
>
> 笔者建议在基准可用性测试中包含不超过 3 个或 4 个医疗器械。使用更多的医疗器械会给测试参与者带来过度的压力，让测试参与者试图记住他与多个类似医疗器械的交互，这可能会阻碍他有效评比它们的能力。如果您必须评估 3 个或 4 个以上的医疗器械，请考虑进行“测试参与者之间”比较，其中不同的测试参与者与不同的医疗器械交互，使您能够比较测试参与者之间的性能和偏好数据，而不是让每个测试参与者使用并比较每个不同的医疗器械。该建议假定每个医疗器械都相当复杂。不太复杂的医疗器械（如胰岛素笔）的基准可用性测试可能会涉及更多医疗器械，而比较复杂的医疗器械（如超声扫描仪）可能一次只涉及几个医疗器械。

6.3　什么是“开箱即用”的可用性测试?

在其经典形式中，“开箱即用”的可用性测试就像它的名字一样。测试参与者从一个密封的盒子开始，或者更笼统地说，从任何一种包装开始。因此，他们的首要任务是打开包装，看看里面是什么。以这种方式开始可用性测试不仅揭示了测试参与者将如何与包装交互，而且还揭示了他们将如何处理包含在盒子中的各种物品，包括医疗器械本身。

在“开箱即用”的可用性测试中，测试参与者从一个包装好的医疗器械（如一个放在板条箱、盒子、塑料袋中的医疗器械）开始，然后按照他们的直觉和可能的说明书（在包装中找到）进行适当的测试任务。这种类型的可用性测试是评估面向消费者的医疗器械（如血糖仪）的适当方法，这种医疗器械无需处方即可在柜台购买。就血糖仪而言，消费者体验将从打开包装和整理包装内容开始，例如“使用前说明”册子、“入门”指南、用户手册、试纸、校准液、电池充电器、采血装置、采血针和储存盒。

笔者曾经对自动体外除颤器（AED）进行了开箱即用的可用性测试，这是一种普通人可以通过网站购买的医疗器械，几乎相当于非处方药购买，但没有药剂师提供帮助。从逻辑上讲，鉴于AED的基本用途，购买者甚至不需要有医疗条件即可购买。笔者评估的AED实际上是装在一个普通的纸板箱中运送的，为收件人提供了经典的开箱即用体验。在可用性测试期间，笔者向测试参与者提供了以下说明：

您最近通过邮件订购了一台自动体外除颤器（通常称为AED）。这是原始包装中的医疗器械。如果您需要抢救已经晕倒并可能心脏骤停的人，请准备好该医疗器械以备随时使用。

然后，我们观察测试参与者从纸板箱中取出AED并思考他接下来需要做什么。在这种情况下，他们必须将一组练习电极插入AED并进行电击练习——重要的是，无须将电极（即电极片）放在真人身上。该任务的目的是确认医疗器械的电路工作正常，同时也让用户熟悉AED的基本操作。笔者发现，“开箱即用”的测试方法是评估医疗器械直观性和学习工具（即用户手册和快速参考卡）实用性的有效方法。在测试参与者准备医疗器械以供使用时，笔者没有提供帮助或干预。

笔者对血糖仪进行了类似的测试，糖尿病患者使用该血糖仪定期测量血糖，(如每天6次)。由于在首次进行血糖测量之前需要完成大量任务，“开箱即用”的可用性测试使测试参与者的注意力达到极限。包括的任务如下：

1）打开包装盒。

2）整理多个组件、储存盒和支持文件。

3）查找有关如何开始使用的说明。

4）将电池安装到血糖仪中。

5）在血糖仪上设置时间和日期。

6）输入试纸批号。

7）使用对照溶液校准仪表。

8）将试纸放入血糖仪中。

9）将采血针装入采血装置。

10）刺破手指。

11）在试纸上滴一滴血。

12）阅读验血结果。

13）从血糖仪中取出用过的试纸并将其丢弃。

14）从采血装置中取出用过的采血针并将其丢弃。

另一次，笔者评估了护士从外包装（透明塑料袋）中取出溶液袋并混合袋中两个流体包的液体，然后通过透析机输入“重组”流体的能力。笔者学到了很多关于测试参与者在不使用工具（如剪刀）的情况下打开包装、注意并遵循产品标签（即说明和警告）、打开两个流体包之间的塑料密封，并在给药前彻底混合液体的能力。

下面列出了可以从“开箱即用”的可用性测试结果演变的设计更改类型：

1）在塑料外包装上添加“由此启封”标签。

2）添加一张“入门”卡片，引导用户完成初始设置过程。

3）扩大医疗器械电池仓内将电池与其触点隔离开的拆卸标签，并将其涂上鲜艳的颜色，使其在视觉上更加醒目。

4）在初级包装中标记每个次级包装的内容。

5）将重要警告从包装的后面板上移到更显眼的顶部或前面板上。

进行“开箱即用”的可用性测试相当简单。如果您拥有与生产等效的医疗器械及其包装和附件，那么您就拥有了模拟真实使用场景所需的一切。尽管这可能需要更多的创意和努力，但您也可以在开发的早期阶段进行“开箱即用”的可用性测试。这样的测试可能需要您模拟一些设计元素，如医疗器械包装和用户手册，并且需要在测试各环节之间重新组装原型样机。

6.4　一个测试环节可以包括多名测试参与者吗？

利用“共同发现”测试技术，两名测试参与者可以协作参与可用性测试。在“共同发现”环节中，测试参与者一起工作或轮流与评估的医疗器械交互。此类测试的协作性质可以促使测试参与者在测试期间进行更广泛的交流，从而获得更广泛的用户反馈。

大多数可用性测试环节涉及一名测试参与者。这种方法使每个测试参与者都有机会执行任务并根据他的知识和能力提供反馈，从而免受他人的影响。尽管如此，被称为“共同发现”的技术要求两名测试参与者一起工作以执行任务，并对评估的医疗器械做出判断。促使一些可用性专家采用“共同发现”方法的原因是协作参与者之间就医疗器械交互策略和问题解决进行丰富的对话的优点。因此，“共同发现”环节可以作为单人环节的有益补充（见图 6-2）。

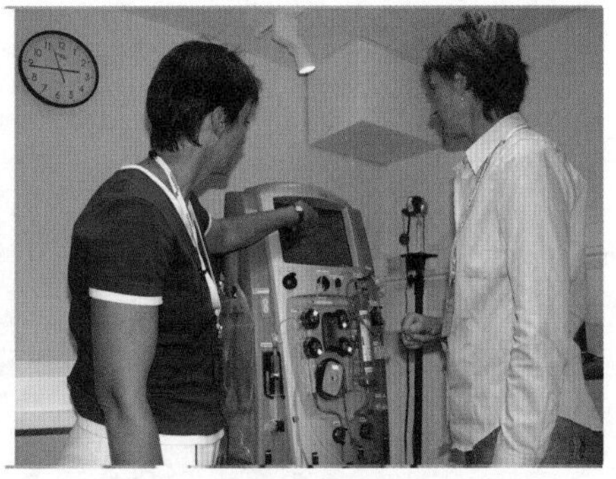

图 6-2　护士在以透析机为重点的“共同发现”测试环节一起工作

谁是参与“共同发现”的可能候选人？逻辑上合理的配对包括主治医生和实习生、医生和护士、护士和患者、受看护的老人和看护人、残障人士和助手、父母和孩子，以及可能一起工作的任何两个同事。

必要时，笔者曾经对血液透析机进行了可用性测试，其中包括一些单人的测试环节及一些“共同发现”的测试环节。笔者的客户在一个欧洲国家招募了测试参与者，在 10 个预定的测试环节中有几个测试环节的测试参与者被重复预约。笔者让他们参加“共同发现”环节，而不是在不让他们与医疗器械交互的情况下补偿和解雇重复预约的测试参与者。这些测试环节非常富有成效，但在以下几个方面与单人测试环节有很大不同：

1）在“共同发现”过程中，配对的透析护士更有可能通过自己的方式完成令几个单独测试参与者认为艰巨的任务。他们一起尝试了更多的方法，并且在遇到困难时坚持了更长的时间。

2）测试管理员的工作量减少了，因为护士们几乎一直在互相交谈，最大限度地减少了频繁提示自言自语和评论医疗器械交互特性的需求。值得注意的是，与单独自言自语相比，护士们似乎更愿意彼此交谈。

3）配对的测试参与者似乎不太容易感到挫败感，也不太容易对使用错误和失误负责。一些单独的测试参与者容易将错误归咎于自己，但配对的护士更有可能责怪医疗器械。

“共同发现”测试环节和涉及团队的测试环节之间存在重要区别。在大多数“共同发现”测试环节中，您一般会邀请两个具有相同背景的人使用通常由一个人使用的医疗器械执行任务并对其发表评论。但是，一些医疗器械有多个承担特定职责的操作员。例如，在英国，麻醉可能由包括麻醉师和麻醉技师的团队提供。因此，在英国招募这样一个团队来测试麻醉输送医疗器械是有意义的，而不是只让团队中的一名成员单独评估该医疗器械。

另一种可能会采用基于团队的测试方法的情况是，家长和儿童一起使用给定的医疗器械来提供或管理治疗过程。试想一个带有可更换针筒的电子自动注射器。家长可能会检查并插入针筒，连接新针头，然后将其交给儿童，然后由儿童注射药物。同样，家长可能会检查儿童的吸入器，以确保在儿童吸入药物之前剩余足够的药物。请参阅 8.3 节和 8.5 节中关于让儿童参与可用性测试的特别注意事项。

有时您可能希望让更大的团队参与医疗器械的可用性测试。例如，您可能会聘请整个外科团队（如首席外科医生、助理外科医生、麻醉师、擦洗护士等）对手术台或机器人手术系统进行实际评估。请注意，这种方法不同于小组可用性测试（请参阅 6.5 节），因为测试参与者在与一个医疗器械交互时是一起工作的，而不是使用他们自己的（相同的）医疗器械独立工作。

除了涉及家长和儿童的测试，以下还有一些用于进行“共同发现”可用性测试的指导原则：

1）除非更适合单笔付款给选定的基金或慈善机构，否则分别对每位测试参与者进行补偿。

2）在招募过程中，通知每个测试参与者他们将与另一个人一起工作。

3）避免招募彼此认识的人，因为这可能会导致不受欢迎的情况和上下级行为。如果人际关系动态对人们如何使用给定医疗器械具有重要且共同的影响，则属于例外情况。

4）指导测试参与者分担职责，而不是让一个人担任主导角色。必要时在测试期间提醒他们注意这个目标，以达到平衡。

5）考虑将所有或某些任务执行两次，以便每个测试参与者都能亲身体验医疗器械的交互特性，从而为两名测试参与者提供平等的判断依据。尽管第二次试验会受到第一次试验的严重影响，但它可以帮助您了解用户在初步观察后执行任务的能力。

如果您时间紧迫，并且目标只是减少总测试时间（如 3 天而不是 6 天），笔者建议您不要使用“共同发现”方法。在这种情况下，更好的方法是进行并行测试，每个测试由一名可用性专家管理并由一名测试参与者参加。但是，如果您寻求额外的，也可以说是更动态的反馈来补充传统的可用性测试数据，可以考虑进行补充的“共同发现”环节来收集反馈。

您应该什么时候进行“共同发现”环节?

笔者认为，当团队寻求潜在用户对初始设计的反馈时，在医疗器械开发过程的早期进行“共同发现”环节是最合适的（也是最有价值的），目的是识别可用性问题和潜在的改进。与单个测试参与者的传统可用性测试相比，多名测试参与者一起工作可能会遇到并发现更多的可用性问题。这是因为他们可能会更加积极地探索医疗器械的用户接口，并从不同的角度解读相关信息。如果您正在进行总结性可用性测试以确定医疗器械是否会诱使个人犯下危险的使用错误，那么进行“共同发现”环节是不合适的。尽管如此，进行基于团队的总结性可用性测试可能是合适的，在这种测试中，两个或更多人以现实的方式共同完成通常由团队执行的动手任务。

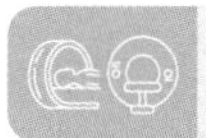

6.5　可以进行小组测试吗？

对一组人（如五个或更多人）进行可用性测试似乎是一种同时从许多测试参与者那里收集反馈的快捷方式。然而，在大多数情况下，与观察、采访和管理多名测试参与者相关的后勤复杂性使得小组测试变得不切实际。也就是说，如果您正在评估由临床团队协作使用的产品，如介入导管实验室的成像设备，那么小组测试将是非常合适的。

可用性测试通常一次涉及一名测试参与者，因为大多数医疗器械一次由一个人使用。一次单人的方法使您能够专注于个人的表现，有效地收集感兴趣的数据，并检测和记录细微的行为和情绪。有时，可用性测试会涉及两名测试参与者以可用性专家称为“共同发现”的方法一起工作（请参阅 6.4 节的相关内容）。测试过程涉及两名以上的测试参与者是不寻常的，但这是可能的。例如，在医学模拟中心（如手术室模拟器）进行的可用性测试通常涉及整个手术团队，包括多名医生、护士，甚至是护理人员。虽然这种测试方法可能涉及多名测试参与者，但仍然可能只有一个人与正在评估的医疗器械（如心肺转流机、麻醉机、输液泵、快速输液器、高频电刀或手术台）交互。在这种情况下，会有多名测试参与者，但只是为了测试正常工作流程和相关的人与人之间的交互如何影响主要用户与被评估医疗器械的交互。

坦率地说，如果有人建议对通常由单人使用的医疗器械进行小组可用性测试，那么该人可能不是可用性专家。相反，通常有人希望尽可能快速且低成本地进行可用性测试，他们的理由是您可以将 12 个人放在一个有 12 台原型医疗器械的房间里，然后在几小时而不是几天的测试后得到答案。有时，善意的营销专家建议根据他们开展焦点小组的经验进行小组测试。笔者的建议是，摒弃这些看似吸引人但不切实际的想法，除非您能够自动监控和捕获所需的数据，并且用户交互几乎很少需要或不需要监督。

以医院各科室护士使用的手持式血糖仪（专业型号）为例。您可能会要求十几名护士拿着医疗器械样品坐在会议室里。第一项任务可能是“准备医疗器械以供使用”。所有的护士都可能首先从包装中取出血糖仪。然后，有些人可能会立即尝试将测试溶液涂抹于插入血糖仪的试纸上以进行质量检查；其他人可能会花时间阅读血糖仪的“入门”说明书，然后才知道他们首先需要校准血糖仪。之后，这些护士可能会或可能不会意识到他们需要输入并确认血液试纸的代码以确保医疗器械正常运行。因此，测试参与者可能会由于各种混淆或使用错误而陷入僵局。毫无疑问，测试参与者会在不同的时间完成任务。除非所有测试参与者都坐在专用工作台上，否则他们可能会通过观察他人的表现来获得提示。

因此，您需要招募多名训练有素的观察员来“巡视”并回答问题，监控测试参与者的进度，并尝试了解用户与血糖仪的交互特性，而不是只由一名测试管理员负责。因为您不能在一个挤满测试参与者的房间里有效地利用“自言自语”协议（请参阅 13.1 节的相关内容），所以您需要根据观察和一些后续提问来得出结论。因此，您可以看到小组测试可能会以各种难以管理的方式进行。

将可用性测试和小组访谈相结合

小组可用性测试的一个潜在好处是，在让测试参与者使用相关医疗器械独立执行任务后，您可以将测试参与者聚集在一起并通过开展小型焦点小组（即小组访谈）来比较他们的印象。确保所有测试参与者都与同一医疗器械进行类似的交互后，测试管理员可以引导小组讨论，重点是识别可用性问题，并以集思广益的方法来解决这些问题（见图 6-3）。不过，这个目标也可以通过传统的单人可用性测试来实现。笔者曾经让个人参加单人可用性测试，然后在那周晚些时候与其他 5~7 名也参加了单人可用性测试的人一起加入焦点小组。虽然安排测试参与者参加两次这样的活动具有挑战性，但这种方法使我们能够在单人可用性测试期间收集详细数据，并在小组访谈期间收集关注潜在设计改进的后续反馈。

图 6-3　护士参加有别于可用性测试的小组访谈

或许可以通过准备一个自我管理的测试来解决小组测试的后勤挑战，该测试预测所有潜在的性能问题和故障，但采用这种方法的好处是不确定的。此外，该方法牺牲了笔者认为是识别、诊断和克服可用性问题关键的一对一注意力。因此，笔者认为医疗器械的小组测试通常是不切实际的，并且提供了虚假的规模经济效益。大多数医疗器械监管机构可能也会对小组测试方法持怀疑态度。

我们以一个重要的说明结束。虽然笔者认为，除非是为了评估团队绩效，否则小组测试毫无意义，但同时进行多个可用性测试环节，让两个测试团队在不同的房间同时工作，有不同的参与者，可能也是一个不错的选择。例如，笔者有时会在同一个测试设施中同时进行两个可用性测试，这样就可以用一半的时间完成测试。同样，笔者也曾同时在两个国家进行过测试。采用并行测试方法，您只需要确保测试管理员严格遵循相同的协议，以避免结果出现偏差。为此，请考虑使用特别详细的脚本或协调人指南，以帮助测试管理员以几乎相同的方式进行测试。您还需要确保有多个医疗器械可以使用，这在原型制作成本很高时并非总是如此。有时，工作模型是"一次性的"。

6.6 您如何进行"便捷"的可用性测试?

进度或预算限制可能会限制您进行的正式可用性测试的数量。然而，并不是所有的测试都需要大量的时间和金钱投资。为了在短时间内以低成本收集用户对设计的反馈，您可以在一天内仅与少数测试参与者进行"便捷"的可用性测试。

接下来，笔者将描述如何进行"便捷"的可用性测试。

首先要做一些计划。您不必费心编写正式的测试计划，但您可能需要在备忘录中总结以下细节：

1）主要测试目标。

2）测试参与者招募标准。

3）任务。

4）绩效指标。

5）后续问题。

什么时候应该进行"便捷"的可用性测试?

当您试图回答一两个与医疗器械的设计或交互特性相关的基本问题时，"便捷"的可用性测试会很有帮助，例如：

1）在信息布局和视觉吸引力方面，潜在用户更喜欢 3 种主要屏幕设计中的哪一种?

2）设置、起动和校准医疗器械所需的时间是否可接受?

3）潜在用户是否认为医疗器械便携？他们可能怎样携带它?

为测试争取荣誉

当您考虑进行"便捷"的可用性测试的好处和成本时，请记住制造商需要制作一份可靠的设计历史文件。这可能会导致您应使测试变得不那么"便捷"，以便制造商因其用户研究工作而获得赞誉。在实践中，您可能只需要多花几个小时的时间来编写更详细的测试计划、执行更多次测试，并编写一份更全面的报告。

接下来，根据既定标准招募相对吻合条件的 6 人。在紧要关头，您可能会招募朋友、家人和同事，但最好招募与开发组织、开发人员或测试管理员无关的人员。

然后，在几乎任何方便且相对安静的地方进行测试。适当的地点可能包括您的办公室或自助餐厅的偏远角落，具体取决于医疗器械的大小和便携性。在单人的测试过程中，指导测试参与者执行关键任务，例如您希望最终用户经常紧急执行的任务，以及那些关键且预计会比较困难的任务。您应手持写字夹板和秒表，对任务进行计时，并要求测试参与者根据其难易程度和速度对每项任务进行评分。在测试结束时，要求测试参与者指出他最喜欢和最不喜欢的三处设计，并征求改进建议。最后，在简短的备忘录或 PowerPoint 演示文稿中记录测试结果。不要用冗长的文字来描述您的发现，而是用要点陈述来描述您的发现。

随着您获得更多执行正式可用性测试的经验，进行“便捷”测试或“即兴发挥”的测试将变得更加容易。只要注意以正常的客观态度进行测试即可。即使您在没有正式协议的情况下执行测试，您仍应注意提出公正的问题，并在实际使用场景中展示医疗器械和任务。否则，您可能会得出错误的结论。

6.7 测试“遗留”医疗器械时是否有特殊注意事项？

IEC 62366-1：2015 附录 C 呼吁遗留（即可用性测试相关规范建立前已开发且目前仍在应用的）医疗器械的制造商执行少量 HFE 以确保医疗器械的使用安全。当医疗器械需要重新认证时，这种安全检查是必要的，欧盟国家可能要求每 3~5 年进行一次重新认证。回顾性 HFE 不一定需要包括可用性测试，尽管此类测试可能是识别或更好地了解与使用相关的风险的有用方法，而这些风险在早期没有被发现。在美国，只要不出现安全性或有效性问题，FDA 就可以无限期地向医疗器械颁发许可。但是，如果制造商对遗留医疗器械进行了实质性修改，则该医疗器械将被重新定义为新医疗器械并接受用户接口确认，这意味着需要进行总结性可用性测试。如果遗留医疗器械先前已经历过（并通过）总结性可用性测试，则此测试可能仅关注设计更改。

从可用性测试的角度来看，遗留医疗器械是已经上市并在使用中的医疗器械。出于实用目的，将其称为“较旧”的医疗器械。此外，它很可能是不符合现代 HFE 标准的医疗器械，特别是 IEC 62366-1：2015 中的定义。在许多情况下，该医疗器械可能在当前 HFE 标准发布多年之前就已投放市场。另一方面，按照 IEC 62366-1：2015 附录 C 的说法，它可能具有“来源不明的用户接口”，这意味着制造商无法将设计追溯到用户需求评估和相关的用户需求。

如今，IEC 62366 系列标准要求医疗器械制造商实施全面的 HFE 计划，该计划涉及用户研究、用户接口规范的开发、与特定风险减轻措施（如对关键控制的保护、大字体参数读数、产品警告）相关的使用风险分析，以及最重要的可用性测试——最好是先进行多次形成性可用性测试，然后再进行总结性可用性测试。尽管如此，更新后的标准以开放式的方式谈论形成性和总结性评估，而不是形成性和总结性可用性测试本身。除了进行可用性测试，更宽泛的措辞允许有其他有效的方法来评估用户接口，即使是为了确认目的。

然而，截至本书出版之日（此处指原书第 2 版的出版日），许多日常使用的医疗器械并不是如此强大的 HFE 工作的受益者。相反，制造商可能会以较低级别的方式注入 HFE，例如，用户接口设计人员会应用一些 HFE 知识和许多常识，以及根据咨询小组的反馈进行设计修改。因此，符合当前 HFE 标准的遗留医疗器械的比例相对较小。

同时，第 3 版 IEC 60601（指 IEC 60601-1：2005）要求医疗器械符合 IEC 62366 中提供的指导。第 2 版 IEC 60601 引用了相同的指导，但符合性是可选的。截至 2012 年 6 月，在包括欧盟国家在内的许多国家 / 地区，第 3 版 IEC 60601 已全面生效，并对寻求重新认证医疗器械的欧盟制造商构成挑战。值得注意的是，欧盟国家要求对医疗器械进行周期性重新认证（如每 3~5 年），而 FDA 没有这样的要求。

由于医疗器械必须重新通过 IEC 62366 认证所带来的困难，IEC 的可用性联合工作组修改标准以务实地考虑遗留医疗器械。具体来说，该工作组制定了该标准的附录（最初是附录 K，现在是 IEC 62366-1：2015 中的附录 C），减轻制造商在遗留医疗器械开发过程中展示 HFE 全面应用的负担。该附录承认 HFE 可能不会对当前设计产生强烈影响，但一定程度的 HFE 风险减轻措施是必要的。

IEC 62366-1：2015 中的附录 C 主要要求制造商更新其风险分析，以确保指定医疗器械包含所有必要的与使用相关的风险减轻措施。具体来说，它要求制造商做到以下工作：

1）准备一份描述医疗器械预期用户、使用环境、操作原理和其他必要细节的使用规范。

2）审查后期制造信息，确定它是否揭示了任何与使用相关的新风险。

3）识别与医疗器械使用相关的危害和危险情况。

4）审查所有与使用安全相关的事件和投诉报告。

5）利用上述分析的结果来执行详细的、与使用相关的风险分析，可能是以最初申请合法销售该医疗器械许可时已有的风险分析为基础。

6）实施和确认可能需要的任何风险减轻措施，将新发现的与使用相关的风险降低到可接受的水平。

值得注意的是，该附录 C 并不一定要求遗留医疗器械的制造商对该医疗器械进行可用性测试，即使之前没有测试。也就是说，除非该医疗器械包含新功能以降低需要验证的风险，此时才需要测试。但是，有人可能会认为：①可用性测试是一种识别风险的有效方法，这些风险可能无法通过其他分析手段发现；②任何以前没有测试过的遗留医疗器械都应该进行测试；③即使是已经使用多年并且可能未造成不良事件的医疗器械，仍然可能存在潜在有害的用户接口设计缺陷。但是，许多制造商不太可能花费时间和金钱进行此类测试。许多制造商可能会声称，医疗器械多年的安全使用是最好的可用性测试。只要有适当的上市后监督，不良事件没有被严重低估，并且没有大量的“险肇事故”，笔者认为这种观点是有道理的。

最终，在证明符合 IEC 62366 系列标准方面，处理遗留医疗器械的最合适方法存在争议。当然，作为 HFE 专家，笔者提倡对以前未测试过的医疗器械进行可用性测试。笔者的立场基于自己的经验，即之前未经过测试的医疗器械通常会因出现潜在的有害使用错误而未能通过其首次总结性可用性测试。

与欧盟指定机构的预期相比，FDA 的预期在某些方面更为简单。后者不会按周期重新向医疗器械颁发许可，因此制造商可以在获得原始批准后无限期地销售医疗器械，除非出现安全性和有效性问题。不过，FDA 希望制造商将设计减轻措施完全应用于新医疗器械，其中包括经过大量修改以致需要重新获得 510（k）批准的旧医疗器械。实际上，这意味着 FDA 本身并不承认旧医疗器械。如果医疗器械发生了重大变化，则它属于新医疗器械。医疗器械的整个用户接口（不仅仅是最近的更改）都需要经过验证，很可能是通过总结性可用性测试。如果原始医疗器械是综合 HFE 的受益者，则属于例外情况。在这种情况下，只有遗留医疗器械中可能受更改影响的位置和用户接口功能需要验证。

参考文献

1. Association for Advancement of Medical Instrumentation（AAMI）. 2009. *ANSI/AAMI HE75：2009：Human Factors Engineering—Design of Medical Devices.* Arlington，VA：Association for Advancement of Medical Instrumentation，Annex A.

2. Association for the Advancement of Medical Instrumentation（AAMI）. 2001. *ANSI/AAMI HE74：2001 Human Factors Design Process for Medical Devices.* Arlington，VA：Association for the Advancement of Medical Instrumentation.

3. International Electrotechnical Committee（IEC）. 2015. *IEC 62366-1：2015：Medical Devices—Part 1：Application of Usability Engineering to Medical Devices*. Geneva，Switzerland. Paragraph 3.7 FORMATIVE EVALUATION.

4. International Electrotechnical Committee（IEC）. 2015. *IEC 62366-1：2015：Medical Devices—Part 1：Application of Usability Engineering to Medical Devices*. Geneva，Switzerland. Paragraph 3.13 SUMMATIVE EVALUATION.

5. International Electrotechnical Committee（IEC）. 2015. *IEC 62366-1：2015：Medical Devices—Part 1：Application of Usability Engineering to Medical Devices*. Geneva，Switzerland. Paragraph 3.19 USABILITY TEST.

6. National Information Center on Health Services，Research and Health Care Technology（NICHSR），National Library of Medicine. 2008. *HTA 101：Glossary—Benchmarking.* Retrieved from http：//www.nlm.nih.gov/nichsr/hta101/ta101014.html.

7. International Electrotechnical Commission（IEC）. 2007. *IEC 63266：2007，Medical Devices—Application of Usability Engineering to Medical Devices.* Geneva，Switzerland：International Electrotechnical Commission，Annex G.

第 7 章 编写测试计划

7.1 测试计划应该包括什么?

对于指定的可用性测试，可用性测试计划应该回答五个“W”和一个“H”：①谁（who）将执行和参与测试；②测试将评估什么（what）；③测试将在哪里（where）进行；④何时（when）进行；⑤为什么（why）进行；⑥如何（how）进行、记录和报告。

可用性测试计划，也称为测试方案，本质上是进行可用性测试的秘诀。计划的主要目的是指导测试。对于医疗器械开发人员来说，紧随其后的第二个目的是记录他们的测试方法，以便纳入设计历史文件中，并且在某些情况下，还可以让监管机构和 IRB（请参阅本章的 7.3 节）在测试开始之前审查测试方法并提出调整建议。

测试计划草稿通常由一个人编写，并由其他利益相关者审核。医疗器械开发者经常选择向监管机构提交他们的测试计划（尤其是旨在指导总结性可用性测试的计划）以征求意见。这是一种保护性方法，旨在投入大量资源进行测试之前确保监管机构认为该测试方法是可接受的。在其他情况下，监管机构会要求制造商在进行测试之前提交可用性测试计划，特别是如果监管机构已经指示制造商进行测试以解决先前申请医疗器械许可时存在的缺陷。

大多数测试计划包括以下部分：

（1）背景　解释可用性测试在整个开发过程中的作用。

（2）目的　解释您进行测试的原因及您打算如何处理结果。

（3）测试项目　描述您将要评估的医疗器械或组件（如管类医疗器械、标签、用户手册），指出项目是作为原型测试时的视觉、触觉和功能保真度。

（4）测试仪器　列出确保适当水平的环境真实感和使选定的用户能够与医疗器械交互所需的仪器和用品。

（5）测试参与者　描述您想邀请参加测试的人数和类型，突出他们的相关特征（如工作经验、培训、缺陷），并概述您将如何识别、筛选和安排测试参与者。

（6）测试环境　描述您将进行测试的设施，详细说明增加环境真实感的任何特征（如声音、照明、家具），并描述测试仪器、管理员和观察者的相对位置。

（7）方法　描述您的可用性测试方法，描述将在每次测试过程中发生的特定活动。如果测试参与者在参加可用性测试之前接受培训，还应描述培训方法。

（8）动手任务　列出测试参与者将被要求执行的任务并提供任何必要的信息（如患者ID、样品给药顺序、处方剂量）。说明测试人员为任务配置测试项目必须采取的任何步骤（如提供试剂盒、夹住溶液管线）。对于总结性可用性测试，指出与可能的使用错误相关的潜在危害，并根据相关的使用相关风险对任务进行优先级排序（请参阅11.18节的相关内容）。请注意，一些测试计划人员将任务作为测试计划附录或附件，因为他们认识到，在实际测试过程中（至少在形成性可用性测试的情况下），任务往往是不固定的。

（9）数据收集　列出您将在测试期间收集的数据类型（如任务失败、使用错误、险肇事故、困难、测试参与者的主观反馈和偏好、任务时间），以及您将如何记录和存储数据（如Microsoft Excel电子表格、纸质清单、视频记录）。

（10）数据分析　说明您将如何分析原始数据以识别测试参与者行为和反馈中的发现和模式。

（11）报告　描述您将生成的报告以记录测试结果，并在适当的情况下传达建议。

测试计划附件可能包括以下内容：

（1）招募筛选规则　概述招募人员将询问潜在测试参与者的问题，以确定他们是否有资格参加测试。

（2）知情同意书　提供测试参与者应阅读并签署的有关参与研究的活动、风险和益处的信息。描述已采取的人类受试者保护措施、测试参与者保密的必要性，并征求测试参与者是否同意拍摄和使用其照片和视频记录。

（3）测试前 / 背景访谈　列出有关每位测试参与者相关经历的问题，这将有助于将测试结果与实际情况相结合。

（4）医疗器械概述（如果适用）　用几段话总结医疗器械的用途和基本功能，您可以向每位测试参与者读出这些内容，以确保他们以对医疗器械的相同基本理解开始测试。

（5）风险 / 危害识别（如果适用）　列出制造商识别的风险及相关的可能性和严重性等级，将每个风险与一项或多项任务相关联。

（6）评分和排名表　列出旨在收集测试参与者评分、排名和偏好数据的问题。

（7）任务后访谈　列出您计划在测试参与者完成每项任务后问他们的问题。

（8）最终 / 结束访谈　列出您计划在测试参与者完成所有任务和测试活动后向他们提出的问题。

> 说明测试计划
>
> 寻找机会来解释您原本大篇文字的测试计划。例如，附上正在测试的医疗器械、软件屏幕或标签的图片。这将有助于审核员更好地了解产品和测试计划，并对计划的适用性做出更合理的判断。如果您项目团队之外的人甚至公司外部人员（如技术合作伙伴、监管机构）将审核该计划，这一点尤其重要。如果合适，可附上之前的可用性测试（即早期的形成性可用性测试）或类似医疗器械的可用性测试的照片，以说明在即将进行的测试期间您将如何设置测试室并模拟医疗器械的使用环境。

 7.2　可用性对监管机构重要吗？

全面的可用性测试会考虑医疗器械的易用性、易学性、使用效率和美观性等属性。同时，医疗器械监管机构主要关注医疗器械的有效性和使用安全性，尤其是由于用户接口设计缺陷而导致危险使用错误的可能性。从用户能否完成基本任务的角度看，只有当其他良性可用性问题的累积效应增加了潜在的危险使用错误时，可用性才会成为一个令人关注的问题。否则，整体可用性仍然主要是商业问题。

正如监管机构的使命声明中所反映的那样，监管机构有责任确保医疗器械安全有效。因此，在美国，FDA 负责确保人类和兽用药品、生物制品、医疗器械、食品、化妆品及含有辐射的产品的安全、有效，从而保障公众健康。

在英国，药品和保健品监管机构（MHRA）负责确保药品和医疗器械的有效性和可接受的安全性。他们密切关注药品和医疗器械，并在出现问题时立即采取任何必要行动保护公众。

日本的药品和医疗器械管理局（PMDA）对药品和医疗器械上市许可申请进行科学审查，监测其上市后的安全性，并且将成为患者与他们希望更快地获得更安全、更有效的药物和医疗器械之间的桥梁。

德国，联邦药品和医疗器械研究所（BfArM）致力于提高医药产品的安全性，检测和评估医疗器械的风险，以提高医药产品的安全性，从而提高患者的安全性。

从这些描述中，您可以推断出监管机构对可用性有浓厚的兴趣，但仅限于与医疗器械安全或有效性相关的范围内。除此之外，监管机构在确保医疗器械的可用性及其对医疗器械的吸引力和适销性的影响方面没有官方利益。从监管的角度来看，这些属性是严格的商业考虑因素，超出了他们的范围。

监管机构对可用性的有限兴趣的实际后果是，可用性测试报告应区分与安全和有效性相关的发现和仅与商业利益相关的发现。当监管机构需要审核可用性测试报告并确定制造商是否有效地减少了危险的使用错误时，这种区别使事情变得清晰和简单。此外，一些监管机构希望供他们审核的报告不包括与可用性严格相关的内容。

采用这种观点，制造商可能会在总结性可用性测试期间发现可用性缺陷，但会确定这些缺陷与商业利益有关，而不是与使用安全相关，因此不会影响设计确认。

以下是可能属于“使用安全”范畴的假设测试结果举例：

1）4 名测试参与者无法在 10s 内停止泵。

2）3 名测试参与者将错误的管路连接到静脉输液袋接口。

3）2 名测试参与者输入并确认了偏离规定量的给药剂量。

4）1 名测试参与者在设置泵时不正确且不安全地安装了泵头。

5）1 名测试参与者在向新患者提供治疗之前忽略了删除之前患者的数据。

以下是可能属于“商业”范畴的假设测试结果示例：

1）10 名测试参与者建议将手柄的边缘修圆，以使其握起来更舒适。

2）3 名测试参与者希望血液检测结果以图形而非表格形式呈现。

3）1 名测试参与者建议采用更大胆的配色，使用户接口看起来更友好。

4）测试参与者从主屏幕导航到校准屏幕平均需要 54s。

5）在 1~7 级评级中（1 级为“差”，7 级为“优秀”），测试参与者对主屏幕的视觉吸引力的平均评级为 4.3 级。

尽管不明智，但制造商可能会选择在不解决纯商业性质的可用性问题的情况下将新的医疗器械推向市场。相比之下，如果制造商发现可能影响医疗器械使用安全的可用性缺陷，则制造商必须进行后续风险分析，以确定与安全性和有效性相关的使用错误是否构成不可接受的风险，然后修复那些有风险的错误。这是让监管机构满意的关键，因为监管机构的职责是保护公众免受危险医疗器械的伤害。

7.2.1　是否需要进行可用性测试才能获得 CE 标志?

打算在属于欧洲经济区（EEA）的国家［包括欧盟和欧洲自由贸易联盟（EFTA）成员国］销售其产品的制造商必须获得欧洲合格标志，也称为 CE 标志（法语术语 conformité européenne 的首字母缩写）。与监管批准不同，制造商不会从政府下属的监管机构那里获得 CE 标志。相反，制造商通过声明他们的医疗器械符合相关指令（即公认的标准）来给他们的产品授予 CE 标志。为确定是否符合相关指令，制造商可以对其医疗器械开发过程进行内部审核，或将医疗器械提交给指定公告机构（即评估是否符合适用标准的经认可的独立组织）进行审核。

医疗器械 CE 标志所需的指令中有两项与可用性工程有关：EN/IEC 62366：2007 和 IEC 60601-1-6。请注意，IEC 标准于 2015 年更新，本书完成时后续采用活动尚未完成。新版本（IEC 62366-1：2015）总体上等同于原始标准。不过，为了关注医疗器械的使用安全，进而延伸到其有效性，新版本的标准对可用性关注度较低。这两个标准规定了可用性工程方法，包括可用性测试或等效的评估方法，以确认医疗器械的使用安全性。

值得注意的是，IEC 62366：2007 建议医疗器械制造商利用可用性测试来确认他们的医疗器械是否符合预先设定的可用性目标。更新后的标准（IEC 62366-1：2015）将设置可用性目标的概念归入附录部分，将该方法作为可用性工程工作的一种可能的增值方法，但与一致性条款所解决的主流活动相去甚远。

尽管最近可用性目标的设置被“降级”为主流活动，但我们将继续解释可用性目标如何影响可用性测试。

7.2.2　可用性目标与可用性测试有何关联?

IEC 62366：2007 鼓励医疗器械制造商设定可用性目标，然后进行测试以确定医疗器械是否符合这些目标。更新后的标准（IEC 62366-1：2015）不再将这种目标设定作为一种主流做法。但是，在确保医疗器械可用性的过程中，该项工作可能仍然是一个富有成效的步骤。通常，可用性目标关注的是效率、有效性和用户满意度，而不是使用安全本身。但是，没有什么能阻止制造商编写与使用安全相关的目标。原则上，医疗器械必须满足制造商的所有目标才能满足标准，但这样做并不构成验证。

接下来，笔者分析一个碰巧具有安全后果的可用性目标："90% 经过培训的用户应在第一次尝试时正确组装呼吸回路。" 现在，假设总结性可用性测试显示 15 名护士中有 13 人、15 名呼吸治疗师中有 14 人正确执行了管路组装任务。基于这个结果，该设计刚好达到了可用性目标。然而，这 3 次任务失败仍然是一个令人担忧的问题。FDA 等监管机构希望制造商进行后续风险分析，以了解失败原因并确定是否需要额外的风险减轻措施。因此，仅仅满足可用性目标的通过标准并不足以确认设计的有效性。

因此，您可以看到，满足可用性目标可能是朝着生产用户友好型医疗器械迈出的有益一步。然而，满足可用性目标和验证医疗器械的使用安全性是完全不同的事情。值得注意的是，制造商决定通过可用性目标、性能测试方法和验收标准来满足用户表现特征。这与要求制造商建立自己的定制方法的质量管理的基本概念是一致的。因此，制造商可以设定自己的可用性标准，这些标准相对独立，但可能与监管机构对使用安全的期望密切相关。

最后，笔者要再次强调一个关键点。针对可用性目标进行编写和测试并不是满足 FDA 的人因工程期望的必要条件，也不是符合 IEC 62366-1：2015 的必要条件。

7.3　可用性测试计划是否需要 IRB 批准?

与医疗器械制造商通常进行的临床研究活动相比，可用性测试对测试参与者的风险相对较小。尽管如此，为确保按照道德标准和期望进行可用性测试，您应该提交测试计划供 IRB 审核，即使在大多数情况下不需要 IRB 的全面审核。

美国国立卫生研究院（NIH）对 IRB 的描述：IRB 由研究机构设立，以确保参与在其主持的研究中的人类研究对象的权利和福利得到保护。根据美国联邦法规和地方机构政策的要求，IRB 根据人类研究对象是否受到充分保护，独立决定批准、要求修改或不批准研究方案。

总之，IRB 确保测试参与者因特定研究而遭受伤害的可能性很小（如果有的话)。原则上，计划进行涉及人的测试的研究人员应始终寻求 IRB 对其研究计划的批准。因此，每个可用性测试都应该得到 IRB 的批准。然而，这在医疗器械开发行业是普遍做法吗？答案是否定的。一些公司认为没有必要为可用性测试寻求 IRB 批准，或者他们只是选择不这样做或忽略这样做。与此同时，另一些公司对可用性测试计划者提出了严格的要求，以获得 IRB 的批准，特别是因为他们将把测试结果提交给美国政府机构——FDA。这些公司可以说是在做正确的事：格外小心地保护测试参与者并遵守政府指令。

因此，您可以做出全面的决定，为所有可用性测试寻求 IRB 的批准。或者，如果您缺乏 IRB 流程的经验，您可以联系您所在机构（或您的客户）的 IRB 专家，询问他是否有必要对可用性测试计划进行 IRB 审查。在实践中，这有点像问面包师 "人们是否应该吃面包"。答案几乎总是需要寻求 IRB 的批准。

笔者认为，一些公司会跳过 IRB 流程以节省时间和金钱。他们似乎认为，对人体进行医疗器械的实际测试（如临床试验）需要 IRB 批准，而在可用性测试期间进行的那种模拟则不需要。笔者认为这一点值得商榷，因为不可否认，大多数 IRB 流程和程序旨在审查与临床试验相关的协议，而不是可用性测试本身。

可能需要一些工作才能找到熟悉 HFE 研究和可用性测试，并准备好审查您的测试计划的 IRB。即使您找到声称熟悉 HFE 的 IRB，在主席审核方案之前，向其简要介绍您的研究及其目标也无妨。

IRB 共有三个审查级别，每个级别都是针对人类测试参与者和某些测试参与者群体的潜在风险级别量身定制的（见表 7-1）。

表 7-1　IRB 审查级别

审查级别	基本要求	举例
豁免	研究对测试参与者几乎没有风险，不涉及弱势群体	采访医生以收集他们对基于互联网的电子病历系统的反馈，该系统以带有虚构患者信息的原型呈现
快速审查	研究对测试参与者的风险极小，不涉及弱势群体	招募糖尿病患者与血糖仪互动并执行任务，使用对照溶液作为血液（即参与者不会抽取自己的血样）
完整审查	研究对测试参与者的风险超过最低限度，可能涉及弱势群体	让测试参与者参与一项测试，要求他们将一个沉重的患者（假人）抬到疏散楼梯椅上，将患者抬下楼梯，然后将患者装入救护车舱中

大多数可用性测试对测试参与者造成伤害的风险可以忽略不计。事实上，风险似乎如此微不足道，以至于测试计划人员可能永远不会采取保护措施。例如，您怎么会认为需要保护人们免受查看患者监视器上显示的文本和图形信息的“危险”呢？不过，严格的 IRB 政策或法律顾问可能会建议提交测试计划以供审查。

正如表 7-1 中对 IRB 审查级别的描述所建议的，大多数可用性测试将有资格获得豁免或“快速审查”。如果与您的 IRB 代表的初步讨论表明该测试可能有资格获得豁免，您只需提交可用性测试计划以供 IRB 主席审查。如果您认为测试的风险很小，而不是完全没有风险，您可以寻求可能涉及多个 IRB 审查员的快速审查。要启用快速审查，您可能需要提交测试计划，以及以下部分或全部文件（取决于 IRB 的具体要求）：

1）一份新的研究提交表，其中描述了您要测试的医疗器械、该医疗器械是否受 FDA 法规的约束、您希望纳入研究的测试参与者类型，以及谁将开展和监督研究。

2）首席研究员和相关研究人员的履历（即简历）。

3）测试参与者在参与研究之前将审查并签署的知情同意书。

4）将在研究期间提供给测试参与者的材料，如问卷、访谈脚本和说明（如果未包含在测试计划中）。

5）招募材料，如电子版传单、在线学习广告和招募筛选规则。

6）有关研究地点的信息，如它与医院和应急响应服务的距离、研究人员将如何保护测试参与者的福利，以及测试参与者信息和数据将如何被存储和保护以防止未经授权的访问。

值得注意的是，完整的 IRB 审查是最严格的，因为它涉及整个评审委员会，根据美国政府的要求，评审委员会至少包括 5 名背景不同的成员。快速审查或 IRB 豁免申请可能需要几天到几周的时间，主要是考虑到必要的来回沟通和文书工作，而不是对人类受试者的风险。一份精心准备的全面审查申请可以在短短 2 周内处理（并且可能会获得批准）。然而，在初步审查后，IRB 可能会要求澄清和补充信息。审查人员有时会要求申请人回答需要花时间回答的问题，如“您将如何保护测试参与者免受 AED 发出的高功率电击的危险？”及“您将使用什么系统来存储和保护患者信息和数据？”。表 7-2 列出了可用性测试中可能发生的危险情况和您可能采取，旨在降低发生此类事件可能性的保护措施。

除了针对测试参与者在可用性测试中可能遇到的危险提供适当的保护措施，IRB 批准的另一个关键步骤是确保测试数据不会通过姓名或其他识别信息［如出生日期、地址、社会安全号码（美国公民所有，类似我国的身份证号码）］。或者，用研究人员的话来说，测试数据应该是“去身份化的”。因此，数据收集表应通过某些代码（如测试参与者 1，2，3，…，*N*）跟踪测试参与者。

表 7-2　可用性测试的危险情况和保护措施

危险情况举例	降低相关不良事件发生可能性的保护措施举例
刺激性液体溅入眼睛	要求测试参与者佩戴护目镜
用裸露的针头刺到自己	1）指导测试参与者不要打开针头 2）从医疗器械上取下针头，让测试参与者模拟注射 3）将急救箱放在手边
举重物时拉伤	1）提供提举帮助 2）使用较轻的道具代替实际组件
接触过敏原	1）筛选出已知有过敏症的测试参与者 2）在测试室配备有肾上腺素笔（如 EpiPen）
不恰当地将曾使用过的测试项目经验应用到他们当前的医疗器械上	指导测试参与者忽略他在测试中学到的知识
由于原有疾病而遇到意外的医疗紧急情况（如心脏病发作）	准备好可拨打紧急电话号码的电话
出现低血糖或高血糖症状	1）间歇性询问测试参与者是否需要检测血液或注射胰岛素 2）配备有高葡萄糖零食
接触化学品或传染性材料	1）用良性材料代替有害材料 2）要求测试参与者佩戴防护手套
经历高度紧张	1）确保测试参与者明白他们可以随时退出测试而无须解释 2）如果测试参与者表现出紧张迹象，请暂停或结束测试
对测试表现感觉不好	强调您正在测试医疗器械，而不是对测试参与者进行测试
由于反复吸入安慰剂物质导致哮喘发作	1）在测试开始时确认测试参与者携带他的哮喘吸入器（如果没有，则解雇测试参与者） 2）聘请紧急医疗技术员（EMT）观察所有测试环节并在需要时进行干预

您如何了解有关 IRB 和保护可用性测试参与者的更多信息?

多个机构提供在线 IRB 培训和课程，旨在向 IRB 成员和研究人员传授最佳学习实践。NIH 为 IRB 成员和在 NIH 内外进行人类受试者研究的个人提供各种级别的培训。NIH 的人类受试者研究保护办公室（OHSRP）提供各种资源，旨在教育参与内部（即机构内部）研究的 NIH 研究人员。

虽然 OHSRP 的这些资源仅对内部研究人员开放，但任何人都可以参加 NIH 外部研究办公室（http://phrp.nihtraining.com）提供的“保护人类研究参与者”课程。值得注意的是，一些 IRB 要求研究人员在 IRB 申请中补充证书，证明主要研究人员完成了一些关于保护人类受试者的培训。

许多医疗和教育机构设立了内部 IRB，其他机构则与独立的 IRB 签订合同，管理由具有必要专业知识的成员组成的评审委员会，以审查测试计划和建议的人类受试者保护措施的充分性。

IRB“一揽子”批准

据报道，一些公司寻求 IRB 的“一揽子”批准，以便根据特定协议进行可用性测试。对于计划持续进行可用性测试的公司来说，这听起来像是一种节省金钱和时间的明智策略，您可以与所选择的 IRB 讨论相关内容。值得注意的是，该策略为不符合严格指导方针或对人类受试者构成重大保护问题的可用性测试寻求 IRB 批准的选项留有余地。

7.4 您如何保护知识产权?

可用性测试存在暴露即将推出的医疗器械的专有信息的风险。然而，仔细的计划和一些文案工作可以最大限度地降低测试参与者泄露信息的可能性。

医疗器械制造商竭尽全力地保护其知识产权。新员工会签署令人生畏的合同，描述泄露公司机密的可怕后果。办公楼配备了控制人员出入的安保人员和电子通行证。计算机和网络由个人用户名、密码和不断变化的验证码强化。公司律师申请版权和专利。因此，当您提议使用“外人”作为测试参与者对原型医疗器械进行可用性测试时，您就可以理解制造商的担忧了。

假设您正在使用外部人员进行测试，这实际上是常态，您能做些什么来保护知识产权?接下来，笔者将讨论您可以在可用性测试过程的不同阶段采取的一些简单措施。

7.4.1 测试计划期间

1）用虚构的名称标记原型医疗器械和软件屏幕。请务必不要恰巧选择其他公司使用的名称。

2）擦除、涂抹或掩盖硬件上的制造商品牌名称。请注意，由于涉及编码，从软件中去除品牌名称很复杂，请考虑在开发过程中尽可能从用户接口中去除品牌名称。

3）避免对专有设计进行远程可用性测试（即基于互联网的测试），除非您已采取特殊保护措施，例如，保密协议中禁止获取设计的屏幕截图，并邀请其他人在参与测试时进行观察。

7.4.2　招募期间

1）如果您在网络或现实世界的公共论坛（如 Craigslist、在线患者社区、诊所候诊室）发布有关您测试的公告，请排除可能泄露制造商身份或医疗器械特性的详细信息。

2）通过电话与潜在的测试参与者交谈时，询问他们是否愿意对被测医疗器械保密。

3）确认潜在参与者不为医疗器械公司工作或为其提供咨询，尤其是不在生产您正在测试的产品类型的公司中工作。

4）如果您聘请第三方公司负责招募测试参与者，请确保招募人员知道不要向潜在参与者透露制造商的身份。

5）向每位招募的测试参与者发送知情同意书（其中包括保密条款），并要求他在安排的测试环节之前查看该文件，如有任何问题或疑虑，请联系测试组织者。

7.4.3　可用性测试期间

1）在不隶属于医疗器械制造商的设施（如焦点小组活动场所、酒店会议室）中进行可用性测试。

2）如果在公共场所（如医院会议室、酒店会议室）进行测试，在测试前、测试中和测试后隐藏原型医疗器械（如用桌布遮盖）。

3）如果在酒店会议室进行测试，请确保酒店工作人员不会泄露制造商的身份，例如，不会在酒店大堂的欢迎显示屏上列出制造商的名称。

4）确认测试参与者在他们参与测试之前，以及测试管理员透露有关被测试产品的任何详细信息之前，已经签署了知情同意书，其中包括保密条款。

5）指示将专有医疗器械带回家的测试参与者将其放在家庭访客视线之外，如果其他人看到该医疗器械，则应告知他们不要谈论它。

6）如果不影响执行计划任务或实现测试目标，请从品牌包装或外包装中取出将要测试的产品。

7）说明测试赞助商的身份必须保密，并阻止测试参与者猜测其身份。

8）隐瞒测试参与者不需要知道的关键事实，以进行有效的可用性测试。例如，测试参与者不一定需要知道机器的流体回路具有内置的消毒系统（如紫外线灯）来执行设置流速的独立任务。同样，隐藏与给定可用性评估无关的硬件或软件用户接口的专有元素。例如，如果射频识别（RFID）标签在给定产品类别中的用途是新颖的并且与测试目标无关，则应隐藏它。

9）测试结束后，在您解散测试参与者之前，提醒测试参与者对他在测试过程中看到和听到的所有内容保密。如果测试参与者知道计划参加测试的其他人［例如，如果来自同一重症监护室（ICU）的 3 名护理同事计划参加]，此提醒尤其重要。

 7.5 监管机构必须批准总结性可用性测试计划吗？

迄今为止，监管机构并未要求制造商获得总结性可用性测试计划的批准，除非出现特殊情况。但是，FDA 鼓励制造商在测试前提交其总结性可用性测试计划以供审查和评审建议。对于如何优化给定的总结性可用性测试，FDA 通常会提供相当多的建议——制造商最好能遵循这些建议。尽管如此，制造商仍然可以自由地进行总结性可用性测试，而无须首先寻求监管机构对其测试计划的意见，但这样做时应“风险自负”。

总结性可用性测试计划可能会经过多个利益相关者的广泛内部审查。潜在的审查人员包括研发、临床事务、监管事务和质量保证方面的人员。在小型和大型公司中，考虑到相关测试的重要性，甚至连 CEO 都可能会审查该计划。

在完成所有内部审查后，制造商可能会优化其总结性可用性测试计划。现在的问题是，是否要将该计划提交给相关监管机构进行进一步审查和评审建议。

在笔者撰写此建议时，据笔者所知，FDA 是唯一对审查总结性可用性测试计划表示强烈兴趣的监管机构。FDA 的动机似乎同样是为自己和制造商服务，使制造商的测试工作与 FDA 的期望保持一致，增加了该机构只需进行一次审查（而不是多次通过）的可能性。因此，帮助制造商“修复”他们的测试计划是对 FDA 自己有利的服务。不过，预先进行“修复”也有利于制造商。显然，进行单次有效的总结性可用性测试比进行多次测试的成本更低且耗时更少，采用后者可能是由于 FDA 会因测试方法问题而拒绝接受初始测试的结果。

据报道，FDA 收到的许多可用性测试报告都不符合该机构对测试方法的期望。毫无疑问，一些可用性测试不足以生成评估给定医疗器械的使用安全性和有效性所需的信息。因此，该机构不得不要求许多制造商重复测试，并在第二次测试时使用改进的测试方法。常见的方法改进（尽管与具体的医疗器械和用户特征相关）包括以下内容：

1）扩大测试范围，使每个不同的用户组至少包括 15 名代表。

2）包括经过培训和未经培训的测试参与者。

3）包括一些有可能影响他们如何与给定医疗器械交互的障碍的测试参与者。

4）根据对使用场景、使用相关危害和与医疗器械所有功能相关的风险的综合评估结果，选择任务并确定任务的优先级。

5）指导测试参与者以最自然的方式执行一系列任务，这可能会阻止在任务之间停下来获得任务评分和测试参与者评论。

6）至少在达到任务时间限制之前，不向测试参与者提供任何帮助，然后再将任务指定为失败。

7）要求测试参与者就给定医疗器械的使用安全性及与任何任务失败、使用错误或其他交互问题相关的根本原因提供主观反馈。

FDA 极有可能提出改进总结性可用性测试方法的建议，这使得提交该计划以供其审查的决定“不费吹灰之力”。毕竟，为什么要花费时间和金钱来进行 FDA 可能认为不充分的测试，而不顾可能出现的积极结果呢？

以下是一些导致部分制造商在没有提交测试计划进行审查的情况下继续进行测试的原因：

1）制造商不想等待（可能是 2~3 个月）让 FDA 提供有关测试计划的反馈。相反，制造商会优先满足其内部规定的提交医疗器械许可申请的截止日期［如 510（k）、上市前批准（PMA）］。

2）等待 FDA 的反馈可能会延迟测试和随后的报告工作，导致制造商错过 FDA 规定的申请医疗器械许可的最后期限，从而需要重新启动整个提交过程，增加成本。

3）制造商收到了 FDA 对先前测试计划的反馈，并认为它可以放心地继续执行手头的测试计划。

重要的是，FDA 并不强制要求制造商提交总结性可用性测试计划以供审查和评审建议。然而，在各种附加信息（AI）请求中，FDA 已告知制造商，虽然他们可以继续进行测试以代替审查，但风险自负。

也许是无意中造成的结果，FDA 审查测试计划的提议创造了一个有趣的活动（如果您愿意，可以称为“游戏”）。也就是说，制造商可能会提交一份描述有限测试工作的测试计划，并查看 FDA 是否会“催促”它进行更有力的测试。

制造商在计划测试时面临许多权衡决策。例如，它可能必须对要包含的不同用户组的数量做出复杂的选择，并指出更多不同的用户组会导致规模更大、更耗时和更昂贵的可用性测试。例如，制造商可能必须选择是将所有护士视为一个单独的、不同的用户组，还是将他们分为重症监护护士、在低敏锐度护理环境中工作的护士和家庭护理（即探视）护士。这种情况可能会导致制造商提出一项将护士视为单独的、不同的用户组的测试（这是一种权宜之计，也可能是合规的解决方案），但如果 FDA 要求把各种类型的护士视为不同的用户组，制造商就必须准备好扩大测试范围。

在此需要明确一点：在提交总结性可用性测试计划以供 FDA 审核时，笔者不建议采取“游戏”态度。相反，笔者建议编写制造商认为适当的测试计划，该计划将严格评估医疗器械的使用相关风险是否得到适当控制。也就是说，有许多测试方法需要权衡，您不一定能确定 FDA 将如何看待您善意的决定。因此，在进行总结性可用性测试之前征求 FDA 对您的计划的意见似乎是有利的。

参考文献

1. U.S. Food and Drug Administration（FDA）Web site. *About FDA—What We Do*. Retrieved from http：//www.fda.gov/opacom/morechoices/mission.html.

2. Medicines and Healthcare Products Regulatory Agency Web site. *About Us*. Retrieved from http：//www.mhra.gov.uk/Aboutus/index.htm.

3. Pharmaceuticals and Medical Devices Agency，Japan，Web site. *Outline of PMDA*. Retrieved from http：//www.pmda.go.jp/english/about-pmda/outline/0005.html.

4. Pharmaceuticals and Medical Devices Agency, Japan, Web site. *Our Philosophy.* Retrieved from http://www.pmda.go.jp/english/about-pmda/outline/0007.html.

5. Federal Institute for Drugs and Medical Devices Web site. *About Us.* Retrieved from http://www.bfarm.de/EN/BfArM/_node.html.

6. For the directives pertinent to medical device approval, see http://ec.europa.eu/growth/single-market/ce-marking/manufacturers/directives/index_en.htm? filter=15.

7. For a list of notified bodies specializing in assessments of medical device development processes, see http://ec.europa.eu/growth/tools-databases/nando/index.cfm? fuseaction=directive.notifiedbody&dir_id=13.

8. U.S. Department of Health and Human Services, National Institutes of Health, Office of Extramural Research. 2010. *Glossary and Acronym List.* Retrieved from http://grants.nih.gov/grants/glossary.htm.

9. Department of Health and Human Services, National Institutes of Health, Office for Protection from Research Risks. 1998. Protection of human subjects: Categories of research that may be reviewed by the Institutional Review Board (IRB) through an expedited review. *Federal Register* 63 (216). Retrieved from http://www.hhs.gov/ohrp/policy/expedited98.html.

10. Expedited review procedures for certain kinds of research involving no more than minimal risk, and for minor changes in approved research. *Code of Federal Regulations*, Title 45, Pt.46.110, 2009 ed.

11. General requirements for informed consent. *Code of Federal Regulations*, Title 45, Pt.46.116, 2009 ed.

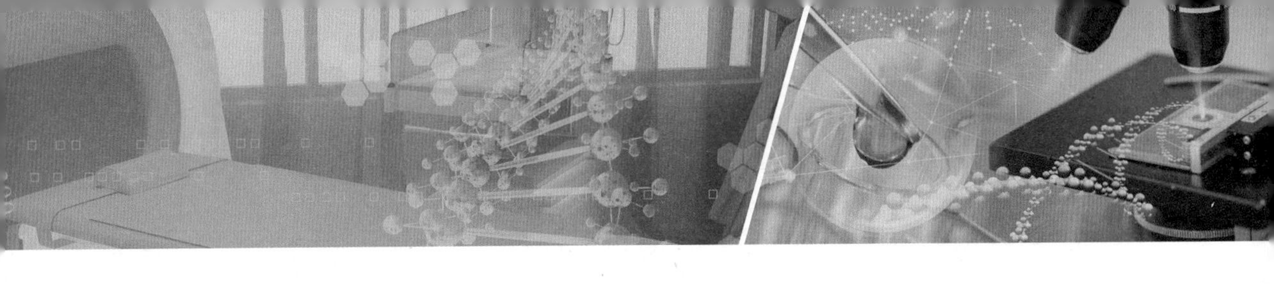

第 8 章　选择测试参与者样本并招募测试参与者

8.1　合适的样本量是多少？

可用性测试并不是一项部分人想象的详尽无遗的工作。相对少量的独立测试环节通常足以生成准确和有用的结果。一项广受认可的研究表明，仅仅 5 次测试就能产生许多可能来自更大规模的测试结果。尽管如此，FDA 还是希望总结性可用性测试在每个不同的用户组中至少包括 15 名测试参与者。其他将 IEC 62366 系列标准视为可用性测试正确指南的监管机构并未指定样本量，但隐含需要满足现行的标准。

通常，随着您的设计从早期概念发展到完善的解决方案，您希望增加测试参与者的样本量。您可以先从 6 名测试参与者那里收集关于粗略设计的输入，然后进行一次两倍测试参与者（12 名）参与的形成性可用性测试，最后进行一次四倍测试参与者（24 名）参与的总结性（即确认）可用性测试。

关于总结性可用性测试，FDA 要求（除了少数例外情况）测试参与者样本中每个不同的用户组包括的代表不少于 15 名。其他要求可用性测试符合 IEC 62366 系列标准的监管机构未规定明确数量。

对于形成性可用性测试，笔者认为 8~12 名测试参与者的样本（或者当有多个用户组时，采用一个更大的样本，每个用户组包括 5 名左右的测试参与者）是合适的。

维尔兹（Virzi）经常引用的一项研究表明，仅涉及 5 名测试参与者的测试可以产生 80% 的可能结果，涉及 8 名测试参与者的测试可以产生 90% 的可能结果，而涉及 8 名以上测试参与者的测试产生的收益迅速递减。笔者的可用性测试经验表明，这些估计数据都是准确的。

以下是笔者在选择测试样本大小时的一些经验法则：

1）6 次测试可以揭示大多数主要的可用性问题。

2）12 次测试会产生相当可靠的结果（即在实际意义上可重复的结果，尽管在统计上并不显著）。

3）25 次测试会产生可靠的结果，并使测试在习惯于进行涉及更大人群样本的市场研究和临床研究的人看来，具有适度的表面上的认可。

以下是到目前为止讨论的规则的一些潜在情况和例外情况：

1）您需要在多个国家 / 地区确认您的设计，以满足其特定监管机构的要求。在这种情况下，您可以选择在美国进行 15 次测试以满足 FDA 的要求，并在其他几个国家（如德国和英国）进行额外的测试。额外的测试将有助于满足公司的内部质量标准，但不一定需要证明符合 IEC 62366 系列标准。据笔者了解，FDA 是唯一要求总结性可用性测试仅涉及当地的监管机构。但是，您可能需要与相关监管机构核实，以确定他们是否希望在其特定国家 / 地区进行任何测试。

2）预期用户群由几个不同的用户组组成（即异质性）。例如，医生、护士和技术人员可能会以完全不同的方式使用特定的医疗器械。在这种情况下，您可能希望每个用户组中的 5~8 人或 15~20 人分别参与形成性或总结性可用性测试。如前所述，FDA 的 HEF 指南规定每个用户组至少有 15 名测试参与者进行总结性可用性测试，但笔者通常会额外招募一些人来应对潜在的取消或缺席的情况。

3）您想从测试中得出营销诉求。在这种情况下，您可能应该采用更严格的统计方法来确定合适的样本量。请注意，如果您预计比较设计之间的差异会很大，那么适度的样本量就足够了。但是，如果差异很小，您将需要更大的样本量，以便发现任何重大差异（假设存在差异）。在比较两种设计时，测试次数的有效数量似乎至少为 30。但同样，如果您试图分离并识别一个微小的差异，这个数量可能会翻倍。在后一种情况下，可能不值得为证明微小的差异而付出努力，因为微小的差异并不是强有力的营销诉求的坚实基础。

这里还有以下一些提示：

1）在美国，预计有 10% 的测试参与者将取消他们的预约或干脆缺席。欧洲的“缺席”率似乎要低一些，但似乎正在赶上美国。

2）选择的样本量应是每天测试次数的整数倍。因此，如果您每天可以进行 4 次测试，请计划一个涉及 8 人、12 人、16 人参与的测试，以此类推。除非您计划在早上前往测试地点或在下午离开，在这种情况下，您可以调整时间表以适应此类差旅计划。

3）可用性测试的质量比测试参与者的人数更重要。换句话说，由 15 名测试参与者进行的高质量测试将胜过由 20 名测试参与者进行的低质量测试。

如果您想在样本量选择上获得更复杂的统计信息，您需要熟悉二项式概率公式和各种其他样本量统计估计方法。值得注意的是，要使用其中一些公式，您需要确定要检测的可用性问题在所有可用性问题中所占的百分比，并估计每个可用性问题的平均发生频率。

笔者并不反对这种复杂的样本量确定方法，但笔者不确定这种方法在进行医疗器械可用性测试时是否有效。这种方法的一个缺点是可用性问题发生的可能性通常是未知的。谁能真正估计出医生错误地顺时针而不是逆时针转动旋钮的可能性？因此，当您估计出现问题的概率是一个特定百分比时，您可以说是在摸着石头过河。如果样本量的定量方法适合您，笔者建议您参考任何可用的统计书籍或描述此类方法的网站。

什么构成了不同的用户组？

很难确定由什么，或者更恰当地说，由谁构成了不同的用户组。答案部分取决于制造商如何定义医疗器械的目标用户。对于临床环境中使用的医疗器械，最常见的区别是用户的临床经验和培训。可以招募 1 个由不同 HCP 组成的综合小组，但更谨慎的做法是招募 3 个不同用户组的代表（如医生、护士和技术人员）以反映个人在临床培训和医疗器械交互方面的差异。

对于打算在家中使用的医疗器械，年龄、使用类似医疗器械的经验及是否存在障碍通常是最大的区别因素。例如，注射器的总结性可用性测试可能包括青少年非专业用户（12~21 岁）、成年非专业用户（22 岁以上）、存在障碍的成人非专业用户和 HCP（他们可能负责培训非专业用户）。对于这 3 个非专业用户组，您可能需要包括 15 名有注射经验的个人和 15 名没有注射经验的个人，从而产生 7 个不同的用户组（6 个非专业用户组，1 个 HCP 组）和至少涉及 105 人的测试。这是一项艰巨的任务。

值得注意的是，有不同的方法可以“划分”用户组。例如，对于注射器总结性可用性测试，可以将成人和老年人定义为不同的组（分别为 22~64 岁和 65 岁及以上），并将存在障碍的个体作为每个组中的一个子集，而不是作为一个单独的 15 人用户组。确定不同用户组相关的复杂性和细微差别只是笔者鼓励客户将其总结性测试计划提交给 FDA 审查的原因之一（请参阅 7.5 节的相关内容）。

8.2　顾问小组成员可以在可用性测试中发挥作用吗？

要抵制让顾问小组成员参与可用性测试的冲动。顾问小组成员可能对正在测试的医疗器械及其设计原理有太多的背景知识，无法以自然和公正的方式与医疗器械进行交互。但是，顾问小组成员可以为测试计划做出宝贵贡献，并有可能成为试点测试的参与者。如果出于政治性考虑，您将一名或多名顾问小组成员作为测试参与者，请考虑将他们的评估数据与其他测试参与者的评估数据分开。

许多医疗公司成立了顾问小组来指导他们的医疗器械开发工作。顾问小组可能由“思想领袖”组成，他们在同行中享有很高的声誉，是特定医疗器械开发工作相关主题的专家或“未来学家”。有时，思想领袖也可能是关键客户，他们可以促进对其他思想领袖及临床研究资源的访问，包括临床医生、患者和设施。

顾问小组也可能由“典型用户”组成，包括临床医生或患者，他们反映了有效模拟一般用户群体的广泛特征。值得注意的是，在同一个顾问小组中混合思想领袖和典型用户的做法相对不常见，因为这会造成权力失衡。更常见的是，制造商分别成立代表每个潜在用户组的独立顾问小组或委员会。

顾问小组可能每年召开几次会议，以提供医疗器械设计意见并在设计从早期概念演变为接近最终解决方案的过程中对其进行审查。除了“美酒佳肴”招待和配备全套公司设备，成员通常还会获得时间补偿。

有了顾问小组，医疗器械开发人员可能会倾向于让小组成员作为可用性测试参与者，因为他们“了解”该器械，并且可以简化招募工作。但这是一个好主意吗？笔者的回答通常是否定的，因为小组成员可能对产品开发目标、设计协调和不断发展的解决方案的交互特性有广泛的了解。直截了当地说，就是被“污染”了。对于大多数可用性测试目的而言，您希望让“未受污染”的测试参与者参与进来，这些测试参与者将第一次看到指定的医疗器械，并且可以逐步提供更客观的反馈。这些测试参与者可以在没有“内幕知识”的情况下尝试动手任务，并从新用户而不是间歇性参与医疗器械开发的人的角度评论设计的优点和缺点。

如前所述，让顾问小组成员参与设计评估可能会让您感到压力，其中即将进行的可用性测试被认为是一个主要选择。在这种情况下，笔者建议与顾问小组进行一次小组访谈，作为一项富有成效的活动，以补充对不在小组中的个人进行的可用性测试。您还可以与顾问小组成员进行一次或多次试点测试，并将他们包括在补充可用性测试中，但应将他们的数据和与更合适的测试参与者进行的测试数据分开。笔者认为后一种方法是一种策略性解决方案，不会影响主要测试结果。

尽管有些人可能会对笔者之前的陈述有不同理解，但笔者认为顾问小组是用户需求、新交互性能（即特性和功能）的想法、对学习工具的意见和关于最大限度地提高产品接受度的建议的绝佳来源（尽管不是唯一来源）。笔者只是为您提醒，如果小组成员是思想领袖，那么满屋子的思想领袖并不能代表医疗器械的真实用户群。拥有多项发明先进手术器械专利的世界知名心脏病专家与刚开始在公立医院心脏病科第一次轮换的第一年住院医师所表达的需求之间存在很大差异。

您应该通过顾问小组成员招募测试参与者吗？

笔者认为向顾问小组成员寻求招募帮助是合适的，前提是他们以前提供过此类支持或他们对此类请求表示欢迎。请注意，一些顾问小组成员可能会由于相关的麻烦或被认为不尊重而对请求感到恼火。如果您确实需要帮助，请务必明确您的招募标准，否则，您最终可能会得到一个不代表预期用户群体的候选人列表。请注意，忙碌的顾问小组成员的帮助可能仅限于向一些同事发送电子邮件（如果招募临床医生同事）或在办公室的候诊室张贴招募信息（如果招募患者或普通人）。一般来说，临床医生不会直接招募患者，他们不希望自己的患者因为要帮他们一个忙而感到有压力。

最后，笔者承认，尽管一些顾问小组成员对设计的发展有更深入的了解，但他们仍然能够客观地看待迭代设计。此外，一些顾问小组成员可能会自豪地成为严厉的批评者——比大多数人第一次接触新设计时更加严厉。因此，在开发过程中的适当时间以适当的方式收集他们的意见是非常有帮助的。

8.3 儿童应该参加可用性测试吗？

儿童使用的医疗器械的可用性测试应包括儿童。否则，您可能会错过识别和纠正该用户群体特有的可用性问题的机会。只需确保制定适合年龄的测试计划和动手任务，通过家长或监护人而不是直接招募儿童，并让家长在测试期间待命（或者甚至以受控方式参与）即可。

演员 W.C. 菲尔德（W.C.Fields）曾经说过："永远不要与儿童或动物一起工作。"笔者将忽略"动物"，但同意第一部分有一些真实性，与儿童一起工作会带来挑战。与成人相比，儿童可能不太专注于任务，行动更冲动，会说出言不由衷的话，尽管有些儿童的情况可能正相反。此外，家长可能会带来挑战，如为自己的孩子说话，而不是让孩子为自己说话。无论如何，儿童可能是某些医疗器械的主要用户（或共同用户），如计量吸入器、雾化器、血糖仪、胰岛素泵和胰岛素笔。因此，儿童应该参与这些医疗器械的可用性测试（见图 8-1）。

图 8-1　儿童参与糖尿病管理医疗器械可用性测试的场景

以下是对儿童进行可用性测试的一些基本规则：

1）不要直接招募儿童，而是通过他们的家长或监护人招募他们。直接去找儿童可能被视为规避家长的权威，并在一个警惕儿童绑架者的社会中引发"警觉"。

2）为招募测试参与者分配额外的时间，因为招募儿童通常比招募成人需要更长的时间。根据您寻求的测试参与者数量，考虑将您的招募时间延长 1~2 周。

3）在学年期间，根据典型的学校和课外活动安排测试时间。由于大多数学龄儿童至少要到下午 3∶00 才能下课，所以笔者通常会在下午晚些时候和傍晚安排儿童参加测试，有时也会安排在周末。

4）考虑修改测试实验室的装饰以创造更温暖、更舒适的环境。一些测试实验室可能会让人感觉有些枯燥乏味；添加植物和色彩缤纷的艺术品可以柔化空间的"外观和感觉"。但是，请确保不要过度装饰，以免您的装饰品分散儿童对手头任务的注意力。请注意，家长也可能会带上儿童测试参与者的兄弟姐妹，请考虑准备一些玩具让非测试参与儿童玩耍。

5）要求家长签署一份关于他们孩子参加测试和任何相关风险的知情同意书，当然，应该让风险最小化。在征得家长同意之前，向家长和儿童口头描述测试的目的和性质，并回答他们可能提出的任何问题。

6）考虑让 18 岁以下的儿童签署同意书——一种专为未成年人开发的简明版本的知情同意书。IRB 将告知是否有必要签署此类文件，如果需要，儿童在多大年龄有能力签署文件（根据笔者的经验，通常为 6 岁或 7 岁）。

7）测试前让家长和儿童都了解测试室和研究环境。说明您是希望两个人一起工作，还是应该由一个人主导。当笔者希望儿童成为“主要”测试参与者时，一般会告诉家长“将您的孩子视为‘飞行员’，而您则是相对空闲的‘副驾驶’”。笔者鼓励家长让儿童发挥主导作用，只在需要时或儿童在家中使用该医疗器械时，才进行必要干预。

8）在要求儿童使用被测医疗器械执行特定任务之前同他们进行交谈。建立融洽的关系是建立富有成效的测试环节的重要一步，在这个环节中，孩子会感到舒适并且乐于交流。

9）向儿童展示简短的任务，而不是冗长的多步骤任务，以降低孩子分心和忘记手头任务的可能性。

10）注意您为孩子提供的点心，因为一些孩子有食物过敏和饮食限制。例如，您可能需要排除含有花生和其他可能引起过敏反应的成分的产品，以及可能不适合糖尿病儿童的含糖零食。

11）对一对亲子的补偿比对单个成年测试参与者的补偿要多，要认识到有两个人在研究中投入了时间和精力。我们通常直接向成人付款（有时成人会立即将资金交给孩子），但您也可以向任何一方或双方付款。

12）要求家长或监护人在测试期间留在现场。邀请家长与儿童一起进入测试场，但不要要求他与儿童待在同一个房间（除非您需要家长和儿童一起执行任务）。根据测试的性质，您可能希望家长与儿童一起参加测试或从相邻的观察室进行观察，这样他们就不太可能分散儿童的注意力或影响儿童的行为。

13）确保儿童知道他可以随时以任何理由退出测试，而且不会失去他的补偿。

14）调整您的测试方式和词汇以适合儿童。不要向一个10岁儿童提出一个听起来像成人的问题，如“你对吸入器综合性能的总结评估是什么？”，这对于成年人来说甚至都不是一个特别好的问题。相反，应该问一个更简单的问题，如“你觉得吸入器怎么样？”。

在许多情况下，儿童会在家长或监护人的协助下使用医疗器械。对于年幼的儿童来说尤其如此，他们可能缺乏正确操作医疗器械所需的智力和身体能力。因此，您可能想要进行一次涉及儿童和家长的可用性测试，并让他们确定谁将执行每项任务。要求亲子团队像在家一样一起合作，可能会产生丰富的交互和对话，这将有助于测试团队了解医疗器械交互的性能。

根据需要定制您的测试计划和方法，以适合特定年龄的测试参与者。例如，如果您正在测试哮喘儿童使用的计量吸入器，请以不同的方式安排涉及6岁和16岁儿童的测试环节。由于测试参与者之间存在巨大的年龄差距，在提出任务说明和面试问题时应使用适合相应年龄的词汇，并对不同年龄儿童的表达水平和贡献有合理的期望。如果您计划进行一项儿童和成人都将独立参与的测试（即一对一的测试），请确保测试计划包括针对特定年龄的单独任务列表、面试问题和主持人指南（根据需要），以确保测试的清晰度和理解力。

8.4 老年人应该参加可用性测试吗？

如果老年人是目标用户群体的重要组成部分，那么他们绝对应该参加可用性测试。然而，就像一群20岁的人一样，老年人的特征也千差万别。因此，请确保您招募的老年人具有您所寻求评估医疗器械可用性的个人的特定特征。在某些情况下，您可能会寻找自述有视力、听力、灵活性或记忆障碍的人，以确定他们使用给定医疗器械的能力。

很大一部分医疗器械，如胰岛素笔、医院病床和医用制氧机，是供老年人（以及其他人）使用的。此外，还有许多年长的临床医生将在他们的正常实践过程中继续使用全方位的诊断和治疗设备。因此，“老年人”自然应该参与此类医疗器械的可用性测试。

如果您让一个青少年说出人们“老”的年龄，他可能无法准确回答。在某种程度上，考虑到成年人的一些身体能力，如他们专注于附近物体的能力，到 45 岁左右开始下降，这是一个公平的看法。不过，传统上认为老年人是 65 岁及以上的人，这个年龄段的成年人传统上已经退休，并有资格享受老年人折扣。在一些国家，65 岁及以上的人占总人口的 25% 以上（见表 8-1）。

表 8-1　老年人比例（按国家分列）

国家	总人口	65 岁及以上人口比例（%）
印度	11.7 亿	5.3
美国	3.10 亿	13.0
俄罗斯	1.39 亿	13.3
日本	1.26 亿	22.6
德国	8228 万	20.4
法国	6477 万	16.5
英国	6235 万	16.3
意大利	5809 万	20.3
加拿大	3376 万	15.5

注：资料来源改编自美国人口普查局。*International Data Base* 表 1332 及表 1334，检索时间为 2014 年 1 月 4 日。

值得注意的是，有些人说 65 岁是“新的 55 岁”，这反映了 21 世纪生活方式的转变，这种转变正在帮助一些成年人比他们的祖辈保持更长久的健康与活力。最好摒弃选择将“中年”和老年人分开的通用阈值的想法。相反，应为给定医疗器械定义目标用户的年龄范围，并确保在测试中包含一些年龄最大的用户。此外，请记住，有些医疗器械（如一些助行器）主要由老年人使用（见图 8-2）。

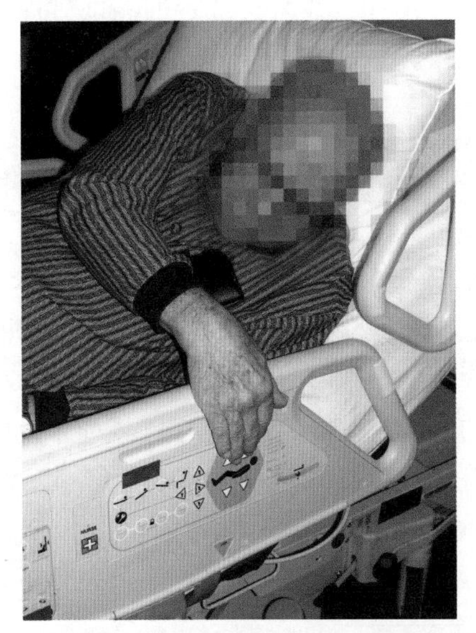

图 8-2　一位老年人正在参加医院病床的可用性测试

笔者曾对遥控除颤器进行了测试，它使医疗器械接收者能够通过按下几个按钮来检测和缓解心房颤动，并提供心脏复律电击。FDA 担心老年人（如老年人的配偶）可能难以使用遥控器。因此，笔者对 40 多岁、50多岁、60多岁和70多岁的人进行了测试。测试揭示了导致轻微标签更改的轻微设计缺陷。经过修改和确认，FDA 批准了该医疗器械。

在各种可用性测试中，笔者在最年长的测试参与者的行为和表现中观察到以下模式（有明显例外）：

1）年纪较大的人似乎更愿意为使用错误自责，也许是出于对测试管理员和设计者的礼貌。因此，您需要向他们保证您正在测试给定的医疗器械而不是其用户，并且欢迎您对设计提出批评。

2）一些老年人更有可能多次犯相同的使用错误，并且未能完全处理和理解导致初始使用错误的因素，这可能是由于短期记忆力的下降。

3）一些老年人需要更多时间来处理请求（即任务说明）并采取行动。

4）许多老年人有视力和听力障碍，可能没有带必要的助读器和助听器参加测试。所以，您应该在测试前提醒他们这样做。

5）一些老年人，特别是那些接触计算机有限的老年人，在探索软件用户接口和形成其结构的心智模型方面经验不足。因此，您可能需要更具体地指导他们探索用户接口（即尝试不同的事情）。有时使用一个类比会有所帮助，例如，让他们探索软件用户接口，就好像它是一个需要查看所有房间并打开所有壁橱的房子一样。如果老年人几乎没有计算机经验（但根据招募标准仍有资格参与），您可能需要提供诸如计算机鼠标和滚动条使用的看似补救性的介绍。

6）一些老年人可能比年轻的测试参与者更早感到疲倦，因此请考虑尽可能缩短测试时间（如 90min 而不是 2h），并提供多次休息而不是一次休息。

不过，需要重申的是，年长的测试参与者的表现与年轻人的表现一样，都是因人而异的。一位 67 岁的放射科医生可能比一位年轻得多的同事更容易使用新的数字 X 射线机执行任务。例如，在某个特定的测试过程中，可能是 20 多岁的测试参与者难以浏览糖尿病管理网站。

8.5 您如何测试儿童和家长共同使用的医疗器械？

特定年龄段的儿童（如中学生）通常与家长一起操作吸入器、雾化器、血糖仪和胰岛素泵等医疗器械。因此，家长和儿童在可用性测试中结对完成任务是有意义的，尽管尽可能让儿童发挥主导作用。让儿童独自工作并不能反映给定医疗器械的实际使用情况，特别是如果儿童的阅读能力不是特别强和 / 或尚未发展出强大的解决问题的能力。

各种医疗器械均适用于儿童（2~12 岁），但不一定由儿童单独使用。对于治疗儿童各种呼吸系统疾病（如哮喘和囊性纤维化）的雾化器尤其如此。一个年幼的儿童可能会独立戴上口罩，但家长[㊀]可能会负责所有其他任务，如设置医疗器械并将药物（或等效物）添加到雾

㊀ 为了简单起见，笔者在本节中使用术语“家长（parent）”。不过，这些内容也适用于监护人和其他成年看护人。

化室。不过，年龄较大的儿童可能会在设置和操作医疗器械方面发挥更大的作用，这取决于成熟个体的能力和参与他自己的护理工作的渴望。

在计划可用性测试时，儿童参与自我护理的能力差别很大，需要特别考虑。基本测试方法取决于医疗器械的预期用途。如果医疗器械制造商计划销售该医疗器械供儿童独立使用，那么您可以计划让儿童独立使用该医疗器械的测试，避免家长参与任何任务，但这并不是说家长不能在场。事实上，应始终为家长提供在涉及儿童的测试期间在场的选项，以便儿童与陌生人一起工作时感到安全。但是，家长不应该干预任务，甚至不应该给予肯定或质疑的点头。因此，对预期独立使用医疗器械的儿童进行可用性测试的方式类似于对成人进行可用性测试。

大多数情况下，笔者在计划进行一项测试时，要求儿童和家长像在家一样自然地一起工作。也就是说，在与年龄较大的儿童一起工作时，只有当儿童因为困难而请求帮助时，笔者才会要求家长提供帮助。与年幼的儿童一起工作时，笔者让家长和儿童以他们认为合适的任何方式工作。笔者通过要求家长“以他们在家中可能的相同程度一起工作”来强化这种方法。

之前，笔者注意到，8~10 岁的儿童倾向于承担越来越多的照顾自己的责任。笔者将此发现部分归因于他们认知能力的提高，但也归因于他们阅读指令的能力（至少是不超过其阅读水平的部分）。当然，有些儿童比较早熟，导致他们更早地参与医疗保健（见图 8-3）。

图 8-3　实际使用场景中，家长帮助儿童使用带垫片的吸入器（左），男孩独立操作胰岛素泵（右）

确定家长参与分界点的一个好方法是进行引导测试，在此期间您要求儿童最初在没有家长参与的情况下执行任务。例如，您可以对 6 岁（启蒙阅读者）到 12 岁的儿童进行测试，并确定孩子们在任务上的进展情况。尽管如此，笔者的经验表明，目标范围可以缩小到 8~10 岁，而 9 岁通常是家长参与的分界点（见图 8-4）。这个分界点接近认知发展阶段的中期，称为具体运算阶段，在此阶段，孩子的推理能力大幅提高。

图 8-4　可用性测试过程中，一名 6 岁儿童在父亲的帮助下使用注射装置（左），一名 13 岁儿童阅读吸入器的使用说明，而他的母亲则静静地观察（右）

您可能会认为这种方法是“戏弄系统”，即确定可以和不能安全有效地使用给定医疗器械的儿童的年龄，并为不能安全有效地使用给定医疗器械的儿童提供家长协助。但是，只有当制造商表明该医疗器械旨在供特定年龄的儿童独立使用，但这些儿童在测试期间得到家长的帮助时，这种做法才是“戏弄系统”。

如果家长从看似有能力的儿童手中夺取了任务的控制权，笔者认为应当插一话：“在这项研究中，我们渴望观察儿童在他们有能力的情况下执行任务。因此，除非您认为必要，否则请避免提供帮助。”这并不总是足以阻止家长的控制欲或过度热情，但这可能是您能做的最好的事情。

有趣的是，笔者观察到 8 岁或 9 岁以上的儿童似乎非常擅长弄清楚如何操作相当复杂的医疗器械，如胰岛素泵，因为他们运用了他们发现如何使用其他数字设备和用户接口的经验，如智能手机或视频游戏。事实上，儿童有时比成人和老年人更容易使用新医疗器械。也就是说，有些儿童很容易在没有阅读说明的情况下冲动地操作医疗器械，因此他们可能会陷入那些如果他们进行一些阅读就可以避免的陷阱。因此，您经常会看到一个不太独立的儿童与他的家长一起高效地工作，他们的任务表现最好。

8.6　您如何进行涉及残障人士的可用性测试?

进行涉及残障人士的可用性测试通常只需要对您的正常测试方法进行很少的调整（如果有的话）。招募测试参与者可能是最大的挑战，需要额外的宣传活动。在极少数情况下，您可能需要潜在的测试参与者记录他们的障碍。此后，您只需要确保测试环境和项目是可访问的，预计测试会运行更长时间，并采取适当的安全预防措施，如为糖尿病患者提供适合食用的零食。

根据美国人口普查局 2010 年从收入和计划参与调查（SIPP）中收集的数据，5670 万（18.7%）美国人有一些残疾，3830 万（12.6%）美国人至少有一种严重残疾。调查中考虑的残疾（即损伤）包括影响一个人感知、移动、视觉、听觉及执行心理和认知过程的能力的残疾。无论严重程度如何，几乎 20% 的美国人至少有一种残疾。值得注意的是，调查数据仅代表居住在美国且未居住在机构或集体住宅中的平民。如果数据包括后一类人口部分（如居住在教养设施或疗养院的个人），则计算出的该国残疾总体患病率会更高。

在按年龄检查数据时，该机构估计：

1）21~64 岁的人中有 16.6% 至少有一种残疾。

2）21~64 岁的人中有 11.4% 患有严重残疾。

3）65 岁及以上的人中有 49.8% 至少有一种残疾。

4）65 岁及以上的人中有 36.6% 患有严重残疾。

这些鲜明的数据为在美国将残障人士纳入可用性测试参与者提供了令人信服的理由，美国的残疾率与其他国家相比相对较高。但是，无论您在哪个国家 / 地区进行可用性测试，都可以招募残障人士参加可用性测试。另请注意，非专业人士中残障人士的比例可能比有损伤的临床医生的比例更大。因此，在临床医生使用的医疗器械的可用性测试中包括有相关障碍的临床医生可能是最佳实践，但在家庭中使用的医疗器械测试中包括有障碍的非专业人士则更为重要（见图 8-5）。

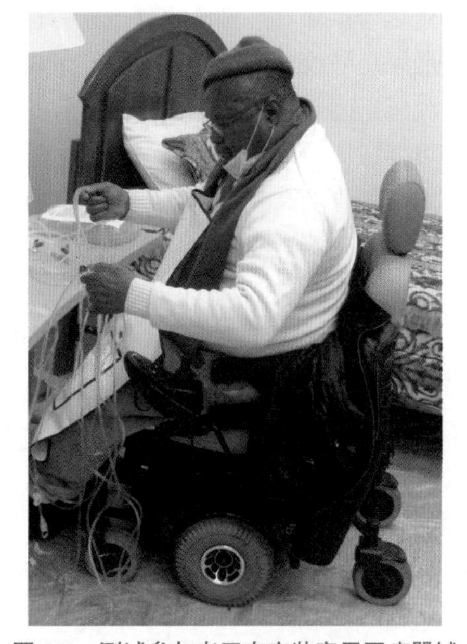

图 8-5　测试参与者正在安装家用医疗器械

以下是其他一些发人深省的统计数据：

1）全球约有 10% 的人口，即 6.5 亿人患有残疾。他们是世界上最大的少数群体。

2）世界卫生组织（WHO）表示，随着人口增长、医学进步和老龄化进程，这一数字正在增加。

3）在预期寿命超过 70 岁的国家，个人平均有大约 8 年（或 11.5%）的寿命是在残疾生活中度过的。

您可能会假设招募过程自然会产生包含一些残障人士的人口样本。从逻辑上讲，如果您从一个有 20% 有残疾的人群中招募 25 人，您可能会遇到 5 个有残疾的人。但是，您正在冒险，您的样本可能包括更多的残障人士，或者更有可能是很少或没有。此外，您不太可能招募到您希望在测试中考虑的特定残疾的人。

笔者更愿意招募有特定残疾的人，这样就可以肯定地看到给定的医疗器械在多大程度上适应了某些障碍。因此，笔者经常尝试招募有视力、听力和灵活性障碍的人参加可用性测试。根据人口普查数据建议的比例，您可能希望每招募 5 名测试参与者中就有 1 名残障人士。因此，您将在 12 名测试参与者的测试中包括 2~3 名残障人士，在 30 名测试参与者的测试中包括 6 名残障人士。但是，如果您能找到数据，笔者建议您尽可能匹配目标用户群体的残障率。

在进行可用性测试时，考虑所有相关的障碍是很重要的。因此，仅招募 2 名残障人士可能是不够的。如果您想评估具有 3 种特定残疾的不同个人对医疗器械的可用性，您显然需要招募至少 3 个人（也许 6 个人），这样您就不会仅根据一个人的表现进行过度概括。此外，还有许多类型的残疾，包括影响心理过程的残疾。视力、听力和灵巧性残疾的人仅占残障人士总数的一小部分。

根据医疗器械及使用场景，您可能希望招募具有以下残疾之一的测试参与者：

1）轻度视力丧失和不同程度的失明（潜在原因可能是黄斑变性、白内障、青光眼）。

2）听力低下和不同程度的耳聋（潜在原因可能是耳鸣、耳硬化症）。

3）运动障碍导致的灵活性受限（潜在原因可能是帕金森病、特发性震颤）；手和手指僵硬或疼痛（潜在原因可能是关节炎、掌腱膜挛缩）；或缺乏感觉（潜在原因可能是神经病变）。

4）短期记忆问题（潜在原因可能是阿尔茨海默病）。

5）注意力持续时间有限（潜在原因可能是注意缺陷多动障碍）。

这是否意味着您应该招募盲人参加内窥镜测试，要求他们通过在视频监视器上观察他们的进展来引导仪器通过模型结肠？笔者认为不是。您必须对医疗器械可以适应和不能适应的残疾做出正确判断，因此，何时适合招募残障人士参加可用性测试。笔者建议您的决策偏向于尽可能适应最广泛的用户群体。尽管如此，您也可以考虑医生可能不会为由于一种或多种缺陷而不太可能有效使用特定医疗器械的个人开具处方。

为了确定测试参与者是否有相关障碍，笔者在招募过程中经常会问这些问题：

1）您是否有任何无法通过眼镜或隐形眼镜完全矫正的视力限制？

2）您有听力障碍吗？如果是这样，您戴助听器吗？助听器是否能完全矫正您的听力，或者佩戴助听器后您的听力仍然受损？

3）您有任何灵活性限制吗？

4）您是否遇到任何认知困难？

5）您是否遇到任何阅读或学习困难？

6）您是否有任何其他限制影响您执行诸如驾驶汽车、使用电视遥控器或使用自动取款机等任务的能力？

如果您正在进行临床试验，您可能希望所有测试参与者都接受身体检查或心理评估，以正式评估和记录每个人的残疾程度（或无残疾程度）。但是，在招募可用性测试人员时，笔者认为简单地询问人们是否有某种残疾并描述其程度是适当和实用的。换句话说，残疾是“自我报告”而不是经过验证的。尽管如此，可用性测试管理员可以注意到特定参与者在与给定器械的交互中是否或多或少受到限制，并在分析和报告测试结果时考虑这一观察结果。如果您需要精确描述测试参与者的损伤，您可能不得不要求医生的记录或检查。在这种情况下，请务必按照 IRB 批准的方案开展工作，以确保人类受试者的保护并获得知情同意。

当需要对有残疾的测试参与者进行测试时，您可能需要在他往返测试设施的交通及参与测试方面提供特殊安排。每种情况都不同，笔者并不自诩为提供便利方面的专家。尽管如此，以下是笔者通过工作学到的一些经验教训：

1）残障人士可能非常独立，并准备在没有帮助的情况下往返测试设施。但是，其他人可能需要您做出特殊的交通安排。无论测试参与者的独立意识如何，尝试消除物理障碍以促进测试设施内的安全移动总是有意义的。

2）如果残障人士在其他人的帮助下正常工作（例如，帮助聋人交流的手语翻译，帮助坐轮椅的人执行日常任务的住家助手），该助理也应参加测试。

3）例如，某些残疾可能会导致测试参与者需要更长的时间来执行动手任务、回答问题及进出测试室。因此，预计涉及残障人士的测试可能需要更长的时间。

4）要求测试参与者携带他们在家中使用的辅助工具（如放大镜、屏幕阅读软件）。

5）酌情提供便利，如写下您通常会以口头方式提供的说明、用盲文提供书面说明、大声朗读说明、直接面对需要阅读嘴唇的听力受损的测试参与者，以及修改工作空间以容纳轮椅。

6）为可能比其他测试参与者更容易疲劳的残障人士提供更多的休息时间。

7）提供符合测试参与者推荐饮食习惯的茶点。例如，为糖尿病患者提供椒盐卷饼和胡萝卜等健康零食，以及水和无糖汽水等饮料。考虑在单独包装的容器中提供此类茶点，并标有特定份量的营养信息，这将帮助糖尿病患者计算补偿碳水化合物含量所需的胰岛素。

什么被认为是严重（即完全）与非严重（即部分）残疾?

美国人口普查局根据残障人士在残障情况下是否能够独立工作和进行日常活动来对残障的严重程度进行分类。如果一个人的感知、移动、视觉、听觉及执行心理和认知过程的能力受到阻碍，则认为他有残疾。如果一个人难以执行日常任务，例如在家中走动、洗澡、穿衣和吃饭，他也被认为是有残疾的。如果一个人在没有辅助设备或其他人帮助的情况下无法执行这些相同的日常任务，那么他的残疾就被视为严重残疾。

如果尽管您尽了最大努力，但仍无法找到足够的具有相关残疾的残障人士来满足相关的招募配额（如 15 名残障人士），该怎么办？除了让具有确切残疾的个人参与，另一种选择是招募具有类似残疾的个人。例如，可以招募因关节炎导致灵巧性受损的人来代表患有具有类似局限性的罕见疾病的人。除了让有实际残疾和障碍的人参与可用性测试，第三种选择是模拟这种障碍。模拟方法包括让测试参与者将他们的手臂放在吊带上（模拟有限的手臂运动），戴上厚棉手套（模拟指尖感觉减弱或麻木），并戴上失真眼镜（模拟视觉障碍）。笔者在 10.7 节中讨论模拟障碍的方法。

另一种选择是聘请可以模拟障碍的标准化患者（请参 10.3 节的相关内容）。如果您想采用这种方法，您可能应该与您将向其分享测试结果的监管机构说明。监管机构可能同意或不同意缺陷模拟是适当或必要的。例如，与其让患有罕见眼病的人参与测试，他们可能会建议让患有更常见、类似眼病的人参与测试，而不是让测试参与者戴上扭曲视力的眼镜。重要的是，您可能只想在形成性可用性测试期间模拟障碍，并指出该方法可能不足以代替让实际有障碍的个体参与总结性可用性测试。

8.7 您如何招募测试参与者？

招募测试参与者是一项重要且可能令人烦恼的活动。因此，可用性专家经常聘请招募专家来完成该任务。最大的挑战是如何找到符合招募标准的候选人，而这些标准可能非常详细。为您的测试参与者提供优厚的补偿可以使招募工作更加顺利，尽管一些测试参与者会因为有机会帮助提高特定医疗器械的安全性和可用性而受到更多激励。请确保在第一次测试之前就开始招募工作，并提防欺诈行为。

为可用性测试招募测试参与者是让人烦恼的事情。您知道您想在测试中招募什么样的人，您也知道肯定有数百人会愿意参与并乐于赚取补偿，但要建立联系并不是那么容易。因此，最不费力的招募方法是有组织和有耐心，分配足够的时间来完成任务，或者将任务外包给专门从事此类工作的个人和机构。

外包招募工作通常是一种昂贵但快捷的解决方案，可以让足够多的合格测试参与者完成可用性测试计划。招募人员通常要求按提供的测试参与者数量支付费用，这对制造商来说效果很好，因为定价方案将成本控制在设定的预算范围内。关键是与了解可用性测试及找到符合既定标准人员的重要性的招募人员合作。理想情况下，招募人员先前有过联系和安排测试参与者进行医疗器械可用性测试的经验。询问招募人员过去经历的详细概述，以确保他能够胜任这项任务。

在某些情况下，招募非专业人士可能不会提出严格招募标准，因此不需要具有专业经验的招募人员（如让患有哮喘的人参加计量吸入器的可用性测试）。然而，在其他情况下，招募标准可能更具限制性，例如，招募生长激素缺乏且需要自我注射药物的青少年或正在接受化疗的成年癌症患者。请参阅 8.10 节了解招募非专业人士的策略，包括需要有特定条件和/或医疗器械经验才有资格参与的个人。

尽管已经尽了最大的努力，但正如本章 8.8 节和 8.9 节中所讨论的那样，招募护士、医生和其他医疗保健专业人员可能会很棘手。

8.7.1 设置适当的补偿水平

成功的招募部分取决于选择适当（和有激励作用）的测试参与者补偿水平。以下是一些要考虑的事项：

1）您需要支付人们测试时间及往返测试场地的费用。因此，参加一个 2h 的测试可能需要半天（即 4h）。

2）测试参与者不一定将他们因参加测试而获得的报酬等同于赚取时薪。相反，他们通常期望更高的报酬，以打断他们的日常工作并分享他们的见解。因此，您可能需要为护士提供他们额外加班 4h 赚取报酬的 3~4 倍作为补偿。因此，如果一名护士每小时收入为 30 美元，而 4h 可赚取 120 美元，那么 360~480 美元的补偿可能适合 4h 的测试过程。

3）参与可用性测试需要付出机会成本。如果不是参加测试，这些测试参与者会在自己的工作中赚钱、照顾孩子或做家务，或者只是放松一下。事实上，许多医务人员会在休息日参加测试，出于实际原因（跑腿）和心理健康原因（从工作压力中解脱），他们认为这非常有价值。因此，补偿水平必须足够高，以超过空闲时间的感知价值。

4）在大多数情况下，更高的报酬会吸引潜在参与者的更多兴趣。例如，在护士休息室张贴为 2h 的测试提供 350 美元补偿的通知，就比提供 250 美元补偿的通知更能引起关注。然而，有些人（如心脏外科医生）如果感到过度劳累且报酬丰厚，他们可能对价格不敏感。因此，您可能需要提供出于尊重的“酬金”，并以其他方式吸引他们为改进他们将来可能使用的医疗器械做出贡献。

表 8-2 列出了笔者在美国进行 2h 可用性测试时使用的补偿范围。

表 8-2　美国 2h 可用性测试的补偿范围

测试参与者类型	补贴金额 / 美元（2015 年）
主治医师	400~500
住院医师	350~450
护士长 / 护士	250~350
治疗师 / 药剂师	250~350
非专业人士 / 患者	125~175

请记住，除了使测试值得测试参与者花时间，一定程度的补偿可能会减少您招募所需的时间。因此，将补偿水平降至最低是不经济的；除非您有固定的劳动力成本，而且招募人员又有相当充裕的时间（后者不太可能），否则您最终只会花更多的时间进行招募。

8.7.2　确保合适的典型人群

要招募合适的典型人群，您可能需要控制以下部分或全部变量。

对于所有测试参与者：①性别；②年龄；③教育程度；④职业 / 工作经验；⑤正常操作计算机；⑥残疾（视力、听力、触觉、协调能力等）。

对于患者：①敏锐度（即患者病情的严重程度）；②当前的治疗类型（无、口服药物、注射）。

对于 HCP：①机构类型（私立、公立、培训）；②护理环境类型（医院、诊所、医生办公室、现场等）；③护理单元；④位置（城市、郊区、农村）；⑤特殊培训（重症监护、高级生命支持）；⑥操作特定医疗器械的经验；⑦临床经验年数；⑧每天、每周或每月的相关病例数量；⑨工作量。

8.7.3　让活动听起来很有价值

正如所建议的那样，一些人可能会被激励参与可用性测试，因为测试提供了一个为新医疗器械的设计做出贡献的机会，甚至可能有一天他们会使用该医疗器械。对这些人来说，参加测试就像是一种社区服务或专业服务。这让他们感到自己很重要，并满足了他们“回馈”的愿望。

笔者是这样为这些人提供参与可用性测试的机会的：

通过参与测试，您将提供反馈并可能帮助改进正在开发的医疗器械。我们将直接向制造商报告您对医疗器械的印象和设计建议。这些信息将帮助制造商生产出非常适合像您这样的人的需求和偏好的医疗器械。您的意见将有助于实现用户友好型设计的愿景。

8.7.4 避免欺诈

令人惊讶的是，笔者曾不止一次地在可用性测试过程中发现欺诈行为。有一次，笔者不得不解雇一位自称是经验丰富的透析护士的女性。还有一次，笔者不得不解雇一个冒充紧急医疗救护技术员的人。实际上，这位测试参与者突然站起来并跑出了房间，因为他意识到自己无法回答有关使用呼吸器的基本问题。令人沮丧的是，有人会为了赚钱而不择手段。在艰难地吸取教训之后，笔者现在要求潜在的测试参与者回答更细微的问题，以展示他对特定医疗器械或医疗状况的知识或经验。在不冒犯个人或贬低职业的情况下，笔者可能会问透析护士以下问题：

1）您目前持有哪些证书？

2）您提供哪些类型的血液透析？

3）您如何决定是进行连续性静脉 - 静脉血液滤过（CVVH）还是连续性静脉 - 静脉血液透析（CVVHD）？

4）过去 5 年您使用过哪些血液透析机？

有时，笔者甚至要求临床医生在参加测试时携带他们的执业执照，或者在招募时通过传真或通过电子邮件发送证书来证明。在招募非专业人士（如患者）时，笔者尽量避免提出简单地要求回答是 / 否的问题。例如，笔者不问“您有糖尿病吗？”，而是问“您有以下任何疾病吗？”，并列出各种病症（如哮喘、癌症、多发性硬化症、糖尿病、牛皮癣、类风湿性关节炎）。通过使用这种多项选择的形式，您可以避免暗示研究的重点（如糖尿病）。

尽管在可用性测试期间可能很难从视觉上确认某人是否真的患有糖尿病，但如果该人没有相关知识或经验，很快就会变得很明显。例如，弄虚作假的测试参与者可能会错误地将0.3mg/mL 作为目标（相对于低血糖）血糖水平报告，或者表示他只在晚上佩戴胰岛素泵（这种医疗器械通常是连续佩戴的）。

维护测试参与者数据库

笔者建议维护测试参与者数据库，可能使用 Microsoft Excel 或更复杂的数据库程序。记录测试参与者的姓名、联系信息及任何收集的背景信息（如年龄、医疗条件、视觉 / 听觉 / 灵巧性障碍、教育水平、职业）。记录个人参与的测试，这样您就不会无意中招募他对同一医疗器械或类似医疗器械进行后续研究。

如果您有时间在给定测试后不久输入测试参与者数据，请在背景信息中补充有关个人参与和反馈的注释（如“非常擅长自言自语”“提出了很好的设计建议”）。除了列出实际的测试参与者，还要跟踪有兴趣参与但不符合特定招募标准（或无法在规定时间内参加测试）的个人，以及您不想包括在未来研究中的个人（即欺诈和不适当或粗鲁的测试参与者）。

 8.8　您如何招募医生？

许多医生有效地将自己与那些需要占用他们一点时间的销售代表隔离开。因此，尝试联系医生参与可用性测试可能会是令人沮丧的事情。办公室管理员是一个有效的陪衬。这就是为什么个人推荐（也许来自医生的一位令人尊敬的同事）如此有帮助。一旦您联系到医生，最好激发他对新技术的好奇心，而不是想赚点额外收入。

为可用性测试招募医生是一项艰巨的任务，主要问题是工作是否有时间。医生的日程安排通常很紧密，只留下一小段时间让他们参与可用性测试。这就是为什么您可能希望将可用性测试带给医生，而不是让他们来找您。如果您需要他们来找您，您可能需要安排晚上的测试时间。

即使与医生联系以邀请他们参与也可能具有挑战性。当您打电话给他们时，您通常会接到他们的接听服务或办公室管理员的电话。接听服务将尽职尽责地记录您来电的目的，有时（但并非总是）会传递您的信息并提示回电。与办公室管理员打交道是另一回事。通常，您会发现自己与一个将自己视为热心守门人的人打交道，保护他的上司免受骚扰性请求的打扰。通常情况下，办公室管理员会将您视为试图推销给他们不想购买的东西的人。办公室管理员接到了很多来自营销代表的电话。因此，您必须准备好快速而有说服力地解释您的通话目的。

以下是一些招募技巧：

1）进行初步研究以确定可能使用您正在测试的医疗器械的医生。

2）采用网络方法联系合适的医生。如果您能诚实地说："汤普森医生建议与您联系；他认为您会对这个研究机会产生浓厚的兴趣。"

3）通过预先强调您不是在销售产品来通过行政关卡。声明您只联系该地区的"精选"医生来评估正在开发的医疗器械，并且您确定这位医生会渴望参与。即使您没有机会直接与医生交谈，获取他的电子邮件地址或给他留一个语音邮件也是朝着正确方向迈出的一步。

4）计划将您的联系信息留给管理员，并准备好一份总结研究机会的正式邀请，通过传真或电子邮件发送给医生。

5）为医生提供评估新医疗器械的机会，并为其最终的安全性和可用性做出贡献，从而激发医生的求知欲。

6）询问医生是否可以推荐可能有兴趣参加可用性测试的同事。

7）联系资深医师，虽然他们可能会或可能不会参与可用性测试，但可以鼓励有兴趣参与的下级同事参与。事实上，资深医师似乎特别渴望建议他们的下级同事参加可用性测试，也许是因为他们认为这项活动具有教育意义。

8）联系在社区医院工作的医生，他们可能不像在城市和教学医院的同事那样收到参与研究的邀请。

9）使用"酬金"一词，而不是"激励"或"补贴"。虽然实习生和住院医师可能有动力赚取一些额外的现金，但更成熟的医生通常不会。正如 8.7.1 节所讨论的，他们通常更看重空闲时间而不是额外的现金，因此您必须吸引他们的求知欲，让他们渴望为医疗器械的安全性和可用性做出贡献。

10）安排一些晚上的测试，以方便可能有兴趣但无法在周一至周五的上午 8∶00 至下午 6∶00 参与的医生积极参加。

8.9 您如何招募护士?

护士通常非常渴望参与可用性测试。他们重视帮助影响新医疗器械的设计及赚取额外收入的机会。从医院招募护士时，一定要通过适当的渠道，如护理主任或科室主管。您也可以从中介机构雇用临时护士。尽量尝试在测试前几周联系护士，因为他们知道自己在什么班次工作，但还没有把空闲时间安排到其他活动上。

与医生和其他医疗专业人员相比，护士通常对参加可用性测试的邀请非常敏感。也许是他们渴望帮助设计出他们有朝一日可能会使用的医疗器械，这源于对填充他们工作环境的那些并不好用的医疗器械感到沮丧。也可能是他们的工作时间表（如每周三班，每班 12 小时）使他们在正常工作周内有大量时间参加测试。或者，护士的中等收入水平使赚取额外收入的机会很有吸引力。

以下是一些招募技巧：

1）从医院招募护士时，首先联系护士主管，以获得从其机构招募护士的许可。准备好向该机构的护理主任请求许可，并通过电子邮件或传真发送正式邀请。询问护理主任是否可以在下一次员工会议上宣布研究机会，并在护士休息室的公告板张贴相关信息，强调护士将代表他们自己，而不是他们的雇主。

2）如果您想在医疗保健机构进行可用性测试，请询问您的联系人是否应当补偿护士的时间或向护士基金或同等受益人捐款。确认护士长将就研究小组的来访通知必要的部门。

3）如果您难以从医院招募护士，请考虑联系临时护理机构。此类机构通常可以以等于或低于您计划为测试参与者提供激励的固定费率提供至少 4h 的护士。

4）通过强调测试参与者的设计输入将有助于确保正在开发的医疗器械的安全性和可用性，使参与测试听起来有意义。

5）承认护士有时需要改变他们的工作时间表，并且他们可以在必要时重新安排或取消他们的预约，但希望不是在最后一刻。

6）如果可能，在当地护理协会和协会的网站上发布招募公告。

7）即使护士不符合招募标准，也要询问他是否会在未来出现其他可用性测试机会时欢迎来电。

8）要求护士推荐可能也有兴趣参加测试的同事。但是，请确保您的样本不会变得过于单一。让太多具有相同背景经验或来自同一医院的护士参与测试，可能会使测试结果产生偏差。

9）如果您需要在轮班期间联系护士，请避免在轮班时打电话，因为他们会特别忙于记录他们的工作并更新他们的替代人员信息。

10）出于保密和人类受试者保护的原因，请勿提及参与可用性测试的其他护士，除非这些人明确允许这样做。

8.10　您如何招募非专业人士?

非专业人士（即非 HCP 的个人）可能是最容易招募和最难招募的测试参与者。与专家相比，容易源于他们人数众多。在招募他们时，困难可能源于没有特定的起点。在线广告在一定程度上简化了招募非专业人士的过程，但增加了招募“专业测试参与者”和欺诈的风险。在寻找可能使用特定医疗器械和 / 或患有特定病症的患者时，如果您能获得临床医生的支持（如让他们在其场地的等候区发布公告），将会有所帮助。

从理论上讲，与 HCP 相比，非专业人士应该是最容易招募的医疗器械用户，因为他们的人数更多。但是，可能很难找到具有特定特征的非专业人士。您知道在哪里可以找到医生和护士；他们在医院工作，他们的名字列在电话簿和工作人员名册上。相比之下，非专业医疗器械用户随处可见，但又无处可寻，尤其是当您需要找到具有特定病症并满足许多其他条件的人参与时。

例如，考虑如何寻找符合以下条件的人：

1）18~45 岁的女性，过去曾使用过口服避孕药，但在过去 3 年内没有使用过。

2）最近开始依赖胰岛素并正在积极考虑从每日多次注射转为使用胰岛素泵的Ⅱ型糖尿病患者。

3）即将患终末期肾病并很快需要开始血液透析治疗的老年人（≥ 65 岁），即终末期肾病的老年人。

4）未遵守规定的自我保健方案的患哮喘病的青少年。

5）在家照顾认知障碍成人（例如父母）的成人。

6）通过脊髓刺激控制慢性背痛并有使用手持控制器改变刺激强度和位置的经验的成人。

7）患有囊性纤维化并使用雾化器自行用药的青少年（12~21 岁）。

8）因疾病或近期外科手术而导致口腔摄入量受限的儿童，在家中使用肠内营养输注泵的成人。

找到这些人需要很大的创造力，即使他们的数量可能有很多。以下是一些招募技巧：

1）联系医生办公室并描述您寻求的人的类型。询问办公室是否愿意告知合适的候选人有关的有偿研究机会或在候诊室公告板上张贴传单。不要要求医生或其工作人员提供候选人的联系信息，因为这将违反健康保险流通与责任法案（HIPAA）关于保护患者身份的规定。

2）在相关广告网站或自媒体网站上发布研究公告，后者对青少年和年轻人特别有效。请务必向受访者提出一些探究性问题，以确保个人是合适的（即具有适当的背景）而不是欺诈（即假装具有适当背景以快速赚钱的人)。为了提高您招募的人不是欺诈者的可能性，请要求他们携带一些状况证明（如要求患有糖尿病的人携带他们的血糖仪或胰岛素小瓶)。

3）在为您寻求招募的人员提供服务的网站上发布研究公告。

4）联系与您感兴趣的病症相关的支持小组，并要求他们分发信函或电子邮件，宣布研究机会。例如，如果您正在寻找患有囊性纤维化的人，请联系囊性纤维化基金会（https://www.cff.org）或囊性纤维化研究所（https://www.cfri.org）；如果您正在寻找需要静脉注射或管饲的人，请联系 Oley 基金会（https://www.oley.org）。

5）在治疗诊所张贴公告。

以下是一些招募代表普通大众的人员的技巧：

1）在 Craigslist 等广告网站的电子公告板上发布研究公告，并采取预防措施。

2）在图书馆、公共汽车站、咖啡馆、杂货店等公共场所发布公告。

3）给参与过其他产品可用性测试的人员打电话。

4）请您的朋友和家人推荐某人参加这项研究，但不要招募您的家人和朋友。至少保留一定程度的距离以避免使可用性测试产生偏见或造成测试有偏见的假象。

5）联系临时职业介绍所，看看他们是否可以短期分配人选。

根据您研究的性质，您可能需要 IRB 在开始招募之前审查和批准您的招募材料（如在线公告、传单、筛选器）（请参阅 7.3 节的相关内容)。

排除“专业测试参与者”

一些非专业人士喜欢参加可用性测试，或者至少喜欢通过这项活动赚钱。因此，一些非专业人士千方百计地参与测试，这就缓慢但肯定地改变了测试管理员和测试参与者之间的动态关系，降低了研究质量。当然，这些人在技术上可能有资格参与，因为他们具有感兴趣的病症并满足其他人口统计标准（如年龄、教育水平)。然而，“专业测试参与者”并非因为他们自己的过错为测试过程带来了不同的视角，他们通常比典型的“新鲜”测试参与者更有能力探索陌生医疗器械的用户接口。例如，这可能会导致关于医疗器械直观性的错误结论。此外，测试参与者也有可能会说一些尴尬的话，如“就在上周，我对 ABC 公司的医疗器械说了同样的话”，这指的是他们参与了由不同组织管理的测试。这个问题的一个解决方案是礼貌地排除在过去 6 个月内参加过任何可用性测试的候选人。在招募电话或公告中提前说明此排除标准，以免候选人觉得自己根本不符合条件而被拒绝。

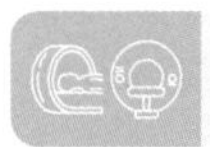

8.11 如何防止缺席？

您应该预料到一些预定的可用性测试参与者在最后一刻取消参加测试，或者更糟糕的是，他们不会出现在预定的测试中（没有给您任何解释)。虽然您应该安排额外的测试参与者作为备用计划，但您也可以通过提高潜在测试参与者对研究的兴趣、提供丰厚的补偿或简单地在测试前一两天内提醒他们有关研究的事情来最大限度地降低取消或缺席的可能性。

笔者的经验法则是，在您招募来参加可用性测试的人中有 10% 不会出现。人们由于天气、疾病、交通、所谓的糟糕驾驶路线、不断变化的工作任务、参加测试的焦虑、家庭紧急情况及许多其他原因而失约。有趣的是，不同国家 / 地区的缺席率似乎有所不同（笔者发现德国和日本的缺席率要低得多），但 10% 是一个很好的安全估计。

因此，如果您想进行 10 次或 30 次测试，您应该分别招募 1 名和 3 名额外的测试参与者。如果每个人都出现，您可以选择进行额外的测试或取消额外的测试，但仍需要补偿备用测试参与者。或者，如果该研究已全部招募完毕，则可以将额外的候选人添加到“备用列表”中，并在取消或缺席情况发生时与他们联系。但是，这种方法可能会扩大测试工作量以消耗额外的一天时间，因为备用测试参与者可能无法在短时间内或在突然开放的时间段内加入测试。

缺席对测试是有相当破坏性的。您只能争先恐后地用备用测试参与者（如果有的话）填补空缺，以完成所需数量的测试。例如，如果没有其他原因，您宁愿运行 20 次而不是 19 次测试，只是因为 20 次可以带来的额外的表面效度。缺席情况会让观察者（可能是高级管理人员）失望，因为他们可能长途跋涉只为观察几组测试。如果您仔细招募了具有不同临床经验水平的测试参与者或仔细平衡了设计刺激的呈现顺序（如多个设计概念草图），那么缺席会导致不平衡。此外，缺席情况的发生可能需要您延长在偏远城市的逗留时间以进行额外一天的测试，这可能需要再租一天测试设施，在酒店多住一晚，并支付重新预订的差旅费用。

所以，您能做的最好的事情就是尽量降低缺席的可能性。以下是一些好的策略：

1）在招募测试参与者后立即通过电子邮件向他们发送预定的时间和前往测试设施的路线。当您打电话招募他们参加时，一些测试参与者可能会将他们记录测试详细信息的纸片放错位置。请测试参与者确认他们收到了您的电子邮件并将参加。

2）确保测试参与者知道他们正在参加一个单人的可用性测试（有时称为深度访谈或营销术语中的 IDI），而不是一次涉及许多测试参与者的焦点小组。如果测试参与者了解研究团队只花时间与自己会面，他们可能更愿意参加，或者当他们不能参加时，至少会通知您。

3）告诉潜在的测试参与者，参加预定的测试很重要，您将时间安排给了他并拒绝了其他感兴趣的人。

4）说明研究非常重要，他的意见将非常有助于实现产品开发目标，如提高安全性、有效性、可用性和吸引力。

5）如果测试参与者需要取消或重新安排，请尽可能提前通知。如果有人打电话取消，请他推荐某人替补（如推荐一位资历相当的同事）。

6）选择能够激励测试参与者出现的补偿水平，否则他们会认为是放弃一笔意外之财。如果研究需要多次进行（例如，一个用于培训，一个用于测试），则在第二次培训结束之前扣留补偿。

7）在预定时间的前 2 天致电测试参与者，提醒他们预约时间，并确保他们收到前往测试设施的指示（通常通过电子邮件提供）。提前 1 天提醒测试参与者可能是有利的，因为它更接近预约时间，但不利的是，如果测试参与者取消预约，它会留给测试团队更少的时间来联系和安排备用测试参与者。

8）从招募数据库中删除过去的缺席者。笔者认为，未能参加测试的人很可能会重蹈覆辙。

迟到的测试参与者几乎和没有出现一样具有破坏性。如果测试参加者在 1h 的测试环节中迟到 20min，您必须通过跳过一些计划的活动来降低测试环节的质量和彻底性，或者延时 20min 并延迟稍后的测试参与者。为了增加您准时开始（和结束）测试的可能性，请让测试参与者提前 10~15min 到达，同时考虑到潜在的交通或天气延误。

参考文献

1. Virzi，R.A. 1992. Refining the test phase of usability evaluation：How many subjects is enough? *Human Factors* 34（4）：457-471.

2. Association for Advancement of Medical Instrumentation（AAMI）. 2009. *ANSI/AAMI HE75：2009：Human Factors Engineering—Design of Medical Devices.* Arlington，VA：Association for Advancement of Medical Instrumentation，Annex A.

3. Food and Drug Administration（FDA）/Center for Devices and Radiological Health（CDRH）. 2011. *Draft Guidance for Industry and Food and Drug Administration Staff—Applying Human Factors and Usability Engineering to Optimize Medical Device Design.* Retrieved from http：//www.fda.gov/downloads/MedicalDevices/DeviceRegulationandGuidance/GuidanceDocuments/UCM259760.pdf.，p.25.

4. Food and Drug Administration（FDA）. 2004. *Premarket Assessment of Pediatric Medical Devices.* Retrieved from http：//www.fda.gov/MedicalDevices/DeviceRegulationandGuidance/GuidanceDocuments/ucm089740.htm.

5. Requirements for permission by parents or guardians and for assent by children. *Code of Federal Regulations*，Title 21，Pt.50.55，2013 ed.

6. McShane，J.1991. *Cognitive Development：An Information Processing Approach.* Cambridge，MA：Blackwell，pp.22-24，140，141，156，157.

7. Brault，M.W. 2012. *Americans with Disabilities：2010（P70-131）*.U.S. Census Bureau. Retrieved from http：//www.census.gov/prod/2012pubs/p70-131.pdf.

8. United Nations（UN）. 2006. Some facts about persons with disabilities. Prepared for the Convention on the Rights of Persons with Disabilities. Retrieved from http：//www.un.org/disabilities/convention/facts.shtml.

9. American Optometric Association. *Low Vision.* Retrieved from http：//www.aoa.org/low-vision.xml.

10. PayScale.2014. *Registered Nurse（RN）Hourly R.* Retrieved from http：//www.payscale.com/research/US/Job=Registered_Nurse_（RN）/Hourly_Rate.

11. See http：//www.hhs.gov/ocr/privacy/hipaa/understanding/index.html for an explanation of HIPAA regulations.

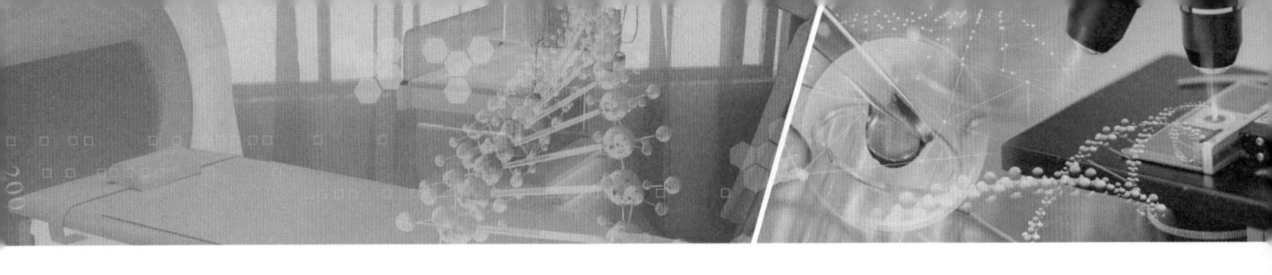

第9章 测试环境

9.1 建立可用性测试实验室需要什么？

可用性测试实验室就像雪花一样，没有两个是完全一样的。这是因为实验室经常由办公室、会议室或杂物间改造而成，但它们也可能是从零开始建造的，以满足组织的特定需求。通常，由单向镜隔开的两个房间将可用性测试实验室与通用测试室区分开。先进的实验室通常配备高端视听设备，并在相邻房间内设有内置柜台，让观察者感到舒适和方便。一个能够支持高保真医学模拟的实验室可能配备了精良的医疗器械和房间装修，以至于很难与实际的医疗设施区分开。

可用性测试实验室的形式和大小有多种。不过，典型的实验室由两个房间组成：一个测试室和一个由单向镜隔开的观察室。这样的两室实验室为研究活动提供了一个专门的空间，也为利益相关者提供了一个方便的空间，让他们可以不引人注意地观察测试参与者与被测试产品的交互。

测试参与者占用测试室。测试管理员和数据收集者（即数据分析师）也可能在测试室，这取决于测试的性质和测试团队的专业偏好。另外，测试人员可能与其他利益相关者一起在观察室，让测试参与者独自留在测试室。

如果您从已完工的空间开始，而不是未完工的空间开始，那么建造最简约、最便宜的实验室可能要花 10000~ 25000 美元。先进实验室的建造和配备成本可能会攀升至 100000 美元以上。最终成本在很大程度上取决于所追求的豪华程度和视听设备的先进程度。一个普通的实验室可能需要大约 70000 美元。

请记住，通用会议室可以在紧要关头作为可用性测试场地，特别是如果不需要通过单向镜从相邻房间进行不显眼的观察时。测试人员可以通过流式传输实时视听信息代替单向镜，以通过互联网进行远程观察。

接下来，笔者提供了一份高质量可用性测试实验室的一般规范清单。

9.1.1 测试室

1）实际最小房间尺寸（长 × 宽）=15ft×15ft；推荐尺寸（长 × 宽）= 20ft×20ft（注：1ft=0.3048m）。

2）房间设有遮光帘（如果有窗户），以便在低光照条件下进行可用性测试。

3）可调光灯以模拟选定的照明水平。

4）带音量控制的对讲机扬声器。

5）用于显示视觉刺激的公告板，如教学海报（可选）。

6）用于显示视觉刺激的壁挂式托盘壁架，如安装在木板上的设计效果图（可选）。

7）浅色的墙壁和地毯营造出欢快而专业的环境。

8）中等大小的桌子（可能是3~4张），配备锁定脚轮，使测试人员能够轻松移动和重新配置桌子。

9）供测试管理员、数据分析师和测试参与者使用的旋转桌椅。可能需要一两把额外的椅子来容纳测试参与者的监护人、伴侣、兄弟姐妹或朋友。

10）超宽入口通道，可容纳超大医疗器械，如医院病床（可选）。

11）整个房间有多个电源插座为医疗器械和测试人员的计算机供电。

9.1.2 观察室

1）实际最小房间尺寸（长 × 宽）=15ft×10ft；推荐尺寸（长 × 宽）= 20ft×20ft。

2）深色墙壁和地毯，以防止测试室中的人员通过单向镜看到浅色物体。

3）为控制测试室视听设备的工作人员配备的工作站（可选）。

4）大型壁挂式监视器（最好是在旋转臂上），显示来自测试室摄像机的实时画面（通常是测试参与者与医疗器械交互的特写画面）。

5）沿着单向镜（与可旋转的桌椅匹配）的书桌高度柜台作为第一排座位。

6）吧台高度的柜台（与可旋转的酒吧椅相匹配）作为第二排座位。（注意：将普通的桌椅放在升高的平台上，而不是将酒吧椅放在普通的地板上，这是不太可取的，因为升高平台会产生绊倒的危险。）

7）使用调光器开关的顶灯可以使房间尽可能地被照亮，而不会干扰单向镜阻挡观察室视线的能力。

8）指向每个柜台（即工作台面）且从测试室通过单向镜不可见的任务照明。

9）房间设有遮光帘（如果有窗户），确保观察室足够暗，单向镜可以有效发挥作用。

10）作为茶点中心的小柜台和橱柜。这种配置通常配备有咖啡机和迷你冰箱。带有长柜台的较大型设备提供了供应小吃和便餐的地方。

11）整个房间设置多个电源插座，特别是在柜台旁边或下面，为观察员的计算机供电。

9.1.3 单向镜

1）实际最小高度 = 4ft；推荐高度 = 5ft。

2）如果需要一览无余或观察者会坐在沙发上等情况，则可以采用从地板到顶棚的高度。

3）两层玻璃：①单向镜和透明窗格形成一个夹层，气隙可能为0.5~1.0in，单向镜面向测试室（注：1in=2.54cm）；②透明玻璃窗格面向观察室，以减少声音传播。

4）如果玻璃板起雾或受到其他污染，玻璃板的安装方式应支持将其取下并清洁。

5）测试室单向镜上设置卷帘或垂直百叶窗，以便进行更多私人测试。

注意：单向镜只有在测试室光线明亮而观察室昏暗时才能正常工作。当镜面墙由两个相邻的玻璃窗格（而不是单个全宽窗格）形成时，应使用透明填缝剂将窗格连接起来，以最大限度地减少视觉障碍，而不是使用结构件（如木框架或金属螺柱）。

9.1.4 隔音

1）单向镜可以由第二层玻璃支撑，以减少噪声传播。

2）绝缘材料和/或附着在墙壁上的固体隔音材料（如覆盖一层额外的石膏板或隔音板的石膏板）。

3）隔热层一直延伸到顶棚结构，而不仅仅是吊顶。

4）硬质顶棚表面添加吸音材料，或悬挂隔音板以减少声音混响。

9.1.5 视频

1）以高清（HD）格式录制并捕获重要测试细节的数字视频系统，如被评估医疗器械的显示内容。

2）一台安装在三脚架上的摄像机，可记录到内部硬盘上，并可能将信号发送到视频混合器以进行集中记录。

3）多个远程控制的摄像机，将信号发送到视频混合器进行集中录制。摄像机应安装在墙壁上或顶棚上的高处，以捕捉所需的视图，而不会被房间内走动的人挡住（对于低端实验室来说，这是一种更先进的选择）。

4）可以安装到某些医疗器械（如智能手机或其他手持医疗器械）上的“口红”摄像机，以提供医疗器械屏幕的稳定视图（可选）。

5）安装在观察室中心顶棚上的摄像机，用于在需要特别广角视图时对着测试室捕捉动作（可选）。

6）一种电缆和/或面板，使测试人员能够将视频信号直接从录像设备传输到视频混合器以进行集中录制。

注意：遥控摄像机应具有平移、倾斜和缩放功能，最好具有自动光圈功能，从而根据不断变化的光线条件进行调整以保持良好的画面效果，在录制某些自动光圈可能产生曝光过度或曝光不足的场景时，允许手动控制的摄像机也可能很有用。

9.1.6 音频

1）能够捕捉和记录测试室中轻柔和响亮的对话，以及对讲通信的音响系统。理想情况下，音响系统应该对白噪声不太敏感，如通风系统产生的轻柔嘶嘶声和由机电设备产生的嗡嗡声。

2）观察室中安装高品质扬声器，优化再现声音（即出色的中音）。配置四个间隔适中的扬声器和壁挂式音量控制器，确保所有观察者都能听到良好的声音。

3）不易受反馈影响的对讲系统；最好使用噪声门，即一种在检测到反馈时使扬声器自动静音的电子装置。

4）全向传声器，可以安装在测试室的顶棚上，使测试人员不必佩戴领夹式传声器或耳机，或对着桌面传声器讲话。

5）每个房间都设有电话机，可用于模拟或实际拨出电话（如拨打制造商的医疗器械支持热线）或可用于人类受试者保护目的（如测试参与者哮喘发作，测试人员需要拨打急救电话）。

9.1.7 通风系统

充足的供暖、空调和气流可确保测试室和观察室都舒适。理想情况下，这些由每个房间的独立空调控制，注意每个房间的医疗器械和人数可能会产生不同的供暖或制冷需求。

9.1.8 用于临床环境模拟的设备（样本）

1）模拟特定临床环境通用的医疗器械（如患者监护仪、输液泵、麻醉工作站、药物分配机）。这些器械可以是工作模型，或者如果仅用于增加环境的视觉保真度，它们也可以是非功能原型。

2）检查台和/或病床。

3）顶灯和/或移动检查灯。

4）壁挂式防护手套分配器、锐器容器、消毒乳液分配器和纸巾分配器。

5）用于洗手和清洗医疗器械的水槽。

6）用于访问患者信息，并与电子病历和其他类型的临床软件应用程序交互的计算机工作站。

7）为各种医疗器械（如患者监护仪、血压计、耳镜、吸罐、护士呼叫通信面板）、医疗气体连接功能（如医用空气、氧气、笑气和真空）和电源提供安装表面的端墙系统网点。一些端墙还为存放一次性医疗用品提供了空间。

8）易于清洁和使医疗器械易于滚动的薄板地板。

9）顶棚轨道上的窗帘，使测试人员和/或测试参与者能够隔离测试室的各个部分。

10）供临床医生使用的转凳。

11）医用推车。

12）患者床上桌。

13）患者床头柜。

9.1.9 客户休息室（可选）

除了测试室和观察室，一些场地还拥有三间实验室，其中包括客户休息室或分组讨论室。客户休息室与观察室相连，为观察者提供了一个单独的空间，观察者可以在这里打电话、谈论与正在进行的测试无关的工作、讨论正在进行的测试活动和享用美食。这些客户休息室通常包括以下物品和家具：

1）中等大小的壁挂式监视器，可接收来自测试室的音频和视频信号，并带有遥控器，可以调节音量。

2）带有台式计算机和打印机的工作站。

3）供客户拨打电话的电话机。

4）各种办公用品，包括钢笔和铅笔、回形针、订书机、胶带和记事本。

5）茶点中心，包括迷你冰箱和一篮各式小吃，以及微波炉、烤面包机和/或饮水机。

6）舒适的沙发和/或扶手椅。

7）咖啡和/或边桌。

8）衣帽架。

9.1.10 其他

1）测试室和观察室之间的导管（可能是2~3条），用于容纳电缆和管路的通道。导管的直径可能只有几英寸，并且在不使用时应该可以关闭以隔绝声音。当它们在使用时，导管内可以填充消音材料以阻挡声音。

2）急救箱。

3）测试室外的等候区，测试参与者可以在此等待他们的测试项目开始和/或在特定任务和练习之前或之间离开测试室。

除了最简单的可用性测试实验室，所有实验室都需要承包商和视听设备专家的参与。最好的选择是寻找具有建造和装修市场研究和广告机构使用的消费品研究设施相关经验的承包商和供应商。此外，可能还需要聘请建筑师来设计实验室，并制作必要图样以获得建筑许可和满足业主的要求。

实验室建设和装修过程预计消耗1~3个月的时间。当然，如果公司非常着急，可以在几周内让一个实验室投入运营。目前尚不清楚是重新利用已完成的空间更快，还是像租赁正在建设的建筑物或完全翻新的空间那样从头开始更快。后者省去了必须进行任何拆除的麻烦，但可能会受整体建设速度的拖累。

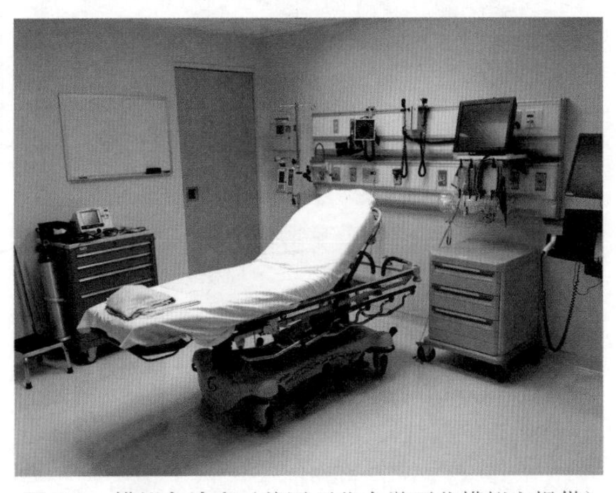

图9-1　模拟急诊室（美国西北大学西北模拟室提供）

9.1.11 实验室和医疗器械照片

图9-1~图9-4所示会让您更好地了解可用性测试实验室的布局和装修。

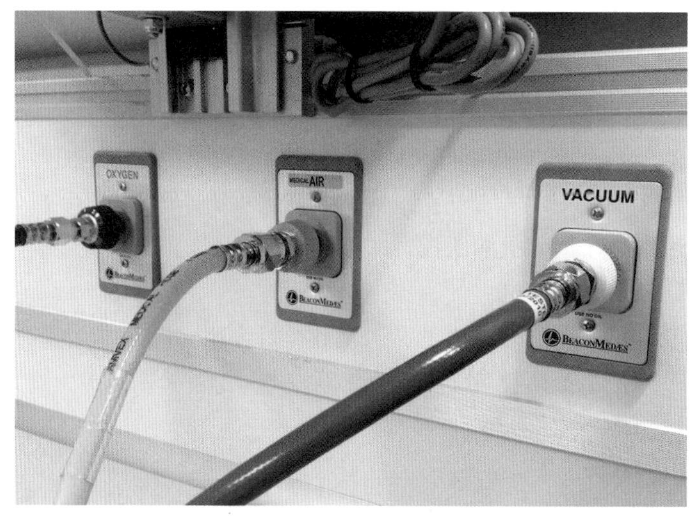

图 9-2　通过内置于墙壁的连接口供应医用气体（由美国西北大学提供）

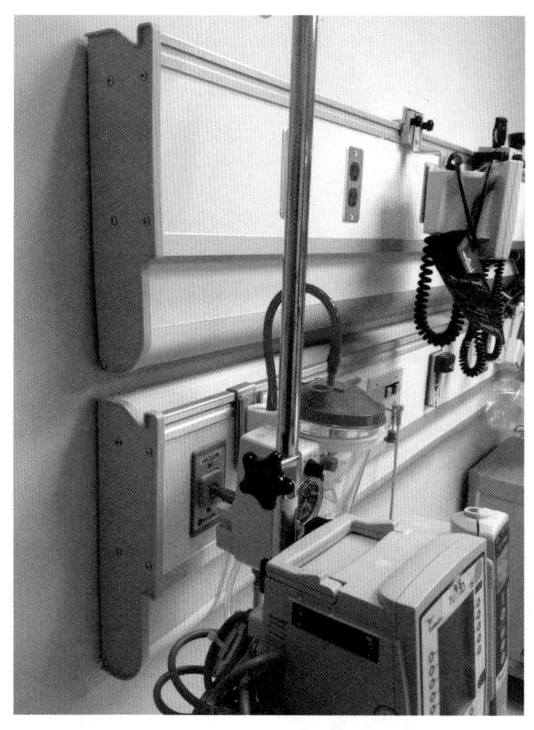

图 9-3　安装在端墙上的医疗器械
（由美国西北大学提供）

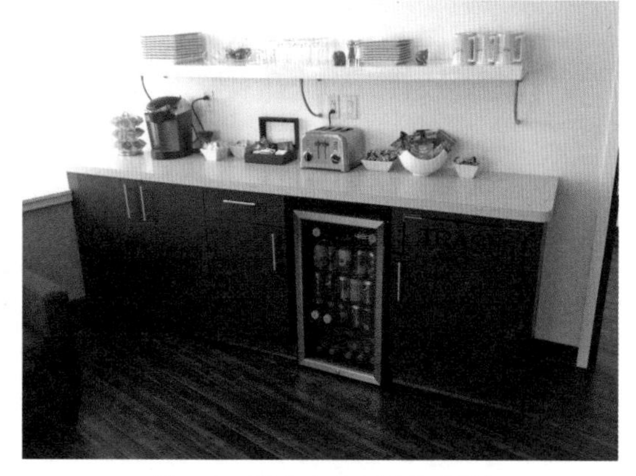

图 9-4　茶点中心柜台和橱柜
（照片由波士顿 Fieldwork 组织提供）

9.1.12　实验室平面图

图 9-5 所示为笔者所在公司的两个可用性实验室的平面图。上半部分描绘了先进的医学模拟实验室，下半部分描绘了一个适合模拟家庭环境的更简单的实验室。图 9-6 和图 9-7 所示分别为这些可用性实验室的使用情况。

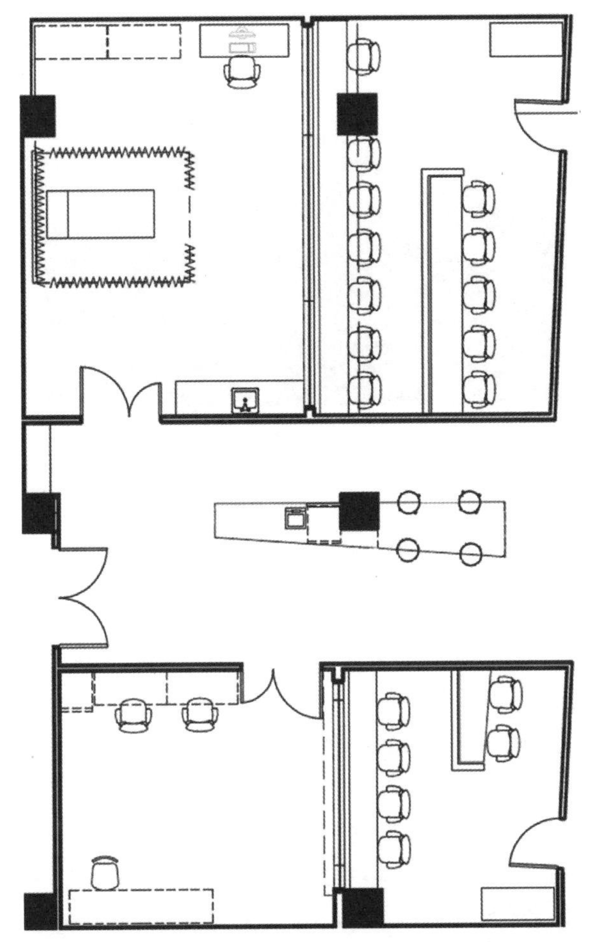

图 9-5 笔者所在公司的两个可用性实验室的平面图

图 9-6 先进的医学模拟实验室正在进行的可用性测试（从观察室看）

图 9-7 适合模拟家庭环境的更简单的实验室

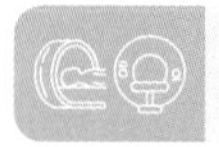 9.2 在医疗模拟场地中进行测试有什么好处?

医疗模拟场地可以使可用性测试看起来与临床环境中的实际医疗器械使用几乎没有区别。它们提供了一定程度的真实感，可用于测试某些类型的医疗器械，并检测在低保真测试环境中可能不会出现的可用性问题。不过，高端模拟设施的租赁和运营成本很高，这使得它们对于许多项目来说是不切实际的。此外，在某些情况下，它们增加的环境保真度可能会矫枉过正。

让我们先讨论一下最先进的医学模拟环境。笔者谈论的是模仿医院环境的场地，如手术室、ICU 和急诊室（ED）。它们通常配备有计算机控制的人体模型，其中一些具有特殊的内部特征（如气道、下消化道），并且可以模拟各种生理过程（如呼吸、脉搏）。这些模拟环境通常由工作人员操作，他们从相邻房间控制人体模型并充当“合作者”，根据需要扮演多种临床角色（如护士、医生、技术员、患者、探视家属）。许多模拟设施隶属于医学院或由医学院运营，用于培训学生执行某些医疗程序并在团队和高压力情况下有效工作。例如，学生学会有效地分配资源以应对患者代码、设备故障和交流电源中断等危机。

为动手任务添加真实环境

制造商可能会选择在医疗模拟中心进行测试，以对他们的产品进行“压力测试”，并让测试参与者在各种现实生活场景中执行高优先级任务。例如，当患者“崩溃”或模拟中心工作人员（作为患者的亲属）提出有关患者状态和预后的许多问题时，可能会要求测试参与者对输液泵进行编程。因此，高端模拟设施可能不是判断用户与特定医疗器械的离散交互的必要条件，但却是判断用户在更广泛的医疗服务系统环境中如何与医疗器械交互的有效手段。

花费数百万美元建造的医疗模拟环境是极好的资源，但它们并不总是医疗器械可用性测试的正确解决方案。它们的实用性取决于适用性。如果您的产品将用于所提到的高级护理环境之一，并且用户与它的交互受到外部因素的高度影响（如许多人和其他医疗器械和材料之间的交互），那么环境和相关任务的逼真性可能是一个好处。如果不是这样，增加的真实感可能会给可用性测试带来更大的表面效度，或者至少给人们留下深刻印象，但可以说，它不太可能比在低保真测试环境（如可用性测试实验室，或设置为类似于 ICU 的会议室）中进行的测试产生更好的结果。

哪些类型的医疗器械适合在医疗模拟环境中进行测试？麻醉机、体外循环机、输液泵、手术台、手术室灯、患者监护仪、呼吸机和除颤器当然是不错的选择。模拟场地使用户能够更自然地工作，这有望揭示在低保真（和低压力）测试环境中可能不会出现的真正可用性优点和缺点。

在典型的医学模拟环境中测试血糖仪、耳镜或乳腺 X 射线摄影工作站等医疗器械是没有意义的，因为它们主要分别用于人们的家庭、医生办公室和放射科。也就是说，专注于此类医疗器械的公司可能希望构建自己的专业医疗模拟环境或工作站。图 9-8 所示为几个用于培训医生执行微创手术的工作站。不过，这些工作站也可用于测试新的手术医疗器械，如穿刺器或冷冻消融针。图 9-9 所示为一个模拟病房，用于评估医院病床和其他医疗器械的可用性。

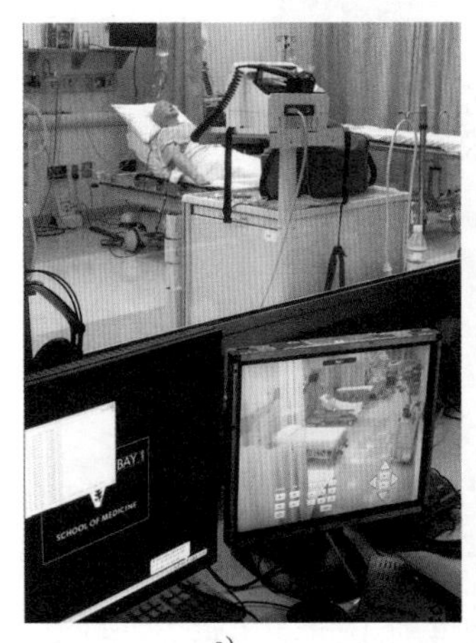

a)

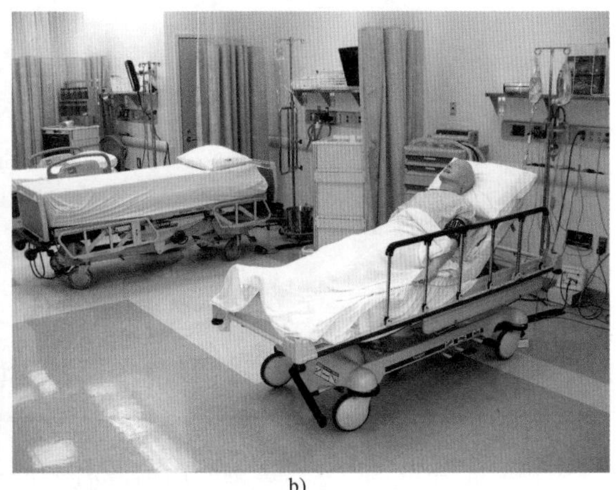

b)

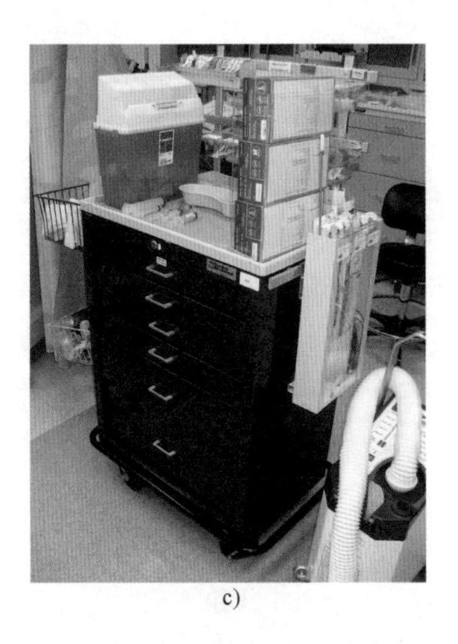

c)

图 9-8　用于培训医生执行微创手术的工作站（照片由范德比尔特大学医学院提供）

a）观察室　b）患者护理区　c）药物推车

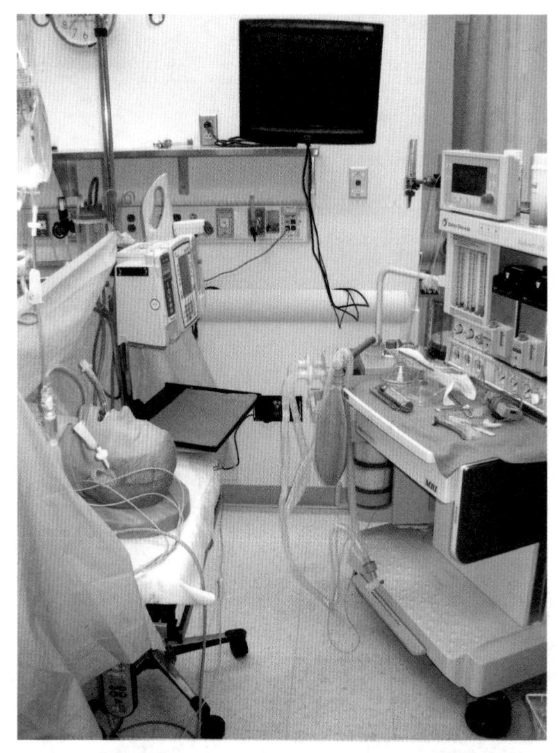

图 9-9　模拟病房（照片由范德比尔特大学医学院提供）

9.3　在实际使用环境中如何测试?

有时，可用性测试实验室甚至先进的模拟场地（见图 9-10）可能不足以评估某些动手任务。最常见的原因是，实际使用环境呈现出无法预测或准确模拟的各种条件。此外，在实际使用环境中（如空中救护直升机或闲置的手术室）进行测试可能比设置复杂的模拟环境要简单得多。

例如，对救护车和空中救护直升机中使用的紧急呼吸机进行可用性测试就是一项挑战（见图 9-11 和图 9-12）。当然，您可以将房间配置为类似于这些移动工作场所，方法是将家具紧密排列在一起以创建狭窄的工作空间，在逼真的环境噪声中进行管道布置，并调暗灯光以模拟夜间使用。但是，如果您能在真正的救援车辆上进行测试，那不是很好吗？同样，如果能在实际的手术室、插管室、医师检查室或内窥镜检查室中进行测试不是很好吗？

在真实使用环境中进行测试可以解决有关模拟准确性的任何问题。然而，采用这种方法也会带来无数复杂问题：

1）测试环境可能无法为测试参与者提供足够的空间来自然地执行任务，同时也无法容纳所有测试人员（如测试管理员、数据记录员和观察员）。

2）由于公司或机构的政策和保险限制，可能不允许在救护车或插管室等特殊环境中进行测试。

图 9-10　救护车模拟场地（照片由 PCS First Responders 提供）

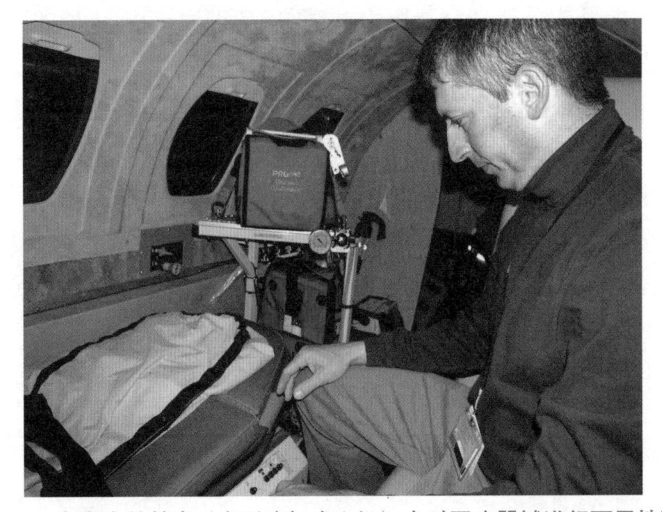

图 9-11　在空中救护车（小型喷气式飞机）中对医疗器械进行可用性测试

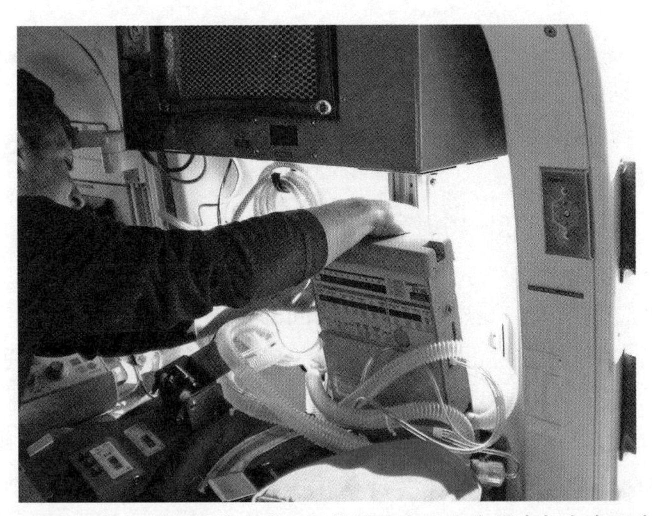

图 9-12　一名测试参与者在空中救护直升机提供的狭窄工作空间内与多个医疗器械进行交互

3）如果场地或医疗器械运营商收取高额的小时费来使用他们的资源（如房间、支持人员），成本可能会过高。

4）测试可能会因实际操作需求而中断。例如，备用的空中救护直升机和休班的护理人员可能会被要求投入服务以应对紧急情况。

5）实际使用环境不太可能有内置的视频录制设备，因此您将仅限于使用手持式或三脚架式摄像机，由于摄像机的物理侵入性，这可能会影响您正在研究的任务。

6）实际使用环境可能在特定时间可用，但却不是在进行全面可用性测试所需的几个小时和几天内一直可用。

尽管存在这些复杂性，但在实际使用环境中进行测试仍然是值得的。在某些情况下，环境运营商乐于参与研究，获得象征性的报酬或不收取费用。例如，笔者曾经问过一家救护车公司，是否可以在它的一辆车上进行可用性测试。该公司反应热烈，提供了尽可能长时间的备用救护车使用权。您可能会从拥有备用手术室的医院收到同样热情的回应，或者您的拜访请求也可能会被断然拒绝。

以下是关于如何最大限度地提高获得访问权限并充分利用它的一些想法：

1）提前计划，以便目标组织有时间充分考虑您的请求。

2）清楚地描述测试的目的、您计划携带的人员和设备（如安装在三脚架上的摄像机），以及所需的房间配置（如需要一个用于放置数据记录仪的便携式计算机的手推车）。值得注意的是，您可能需要寻求特殊许可才能在设施内进行视频录制，或者完全放弃录制。

3）充分利用医疗环境中可能为您争取甚至有权访问的任何联系人。例如，与 ED 医生合作以访问医院的急诊科。但是，请慎重决定是否通过适当的渠道更好，如联系急诊科主任。

4）向组织保证您将采取所有必要的预防措施（如避免对患者和患者信息进行录像），并在收到要求时立即停止活动。

5）主动为相关基金提供适当规模的捐款，如目标组织的选定慈善机构、护士基金或同等机构。

6）提议在夜班（晚上 7：00 到早上 7：00）进行测试，因为测试活动不太可能干扰通常在白班（早上 7：00 到晚上 7：00）发生的日常操作。

7）向决策者解释可用性测试作为确保患者安全，并根据用户的需求和偏好设计医疗器械的一种手段的重要性。

8）让场地或设备保持与您使用前完全相同的状态，即保持干净整洁，所有家具和其他固定装置都在原处。

9）支付与测试后果相关的费用，如打扫房间的费用。

10）完成测试后，请写一封正式的感谢信，这不仅是礼貌的表现，还因为这封信可能对收件人有利，并增加未来在同一场地或使用相同设备进行测试的机会。

如果您无法使用实际使用环境，请考虑在用于培训目的的模拟设施中进行测试。例如，如果您希望评估药房中使用的药丸计数设备，请联系可能运营药房模拟器的药学院校（见图 9-13）。这样的环境可能与医疗模拟场地具有相似的保真度（请参阅 9.2 节的相关内容）。

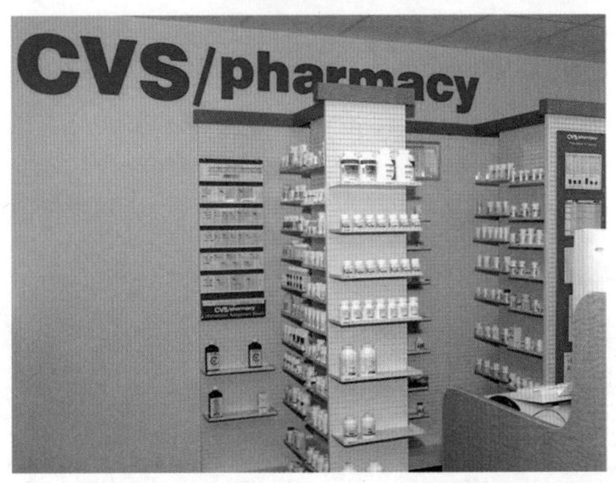

图 9-13　实际药房（上）和模拟药房（下）（照片由塔斯马尼亚大学和哈德逊谷社区学院劳动力发展部提供）

9.4　测试家庭保健医疗器械与测试临床环境中使用的医疗器械有何不同？

在传统的可用性测试实验室和会议室中，可以对家庭保健医疗器械进行合理有效的可用性测试。然而，一些医疗器械评估需要在测试参与者家中或其他实际使用环境中进行测试。大多数相同的原则适用于受控环境中的测试，但有一些重要的差异需要特别注意。

从广义上讲，您可以将相同的可用性测试方法应用于评估家庭保健医疗器械，就像您在测试临床环境中使用的医疗器械时所做的那样。邀请有代表性的用户在有代表性的使用环境中与医疗器械进行交互，要求测试参与者执行对医疗器械的安全性和有效性至关重要的任务，密切观察用户与医疗器械的交互，并收集测试参与者对医疗器械的意见和判断。然而，测试家庭保健医疗器械存在细微差别，尤其是那些在家庭内外均可使用的医疗器械。

“家庭保健医疗器械”表示将在家里使用的医疗器械，这在大多数情况下可能是正确的。不过，一些家庭保健医疗器械也会走出家门。

人们可能会在乘车、在室外和室内工作、在餐厅用餐、观看或参加体育赛事，以及在不同环境中进行的许多其他活动时使用一些家庭保健医疗器械。血糖仪、笔式注射器和吸入器就是这样的医疗器械。挑战在于识别所有可能的使用环境，然后决定如何创建或模拟每个使用环境的相关条件，以确保有效的可用性测试。

9.4.1 在受控环境中进行测试

一种常见的解决方案是将家庭环境模拟为基准条件。根据产品的不同，这可能意味着模拟浴室、厨房、卧室和/或起居室。例如，要模拟浴室，您可能需要为研究空间（即实验室）配备梳妆台、工作水槽、镜子和镜面灯（见图 9-14）。您甚至可以在梳妆台上放置各种浴室的配件（如肥皂盒、纸巾盒、牙刷架），以准确模拟给定医疗器械及其附件（包括使用说明书）的可用空间（或缺乏空间）。有一次，笔者采用这种方法对一种旨在延缓多余毛发生长的医疗器械进行了测试，并在另一个场合评估了一种应用于腋下的药物。在这两种情况下，有效的任务表现部分取决于测试参与者在镜子中看到自己和医疗器械。

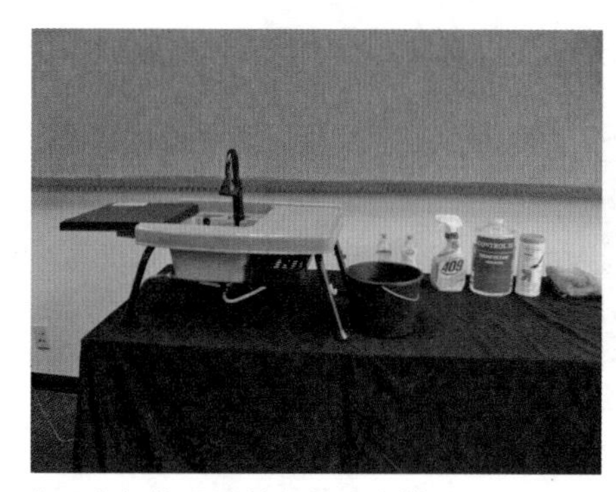

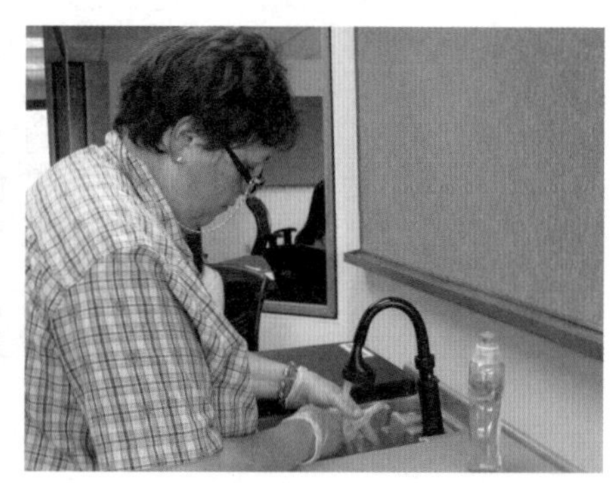

图 9-14　在研究机构设置的便携式水槽（左）和测试参与者使用水槽模拟使用后清洁拆卸的医疗器械（右）

要模拟卧室，您可以设置一张床，并在床边放置床头柜和台灯。有一次，笔者采用这种方法来评估一种相对复杂的治疗机器。测试参与者在典型的白天测试过程中执行了一些任务。然后，测试参与者在同一天晚些时候进行的夜间测试中执行了额外的任务。测试参与者进入“睡眠”状态，在此期间他们被医疗器械警报多次唤醒，并被要求对模拟的机器故障做出响应（请参阅 9.8 节的相关内容）。这个“夜间”测试环节评估了测试参与者在可能因睡眠而昏昏沉沉和缺乏情境意识时处理机器警报和故障的能力。笔者在为夜间临床试验设立的设施中进行了白天和夜间的测试，以确保测试参与者的舒适和尊严。酒店套房可能也可以达到这个目的。

从卧室等基准环境开始，您可以在一定程度上改变环境条件以模拟其他使用环境。例如，您可以降低照明级别以模拟光线昏暗的餐厅，放弃不相关的家具并添加那些相关的家具。

为了满足某些测试目的，您可能会选择添加背景声音，以部分掩盖设备运转的声音，并分散测试参与者的注意力。当测试药物自动注射器时，笔者就曾在背景中播放了一部电影。

9.4.2 在测试参与者家中进行测试

在评估某些类型的医疗器械和用户交互时，在测试参与者家中运行测试可能是必不可少的（见图 9-15）。笔者采用这种方法对呼吸治疗医疗器械进行了评估。测试参与者在进行日常生活活动时使用该医疗器械数天，包括看电视、准备饭菜、做家务、购物和（未观察到的）使用厕所。然后，在独立的家庭使用期之后，两名研究人员访问了测试参与者的家中，进行了现场可用性测试。这种由两部分组成的方法能够在因家庭而异的特殊环境条件的影响下对用户 - 医疗器械交互进行特别真实的评估。

图 9-15 可用性专家在测试参与者家中对呼吸治疗医疗器械进行可用性测试

在测试参与者家中进行测试有哪些挑战？第一个挑战是，招募愿意邀请研究人员（最初是陌生人）到他们家中的人。为便于招募，笔者建议您准备一份简短的“产品评价”摘要；避免使用“测试”这个词，这可能会吓到某些人。根据需要，为潜在测试参与者提供充足的时间与他们的家人讨论这个机会，并在报名参加研究之前提出问题。如果由第三方招募测试参与者，其中一名测试团队成员应在预定测试前几天致电每位测试参与者，介绍自己并开始建立融洽关系。

第二个挑战是，往返于人们的住所之间要比在一个地点（即可用性实验室）进行一次又一次的测试花费更多的时间。在实验室工作一天，您也许可以进行 5 次每次持续 90min 的测试。相比之下，在测试参与者家中进行测试时，您可能只能在上午和下午各进行一次相同持续时间的训练。

第三个挑战是，在不造成重大干扰的情况下设置和重新定位音像录制设备。例如，要认识到可能没有空间放置全尺寸三脚架，并且附近的电源插座可能正在用于其他设备和电器。确保您的摄像机电池已充满电，并意识到您可能需要一名额外的研究团队成员来充当手持摄像机操作员——尤其是当“动作”从一个房间移动到另一个房间时。

从积极的方面来看，人们通常愿意在家中进行可用性测试，部分原因是通常会有诱人的经济激励措施，还因为产品评估听起来很有趣。关键是要向测试参与者保证这项研究的合法性，因为测试参与者基本上是在邀请陌生人进入他们的家。测试参与者对陌生人进入他家的担忧可以通过在测试期间邀请亲戚或朋友在场来缓解。事实上，采用这种方法对测试人员也有好处，可以防止有人谎称发生不良行为。

另一个保护措施是随身携带手机，这在充斥着手机的世界中几乎是必须的。这将使您能够在任何类型的紧急情况下寻求帮助，这是以人为本的保护任务，而不是依赖此次测试参与者的设备。

9.4.3 在其他环境中测试

除了在家，您还能在哪里进行测试？可供选择的地方数量与可以使用医疗器械的地方数量一样多。但是，在考虑可用性测试环境中的这些因素之前，请仔细审查可能影响用户任务性能的使用环境因素。毕竟，在办公室使用医疗器械可能与在餐桌上使用医疗器械没有太大区别，至少不需要设置完全不同的测试环境，例如，改变一些次要功能，改变心情和可用的工作空间就足够了。

9.4.4 其他见解

以下是有关测试家庭保健医疗器械的其他见解。

1）IRB 审查：不要指望 IRB 对描述家庭可用性测试的计划进行快速审查（请参阅 7.3 节的相关内容）。虽然 IRB 可能会定期对在实验室和其他受控环境中进行的测试进行快速审查，但如果在居民家中和其他不受控制的环境进行测试，通常需要特殊保护措施，需要全体委员会进行评估。

2）人员配备：让两名研究人员（而不是只有一名）出席每次家庭可用性测试。采用两人的方法增加了研究团队的舒适度，并且可能对测试参与者产生相同的影响，类似于测试参与者在他的亲戚或朋友身边可能感觉最舒服。

3）允许录像和拍照：在招募期间将录像和 / 或拍照计划通知测试参与者，并在测试前几天及您到达现场后提醒他们。提供提前通知将使测试参与者有时间适应您的记录计划，并移走他们不想被拍到的任何个人物品。尽管如此，您不希望测试参与者彻底改变他们的家庭环境（如重新布置家具或整理通常会堆满个人物品的区域），这些因素可能会影响用户与医疗器械在家中的交互。

4）家庭参观 / 探索：虽然您可以在家中的特定区域（如厨房或客厅）进行测试，但请测试参与者带您进行简短的参观，并向您展示他们所在的家中可能会使用特定医疗器械的其他区域。例如，有人可能会在每天早上早餐之前坐在厨房餐桌前使用血糖仪测试他的血糖水平，然后在临睡之前坐在床边昏暗灯光下重新测试他的血糖水平。

5）备用设备：在您的正常研究设施之外进行测试时，请携带备用设备。如果您的摄像机或便携式计算机出现故障，您将无法到附近拿取备用设备。

6）有兴趣的其他人：在实验室进行测试时，您可以引导同伴在等候区阅读杂志。这使他们无法在要求测试参与者单独行动的测试过程中“做出贡献”。例如，在测试参与者家中进行测试时，您可能必须制定一些基本规则，以防止“同居者”不必要的干扰。尽管如此，您不会想排除那种正常的互动（甚至称为分心），这是在家中测试的令人信服的理由之一。此类干扰可能是门铃响起、电话响起、宠物需要走一圈、青少年抱怨无聊，以及配偶在如何操作医疗器械方面提出他的“意见”。在后一种情况下，您需要就测试参与者是否可以请求或接受他人主动提供的帮助制定基本规则。

9.5 您应该在测试参与者的工作场所进行测试吗？

让忙碌的人参与可用性测试的一种便捷方法是把测试带到他们身边（见图 9-16 ~ 图 9-18）。这种方法可以节省您的测试参与者前往测试设施所需的时间。但是，这种方法也会产生其自身的一系列问题，主要与获得在通常是活跃的工作空间中进行测试的许可及设置必要的环境条件有关。因此，在测试参与者的工作场所进行测试最适合评估小型医疗器械的早期原型，如血压计。

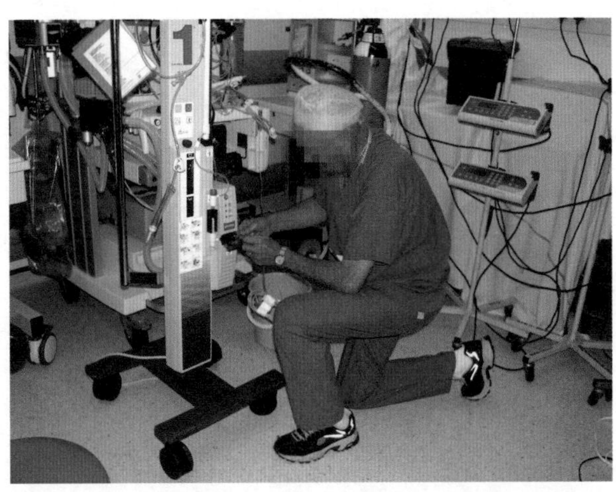

图 9-16 临床医生参加了在医院进行的可用性测试

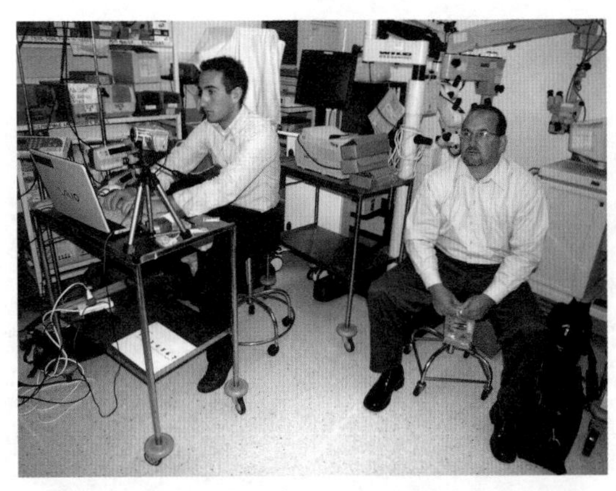

图 9-17 测试观察员从医院储藏室内收集数据

图 9-18 护士在医院会议室接受采访

在 1.1 节中，笔者提到您可以在各种地方进行可用性测试，如医学模拟中心、可用性测试实验室和常规会议室。这些选项中的每一个都要求测试参与者离开他们的工作场所并来到您进行测试的地方，这一要求可能会使忙碌的人不愿参与测试。在这种情况下，您可以考虑将可用性测试带给潜在的测试参与者。但是，请注意采取这种包容方法可能会带来的潜在问题。

获得授权进入医疗保健机构可能很困难。临床医生可能会邀请您在他的工作场所进行测试，但忽略了获得必要的批准（或不知道需要此类批准）。一位麻醉师曾经邀请笔者在他的工作场所（一家医院）测试输液泵，并指导笔者在他部门的休息室设置医疗器械，其中也恰好包括临床医生个人物品的储物柜。测试过程中，各科室工作人员走进休息室换衣服，录入治疗笔记。他们中的一些人对我们侵犯了他们的私人空间表示不满。最后，在科室主任进来与测试参与者（同时也是协调临床医生）进行了激烈讨论后，终止了这次测试。笔者不知道他没有获得进行测试的许可，他也没有告诉笔者将在一个狭窄的、活跃的和不合适的空间进行测试。现在，笔者始终会预先确认拥有必要的权限，并且不会干扰其他活动。

虽然遵循漫长的、多周的审批流程来进行现场测试可能看起来很烦琐，但这对进行富有成效的研究并与托管场地保持良好的关系至关重要。由于笔者也是潜在患者，笔者理解为什么一些医疗机构对尚未申请并获得批准在该场所工作的“供应商”制定禁令。不幸的是，了解这些程序并不总是意味着笔者可以完美地执行它们。

有一次，笔者被邀请在一家医院的ICU进行产品评估，与单位会议室的护士一起工作。ICU护士热切参与研究。为了感谢护士们提供宝贵时间，笔者点了比萨和沙拉，并捐赠给了护士站。在我们完成了计划的研究后，ICU的护士长邀请我们参观医院的急诊室，看看具体的医疗器械是如何设置的。她陪笔者来到急诊室，把笔者介绍给一位急诊室护士，然后告别。紧接着，急诊部经理开始盘问，要求笔者出示身份证件（尽管已经给了她名片）并抗议笔者没有得到允许，并且违反了医院的政策。在经理让我们在狭窄的咨询室（远离患者）闲坐约20min后，保安被叫来护送笔者离开大楼。当天晚些时候，市警察局的一名代表打电话给笔者，要求对未经授权进入医院给出解释。笔者解释说，笔者实际上是被邀请到医院的，并为ICU工作人员提供了午餐。这位善解人意的警察说，医院经历了一些涉及入侵者的不良事件，可能反应过度了。因此，笔者再次建议您确认您的主办方已获得必要的访问权限。

不幸的是，获得在医疗机构进行研究的正式授权并不能确保顺利和富有成效的可用性测试。相反，还有以下其他可能造成干扰的环境因素：

1）在测试参与者的工作场所进行可用性测试会增加测试参与者离开测试以进行咨询或应对紧急情况的机会。由于这个原因，笔者曾不得不缩短、推迟或取消许多测试。

2）一些临床医生不愿意在他们的工作场所参加可用性测试，除非他们的机构正式批准它。特别是，他们担心这可能让人觉得他们似乎在工作时间从事私人业务或利用机构的资源谋取私利。这就是为什么您可能需要向医院基金捐款而不是直接补贴测试参与者的原因。

3）与在研究机构或酒店会议室进行测试相比，对研究保密可能更困难。在测试室附近工作的医疗保健专业人员可能会通过小道消息听说“产品评估”（有时被误解为产品演示），然后停下来看看发生了什么。

4）一些工作场所的配置不利于可用性测试。例如，可能没有足够的空间来设置摄像机并容纳测试参与者、管理员和观察者。

在工作场所进行测试的一个优势是，某些人可能更愿意参加测试，特别是忙碌且高薪的人，如介入性心脏病专家和神经外科医生，因为他们不需要出差。此外，有效的测试可能需要您在实际使用环境中设置测试项目，同时认识到需要设施批准和适当的时间安排，以避免干扰正常操作。例如，在测试参与者的工作场所进行测试，而不是在租用的场地中进行测试，也可以节省资金。

请求许可而不是宽恕

您可能听说过类似这样的话："请求原谅比请求许可更容易。"这种情绪是否适用于在实际临床环境中进行可用性测试？笔者认为不是。您希望受到礼貌的对待，而不是被视为侵入者，并且您应该尊重公司和机构有充分理由有自己的规则这一事实。尽管如果您有内部联系人，未经适当授权进入临床环境可能是一项简单的事，但这可能会引起一些人的警觉，并可能危及您的联系人的工作和您作为研究人员的信誉。

9.6 您可以通过互联网进行可用性测试吗？

互联网与虚拟会议服务（如 WebEx，类似腾讯会议的在线会议系统）相结合，为远程进行可用性测试打开了大门。这种测试通常需要给定医疗器械的计算机原型。使用此类原型评估用户 - 软件交互通常更有效，但您也可以评估某些物理交互，如定位虚拟控件。远程测试是一种让多个国家的测试参与者参与进来的特别好的方法，同时避免了差旅费用和测试时间过长。这种测试的主要挑战包括让技术在两端都很好地运行并确保保密性。

在许多方面，通过互联网进行可用性测试就像在一个房间里进行可用性测试，测试参与者在一个房间里，而测试管理员在另一个房间里。不过，他们不是要求测试参与者来到特定的场地，而是在家中或工作场所参与测试。他们所需要的只是一台可以上网的计算机（最好是通过高速网络连接）和一台大小合适的显示器。

基于互联网的测试最适合评估需要大多数简单物理交互的网站、软件用户接口和硬件用户接口，如按下按钮（使用鼠标单击视觉目标进行模拟）。因此，基于互联网的测试可以成为评估患者监护仪、输液泵、血糖仪和呼吸机等软件用户接口的有效方式。但在判断物理交互方面，它是一种不太有效的方式，如连接传感器和管路、填充和排放流体及重新定位组件。甚至高仿真软件模拟也无法完成此类交互。也有创新的方法可以判断此类交互，并在概念层面（即使不是物理层面）评估硬件，这是您唯一的选择。

许多医疗公司已经订阅了支持基于互联网的会议服务（如 WebEx、Lync、GoToMeeting），为基于互联网的可用性测试提供了工具。如果您还没有订阅此类服务，您可以在进行可用性测试所需的短时间内注册。通过良好的计划，您甚至可以使用免费试用版。

在典型的基于互联网的可用性测试中，测试参与者通过您提供的受密码保护的链接加入互联网会议。这会将测试参与者置于您的"会议"中，使他能够查看您在计算机上显示的任何内容并"分享"。因此，您可能会选择让测试参与者首先查看 Microsoft PowerPoint 演示文稿，可能从欢迎信息开始。在让测试参与者在线的同时，让他打电话与您进行电话会议，或使用网络会议服务的集成在线电话［如网络电话（VoIP）］进行实时对话。

某些互联网会议服务对与会者必须使用的计算机类型（PC 与 Mac）及兼容的互联网浏览器（如 Chrome、Firefox、Internet Explorer、Safari）有限制。

现在，假设您正在测试一个基于计算机的交互式原型血糖仪，该原型使用户能够虚拟地执行以下任务：

1）将试纸插入血糖仪，并通过用虚拟手指尖端的血滴接触试纸来模拟测试您的血糖水平。

2）根据当前的血糖读数和预期的碳水化合物摄入量计算胰岛素剂量（即单次剂量）。

3）使用血糖仪命令兼容的胰岛素泵输送计算出的胰岛素剂量。

如果您只是想了解测试参与者对原型的印象，您可以演示这些任务。不过，可用性测试的重点是让测试参与者执行任务。幸运的是，互联网会议技术使您能够将在您的计算机上运行的原型的控制权交给测试参与者。因此，测试参与者可以用手指控制鼠标单击并拖动血滴，使其接触试纸，然后按下虚拟血糖仪上的按钮，就像您让测试参与者坐在实际运行原型的计算机前一样。一旦测试参与者控制了原型，可用性测试就可以像在相邻房间进行的测试一样进行。

当笔者通过互联网进行远程可用性测试时，笔者经常要求测试参与者在与评估中的设计交互之前在测试面板上练习操作动作。这种方法使测试参与者能够在笔者开始使用原型医疗器械评估他们的性能之前熟悉与原型交互的概念。如果缺乏这样的培训练习，测试参与者的任务表现和意见可能会因不熟悉远程控制虚拟医疗器械而产生偏差。例如，一些测试参与者可能会反复单击医疗器械的显示屏，没有意识到它不是触摸屏，而不是与显示屏下方的模拟旋钮进行交互。

大多数互联网会议服务还具有视频会议服务，使您能够通过网络摄像头捕捉测试参与者的实时图像，以及他们与计算机原型的交互。此类互联网会议服务还提供测试环节的混合数字音频和视频记录，其中包含交互式原型、测试参与者头部和肩部的画中画视图（如通过网络摄像头捕获）及测试参与者和测试管理员的声音。

基于互联网的可用性测试具有以下好处：

1）进行测试的成本相对较低，特别是如果您需要前往多个地区进行测试。

2）如果测试不要求测试参与者前往测试设施，候选测试参与者可能更愿意参加测试。虽然他们需要用一上午的时间亲自参加一个 1h 的测试课程，而在线测试只需要 1h。

3）您可能可以为测试参与者提供更少的参与费用，因为他们不需要花费时间（和潜在的金钱）差旅。

4）您对来自许多地区的测试参与者进行测试的能力有所提高，而不仅仅是几个大都市地区。

5）通过消除差旅的需要，您可以在更短的时间内进行测试。

6）位于不同地区的利益相关者更容易观察测试。您可以在线播放现场可用性测试视频，但在进行基于互联网的测试时，如果测试团队需要采取的步骤较少，就可以远程实时获取视频。

在进行基于互联网的可用性测试之前，您需要考虑以下几点：

1）基于互联网的测试无法提供与现场测试相同级别的测试材料控制。例如，如果有这样的动机，测试参与者可以使用数码相机或通过截屏等类似的方式复制出现在计算机上的图像。此外，测试参与者可以邀请其他人（如家人、朋友、同事）在测试期间坐在他们旁边并观看计算机屏幕。因此，基于互联网的可用性测试可能不适合测试高度机密的设计，除非您能够与测试参与者建立牢固的信任关系。

2）安排测试参与者在他们预定的测试时间之前将知情同意书和保密表格传真或通过电子邮件发送给您。

3）由于软件和硬件不兼容、防火墙、弹出窗口拦截器和互联网托管服务问题等原因，基于互联网的测试可能会受到网络连接问题的困扰。请在测试之前解决这些潜在问题。

4）创造性地思考如何为测试参与者提供详细的任务说明。虽然您可以在开始会话之前将完整的任务列表发送给他们，但一些测试参与者会无视不要跳过的指示。在屏幕上显示任务说明可能是您最好的选择。

5）缺乏直接接触使得解读测试参与者对设计的情绪反应变得更加困难。这也使得与某些类型的人建立良好的关系变得更加困难。缺乏直接联系也使得很难判断测试参与者是否专注于手头的任务，或者他是否因其他事情分心（如收到的电子邮件、同事的问题）。如果测试参与者的计算机拥有内置网络摄像头，应打开它们，以便您可以观看测试参与者。

6）确保测试参与者将他们的交互限制在屏幕的原型上，并且不要尝试使用可能在他们环境中的其他医疗器械来执行任务。特别是应确保他们不会对自己的身体做任何事情，如使用真正的手术刀从自己的指尖抽血，而不是使用屏幕的虚拟手术刀从模拟的指尖抽血。

7）安排基于互联网的测试至少相隔 15~30min，以确保有足够的时间来解决测试参与者可能遇到的任何技术问题，而不会占用宝贵的测试时间。

8）考虑让测试参与者在预定测试时间之前的 1~2 天登录测试系统下载所需的互联网会议软件。某些安装过程可能需要测试参与者更改防火墙设置、更新他们的互联网浏览器或重新启动他们的计算机，所有这些操作都可能非常耗时。如果测试参与者遇到技术难题或怀疑他们的系统可能与所选的互联网会议软件不兼容，鼓励他们立即与您联系。

与其他国家 / 地区的测试参与者进行远程测试

笔者在信息技术基础设施相当完善的其他国家进行测试取得了良好的成功。例如，笔者在美国的办公室与德国、意大利和英国的护士一起对患者监护仪进行了测试。由于原型患者监护仪只有英文版，笔者聘请了精通英语的德国人和意大利人。笔者还聘请了口译员，以促进沟通并确保测试参与者的心理舒适度。笔者鼓励测试参与者在必要和期望的范围内用他们的母语提出问题并自言自语，让口译员向笔者汇报情况。尽管有口译员的参与，但英语测试管理员与德语和意大利语测试参与者之间建立了融洽关系。为了活跃气氛，测试管理员用意大利语或德语向测试参与者打招呼和感谢，通常会引起笑声。测试管理员还学会了某些控制标签和屏幕文本的德语和意大利语单词。

 9.7 您可以在医疗器械实际使用时对其进行测试吗？

在实际使用中观察医疗器械以评估其安全性和可用性是很有意义的。然而，在相同的环境下测试医疗器械的可用性是危险的。要在美国进行此类测试，您首先需要获得 IRB 的批准，并且可能还需要获得 FDA 的研究性医疗器械豁免（IDE）。此外，在实际使用中测试医疗器械可能会受到很大限制。某些使用场景可能永远不会出现，用户反馈可能会受到他的工作量和患者在场的限制。

笔者建议不要在实际使用时对医疗器械进行可用性测试，即使您已收到 IDE（请参阅 17.2 节的相关内容）。以下是几个原因：

1）您可能无法彻底评估测试参与者执行不常见任务的能力，因为根据定义，执行这些任务的临床需求很少出现。

2）探索测试参与者对不利条件的反应可能会使患者处于危险之中。

3）要求测试参与者自言自语会干扰任务的完成，这是不恰当的，并且有潜在危险（请参阅 13.1 节的相关内容）。

4）要求测试参与者根据选定的可用性属性对医疗器械进行评分或要求他们在患者面前识别设计优势和劣势是不合适的。毕竟，如果患者的医生评论说他不认为该医疗器械使用起来特别安全，患者会有什么感觉？

5）您可能只能观察到少数选定的医疗器械用户，而不是许多具有所需个人特征和相关能力的用户。

假设您仍然想在实际使用环境中进行可用性测试。在美国，您至少需要获得 IRB，在其他国家也需要同等机构的批准。您不太可能有资格获得快速审查（请参阅 7.3 节的相关内容），您可能需要等待数周或数月才能获得批准进行可用性测试。首先，您需要让审查人员相信您的研究不会使患者处于危险之中，并且您已经制定了适当的预防措施来保护患者免受伤害。其次，您需要说服参与的临床医生和相关的医疗保健机构，您可以有效地保护患者的身份，这与确保此类保护的当前政策一致，如 HIPAA 隐私规则（1996 年《健康保险流通和责任法案》）。最后，您将需要征得每位患者的同意才能在他们接受治疗时进行可用性测试。在美国，如果您的医疗器械存在重大风险，您还需要获得 FDA 的批准（即获得 IDE，请参阅 17.2 节）才能将现场测试作为整体临床研究的一部分。后两项规定通常在您提交给 IRB 的文件中得到解决。

在实际使用中评估医疗器械的另一种方法是进行高仿真模拟。例如，笔者通过让测试参与者（真正的外科医生）在当地杂货店的一块牛肉上“操作”来评估机器人手术系统。在另一项测试中，内窥镜医师对猪的肠道进行了诊断程序；肠道在塑料模具中排列成型，以代表人类的大肠道。在第三项测试中，笔者要求糖尿病患者使用原型血糖仪测试他们的血糖水平。不过，笔者认为没有理由让测试参与者刺破他们的手指并抽取进行测试所需的血液，即使他们愿意这样做。毕竟，我们不是在测试采血装置。因此，笔者让测试参与者使用采血针进行模拟，然后使用红色对照溶液进行测试。

 9.8 您如何进行夜间测试？

刚从睡梦中醒来的人会使用一些医疗器械。醒来后，也许是为了响应一个严重的警报，一个人精神状态的改变（可能是身体或认知能力的减弱）可能会影响他安全有效地与给定医疗器械交互的能力。因此，某些医疗器械需要夜间可用性测试，涉及开始处于睡眠状态并醒来处理紧急任务的测试参与者。日常用户任务通常仍是白天正常测试的重点。

可用性测试专家需要考虑医疗器械的用户、使用环境和使用场景。本节重点关注最后一个元素——使用场景，以及一个特定的因素：评估刚醒来的人操作医疗器械时的性能。

想象一下，当有人醒来时发现出现故障的医疗器械，最终可能造成伤害，因此需要立即采取行动，这可能会出现性能问题。这是一个令人不安的场景，也是一个需要评估的重要场景。

突然醒来的人可能处于一种改变的精神状态。从睡眠中醒来，这个人可能会很困惑，并且缺乏情境意识（即对正在发生的事情几乎没有感觉）。这个人的视力可能是模糊的，可能是由于积聚了眼睛黏液，或者由于他尚未佩戴眼镜或隐形眼镜。由于关节炎和近期缺乏运动，这个人的手可能会僵硬和疼痛。醒来的人还可能会感到恐慌，这可能是由于医疗器械发出的警报信号。由于熟睡的伴侣、附近的孩子和/或宠物的反应，可能会引起额外的骚动。另一种可能是，这个人可能是一个深度睡眠者，很容易在闹钟最响的信号中入睡，同样也很容易在医疗器械的警报声中入睡。

与其只是想象在唤醒使用场景中会发生什么，不如进行可用性测试来看看会发生什么。在没有广泛使用的术语的情况下，笔者将其称为夜间测试。

夜间测试带来了特殊的后勤挑战。也许最大的挑战是招募愿意并且在医学上能够容忍在一个晚上被多次唤醒的测试参与者。反复被唤醒可能会对需要睡眠的人产生影响，因此必须与潜在测试参与者提前说明睡眠中断的频率。在大多数情况下，IRB 批准的知情同意书也会显示相同的信息，本节稍后将对此进行更详细的讨论。另一个挑战是确定测试人员及潜在的医疗器械技术支持代表愿意长时间（如数周）上夜班工作。

以下是笔者从夜间测试经验中总结出的一些提示：

1）让测试人员专门进行夜间测试，以便他们能够适应新的起床和睡眠时间，而不是在白班和夜班之间不断切换，这可能会扰乱个人的昼夜节律。

2）在让测试参与者有合理安全感的环境中进行测试。例如，在专门的睡眠实验室或位于市中心的酒店套房中进行测试，可能比在位于偏远且几乎空置的办公楼内经过改造的会议室进行测试更能让测试参与者在精神上和身体上感到舒适。

3）考虑聘请睡眠专家就如何以最有效和对睡眠干扰最小的方式进行测试提供建议。例如，睡眠专家可能会建议以均匀间隔（如每 2h）唤醒测试参与者，而不是采用随机模式。

4）排除在夜间（而不是白天）轮班工作的测试参与者，以增加测试参与者在测试期间睡觉的可能性。

5）在夜间进行夜间测试，而不是白天在黑暗的房间里进行。您可能会找到一种方法让测试参与者在白天入睡，但采用这种方法会降低表面效度，并且根本没有意义。

夜间可用性测试计划肯定需要 IRB 审查（请参阅 7.3 节的相关内容），以确保您提供所有必要的人性化保护。以下是一些相关提示：

1）制定参与规则，以便测试参与者表现出任何情绪或身体不适的迹象时，停止或至少暂停测试。

2）为测试参与者安排完成测试后返回家中的交通工具。例如，安排并支付出租车费用，或确保亲戚或朋友会接送测试参与者。测试参与者可能在测试后的清晨非常疲劳，这使得他们自己开车回家有风险。

3）如果医疗器械警报没有唤醒测试参与者，确定您将在多长时间后唤醒测试参与者，并建立唤醒测试参与者的程序。作为第一步，可以考虑叫测试参与者的名字，这比摇晃或触摸测试参与者的干扰性要小。

4）为测试参与者在睡觉时提供舒适的衣服。或者，指导参与者在自己的全套睡衣下穿内衣。出于明显的个人隐私和尊严原因，测试参与者不应该裸睡、只穿着内衣或暴露的衣服、即使是他们的正常习惯。

5）要求测试参与者审查并签署一份详细的知情同意书，其中概述了夜间测试的性质，包括他们可能会突然醒来以应对可能导致压力的模拟紧急情况。说明测试持续时间和时间安排，是否会观察测试参与者和 / 或录制视频，以及测试人员是否会进入房间以应对任何技术难题或进行访谈。此外，应说明测试参与者难免会有令人尴尬的行为表现，如说梦话或摆出尴尬的身体姿势。强调测试人员对可能发生的令人尴尬的事件的专业性，以及由此产生的测试数据的高价值。

6）让测试参与者表现出他们正常的睡前习惯，无论是看书还是看电视。但是，请采取措施确保测试参与者最终尝试按照与计划的测试活动相一致的时间表入睡。例如，考虑将测试参与者阅读、打电话或看电视的时间限制为 30min 以内。

7）将测试参与者独自留在睡眠空间，而不是从房间内观察他，除非在房间里是必不可少的安全预防措施。

8）开发远程触发事件（如警报条件）的方法，这样您就不必进入测试参与者的睡眠空间来启动任务。如果您确实需要进入房间，请安静地进行。考虑在测试房间门附近放一个手电筒，以便测试人员在准备触发事件时进入房间并在房间内四处走动，而不会碰倒物品或四处摸索。使用发出昏暗红光的手电筒，这样可以减少打扰睡眠中的测试参与者的机会。避免使用蓝光或白光，它们会刺激昼夜节律并降低褪黑素水平。

9）建立一个照明计划，在可行的范围内便于测试人员观察，但不会人为地为用户通常尝试在家中黑暗环境中执行的任务提供照明。认识到用户在家中的卧室可能会有照明，告诉测试参与者他们可以随时打开床头或测试房间的灯。

10）将测试室布置成卧室的样子，包括舒适的床、床头柜、床头灯、五斗柜和墙壁装饰等家具。确保床足够大且坚固，可以容纳所有体型的测试参与者。例如，使用全尺寸床而不是单人床或便携式婴儿床（见图 9-19）。

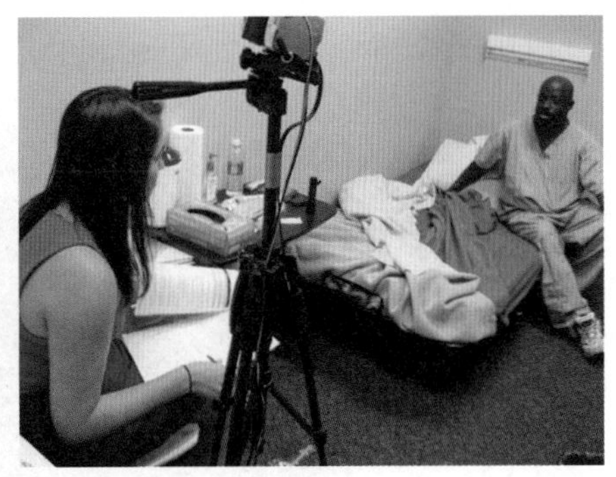

图 9-19 研究设施设置为卧室以方便夜间测试

11）确保测试参与者可以随时使用浴室。

12）允许测试参与者邀请同伴与测试人员坐在一起，充当“监护人”。礼节上建议禁止测试参与者在床上有睡伴，但特定的测试要求或使用场景可能需要这样做。

笔者建议将夜间测试限制在那些无法通过正常的白天测试有效评估的用户 - 医疗器械交互。区分适合夜间测试的任务的一个好方法是确定用户可能在半夜睡觉时执行哪些任务。当然，该列表将包括在医疗器械使用期间随时可能出现并需要立即关注的警报。例如，输液器可能需要用户清除管路阻塞、更换或重新填充空液袋，或调整治疗设置。然而，诸如更换输液器或重新设置输液泵的 24h 给药计划等任务可能不适合进行夜间评估，因为用户可能会被指示在正常的清醒时间执行这些任务。

值得注意的是，人们在白天使用家用透析机或胰岛素泵等医疗器械时可能会入睡。事实上，患者在门诊诊所中接受耗时的治疗时，这种情况是很常见的。因此，在评估白天使用的某些医疗器械时，夜间可用性测试可能是一个适当的附加项目。

9.9 如果医疗器械无法移动怎么办？

当医疗器械无法移动时（至少在没有大型起重机的情况下不能移动），您必须将测试参与者带到医疗器械上。在某些地区，这几乎没有问题，因为附近有很多潜在的测试参与者。但是，在其他地区，您必须承担从遥远的地方运送测试参与者的财务和后勤负担。这增加了按时执行有效可用性测试的压力。

在可用性测试业务中，能够将医疗器械带到多个测试站点以访问不同的用户群体是有利的。当医疗器械由于其尺寸或技术支持要求而无法移动时，测试项目通常会变得有限且成本更高（见图 9-20）。

从运输的角度来看，对小型便携式医疗器械（如除颤器、血流动力学监测器、动力解剖器）进行多城市可用性测试是一件相对简单的事情。您可以简单地将医疗器械和相关配件放在行李中携带到测试地点。为了安全起见，小件物品可以放在随身行李中（避免丢失行李的问题），而较大的物品可以放在托运行李中，勉强接受潜在的损坏和损失。当您携带文件表明该医疗器械的所有权、该医疗器械不是危险货物且该医疗器械将用于进行研究而不是出售或销售时，机场安检和海关的事情就会顺利进行。

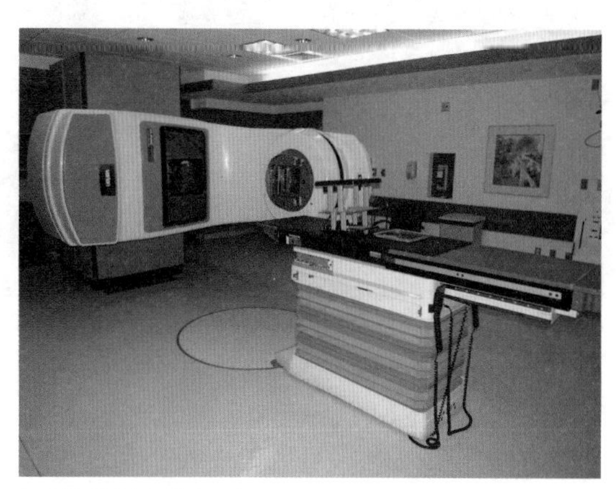

图 9-20　这种不可移动的放射治疗机需要现场测试，而不是在可用性测试实验室进行测试

当医疗器械稍大时（如乳腺 X 射线摄影机、透析机、超声心动图仪、患者升降秤），您必须提前发货，并在您的日程安排和预算中分别考虑运输时间和费用。如果您将医疗器械从一个国家运送到另一个国家，请务必留出额外的时间让医疗器械接受（并且希望通过）海关检查。

然而，有些医疗器械太大而无法运输，特别是那些被描述为机器或系统的医疗器械［如 C 形臂 X 射线机、准分子激光手术（LASIK）机、手术机器人、质子放射治疗系统、计算机断层扫描（CT）扫描仪］，其中一些占据整个房间。在这种情况下，意味着测试参与者必须前往安装医疗器械的位置，通常是制造商的场地。这种方法的成本可能会变得很高，因为除了时间，您通常还必须报销测试参与者差旅期间的膳食、住宿和交通费用。虽然笔者曾让客户只与差旅测试参与者进行了几个小时的互动，但更典型的情况是安排至少 1 天的活动，以使他们的差旅变得有价值。

假设您邀请来自美国、德国、法国和英国的 12 位外科医生来到英国的一个测试地点。测试参与者的承诺（包括差旅和现场时间）可能从 1 天到 4 天或更长时间不等，具体取决于他们的原籍所在地。这可能使招募通常很忙且不太可能有几天空闲的测试参与者变得困难。尽管如此，这还是可以做到的。幸运的是，一些临床医生将前往测试地点视为受欢迎的差旅。

请记住，您可能需要向外科医生支付大笔每日津贴（如 2000 美元或更多），而不是在他们几个小时的测试时间内支付少得多的酬金（如 300 美元或更多），并且可能会有大量差旅费（如机票、餐费、酒店住宿费）。习惯于采用这种方法的公司只需将增加的费用纳入其开发预算，因为他们认识到测试势在必行，并最终在确保每台单价可能高达 100 万美元或更高的医疗器械的安全性和商业接受度方面获得回报。但是，如果可用性测试成本从一开始就没有包含在开发预算中，那么高成本可能会带来问题。

为了证明将测试参与者带到几乎无法移动的医疗器械上的高成本是合理的，许多公司计划在进行可用性测试的同时进行市场调查。例如，一家公司可能会在测试后安排一个2h的营销会议，表面上是为了获得更多的设计和实施见解，但通常是为了培养未来的客户。在这种情况下，可用性测试计划者需要考虑访问的次要目的是否会偏离首要目的——进行客观的可用性测试。例如，当与给定医疗器械的交互可能令人沮丧且难以执行时，营销代表可能希望测试管理员让测试参与者（他们的潜在客户）"放轻松"。具体来说，他们可能不想让潜在客户面临可能有压力的情况，或者让他们对正在测试的医疗器械产生负面印象。

将测试参与者带到医疗器械上的一种潜在解决方法取决于测试项目与机器或系统的分离程度，以及测试参与者是否能够在不访问整个医疗器械的情况下执行关键任务。例如，如果您可以将运行相关软件程序的计算机带给用户，您就不必将用户带到医疗器械上。或者，如果您正在测试患者监护系统的特定模块，您可以传输和测试特定模块而不是集成系统。但是，在进行总结性可用性测试时，您需要高度确信交互式体验仍能准确地代表更完整的动手用户体验。

参考文献

Figueiro，M.，Bierman，A.，Plitnick，B.，and Rea，M. 2009. Preliminary evidence that both blue and red light can induce alertness at night. *BMC Neuroscience* 10：105. Retrieved December 24，2013，from http：//www.biomedcentral.com/1471-2202/10/105#B12.

第 10 章　增加真实感

10.1　为什么以及如何分散测试参与者的注意力？

背景噪声和同事请求等干扰因素可能会对用户与医疗器械之间的交互质量产生重大的负面影响。因此，强调真实感的高仿真可用性测试应该包括有代表性的干扰因素，其中一些可能是持续存在的。

人们在分心时往往会犯更多的错误。这就是许多国家和地区禁止开车时使用手机的原因。分心使人难以将全部注意力集中在最重要的事情上。这解释了（但不能原谅）美国东方航空公司 401 号航班的机组人员如何在飞机的自动驾驶仪脱离控制时将注意力转移到烧坏的起落架指示灯上，而洛克希德 L-1011 飞机平稳无阻地坠入大沼泽地，飞机上的 176 人中有 101 人死亡，该坠机事故成为分心导致灾难的教科书示例。因此，当人们与医疗器械交互时，分心可能是一个严重的问题。从人类表现的角度来看，理想的做法是消除交互过程中的分心，但这并不实际。很少有医疗器械用于安静的房间或公共图书馆，即便如此，也可能会出现意想不到的干扰。

大多数医疗环境都充满了干扰，噪声是主要干扰之一。ICU（一个您希望会因休养而安静的地方）可能会特别嘈杂。幸运的是，许多重症监护患者在住院期间都处于昏迷状态，因此噪声不会打扰他们。制造噪声的设备包括呼吸机、空气净化器、氧气浓缩器、各种发出蜂鸣声和警报声的监视器、电话机、空中寻呼系统、患者、患者家属和临床医护人员。手术室可能比 ICU 安静一点，但由于麻醉机、输液泵、呼吸机、患者监护仪、电刀设备、手术团队等发出的声音，手术室也很嘈杂。在空中救护直升机中，您可以听到发动机和旋翼的轰鸣声，以及医疗器械和机组人员产生的噪声。在人们的家中，分散注意力的噪声可能来自儿童和宠物、电视或音响、吸尘器、洗碗机、电话和无数其他来源。

其他干扰包括照明度、振动和竞争任务需求的变化。因此，虽然在可用性测试中引入每一种可能的干扰并不现实，但不分心同样不现实。

以下是笔者为分散 HCP 在可用性测试期间与医疗器械交互时的注意力而采取的一些措施：

1）播放代表预期使用环境的背景噪声。您有时可以在网站上找到合适的音效，并免费或象征性地付费即可下载 MP3 文件。或者，您可以在实际使用环境中录制声音，以便在可用性测试期间重播。

2）例如，触发患者监护仪警报，显示受监护患者的血压超出设定的上限。

3）要求测试参与者接听医院药剂师或主治医师的电话（见图 10-1）。

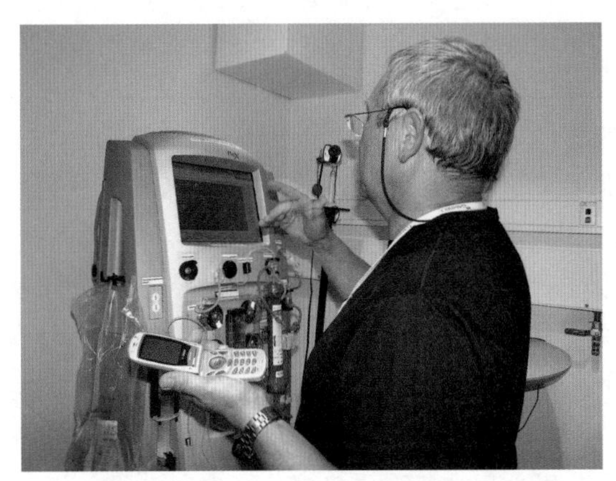

图 10-1　可用性测试参与者在使用透析机时因电话而分散注意力

4）宣布“蓝色警报（紧急警报）”，要求测试参与者停止他们正在做的事情并处理危机。

5）作为同事，向测试参与者询问与手头任务无关的以下类似问题。

① 下周你要轮班做什么？

② 这个周末你有没有看什么好看的电影？

③ 你知道他们今天在自助餐厅供应什么吗？

④ 你决定什么时候放假了吗？

6）作为同事，请测试参与者帮助执行不相关的任务，如更换医疗器械的电池。

7）扮演患者，在言语和肢体上表现得非常激动。例如，坚持要穿好衣服马上离开医院，或者说饿了想吃午饭。或者，让标准患者（请参阅 10.3 节的相关内容）扮演“具有挑战性的患者”角色。

8）通过关灯或关闭连接到医疗器械的电源插座来模拟电源故障。

9）制造一次液体泄漏。

您可以通过询问天气、时事或体育比赛，或模拟（并要求测试参与者“接听”）电话来分散他们的注意力。

确定适当干扰的一种简单方法是访问预期的使用环境并记下常见的分心情况。或者，您可以请相关人员描述常见和最严重的干扰。

在可用性测试中引入这些干扰真的有必要吗？笔者认为有必要，监管机构也是如此认为，他们鼓励可用性测试人员尽可能真实地进行验证可用性测试。毕竟，分心可能会导致严重的使用错误，例如：

1）缺少指示关键治疗（例如，通过静脉输液管输送血压控制药物）已停止的声音或视觉警报。

2）剂量计算错误，导致模拟患者接受的吗啡剂量是预期剂量的 10 倍。

3）按下错误的按钮，如电源关闭按钮而不是输液开始按钮。

4）跳过一个重要步骤，如用酒精棉签擦拭静脉输液管的针头。

5）在医疗器械将空气吸入管道（并可能吸入患者体内）之前未能更换液体袋。

这样的使用错误可能不会出现在可用性测试中，除非模仿现实世界的干扰而故意引发。

把握分散注意力的时机

计划分散注意力时要考虑的两点：①在医疗器械的实际使用环境中分散注意力的频率；②测试参与者将执行的定向任务的数量。在某些情况下，您可能希望持续分散注意力，例如在所有任务中播放背景音轨。在其他情况下，选定的干扰可能是间歇性的，需要您选择呈现频率。例如，如果有 10 个定向任务，每个任务持续 5~30min，您可能希望在 2 个或 3 个任务中分散注意力。但是，假设您要求药剂师从模拟药房货架上检索 50 种药物，以测试药物标签的易读性和可理解性。您可以选择在 50 个任务中随机分配 10 个干扰项。归根结底，笔者认为几乎不需要完美的频率和时间，“足够好”的方法将满足大多数可用性测试场景的需求（而且在现实世界中没有完美的频率和时间来分散注意力）。

10.2 人体模型有什么用？

人体模型可以在可用性测试期间充当模拟患者，增加测试的真实性并帮助测试参与者沉浸在手头的任务中。

笔者有一个“复苏安妮（Resusci Anne）”（见图 10-2），这是一种通常用于教授心肺复苏（CPR）的人体模型。笔者购买它是为了支持对紧急呼吸机的评估。在测试期间，我们要求紧急医疗技术员（EMT）照顾一名在办公室昏倒且呼吸难受的妇女。EMT 的第一项任务是将气管导管插入人体模型的气道，将紧急呼吸机连接到呼吸管，然后开始通气。第二项任务是将人体模型和紧急呼吸机放在担架上，然后运送到救护车上，随后送往医院。“复苏安妮”使 EMT 能够在抢救患者的情况下与呼吸机进行相当逼真的交互。该人体模型甚至具有柔顺的塑料肺，可以与呼吸机的泵送动作同步充气和放气。

几个月后，笔者被要求评估一种用于帮助非专业人士和医疗专业人员进行有效心肺复苏的医疗器械。这一次，测试参与者进入了一个房间，“复苏安妮”再次瘫倒在地板上——这是她擅长的。笔者告诉测试参与者通过测试项目（PocketCPR）的帮助下来救助受害者，它提供了执行 CPR 的语音、听觉和视觉指示，包括如何快速和有力地按压受害者的胸部。如果没有专门为练习 CPR 而设计的人体模型，笔者就无法进行测试。

在其他测试中，笔者仅将人体模型用作道具，为模拟的医疗环境增添了真实感。例如，笔者将人体模型放在折叠桌上，并用床单部分覆盖她的身体，以模拟患者接受输液。笔者还将人体模型坐在椅子上，以模仿中心透析患者。在这两种情况下，笔者都将血管通路装置贴在人体模型的手臂上，使测试参与者能够模拟将测试项目（输液泵和透析机）连接到患者身上。另一项简单的任务是将血管通路装置的管路穿过人体模型的衣服，从其腹股沟区域引出并插入废物容器（如垃圾桶中的空汽水瓶），这样注入的液体就可以从某个地方排走。

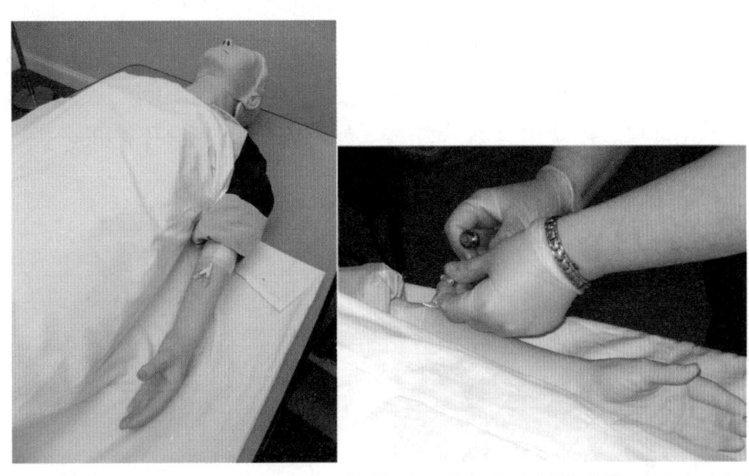

图 10-2　配备血管通路（左）的“复苏安妮”人体模型和准备将注射器连接到通路（右）的测试参与者

在后两种情况下，我们可以使用汽水瓶和一些管路来粗略地代表患者。然而，人体模型使模拟更逼真，从而使测试参与者更容易沉浸在使用场景中。

除价格适中的“复苏安妮”（或同等产品），还有裁缝模特、测试假人（如用于汽车碰撞测试的假人）和充气假人。测试假人的设计通常用于代表特定人群（如 50% 的成年男性）的人体测量平均值，当有适当大小和体重的人体模型时，则比“复苏安妮”更合适。尽管“复苏安妮”的“身高”达到 162cm，但她的“体重”只有约 9kg（如您所想，其中大部分重量集中在躯干）。当您一直在差旅中进行可用性测试时，充气假人会更好，而带着全尺寸的重型人体模型差旅是不切实际的。

谁可以制造智能的人体模型？

CAE Healthcare 是医疗模拟技术行业的领导者。CAE Healthcare 设计、制造和销售患者模拟器、超声模拟器和手术模拟器，作为促进安全、现实医学教育的学习工具。METIman 是该公司最实惠的患者模拟器，旨在促进室内和室外的护士和医务人员培训。METIman 是一种无线高保真模拟器，具有模拟生理机能，可根据生命体征的变化自动响应治疗和干预措施。CAE Healthcare 宣扬该模拟器的易用性强，用户能够通过与计算机（PC 和 Mac）无线通信的触摸屏用户接口运行模拟场景。METIman 被宣传为一个基础机型，凭借其闪烁的眼睛、接受性瞳孔、出血端口和逼真的气道，该模拟器有助于双侧静脉插管和插管（以及其他程序）的实践，同时为用户提供包括语音在内的广泛的视觉和听觉反馈。鉴于高保真模拟器在培训练习期间有效地让护士和医务人员参与培训，它无疑将在可用性测试中充当真实的患者。

医学模拟环境中使用的智能人体模型（见图 10-3）将人体模型应用发挥到了极致。最先进的人体模型是计算机驱动的，可以模拟生命体征并对药物治疗做出反应。相邻控制室的操作员可以通过嵌入人体模型的扬声器和电动四肢来模拟清醒的患者，此功能可能是创建医疗器械可以完成测试的真实使用场景所必需的。它也为一些滑稽行为打开了大门。例如，笔者曾经在 ICU 模拟器中进行了可用性测试，其中人体模型一直抱怨它在医院而不是在外面钓鱼，并使用它的手臂来指示上周末钓到的鱼的大小。

计算机驱动的智能人体模型可以是男性或女性，可以模拟不同的成熟阶段［如成人、儿童、新生儿（见图 10-4）］，并且包含各种功能（如肺部运动、瞳孔扩张、关节手臂、颈静脉区域的搏动）。

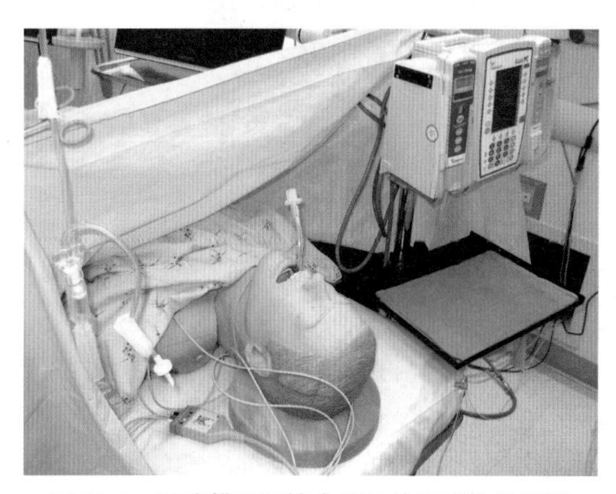

图 10-3　医疗模拟环境中使用的智能人体模型

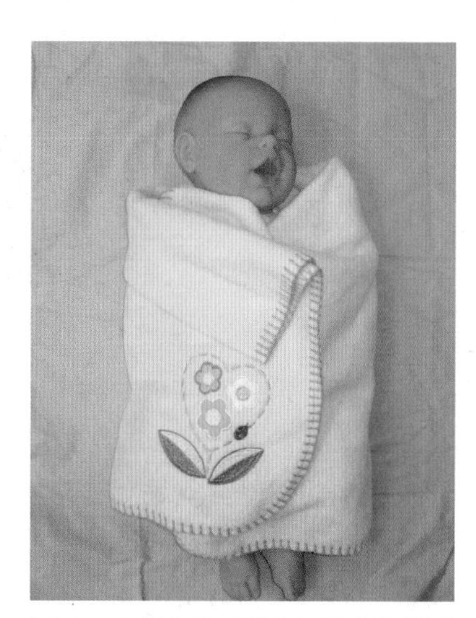

图 10-4　新生儿（婴儿）的人体模型

如果您只需要人体的一部分（如躯干、面部和颈部），您可以使用人造材料或尸体组织创建此类具有不同保真度的模型（请参阅 10.4 节的相关内容）。

10.3　标准化患者可以扮演什么角色？

当您测试需要在使用过程中进行大量临床患者沟通或互动的医疗器械时，“标准化患者（SP）”会很有帮助。SP 可以模拟患者行为以响应测试参与者与所评估的医疗器械的交互，增加测试的真实性并可能影响测试参与者的行为。与医学模拟器一样，SP 主要用于为医学生提供实践经验和磨炼诊断和治疗技能的机会。不过，他们也可以在可用性测试中发挥关键作用。

SP 是指已学会模拟医疗状况的演员。SP 可以模拟扮演癌症患者、孕妇或吸毒者。在某些情况下，SP 提供了人体，测试参与者可以在使用给定的医疗器械时与其进行逼真的交互。SP 可能会根据“案例”所需的时间和复杂性按小时收费。

近年来，SP 在医学教育中发挥了重要作用。一些接受培训的临床医生对 SP 而非真实患者进行他们的第一次患者访谈和检查（见图 10-5）。除了扮演生病的患者，SP 有时还被要求评估他们的学生或医生的访谈和治疗技能。让 SP 参与医学教育的众多好处之一是，受训者可以提高他们的沟通和诊断技能，而不会使实际患者处于压力或风险之中。

SP 也可以为医疗器械的可用性测试增加真实性。SP 可以扮演发生车祸的人，支持需要 EMT 和护理人员使用原型担架进行现场救援的测试。或者，SP 可以像到门诊接受结肠镜检查的患者一样，为患者登记软件的测试提供支持。此外，SP 还可以扮演一名焦虑的疑难患者，而 HCP 必须给他用药（见图 10-6）。对 SP 的需求最终取决于扮演患者角色的人是否需要做的不仅仅是坐着和躺着。如果没有这样的需要，那么假人或人体模型应该就可以胜任。相反，如果您正在测试超声波扫描仪，为确保用户与扫描棒和控制台进行真实的交互，您可能应该聘请 SP 扮演患者。

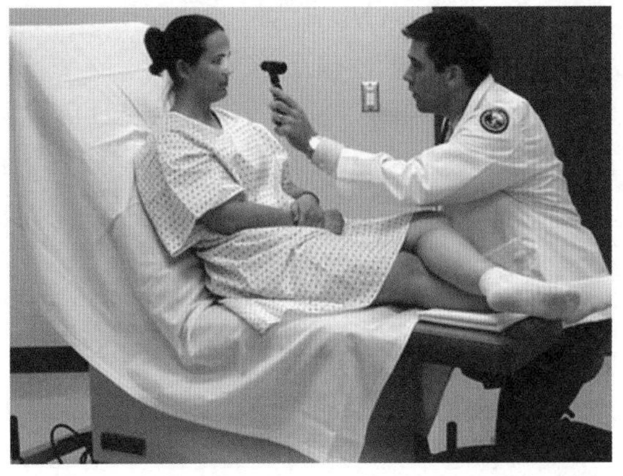

图 10-5　一名标准化患者参加测试（照片由美国洛基维斯塔大学提供）

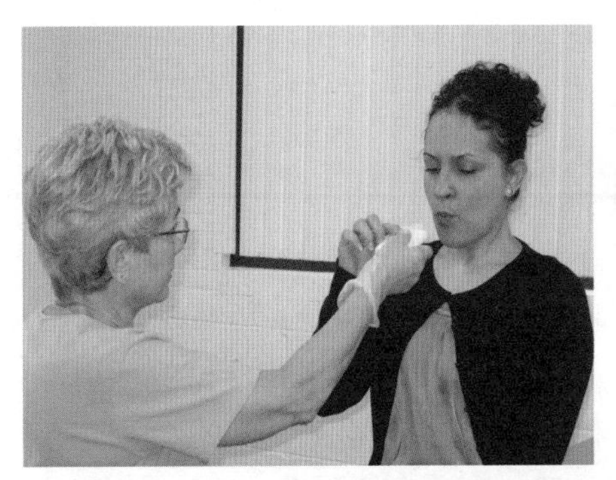

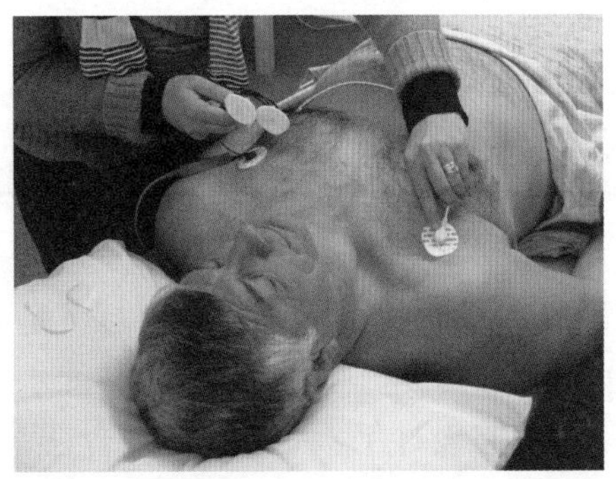

图 10-6　HCP 将吸入药物施用于充当激动患者的 SP（左），**另一项测试中的 HCP 将电极放置在 SP 的皮肤上**（右）

也许您不需要有人直接与测试参与者进行交流和互动，但您需要有人充当患者，以便准确模拟所评估医疗器械的使用。以心电图（ECG）系统为例，除了评估系统的软件用户接口，您可能还需要评估用户将电极固定在患者皮肤上的能力。患者的体毛、动作和出汗水平可能会影响用户将电极固定在患者皮肤上的能力。使用人体模型或模拟皮肤不会使您能够真实地评估这种情况。此外，使用人体模型或模拟皮肤也不会产生高质量图形波形（显示在监视器的用户接口上），而用户需要这些波形确认正确的电极放置。

如果您聘请 SP 参加可用性测试，请确认他们了解自己的角色和参与测试的目标。指导他们根据预先确定的计划指南中的剧本行事，并告知他们可用性测试的注意事项。更具体地说，确保SP认识到他们参与的活动边界，并且不会以可能对可用性测试结果产生负面影响的方式行事。您可能希望在测试期间与SP进行实时交流，如让SP戴上手机的耳机，让您能够向他传达指令。

使用SP时，您应该采取所有适当的措施来保护SP免受实际伤害或感到不适。与测试参与者类似，SP应签署IRB批准的知情同意书（请参阅7.3节的相关内容），即使在某些情况下，SP可能会启用更严格的身体模拟或要求某些越界的个人身体接触（如使用原型乳腺X射线摄影装置进行检查）。

请注意将SP作为研究团队成员与可用性测试参与者之间的区别。将SP作为测试参与者是不合适的，因为您希望您的测试参与者是实际或潜在的医疗器械用户，而不是扮演相应状况的人。您可以通过询问医学院从哪里获得SP或联系标准化患者教育者协会（ASPE）来寻找SP。

第一个标准化患者

神经学家和医学教育家霍华德·S. 伯罗斯（Howard S. Burrows）于1963年在南加州大学构思了第一个“模拟患者”，他在那里寻找一种可靠的方法来评估医学生的临床技能。虽然有些人认为让演员参与医学教育是不合适的，但这种非正统的教学方法最终流行起来。如今，SP在评估中发挥着不可或缺的作用，例如，由美国国家医学考试部（NBME）设立的美国执业医师资格考试（USMLE）的临床技能考试部分。

10.4 您如何模拟手术过程？

涉及临床医生的可用性测试的目标不是判断他们的技能本身；该任务应由临床医生的同行和医疗许可委员会承担。然而，技能水平肯定会影响手术医疗器械的可用性测试。事实上，制造商在设计手术工具（如吻合器、消融导管或机器人）时必须适应不同的技能水平。因此，一些可用性测试需要使用医疗模拟器，其中一些包含人造组织、动物组织和/或尸体组织。这些模拟器使外科医生能够真实地进行操作，从而能够进行全面的可用性评估。

在可用性测试期间，使用注射垫（即一块模拟的身体组织）模拟注射相对简单，而模拟具有深度侵入性的外科手术并不那么简单。后者的明显挑战是如何为测试参与者提供足够高保真度的组织模型。此外，在评估指定医疗器械和临床医生的基本技能之间选择合适的平衡点也存在挑战。

假设您正在评估旨在消融（即冷冻或烧结）导致心律失常的心脏组织的导管，从而有效地阻止组织传输错误电信号的能力。介入心脏病专家或临床医生会将导管插入患者体内，通常是通过位于大腿内侧上部的股动脉。下一步是将导管沿股动脉向上推进并进入心脏。至此，临床医生已经完成了许多其他心脏手术常见的任务，如血管成形术，其中涉及使用各种工具（如球囊）扩张冠状动脉。这就出现以下两个问题：

1）可用性测试是否应该专注于消融心脏组织所涉及的独特步骤之前的所有常规步骤？

2）如果是，您如何以足够的真实感模拟任务的大部分（如果不是全部）方面？

根据笔者的经验，可用性测试应侧重于常规步骤，从技术上讲，这些步骤不涉及被评估的医疗器械，因为它们可能会影响用户与指定医疗器械的交互方式。当然，相关的风险分析应该表明是否需要涵盖日常任务元素。对心脏消融医疗器械而言，评估导管插入的必要性可能基于导管准备和处理期间污染的风险和 / 或导管插入期间组织损伤的风险。执行外科手术的常规部分也可能是必要的，以确保自然的工作流程，而不是最终改变用户执行最感兴趣的任务的扭曲工作流程。FDA 日益重视确保选定任务代表自然的工作流程并涵盖所有“关键和基本”任务，这表明将特定医疗器械特定任务之前的常规步骤包括在内可能是必不可少的。

至于第二个问题（如何确保真实感），笔者的经验表明，您应该尽最大努力以足够的保真度模拟任务，并认识到如果不能对真人进行操作，将会带来妥协。一个好的起点是检查用户任务，确定产品在实际使用时用户将如何与真人交互，然后确定需要什么样的组织模型或模拟器。表 10-1 列出了人体组织模拟技术，指出了笔者和其他可用性测试专家如何应对与人体组织模拟相关的挑战。

表 10-1　人体组织模拟技术

用户任务	组织模型	所选高保真模型的样本优势
使用射频消融导管在运动的心壁上消融组织	定制的全尺寸心脏模型，包括心腔、进出心脏的主要血管和运动的心壁	能够评估用户在不同位置（如左前壁、后前壁）保持导管与运动心壁之间接触的能力
插入导管和端口系统，将药物输送到脊柱的鞘内间隙，然后进入儿童的大脑	定制的 2 岁儿童全身躯干模型，包括模拟脊柱和鞘内间隙、加压脊髓液（盐水）和周围组织	能够评估用户以正确的角度和深度进行腰椎穿刺的能力，获得脊髓液，然后将导管推进到鞘内间隙内的适当位置
将捐赠的心脏连接到人工生命支持机器上，让心脏继续跳动	具有活性且跳动的牛心	能够评估用户连接人工生命支持机器和心脏主要血管的能力
进行全面的结肠镜检查，其中可能包括组织（如息肉）取样等外科手术	猪的大结肠放置在与人类正常肠道位置相匹配的塑料模型中	能够评估用户使用结肠镜在类似人类的结肠中穿行而不造成穿孔的能力
将药物输送装置植入眼睛	来自眼库的人类尸体眼睛（与组织模型不同，它可以保持真实的压力）	能够评估用户在眼睛适当的位置进行切口的能力，然后以适当的角度和深度放置植入物
使用机器人平台远程执行解剖探索、切口、电凝和缝合任务	多种方法： 1）在人体解剖学的塑料模型上进行操作（见图 10-8） 2）对一块牛肉或鸡肉进行操作 3）对人类或动物尸体组织进行操作	能够评估用户操作遥控手术工具的能力，该工具具有足够的精度来执行手术任务而不损伤组织

当笔者帮助评估原型结肠镜时，制造商准备了一个非常逼真的人体结肠模型。模型制作者获得了一个干净的猪结肠，并使用别针将其固定在人体躯干模型中。结肠模型允许多名内窥镜医师以相当真实的方式模拟进行结肠镜检查，从而最大限度地发挥原型结肠镜的作用，让笔者了解原型的优势和改进的机会。

笔者曾经使用包含代表性气道和肺部的“复苏安妮”人体模型来评估紧急呼吸机的性能。在每次测试期间，笔者都会指示测试参与者（一名 EMT 或医护人员）营救一名在办公室晕倒的女性（即人体模型）。人体模型的气道和肺部使测试参与者能够将呼吸管插入人体模型的气道，开始通气，并调整呼吸压力和呼吸量。

在另一项测试中，笔者使用由水、纤维和盐制成的合成组织模型来评估可植入端口和导管系统，该系统使 HCP 能够将药物输送到鞘内间隙。该模型包括腰椎节段和一个储液罐，旨在模拟压力下的脑脊髓液。该模型使外科医生能够通过提供的流体反馈来模拟将导管插入患者体内，这是外科医生确认他们按预期进入鞘内间隙所必需的。

所有上述组织模型都存在评估团队认为可以代替对真人进行操作的局限性。这些局限性包括：

1）人造组织、动物组织和尸体组织在操作时，以及对穿刺和能量输送（如电刀切凝术）的反应不同于活体人体组织。

2）人造组织和尸体组织不会流血。

3）动物模型呈现出不同于人体解剖学的解剖学特征。

重要的是，这些局限性可能对您评估医疗器械可用性的能力影响很小或没有影响。但是，如果他们这样做，并且没有解决方法（如在切口部位喷人造血液），那么动物模型是您的最佳选择。更现实的可用性评估可能需要等到该医疗器械在临床研究期间用于实际患者时才能进行。事实上，监管机构有时会要求制造商计划进行临床评估，作为总结性可用性测试的后续工作。

以下图片将让您了解通常用于培训临床医生并随时可用于可用性测试的模型类型（见图 10-7~ 图 10-10）。

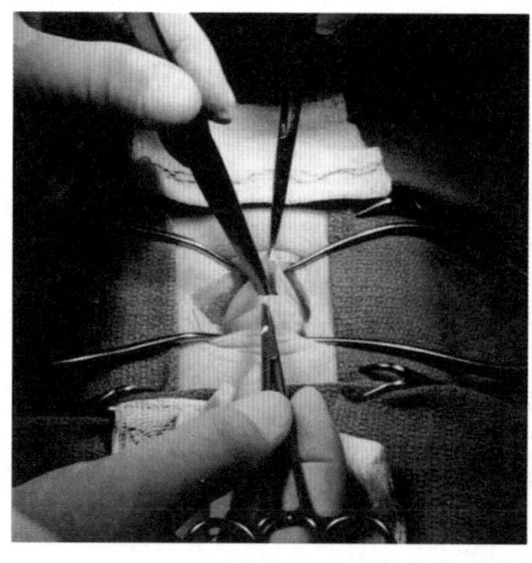
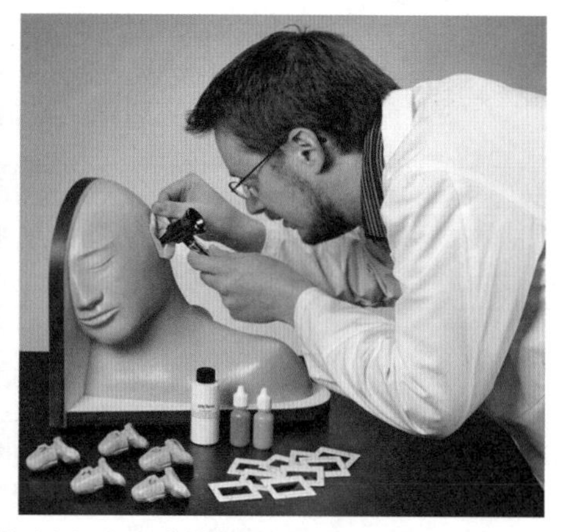

图 10-7　疝气修复模拟器（左）和耳道模拟器（右）

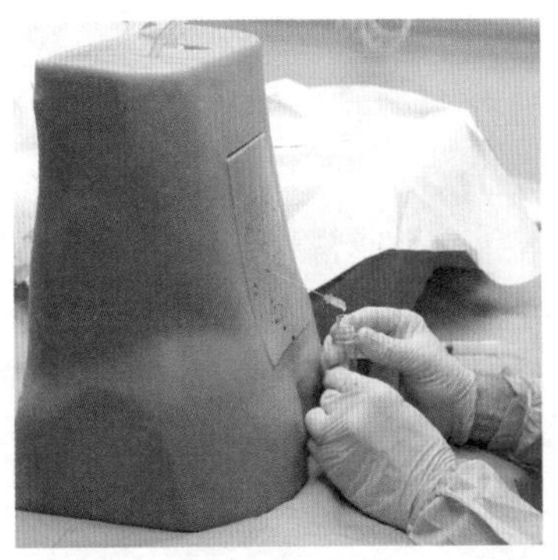
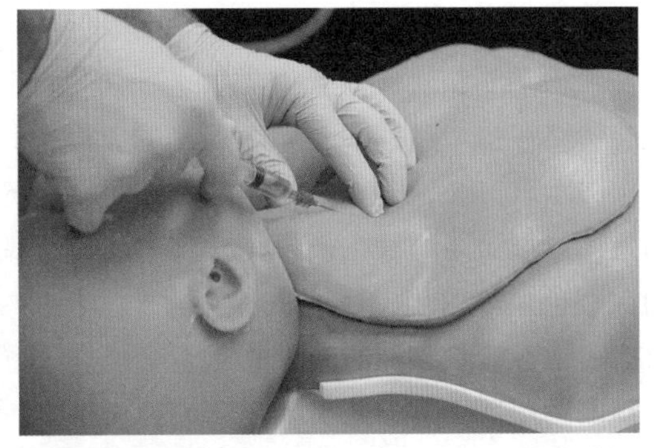

图 10-8　模拟腰椎穿刺（左）和模拟中心静脉置管（右）（照片由 Simulab 公司提供）

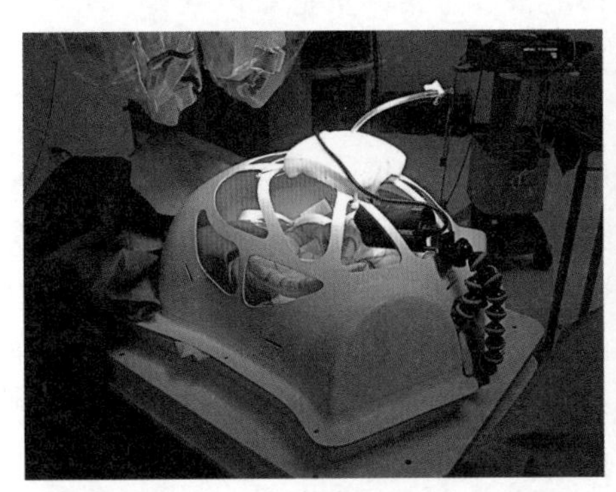
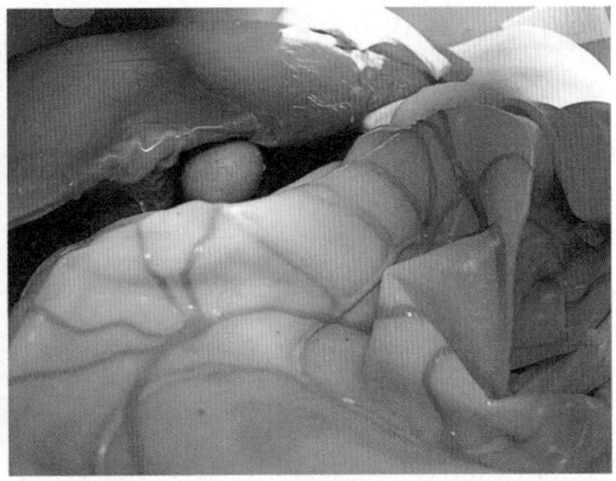

图 10-9　允许测试参与者执行机器人辅助外科手术的腹腔模拟器（左）与模拟内部器官的特写视图（右）

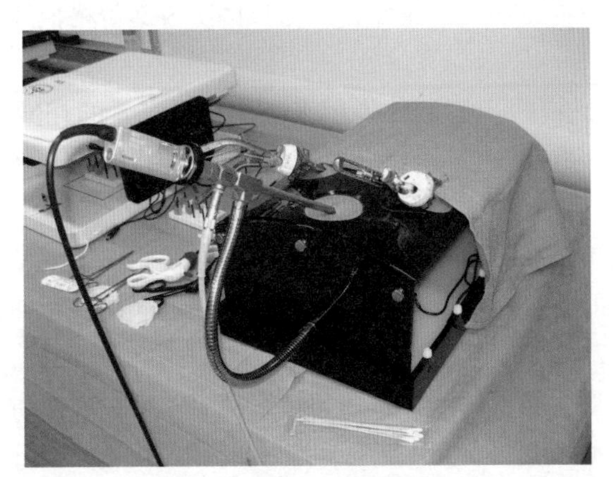

图 10-10　用于培训临床医生使用微创手术工具的人体骨盆区域模拟器（照片由范德比尔特大学医学院提供）

10.5　您如何模拟血液？

一些医疗器械要求用户通过管路观察血液流动，以评估医疗器械是否正常运行。为了在可用性测试期间有效地评估此类医疗器械，您可能需要使用模拟血液，您可以使用简单的配方制作它。

在测试血液透析机、细胞储存器和心肺复苏机等医疗器械时，使用模拟血液很有帮助。这些机器的管路在手术过程中会充满患者的血液。充满血液的管路提供了有关机器操作模式的重要视觉提示。例如，透析机的体外回路是一组管路和一个通常连接到机器前面板的过滤器，最初是用盐水灌注的。在透析护士将患者连接到机器并起动血泵之后，透明的生理盐水被患者的深红色血液取代，表明血流正常。透析护士和技术人员定期监测流经回路的血液，以确保治疗正常进行。在测试具有必须看到但在实际使用过程中可能被血液遮挡的特征的手术工具或其他医疗器械时，您可能需要模拟血液。

在可用性测试期间使用真实血液是不切实际的或特别困难的，即使您可以从血库获得动物血液或过期血液。真实的血液可能会造成生物危害、价格昂贵且难以获得，并且实际上没有必要由真实血液提供所需的视觉提示，模拟血液通常就可以。

以下是一些模拟选项：

1）将深红色丙烯酸颜料添加到盐水中制成模拟血液（见图 10-11）。尝试将 10mL 颜料注入 1L 盐水袋中。如果您需要模拟的血液颜色更深，请添加更多颜料。但是，请务必不要添加太多颜料，否则可能会导致“血液”过于黏稠，从而可能会无意中模拟血液凝块并阻塞管路和瓣膜。请记住，红色颜料可能会弄脏接触的物品。它还可能对机器的传感器和流体路径造成严重破坏，因此当仿制血液完全包含在一次性零件中时，可以使用此解决方案。即便如此，其处置也存在环境不利因素，很可能会排入最近的下水道。

2）在盐水中加入红色食用色素。由此产生的溶液看起来有点透明，而不是像真实血液那样不透明，但仍然可以提供所需的视觉提示。该解决方案价格低廉且对环境安全，但可能会染色。

3）使用“舞台鲜血”——电影制作者用来创造血腥场景的相同材料。有不同类型的舞台鲜血可供选择，其中一些是预先混合的，一些是需要加水的粉末状态。互联网上也有大量的制作配方可供参考。

一旦您的模拟血液准备就绪，把袋子密封好，如果使用人体模型，则把袋子放在人体模型下面，适当的管路（即连接点）从它的大腿、胸部、颈部或手臂伸出，以模拟一个或多个血管接入点（见图 10-12）。

生理盐水是一种方便、廉价的液体基质，可在您需要大量模拟血液时使用。但是，如果您只需要制作少量（如足以填充 50mL 注射器即可），请考虑改用淡玉米糖浆。果糖 / 葡萄糖浆更黏稠，从而帮助您创造出具有更真实稠度的模拟血液。如果玉米糖浆对您的需要来说太稠，请加入少量水，直到混合物达到所需的稠度。为了获得正确的颜色，请添加大量红色和少量蓝色食用色素（尝试 10∶1 或 15∶1 的比例以获得令人信服的深红色）。

试试这个模拟血液配方

想要制作一种不会染色的血液混合物？尝试将清淡的玉米糖浆（如 Karo）与黑樱桃粉末混合。

图 10-11　由盐水和红色丙烯酸颜料制成的模拟血液

图 10-12　可用性测试参与者将输液管连接到模拟患者（即模拟血液袋）

10.6　您如何模拟皮肤和注射？

鉴于与针刺和感染控制相关的潜在安全风险，让可用性测试参与者实际上用针刺自己或其他人并不总是可行或可取的。您可以通过使用模拟皮肤来真实地评估用户与基于针的医疗器械的交互来解决此问题。

假设您正在测试一种胰岛素泵用输液器，该输液器通过连接到皮下套管（空心管）的管路将胰岛素从胰岛素泵输送到身体中。套管可能是锋利的金属管（即针）或软塑料管。在后一种情况下，用户必须使用针头将套管插入他的身体，该针头位于套管内，一旦软套管就位，就将其收回。这两种类型的套管都需要用户针刺自己。

或者，假设您正在测试一种肾上腺素自动注射器（通常称为 EpiPen），供发生过敏反应并可能导致过敏性休克的人使用。发生严重过敏反应的人需要准备自动注射器以供使用（如取下盖子并松开安全装置），“刺入”自己的大腿，然后等待药物流入体内，然后再从身体取出针头。

对这类医疗器械进行彻底的可用性测试需要测试参与者进行针刺。但是，出于人类受试者的保护和舒适度的原因，您不希望测试参与者真正针刺自己，特别是如果您想进行多次试验。解决方案是使用人造皮肤替代品作为注射部位。

一些包含针头的医疗器械制造商使用泡沫球展示其医疗器械的功能，该泡沫球有效地模拟了皮肤对针头插入的阻力。但是，将针头刺入放在桌面上的泡沫球中并不能让您准确评估实际将针头刺入人体的人体工程学效果。可以说，更好的选择是使用一块模拟皮肤，测试参与者可以在他们可能实际进行注射的同一位置“佩戴”。如果用户通常会将药物注射到另一个人的皮肤中，就像护士可能会将药物注射到患者体内一样，那么您可以将模拟皮肤固定在解剖框架（即支架）上，如前臂模型。

您可以自己制作模拟皮肤或购买现成的模拟皮肤。一些市售的模拟皮肤是多层的，由厚弹性材料层和薄织物层层压而成，还有一种类似于碰碰球的泡沫塑料，以及一种覆盖硅胶的塑料皮肤。用于模拟皮肤的其他材料包括中密度泡沫橡胶和硅橡胶，后者被一些医学生用来练习外科手术。最佳选择将取决于模拟皮肤的所需特性，包括纹理、颜色、附着力（如果器械包含石膏，则很重要）、耐穿刺性、可压缩性、孔隙度（允许流体注入其中）、厚度。

为了让测试参与者佩戴模拟皮肤并进行自我注射，您需要设计一种方法将模拟皮肤固定到位。笔者测试胰岛素泵用输液器、胰岛素笔和其他皮下针头插入的医疗器械的方法是将尼龙魔术贴粘在一块模拟皮肤的背面，然后将粘有尼龙魔术贴的一侧按到缠绕在测试参与者腰部的与尼龙魔术贴兼容的松紧带上。在某些情况下，笔者采用了一种更简单的解决方案——具有集成尼龙魔术贴的注射模拟器（见图 10-13）。这是一个简单、整洁的解决方案，无论何种身材的测试参与者都容易使用。

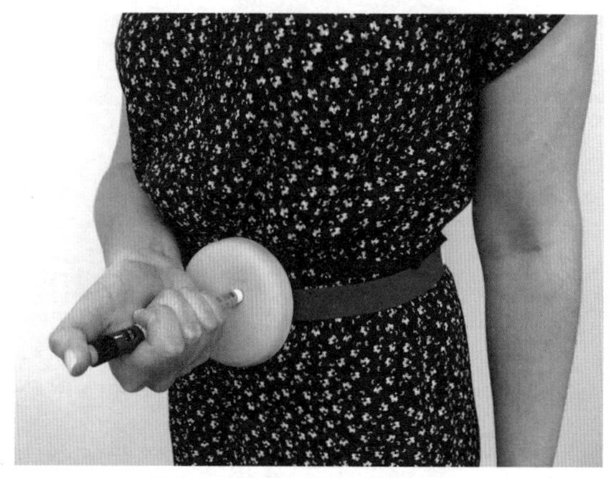

图 10-13　测试参与者佩戴模拟皮肤模拟用胰岛素笔注射

在其他情况下，笔者使用了一种粉红色的乳胶材料，这种材料在视觉和触觉方面都比泡沫更逼真，但问题是这种材料也更柔软，不太适合使用尼龙魔术贴直接连接到腰带上。因此，笔者将柔性材料放置在一个顶部带有切口的稳定塑料盒中。然后，笔者将尼龙魔术贴固定到盒子上，这样它也可以粘在与尼龙魔术贴兼容的腰带上。

除了购买一块弹性材料，另一种替代方法是购买市场上已有的注射模拟器，以促进护士培训和患者教育。注射模拟器可以从 Pocket Nurse（https://pocketnurse.com）和 MED-Worldwide（https://www.med-worldwide.com）等公司购买。

您还可以雕刻上述弹性材料来模拟身体部位及植入式医疗器械的外壳。例如，您可以将植入式药泵嵌入厚橡胶垫中，从而使您能够测试医生刺穿皮肤并用针头植入下方隔膜为医疗器械的储药器注药的能力。

> **了解人造皮肤的特性**
>
> 请注意，人造皮肤的物理特性会对医疗器械的性能产生重大影响。例如，人造皮肤的独特物理特性可能会影响医疗器械的附着力或刺穿皮肤的压力。因此，监管机构可能会要求您提供证据证明人造皮肤基本上等同于真实皮肤（以及下层组织）。并非所有人造皮肤制造商都愿意提供数据来支持等效性声明，因此如果您需要等效性及其证明，请谨慎选择来源。

 10.7 您如何模拟障碍？

如果您无法在可用性测试中让有特定障碍的人参与进来，您可以考虑让未受影响的测试参与者佩戴模拟障碍的特殊装备。例如，妊娠模拟器（Empathy Belly）、视觉扭曲眼镜和运动限制手套可以分别模拟妊娠、色弱和关节炎。尽管如此，笔者仍然强烈建议让有实际障碍的人参与测试，从而既满足当今的护理标准，又确保测试不会因引入模拟障碍而产生假象。

在 8.6 节中，笔者讨论了将残障人士纳入医疗器械的可用性测试，因为这些人可能占预期用户群体的 20%（有时甚至更多），具体取决于给定医疗器械的性质。但是，当您遇到招募此类人员参加可用性测试的困难时，您能做些什么呢？如果您想根据所有测试参与者的表现来评估您的医疗器械，而不是仅仅基于少数有障碍的人（例如，在 15 名测试参与者样本中，有 3 名测试参与者患有关节炎），该怎么办？一种解决方案是模拟某些障碍。虽然模拟障碍比与有实际障碍的人一起工作要困难得多，但是应用该方法仍然可以提供有用的见解。

模拟障碍是什么意思？笔者的意思是要求没有特殊障碍的人佩戴限制他们能力的装备（见图 10-14~ 图 10-18）。表 10-2 列出了限制性物理条件的模拟，将特定医疗器械与用户接口设计人员关注（可能感兴趣）的障碍联系起来。

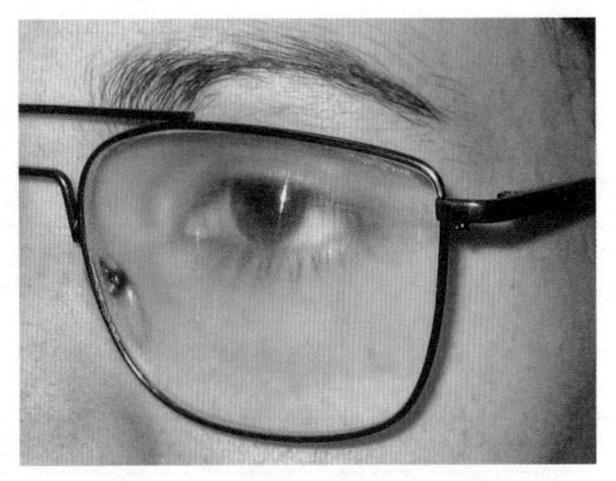

图 10-14 测试参与者戴上一副涂有无害物质（如凡士林）的眼镜来制造模糊的视力

图 10-15 测试参与者戴着声音衰减耳机来模拟听力损失

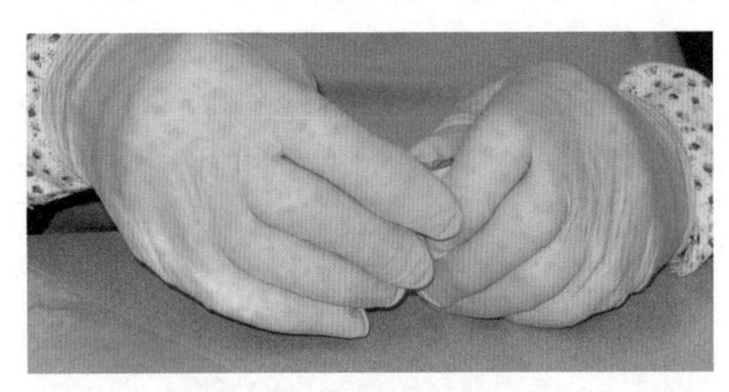

图 10-16 测试参与者戴着两副手套（棉手套和防护手套）来模拟灵巧性和感觉限制

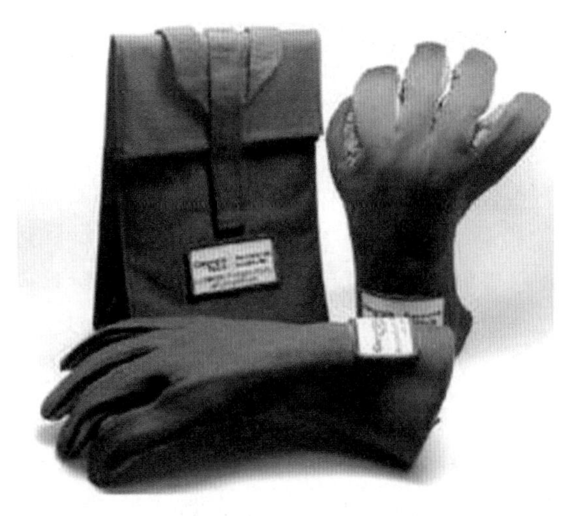

图 10-17 关节炎手套（照片由佐治亚理工学院无障碍评估机构提供）

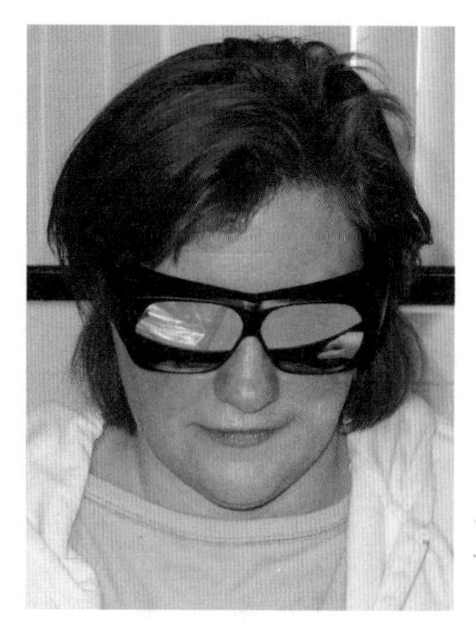

图 10-18 测试参与者佩戴视觉扭曲眼镜（Variantor）来模拟色觉障碍

表 10-2 限制性物理条件的模拟

装备	模拟条件	待评估的设计属性
妊娠模拟器	妊娠	物理适应和操作
运动限制服	关节炎、关节僵硬	物理适应和操作
夹板和吊索	骨折、扭伤、肌肉无力	物理适应和操作
视觉扭曲眼镜（如导致视力模糊、斑点、颜色扭曲或视野缩小）①	视力障碍（如老花眼、近视眼、白内障、黄斑变性、色弱）	文本和图形的易读性，以及颜色检测和区分
耳塞和耳机	听力障碍（如耳鸣、噪声性听力损失、感觉神经性听力损失、传导性听力损失）	警报音和语音提示的可听性、可检测性和可区分性
手套	灵巧性障碍（如神经病变、关节炎）	控制交互，触觉反馈的有效性
轮椅	瘫痪、肌肉无力、平衡困难等	组件可访问性（视觉和物理上）

① 使用眼罩将使视力障碍评估工作达到极限。

2006 年，英国拉夫堡大学人体工程学与安全研究所（ESRI）推出了骨关节炎套装，旨在模拟与骨关节炎相关的运动受限和疼痛。可以想象使用该套装来评估需要粗略和精细运动控制的各种医疗器械的可用性及自适应医疗器械（如轮椅、助行器）的适用性。

Birthways Incorporated 公司生产的妊娠模拟器（Empathy Belly），这是一种由织物、织带、衬垫和膀胱组成的服装，可以用大量温水填充以模拟子宫内的胎儿。制造商表示，他们的产品在佩戴 10min 或更长时间后有效地模拟了许多条件和物理限制。引用制造商的说明，其中一些“症状和影响”包括：

1）体重增加 13.6~15.0kg。

2）乳房增大和腹部突出的妊娠轮廓。

3）背部姿势改变，增加脊柱前凸或“骨盆倾斜”。

4）所有身体动作变得笨拙。

5）疲劳增加、步伐减慢和活动受限。

您可以购买手套，使佩戴者能够体验到类似于关节炎患者可能会体验到的身体互动。这种手套的价格可能高达 500 美元或更多，或者您也可以进行一些在线研究并自己制作。笔者曾经在园艺手套上叠加乳胶手套，并根据需要添加纹理和填充物，以进一步减少感觉和模拟炎症（见图 10-16）。

一副名为 Variantor 的专用眼镜使人们能够看到色觉障碍的人眼中的事物（见图 10-18）。该眼镜的优势在于使可用性测试参与者能够与周围环境和测试项目自然互动，而不是被仅限于查看过滤后的打印图像。

您还可以购买专门的眼镜来模拟其他视觉障碍（如白内障、青光眼和视网膜病变）。如果您没有时间（或预算）购买此类专用设备，您可以通过使用过滤器处理图像以模拟各种视觉障碍，从而评估设计在视觉障碍者眼中的效果。图 10-19 所示为具有不同形式色觉障碍的人（有些常见，有些非常罕见）看到的注射器标签效果。

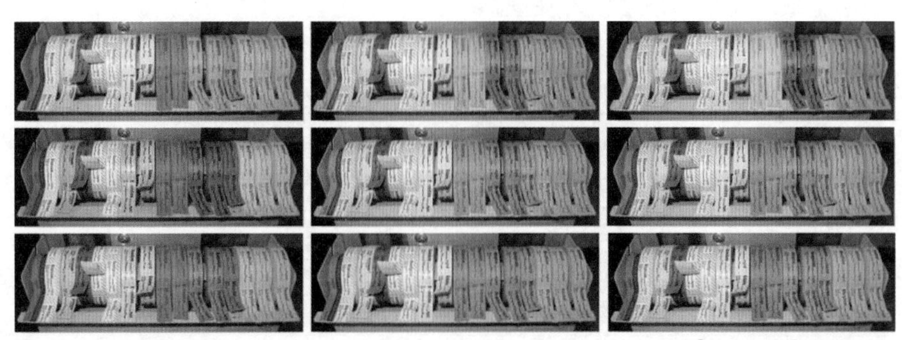

图 10-19　具有不同形式色觉障碍的人看到的注射器标签（使用 Coblis 色觉模拟器过滤的图像）

注：从左到右逐行依次为正常色觉、红盲 / 红色盲、绿盲 / 绿色盲、蓝盲 / 蓝色盲、红弱 / 红色弱，绿弱 / 绿色弱，蓝弱 / 蓝色弱，单色视 / 全色盲，蓝锥单色症。

虽然笔者已经描述了一些模拟各种障碍的方法。但仍要重申，最好还是招募真正有相关障碍的人。如果人类受试者保护目标或后勤挑战使您无法招募此类人员（特别是在总结性可用性测试中），请寻求监管机构对您模拟障碍的计划的预先批准（请参阅 7.5 节的相关内容）。寻求这种预先批准应尽量减少监管机构日后拒绝接受测试所产生的数据的机会，该测试涉及模拟障碍而非实际有相关障碍的测试参与者。

 10.8　您如何模拟硬件交互?

评估医疗器械物理元素（即硬件）可用性的最佳方法是将硬件放在测试参与者的手中。同时，基于软件的原型设计工具可以在物理模型可用之前评估诸如控制动作逻辑等硬件特性。不过，在评估人体工程学的贴合度和舒适度等物理属性时，基于软件的原型并没有太大帮助。

笔者的一个项目涉及设计和执行集成到病床侧栏杆中的医院病床控制面板的可用性测试。在与客户合作探索无数控制面板布局和标签选项后，笔者试图评估首选设计是否直观易用。最初，似乎不得不等到客户产生一个工作模型后再评估。但是，采用这种方法会延迟评估工作，从而减少测试后修改设计的时间。

笔者的解决方案是构建一个基于 Adobe Flash 的侧栏杆原型，并辅以病床本身的虚拟模型（见图 10-20）。采用二维（2D）而不是三维（3D）建模方法，原型只需要几天（而不是几周）来构建，并且只需要比普通交互式原型多一点的编码（特别是编写运动算法）。笔者在连接到大型触摸屏的便携式计算机上展示了最终原型，该触摸屏在虚拟病床下方显示全尺寸控制面板。该原型使测试参与者能够看到虚拟病床在按下任何控制面板按钮时是如何移动的。虚拟按钮在接触时出现缩进（即视觉上看被按下），并且虚拟病床在移动时发出低沉的电动声音（由电动卷笔刀的声音录制而成）。随后对基于计算机的原型进行的可用性测试帮助开发团队发现了改进控制面板设计的机会。

图 10-20　基于计算机的医院病床控制面板模拟显示在触摸屏上

前面的案例研究说明了如何在物理模型可用之前模拟硬件交互，尤其是控制面板交互。然而，模拟比按下按钮更复杂的物理交互更具挑战性。

例如，笔者曾经设计过一种称为组织切除器的微创手术医疗器械原型，这是一种将子宫切割成小块以便通过一个小端口取出的手术医疗器械。这种手持式医疗器械包含用于启动和停止刀片旋转及控制刀片暴露量的控件。同样，笔者构建了一个基于计算机的二维医疗器械原型，从而使测试参与者能够尝试各种控制动作。该原型补充了一个外观模型（使用立体光刻法制作），帮助测试参与者判断仪器的真实握力、重量、惯性矩和其他物理特性。使用基于计算机的原型和物理外观模型，笔者能够以设计评估为重点进行特别有效的可用性测试。

有时，医疗器械具有软件用户接口，可通过指向设备接受用户输入，如轨迹球、操纵杆、微调旋钮（也称为缓动轮）和五向光标控件。您也可以构建代表这些指向设备的基于计算机的原型。如果这样做，重要的是指导可用性测试参与者如何正确使用原型，以消除测试参与者由于原型性质而难以操作它们的假象。例如，您可以向测试参与者解释，他们可以通过单击旋钮的外环然后沿弧线移动光标来转动虚拟微调旋钮。笔者建议让测试参与者在管理定向任务之前熟悉控件的原型机制。

在具有物理代表性的实际环境中评估软件用户接口的一种方法是将交互式显示器嵌入外观模型（即无功能）中。例如，笔者曾经将一部手机放入一个输液泵的塑料模型中，并使用手机的屏幕来模拟输液泵的控制面板。还有一次，笔者将运行基于 Flash 原型的便携式计算机连接到附属触摸屏显示器，制造商的开发团队对笔者的原型进行了改进，使触摸屏输入能够控制用于检测癌细胞的实际显微镜（正在测试的医疗器械）的移动。此功能需要开发人员创建自定义软件（驱动程序），将触摸输入转换为显微镜命令（如侧向移动载玻片、更换目镜、标记载玻片）。

10.9　您如何模拟其他医疗器械?

利用便携式计算机、普通盒子、普通办公用品和一些创意，您可以创建替代典型医疗器械的道具并增强可用性测试环境的真实感。

假设您正准备测试用于患者病房、ICU 或手术室的医疗器械。想象一下，您将在可用性实验室甚至会议室而不是在医学模拟器或实际临床环境中进行测试。用道具增加环境真实感的水平可能是合适的。本章 10.2 节介绍了躺在桌子上并部分覆盖着床单的人体模型如何有效地代表患者。为了更好地了解环境的物理人体工程学，并鼓励测试参与者在测试期间自然地行动，您可能还希望在患者护理环境中添加常见的其他医疗器械。此类医疗器械包括患者监护仪和注射泵。

理想情况下，您可以获得相关的其他医疗器械来创建最逼真的环境。然而，由于成本、时间期限或其他因素限制，这并不总是可行的。当您无法获得这些医疗器械时，您可以构建同样功能的基本道具（至少在可用性测试中）。以下是一些简单的解决方案，可以激发您自己的创造力：

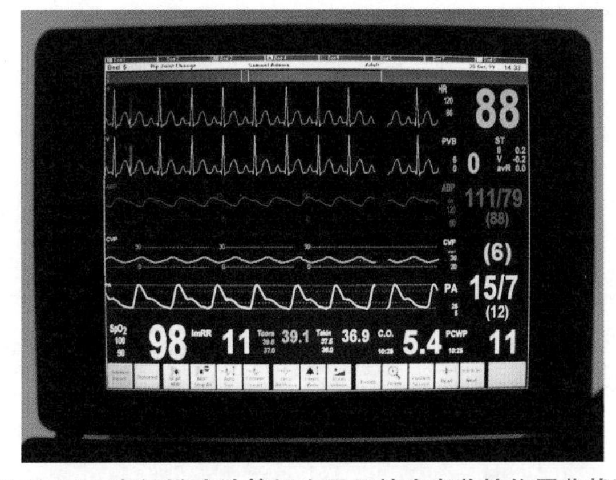

图 10-21　在便携式计算机上显示的患者监护仪屏幕截图

1）患者监护仪：笔者建议在便携式计算机上显示真实患者监护仪的屏幕截图（见图 10-21）。您可以在互联网上找到此类屏幕截图，或者您可以为当地医院的患者监护仪拍照（确保它不会泄露患者的身份）。将图像放在 PowerPoint 类型的演示文稿中。如果您正在建模的患者监护仪会发出声音，如每次心跳都会发出蜂鸣声，请添加音轨并连续循环播放。然后，将便携式计算机放置在与您正在测试的医疗器械相关的显示器的大致位置，用一块纸板或布盖住便携式计算机的键盘。如果您想要更复杂，请自动播放一系列幻灯片，这些幻灯片显示不断变化的参数值，表明患者的状态正在波动。

2）注射器泵：如果您只需要道具，并且不需要动态效果，请使用与泵（或其他类似盒子的装置）大小大致相同的普通盒子。如果盒子上有文字，请用白色或灰色的铜版纸将盒子包裹起来，使其外观更干净。然后，在背胶纸上打印出注射器泵（或其他医疗器械）前面板的图像，并将其粘贴到盒子的正面。在适当的入口和出口点将输液管连接到盒子上，以增加真实感。如果要将其安装在静脉输液杆上，请在其上粘贴尼龙魔术贴。您可以低价购买真正的静脉输液杆。

在模拟医疗器械和治疗环境时，照片可以成为有用的工具。例如，如果您尝试模拟医院病房的中心区域，您可以使用大幅面打印机打印自动配药柜的照片。您可以将打印输出的照片粘贴在墙上或将其支撑在画架上。有销售和开发软硬件医学模拟教学工具的相关公司，销售专门的墙纸、窗帘和便携式墙壁，旨在提高培训设施的环境真实感。可用的医院场景包括创伤病房、ICU、病房、手术室和分娩室，还可以根据高分辨率照片创建定制背景。

布置逼真的工作区

以准确反映医疗器械的相对位置和预期使用环境的空间限制的方式在被测医疗器械周围布置模拟医疗器械。例如，如果模拟的是ICU，其中许多医疗器械通常挤在一个相对狭窄的空间中，请务必将模拟医疗器械放在一起，以确保测试参与者不会在不切实际的大工作空间中与正在测试的医疗器械进行交互。请记住，不同国家/地区的工作空间大小可能会有很大差异。例如，在欧洲和亚洲的许多地方，患者治疗区和医院设施比美国更小、更紧凑，通常有更少的开放空间和更窄的门口。因此，尽可能以最具代表性的方式布置您的道具，最好与实际使用环境的照片相匹配。

参考文献

1. Cellular-News. 2009. *Countries That Ban Cell Phones While Driving*. Retrieved from http：//www.cellular-news.com/car_bans/.

2. Airdisaster. com Accident database. Retrieved from http：//www. airdisaster. com/cgi-bin/view_details. cgi？date=12291972 & reg=N310EA&airline=Eastern +Air+Lines.

3. CAE Healthcare. 2013. *About us*. Retrieved from http：//www. caehealthcare. com/.

4. CAE Healthcare. 2013. *METIman*. Retrieved from http：//www. caehealthcare. com/patient-simulators/metiman.

5. Association of Standardized Patient Educators（ASPE）Home Page. 2009. http：//www. aspeducators. org/.

6. Wallace，P. 1997. Following the threads of an innovation：The history of standardized patients in medical education.*Caduceus* 13（2）：5–28.

7. Lewis，L.A.，Nussbaum，B. P.，and Leeds，H. R. 1986. U. S. Patent 4596528. *Simulated Skin and Method*. Retrieved from http：//www. freepatentsonline. com/4596528. html.

8. Community Emergency Response Team（CERT）Los Angeles. 2007. *Moulage Information—Moulage Recipes*. Retrieved from http：//www. cert-la. com/education/moulage-recipes. pdf.

9. Loughborough University. 2006. *World's first osteoarthritis simulation suit launched on World Arthritis Day*. Retrieved from http：//www. lboro. ac. uk/service/publicity/news-releases/2006/115_osteo_suit. html.

10. Birthways Childbirth Resource Center Incorporated. *About the Belly*. Retrieved from http：//www. empathybelly. org/the_belly. html.

11. Cambridge Research System. *Variantor Glasses*. Retrieved from http：//www.crsltd.com/catalog/variantor/index. html.

12. KbPort. *Kb Port Simulation Environments*. Portable Walls，Wallpapers&Backdrops. Retrieved from http：//www.kbport.com/backdrops.php.

第11章 选择任务

11.1 您必须全部测试吗？

在追求卓越设计的过程中，您可能希望可用性测试参与者以各种可能的方式与医疗器械进行交互。但是，设计复杂性和有限持续时间的测试可能使这成为一个不可行的目标，这就需要您设置优先级。如果您必须确定优先级，请务必关注对安全至关重要的任务、对医疗器械有效性至关重要的任务，以及对用户满意度有重大影响的任务。当您从进行形成性可用性测试转向总结性可用性测试时，将更多注意力集中在最高优先级、对安全至关重要的任务上，并将您选择的任务与风险管理和分析工作联系起来。

有一个强有力的论点认为，医疗器械的可用性测试，特别是总结性可用性测试，应该涵盖用户可能使用指定医疗器械执行的每项任务。如果您对这个论点的逻辑感到疑惑，请设想自己坐在最近获得认证的客机的乘客座位上，如果制造商只测试飞机的一小部分部件，或者驾驶舱仪器的可用性测试只包括一部分任务，您会感到舒服吗？毫无疑问，您的答案是否定的。现在，想象一下自己坐在手术台上，如果周围医疗器械的制造商限制他们的测试，您是否会感到舒服。同样，您的答案无疑是否定的。

但是，测试用户与医疗器械的每一次交互是否可行？答案取决于医疗器械，有些非常简单，有些则很复杂。例如，我们可以设想无创血压监测器与潜在用户的每一次交互，但这可能不适用于麻醉工作站。在后一种情况下，您正在操作的机器具有如此多的功能和相关的使用场景，以至于测试每一种可能是不可行的。在这种情况下，可用性专家必须仔细选择任务，重点关注那些可能导致潜在有害使用错误的任务。尽管可能令人不安，但由于可能的使用场景数不胜数，客机制造商也不得不做同样的事情。

设想在有飞行员的情况下，可能导致潜在有害使用错误的任务包括起飞和着陆，更具体地说，任务包括复位机翼、升高和降低起落架及设置发动机功率水平。在进行麻醉的情境中，潜在的危险任务包括让患者入睡（诱导阶段）、唤醒他们（苏醒阶段）、解决对麻醉剂的过敏反应，以及设置和维护任务（如组装呼吸回路、连接气体管线、重新填充麻醉剂蒸发器、校准气体和更换二氧化碳吸收器）。制造商的风险分析是识别潜在危险任务的正确起点。

笔者将在 11.2 节中进一步讨论任务选择的概念。

> 在形成性可用性测试中考虑使用安全
>
> 监管机构倾向于从使用安全的角度来看待可用性测试，这是正确的。他们的工作是保护公众免受不合理危险的医疗器械的伤害，并确保这些医疗器械是有效的。因此，他们渴望形成性可用性测试（以及总结性可用性测试）专注于安全关键点和关键任务，从而创造多种机会来识别和纠正医疗器械用户接口的安全相关缺陷。通过多个过滤器按下用户接口以消除缺陷是一个恰当的比喻。不过，为了满足制造商的商业目标，进行一些可用性测试（至少是形成性可用性测试）是有意义的，这些测试也关注可用性和吸引力问题。

在这一点上，笔者的表述故意自相矛盾。笔者描述了测试每项任务的重要性，但随后表示在许多情况下这是不可能的。那么，让我们看看是否可以把事情弄清楚。

如果可能，您应该测试每项任务。毕竟，为什么要忽视最终会给用户带来困难的任务呢？如果不可能，请测试所有可能导致危险使用错误并对医疗器械有效性至关重要的任务。如果由于大量可能的使用案例而无法做到这一点，请测试那些代表使用错误发生的可能性和后果的严重性最高（即构成最大风险）而检测到错误的可能性很低的任务样本。另外，还包括与高严重性等级相关的任务，即使估计的可能性很低。请记住，监管机构希望制造商确认医疗器械不会带来不可接受的风险，因此请记录您的任务选择理由。此外，请确保您的测试涉及每种类型的任务（如设置医疗器械、药物输送、清洁），即使您没有涉及所有可能的情况（即使用案例）。

如果您正在进行形成性可用性测试，您可能会忽略刚刚提出的建议或至少采取更宽松的方法（请参阅上面的“在形成性可用性测试中考虑使用安全”）。因为您不是试图验证假定的最终设计，所以您可以设计一个可用性测试来专注于特定的任务，并为了节省时间而放弃其他任务。例如，形成性可用性测试可能只关注医疗器械的警报系统，并指出可以进行额外的测试来检查医疗器械用户接口的其他部分。但是，如果您要进行基础广泛的形成性可用性测试，除了对医疗器械吸引力很重要的任务，还可以针对风险最高的任务进行测试。

11.2 测试参与者应该执行哪些任务？

选择任务是测试计划中最关键的步骤之一。根据各种因素，包括您将进行的测试类型、医疗器械的复杂性及医疗器械开发的阶段，您选择的任务可能会有很大差异。

许多因素会影响任务选择，包括：

（1）测试类型　在形成性可用性测试期间，您可能会让测试参与者尝试范围广泛的关键任务，包括他们可能执行得最频繁和最紧急的任务、特别困难或有潜在危险的任务，以及从功能和营销的角度来看对他们至关重要的任务。在总结性可用性测试中，监管方面的考虑迫使您重点关注可能造成伤害或损坏的任务，从而限制了您可以在测试中执行的常规、良性任务的数量。在总结性可用性测试失败后的某个时间进行的补充（即重新确认）总结性可用性测试中，可能只包括最初失败的任务，目的是确认给定医疗器械或培训材料的修正部分。

（2）设计复杂性 一些医疗器械很复杂（如超声波扫描仪），需要大量的用户交互，因此要求测试参与者只执行具有代表性的任务。一种替代方法是让一些测试参与者执行一组任务，而其他测试参与者执行第二组任务。但是，笔者通常更喜欢让所有测试参与者执行相同的任务，根据需要延长测试时间以容纳更多的测试参与者。其他医疗器械则相对简单（如血压监测器），用户只需执行一些特定的任务，在这种情况下，您可以包含所有可能的任务。

（3）设计进度 您可能希望测试参与者执行范围广泛的任务，但受限于仅支持感兴趣的部分任务的不完整设计。例如，您可能想要测试血管管路套装装置任务，但必须等到机器体外回路的物理模型可用时才能进行。

（4）原型能力 同样，您可能希望测试参与者执行范围广泛的任务，但受限于交互式原型的能力。例如，您的原型可能已经足够先进，可以让用户提供模拟治疗（如内窥镜检查），但不能记录治疗过程和编写在线报告。在这种情况下，您可能会选择让测试参与者执行交互式原型支持的任务，然后使用草图或线框等方式完成其他任务。

（5）设计决策 设计团队可能在特定设计问题上陷入僵局（例如，如何在患者监护仪上绘制血压血流动力学参数），在这种情况下，您可以设计测试，使用两个或多个相互竞争的设计解决方案，只调查用户执行特定任务的能力。

胰岛素泵的可用性测试：2h 测试过程的示例任务

1）确定胰岛素泵的当前状态。

2）更换胰岛素泵的电池。

3）对基础配置 1 进行编程，以便您从上午 8：00 到晚上 11：30 期间每小时接受 1.5 单位量的胰岛素，从晚上 11：30 到第二天上午 8：00 期间每小时接受 1.0 单位量的胰岛素。

4）提供 2.0 单位量的胰岛素。

5）响应当前警报。

6）计算一次推注剂量以补偿一顿含 40g 碳水化合物的膳食。

7）设置胰岛素泵以提醒您在晚餐前进行胰岛素推注。

8）从基础配置 1 切换到基础配置 2。

9）调整基础配置 2，以便您在凌晨 1：00 到早上 6：00 期间接受 0.5 单位量的胰岛素。

10）插入新的胰岛素药剂盒。

11）用新的输液器更换用过的输液器。

12）将胰岛素泵数据上传到在线数据库。

注意：测试计划者应密切注意提供足够的指导，以便测试参与者了解他们要完成的任务，而不是提供可能被理解为程序指导或帮助的内容。测试计划者在向形成性可用性测试参与者提出任务时有更大的自由度，但在向总结性可用性测试参与者提出任务时，最好限制或消除程序细节。

定义

1）基础速率：低水平的长效胰岛素的稳定滴流，如用于胰岛素泵的胰岛素。

2）推注：为了弥补预期的血糖升高而服用的额外量的胰岛素，通常与一顿饭或零食有关。

3）胰岛素泵：一种胰岛素输送装置，大小与一副纸牌相当，可以戴在腰带上或放在口袋里。胰岛素泵连接到狭窄而柔韧的塑料管上，末端是一根插入皮下的针头。用户将胰岛素泵设置为全天连续提供稳定的滴流或基础量的胰岛素。还可以对胰岛素泵进行编程，以便在进餐时和血糖过高时释放推注剂量的胰岛素（一次几个单位）。

4）测试时间长度：更长的测试时间使测试参与者能够执行更多任务。

5）用户类型：许多医疗器械可能由不同类型的用户使用。例如，患者、支持性家庭成员（即非专业护理人员）、来访护士和服务技术人员可能会使用家庭透析医疗器械。测试参与者应尝试执行旨在让他们执行的任务。因此，不要要求患者执行只有服务技术人员才能执行的机器校准任务。

以下是平衡可用性测试的秘诀，假设在计划的测试时间中可以执行大约十几项任务：

1）2~4 项，让用户全面了解医疗器械的用户接口和一般工作流程的任务。考虑包括介绍性和医疗器械配置（或设置）任务，以使测试参与者了解医疗器械和后续任务。

2）2~4 项用户将执行的任务，这些任务会定期执行，并且可能会匆忙执行。

3）2~4 项可能导致设计团队持续关注的使用错误的任务。

4）2~4 项与医疗器械存在的理由相关的任务。

值得注意的是，某些任务可能满足其中两个或多个目的（即符合上述两个或多个类别）。

使用任务卡

与其让测试管理员向每位测试参与者大声朗读每项任务说明，不如将每项任务的说明打印在单独的索引卡或卡片纸上。当任务包括设置机器以向特定患者（由 ID、出生日期和体重识别）提供治疗和设置药物剂量（基于药物类型、剂量和浓度）时，证明这些“任务卡”特别有用。使用任务卡可确保每个测试参与者收到相同的任务指令，而不是受测试管理员的语气和即兴发挥影响的指令。为方便处理，请将卡片按顺序放入活页夹中。

11.3 您如何让任务自然流畅？

可用性测试计划者在决定为了收集完整的数据而应分割任务的程度时，必须在二者之间取得平衡。如果只是简单地指导测试参与者“进行治疗”，然后让他们确定适当的起点和终点，可能会导致不受欢迎的测试结果。相反，指导测试参与者执行六项子任务组成的系列任务（这些子任务原本是一个单一的集成任务），可以提供在实际使用场景中无法获得的帮助（即逐步指导）。此外，这种细分可能会改变测试参与者处理后续任务的方式。因此，最佳方法可能是将冗长的任务分割成数量有限的、较短的、离散的任务，但前提是“动作中断”代表实际使用情况，并且不太可能影响测试参与者对后续任务的表现。

可用性测试专家通常尝试使可用性测试参与者执行的任务尽可能真实。任务的真实性是获得有效测试结果的关键。

使任务看起来真实的措施包括：①安排模拟使用环境，使其尽可能代表实际使用环境；②招募具有适当人口特征和医疗器械相关经验的测试参与者；③促进自然进行的工作流程，减少中断。

基于历史经验看，可用性测试专家会指导测试参与者执行一系列适度集成的任务（可能一共有十几个），并要求测试参与者在每项任务后提供评分和主观评论。这种分段方法的优点是可用性测试专家可以在测试参与者的印象新鲜时，在每项任务完成后立即收集与任务相关的反馈。这种方法还有助于防止测试过程“脱轨”，因为测试参与者在长时间（如 30min）任务的早期阶段犯下太多的使用错误以致他们无法完成其他感兴趣的部分。然而，这种方法可能会使监管机构认为行动中出现了不自然的中断，从理论上讲，这可能会影响测试参与者如何执行随后的任务。例如，任务后的访谈涉及前一个任务期间发生的使用错误，这可能会使测试参与者在随后的任务中表现得更加谨慎。

可以说，更好的方法是指导测试参与者执行一组有限的更自然（即综合）的任务，从而减少操作中断的次数。换句话说，通过减少测试参与者使用医疗器械的频率来实现更真实的工作流程。当可用性测试专家没有监控和间歇性地询问交互的质量时，这种方法有望成为一种更有效的方式来确定哪些用户交互在现实世界中可能会更顺利或更粗略地进行。不过，指导测试参与者执行一组更小的集成任务可能会减少收集某些主观数据的机会。毕竟，当研究人员提出任务后的问题时，可能已经在相关经历后 20~30min，这时测试参与者可能会忘记报告对医疗器械的初步印象。

明智的做法是考虑这两种方法的优缺点，坚持最大限度地减少对任务自然流程的干扰这一最终目标。

考虑一个雾化器的可用性测试。表 11-1 列出了雾化器可用性测试的分段任务和自然任务，比较了 6 项任务和与上述两种方法相关的单个任务。

表 11-1 雾化器可用性测试的分段任务与自然任务

分段方法	自然（更集成）的方法
1）组装雾化器；收集评分和印象	像在家一样提供雾化器治疗；收集评分和印象
2）准备雾化器进行治疗；收集评分和印象	
3）进行治疗；收集评分和印象	
4）拆卸雾化器；收集评分和印象	
5）清洁雾化器；收集评分和印象	
6）存放雾化器；收集评分和印象	

哪种方法似乎更有可能产生有效的测试结果呢？分段方法确保测试参与者执行每项任务（或子任务，如果您愿意），从而确保全面的医疗器械评估。但是，提出6项不同的任务相当于一种逐步指导形式，在实际使用医疗器械期间可能不会出现这种情况。与要求测试参与者确定正确的行动顺序不同，呈现6项子任务使测试参与者的正确行动（或至少是基本步骤）不言自明。

这种自然的、更集成的方法确保测试参与者必须确定如何在没有帮助（如除了通常可能可用的用户文档）的情况下使用医疗器械。但是，仅提出一项任务可能会导致不良的测试工件。例如，测试参与者可能会在组装雾化器后认为任务完成，但没有意识到需要继续执行任务——就像在家提供治疗一样。在某些情况下，您可以通过提出一个中性的问题来解决这个问题，如“您在离开家之前还会做些什么吗？”这个问题让测试参与者有机会重新考虑任务的终点，而无须为医疗器械使用所涉及的后续步骤提供明确的说明（见图11-1）。

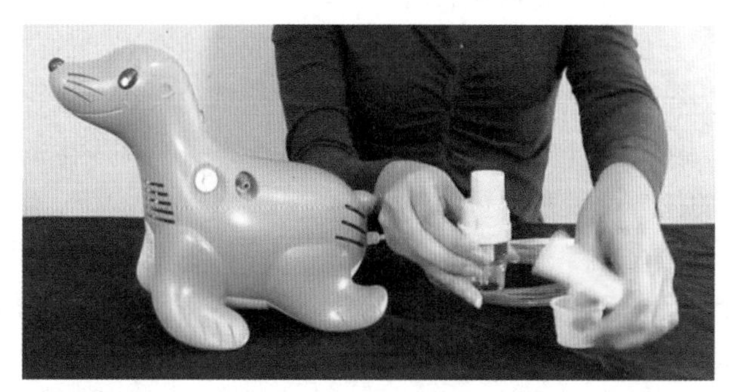

图 11-1　用户拆卸飞利浦 Sami the Seal 雾化器（照片由美国马里兰州富尔顿的 Just Health Shops 公司提供）

如上所述，笔者的建议是考虑两种方法的优缺点，这可能会产生一种折中方法（见表11-2）。在进行形成性可用性测试时，这种折中方法可能是最有成效的。但是，在进行总结性可用性测试时，笔者建议采用最自然的方法，特别是因为FDA不同意将整体用户体验细分为一系列更离散的任务。

表 11-2　雾化器可用性测试的系列任务

折中方法
1）准备雾化器以供使用；收集评分和印象
2）进行治疗；收集评分和印象
3）存放雾化器；收集评分和印象

表11-2中表述的折中方法仅包括两个中间点，即用户在医疗器械实际使用过程中通常会停止的时间点。这些时间点不太可能影响测试参与者在后续任务中的表现，而操作中的停顿为收集评分和印象提供了机会，以免这些反馈被掩盖或忘记。

工作流程中断

工作流程中断的可能影响包括：

1）身体姿势的变化。

2）视线变化。

3）精神状态/注意力水平的变化。

4）压力水平的变化（可能是降低）。

5）有时间思考（即收集一个人的想法）之前和之后的任务，以形成新的交互策略。

6）评分练习和访谈问题可能会将测试参与者的注意力集中在某些问题上，从而产生有关使用医疗器械的新见解。

11.4 为什么要专注于有潜在危险的任务?

尽管听起来很荒谬，但医疗器械可能很危险。设计缺陷会导致使用错误，造成患者受伤甚至死亡及财产损失。未能正确使用医疗器械（可能是由于缺乏适当的培训或对手头任务缺乏适当的关注）也可能会产生同样的后果。进行专注于有潜在危险任务的可用性测试，并针对测试揭示的问题进行设计改进，是生产尽可能安全的医疗器械的重要一步。

即使在今天，医生们也发誓要坚持希波克拉底誓言（一种医生保证遵守医生职业道德的誓言），将其作为进入医学界的一种仪式。该誓言翻译自希腊原文，誓言中最著名的部分说："我愿在自己判断力所及的范围内，尽自己的能力，遵守为病人谋利益的原则，并杜绝一切堕落及害人的行为。"这部分内容可归结为医生应"无害"。

在许多方面，医疗器械制造商通过遵守政府和标准组织提出的质量保证要求来履行类似的、未说明的誓言。例如，FDA 的质量体系法规要求制造商确保医疗器械不会造成危害。满足此要求的一种方法是进行可用性测试，确保用户在使用给定医疗器械时不会伤害自己或他人。

出于显而易见的原因，设计安全性高于可用性。例如，用户可能会容忍难以操作的医疗器械，但不会容忍导致危险使用错误的医疗器械。从理论上讲，制造商通过开展全面的风险管理工作来识别潜在危险的设计特征并加以减轻，从而消除大多数危害（请参阅 2.3 节的相关内容）。风险减轻措施可能包括工程变更、警告和特殊说明。期望的结果是提高医疗器械安全性，但不一定是绝对安全性。监管机构、制造商，甚至法律专业人士都认识到使医疗器械绝对安全的局限性，并指出绝对安全的设计可能是不可能的，如完全安全以防止用户用它割伤自己的手术刀。此类产品有时被描述为"不可避免地不安全"（请参阅第 3 章中的"什么是'不可避免的不安全'医疗器械？"）。因此，医疗器械通常会带来残余风险。可用性测试是确定制造商是否通过设计减轻措施有效降低风险的一种方法。

因此，医疗器械的可用性测试应侧重于潜在的危险任务，尽管测试的方式不会造成实际危害。测试计划者可以通过审查制造商的风险分析开始选择适当的任务，寻找用户必须满足以下条件：

1）以极高的准确性、精确度或时间执行任务，如以防止伤害。

2）遵循复杂或可能令人困惑的程序。

3）注意并遵守警告。

4）改变既定的行为模式。

5）快速工作。

6）在分散注意力的环境中工作。

7）应对高度压力。

潜在危险任务和使用错误的示例包括：

1）对多通道输液泵进行编程，以从静脉注射袋中输送吗啡，该静脉注射袋中的液体浓度是正常药物浓度的 2 倍。用户可能会无意中对泵进行错误编程，使其以 100mg/h 而不是 10 mg/h 的速率输送药物，只需多按 <0> 键一次而未检测到错误。

2）将透析机的患者通路连接到患者的血管通路。用户可能无法将静脉管线正确固定到静脉接入端口，导致返回患者身体的血液溢出到地板上，造成患者失血（即放血）。

3）从腹部取出输液装置（用于从胰岛素泵中输送胰岛素）。帮助儿童执行这项任务的家长可能会被受污染的针头刺伤。

可用性测试可以帮助医疗器械制造商确定用户是否能安全地执行具有潜在危险的任务。如果不是这样，制造商的风险减轻措施可能会被认为不够充分，这表明需要进一步改进设计或开发更好的安全保护装置、警告或说明等。

11.5 在评估使用安全性时，您如何选择任务？

在计划总结性可用性测试时，您需要遵循结构化的任务选择流程，重点是评估指定医疗器械的使用安全性。首先查看医疗器械的风险分析以识别有风险的任务，包括以前确定有风险但假设通过设计更改变得更安全的任务（即根据降低风险前的评级选择任务）。然后，按风险级别对任务进行排序，考虑后果的可能性和严重性，以及危险事件的可探测性。最后，生成一个包含风险最高任务的列表。如果在测试期间似乎有时间让测试参与者执行更多任务，则应包括一些低风险或无风险的任务，这些任务可能会对医疗器械的可用性和吸引力产生额外的影响。

正如在 11.2 节和本章其他部分所讨论的，选择任务是可用性测试计划中最重要的部分之一。选择正确的任务组合和测试应该有助于您全面而准确地了解给定医疗器械的优缺点。选择错误的任务组合，您最终可能会得到对医疗器械交互特性不完整和可能扭曲（即过度积极或消极）的认识。

根据笔者的经验，一些医疗器械制造商本能地希望看到测试参与者尝试展示其医疗器械最佳功能的任务，而不是可能使用户紧张、可能导致使用错误和造成负面印象的任务。同时，最好的方法是让测试计划者准备进行基准测试，以揭示医疗器械的优缺点。这可能需要对利益相关者进行一番激烈的游说，强调基准的方法最终符合他们的最大利益。然而，这种基准的方法只适用于形成性可用性测试计划。相比之下，总结性可用性测试任务的选择必须首先以验证医疗器械的使用安全性为目标，而与安全性无关的设计问题则退居其次，甚至被忽略。

FDA 的 HFE 指南强调了这一使用安全重点，指出了与总结性可用性测试相关的以下内容："您应该在测试中包括用户必须执行的所有任务，以确保使用安全和有效的使用结果。任务或使用场景的优先级应根据任务失败或用户性能不达标对医疗器械用户或患者的潜在临床影响来确定。"

那么，当重点应该放在使用安全上时，您如何选择任务呢？首先，审查特定医疗器械的相关风险分析结果，该分析应在您准备好确认用户接口设计时完成。该分析可能会引用几个与使用相关的风险，其中一些可能已经通过设计消除，而另一些则通过设计更改或标签（如编写良好的使用说明书）得到降低。然后，根据用户潜在的、减轻之前的风险对任务进行优先级排序。假设风险管理者已经为使用相关的风险分配了 RPN（请参阅 2.3 节的相关内容）。

列出高风险任务的优先列表后，估计测试参与者执行这些任务可能需要多长时间。如果您预计参与者能够在指定时间段（如 2h）的测试时间内完成所有任务，并且还有空闲时间，请添加其他可能没有相关风险但会影响医疗器械整体可用性和吸引力（涉及商业利益）的任务。如果与使用安全相关的任务的执行可能会占用整个测试时间，那么您可能需要针对具有严格商业利益的设计问题进行单独的可用性测试。在实践中，很少有制造商急于在验证阶段进行二次测试，因为他们不愿意改变设计，并且将医疗器械的性能基准作为制定营销声明的基础还为时过早，因为它通常只是生产等效原型。

假设您正在计划对输液泵进行总结性可用性测试。对相关风险分析的审查可能会识别出以下高风险：

1）用户没有确认流速设定值的更改，导致输液泵在 1min 后恢复到先前设置的值。

2）用户未将输液泵插入交流电源，导致输液泵的电池电量耗尽。

3）用户无意中更改了编程设置，因为他在擦拭触摸屏之前没有锁定触摸屏。

这些风险可能会导致您在总结性可用性测试期间指导测试参与者执行以下任务：

1）将流速从 150mL/h 更改为 200mL/h（测试管理员观察测试参与者是否输入了正确的流速并按下确认按钮表示接受）。

2）响应并解决突发情况——测试管理员触发低电量警报，期望参与者会确认警报并将输液泵插入交流电源插座。

3）触摸屏被弄脏了，清洁触摸屏。（测试管理员观察测试参与者是否在擦拭之前锁定触摸屏，然后在完成后解锁触摸屏。）

11.6 如果没有高风险任务怎么办？

可用性测试计划者首先列出一份高风险使用错误列表，并推导出一组任务供测试参与者执行。随后的测试将揭示用户是否可能犯下任何潜在有害的使用错误。如果给定的医疗器械不会出现不可接受的有害使用错误，那么测试计划会变得更加复杂。在这种情况下，应要求测试参与者执行风险最高的任务，这实际上可能没有那么危险，此外，应重点关注测试参与者执行关键任务的能力（即关注有效性）。这种测试方法反映了“应有的注意”，并提供了观察意外使用错误的机会。

正如6.1节所讨论的那样，总结性可用性测试应该关注高风险任务。从逻辑上讲，这表明低风险任务可能会被忽视，而倾向于专注于高风险任务。但是，如果没有高风险任务怎么办？换句话说，如果您的使用相关风险分析表明，没有使用错误会造成不可接受的风险。这是否意味着不需要进行总结性可用性测试呢？答案是否定的。您仍然需要进行测试以评估较低风险的任务，并评估任务的有效性。

矛盾的是，如果有很多高风险任务需要关注，那么低风险任务可能会被排除在测试之外，但如果没有高风险任务，则默认情况下应该包括低风险任务。我们所能做的就是认识到这一矛盾，并建议您不要纠结于此。

请记住，总结性可用性测试不仅用于确定风险减轻措施是否有效（如没有相关的使用错误），还可以确定用户是否可以完成关键任务（请参阅11.8节的相关内容）。因此，即使可能发生的使用错误不会导致不可接受的伤害，测试的必要性仍然存在。也就是说，对于被FDA归类为Ⅱ类或Ⅲ类的医疗器械，如果在符合IEC 62366系列标准的基础上受到设计控制和/或CE标志的约束，都必须进行总结性可用性测试。换句话说，您不能因为给定医疗器械的风险相对较低而跳过总结性可用性测试。

因此，在选择任务时，应重点关注风险最高的任务，并认识到风险可能较低。与任务相关的潜在使用错误是否具有非常低的初始RPN并不重要，不需要采取风险减轻措施。这些任务可能是您需要评估有效性（即测试参与者正确完成任务的能力）的任务。或者，您可能需要将专门关注有效性的任务添加到与高评级风险相关的任务集中。

事实上，谈论“低中之高”在概念上是尴尬的。但是，笔者希望能够有效地传达这一观点。

如果与使用相关的风险分析未发现任何会造成不可接受风险的使用错误，医疗器械是否可能无法通过总结性可用性测试？是的，它仍然可能失败。首先，测试可能会导致不可预见的使用错误，这些错误实际上会带来不可接受的风险——在之前的风险分析中被忽视或低估的事件。其次，测试参与者可能无法完成对展示医疗器械有效性至关重要的任务。

在实践中，笔者很少在没有至少一项高风险任务的医疗器械上工作，这些任务可能导致用户犯下可能有害的使用错误。但是，笔者经常测试只有少数高风险任务的医疗器械。在大多数情况下，笔者觉得有必要扩展测试范围以包括一些风险较低的任务，而不是进行可能只持续几分钟的单任务测试。概括地说，笔者认为让测试参与者执行被指定为低风险的任务很有价值，但可能暴露出不可预见的使用错误。此外，笔者经常发现，让测试参与者执行一项或多项低风险任务可以提高任务工作流程的真实性，这也很有价值。例如，如果关键的高风险任务涉及临床医生将患者的生命体征输入电子病历系统，笔者可能会让测试参与者在执行数据输入任务之前登录系统并选择患者，尽管登录系统和患者选择可能是低风险的任务。

有人可能会争辩说，如果只有一项高风险任务，那么进行单任务测试是完全可以接受的。或者，引申这一论点，如果任务包含所有高评级的风险，那么只进行2项或3项任务的测试也是合适的。但是，不要忘记这些任务应该与医疗器械有效性相关。因此，笔者鼓励谨慎行事，建议对低风险医疗器械进行的每次可用性测试都应包括多项任务。

最后，笔者建议您在上述逻辑框架的范围内做对您有意义的事情。如果您想采取最简单的方法，您可以计划一个有限的测试，并从适当的监管机构那里寻求对测试计划的反馈。他们会让您知道您的极简主义方法是否可以接受。或者，正如笔者建议的那样，进行更稳健的测试，其中包括一些风险较低的任务，以便进行更广泛和自然的评估，从而可能揭示出不可预见的使用错误。在后一种情况下，您将采取应有的谨慎态度，并且您的测试结果将具有更大的表面效度。此外，假设您的医疗器械正如先前的分析（也许是形成性可用性测试）所表明的那样是安全的，那么该医疗器械应该以“优异的成绩”通过测试。

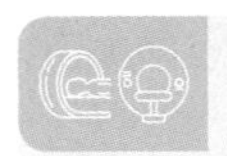

11.7 您如何评估与极不可能的使用错误相关的风险减轻措施？

尽管看起来似乎是对立的，但某些风险减轻措施的确认可能在很大程度上取决于预期用户的主观意见，而不是基于任务的客观证据。当导致不可接受风险的使用错误极少发生时，可能会出现这种情况——也许只是医疗器械数千万或数百万次使用中出现几次。在这种情况下，可用性测试人员需要向测试参与者充分解释所关注的危险场景和相关风险减轻措施，然后要求测试参与者评估指定风险减轻措施的潜在有效性。当在可用性测试期间可能永远不会看到相关的使用错误时，那么就风险减轻措施的感知有效性达成共识可能是最明确的结论。

评估风险减轻措施有效性的严谨标准是让有代表性的用户执行动手任务，这些任务可能会导致相关的使用错误发生。原则上，如果风险减轻措施有效，则不应出现可能导致伤害的使用错误（即过错）。如果持续出现可能导致伤害的使用错误，则可能表明风险减轻措施无效，需要进一步减轻风险。

但是，假设制造商或监管机构认为不可接受的使用错误（尽管发生概率很低）也不太可能发生。在这种情况下，即使没有采取风险减轻措施，在实际操作过程中也可能不会发生使用错误。

现在，设想一个情况：在6份医疗器械报告（MDR）中引用了上一代医疗器械的情况，并且该医疗器械已经安全使用了5年并进行了数千万次使用。FDA或其他监管机构可能会期望下一代医疗器械能够消除或最大限度地降低导致所有6份MDR的特定使用错误的风险。接下来，快速进行新医疗器械的总结性可用性测试。一个“干净”的测试可能仍然不能保证风险已经被有效地降低，例如，明确表示相关的使用错误在45次测试过程中不太可能发生。

在这种情况下，最好对风险减轻措施进行主观评估，以征求用户对风险减轻措施有效性的意见。这种方法似乎与收集使用安全客观证据的成熟策略背道而驰。但是，不要将其视为动手测试的替代方法，而是应将其视为一种补充。而且，如果您认为这种评估方法与FDA的确认指南不符，那么笔者正是按照FDA的确认指南对手术医疗器械进行了这种评估。

医疗器械的预期用户可能有机会犯关注的使用错误，他们应该做出主观判断。因此，如果唯一有机会犯使用错误的用户是手术护士，那么要求巡察护士、麻醉提供者和外科医生也提供他们的意见几乎是没有价值的。一个例外情况是辅助用户扮演的角色，他们可能会监督手术护士的工作。

在收集旨在防止罕见使用错误的风险减轻措施的主观评估时，可以执行以下一些步骤：

1）描述前代医疗器械或多种同类医疗器械发生的不良事件和危害的种类。如果可能，还以安全的方式演示使用错误（即模拟它），以增加测试参与者对危险场景的理解。

2）描述新医疗器械的风险减轻措施是如何防止上述使用错误的。此类风险减轻措施可能包括对控制器的物理保护、新的产品标签（包括醒目的警告）、快速参考卡和IFU中提供的叙述和图形指导，以及侧重于预防使用错误的培训模块。如果可能，应演示新医疗器械如何降低风险。

3）提出一系列与风险控制措施的有效性有关的问题，也许可以集中在全套风险减轻措施上，然后一次审查一个风险减轻措施。

与全套风险减轻措施有关的可能问题包括以下内容。

① 您对全套风险减轻措施有何看法?

② 您是否认为全套风险控制措施使新医疗器械比以前的医疗器械更安全、一样安全或更危险?

③ 您是认为新医疗器械“按原样”是相当安全的，还是需要进一步修改以确保合理的安全水平?

与特定风险减轻措施有关的可能问题包括以下内容。

① 您对具体的风险减轻措施（如产品警告）有何看法?

② 您是否认为特定的风险减轻措施会使医疗器械更安全，不会对安全产生特别积极或消极的影响，或者会使医疗器械比以前的医疗器械更危险?

③ 您能否提出任何方法来加强特定的风险减轻措施，以便更有效地防止使用错误和伤害?

查看测试参与者的回答以确定是否有新的共识。如果共识是积极的，即风险减轻措施似乎会有效，并且测试参与者以无错误的方式执行了相关的动手任务，则表明该医疗器械是安全的，至少在以与受评估的风险减轻措施相关的方面是安全的。显然，即使相关的动手任务进展顺利，否定的共识也将是一个挫折。

总之，仅仅依靠预期用户的意见对风险减轻措施是否有效下结论似乎是不正确的，特别是当可用性测试的最佳实践要求收集使用安全的客观证据时。但是，如果人们试图降低在一百万次接触中可能仅发生几次的事件的风险，那么主观意见可能是最好的方法。

11.8 您如何评估有效性?

可用性测试不仅有助于评估医疗器械的使用安全性，还有助于评估其有效性——用户操作器械以执行其预期用途的能力。如果一些可用性测试参与者不能使用医疗器械完成重要任务，医疗器械制造商将面临医疗器械商业化道路上的主要障碍。在某些情况下，未能完成任务可能会导致治疗严重延误，这会带来安全风险，这也代表医疗器械基本性能的缺陷。

FDA 和其他监管机构主要关注医疗器械的安全性和有效性，后者还引入医疗器械有效性的相关概念。为了使医疗器械既安全又有效，用户必须能够使用它来完成重要任务。

显然，医疗器械需要有效地发挥其功能，否则就毫无意义。X 射线机需要产生骨骼的图像（完整的、破裂的和破碎的）；胰岛素泵需要以设定的速率将胰岛素输送到皮下组织；微创外科吻合器需要在预定位置放置一排安全的缝合钉。如果用户无法分别确定如何激活 X 射线机、设定基础胰岛素率及将缝合钉装入微创外科吻合器，那么这三种医疗器械将无法发挥其作用。

在一些国家，医疗器械在合法销售之前需要获得监管许可，而在这些国家，医疗器械的功能有效性实际上是可以假定的。尽管如此，几十年前，在美国和其他国家，新兴的医疗行业充斥着“庸医”器械，这些医疗器械不能很好地达到预期目的，或者根本不能达到预期目的。

鉴于这些毫无价值且可能引起疼痛的医疗器械，人们都可以很庆幸医疗器械制造商现在需要证明他们的医疗器械既有效又安全。

现在，让我们将这个讨论与可用性测试联系起来。

在总结性可用性测试期间，您需要寻求证据表明用户可以执行高风险任务而不会犯下潜在的有害使用错误。同时，您还应该寻找用户确实可以成功完成任务的证据。因此，医疗器械仅具有低风险特征不足以获得监管机构的批准。此外，用户必须能够完成证明医疗器械存在理由的任务。

可用性测试专家选择任务时，问题在于用户可能仅仅因为无法完成任务而受到伤害，从而使基本任务与安全相关。考虑使用 AED 试图挽救心室颤动的患者，如果用户无法向患者提供心脏复律电击，可能是由于对如何操作医疗器械感到困惑，该怎么办？从某种意义上说，该医疗器械并没有伤害已经处于困境中的患者，因为医疗器械没有故障。但是，未能完成任务（即提供电击）使患者无法获得可能挽救生命的治疗。这个结果是简单的无效问题、安全问题还是两者兼而有之？笔者认为两者兼有。

考虑以下一些额外的任务：

1）在进行治疗之前，透析技术人员必须能够用血液管路配置透析机。

2）患有慢性阻塞性肺疾病（COPD）的非专业人士必须能够正确组装雾化器并在其中装载药物，然后才能进行治疗。

3）护士必须能够将电极正确地黏附在正确的身体位置上，然后才能记录可靠的心电图轨迹。

同样，让测试参与者执行这些任务将使可用性测试专家能够评估医疗器械的有效性，但如果测试参与者未能完成任何一项任务，那么就可能会导致潜在的有害治疗延迟。医疗器械制造商可以通过进行彻底的使用相关风险分析来评估潜在的危害。即使与这些任务相关的风险被认为很低，可用性测试专家仍可以将此类任务包含在总结性可用性测试中，以评估医疗器械的有效性。

说明一下，笔者指的是与任务完成有关的有效性。当您向 45 位测试参与者提出相同的任务时，您可以通过计算完成任务的测试参与者与未完成任务的测试参与者的数量来判断有效性。相比之下，参与医疗器械开发的其他人将专注于医疗效果，力求确保医疗程序或药物达到其预期目的——可能是帮助、治愈或诊断某种疾病。

基本性能

IEC 60601-1：2012 第 3 版中，将基本性能定义为“除了与基本安全相关的性能，还具有其他临床功能，其损失或退化超过制造商指定的限制时将导致不可接受的风险”。

请考虑一个基本性能的简单示例。AED 有一个电击按钮，如果该按钮停止工作，这种控制能力的丧失可能会带来不可接受的风险（因为这里不是在谈论特定的 AED）。因此，电击按钮的正确操作构成了基本性能。推而广之，用户识别并正确操作按钮的能力也构成了基本性能。启动 AED 电击按钮的障碍可能同时产生安全隐患、基本性能损失和任务无效的情况（见图 11-2）。

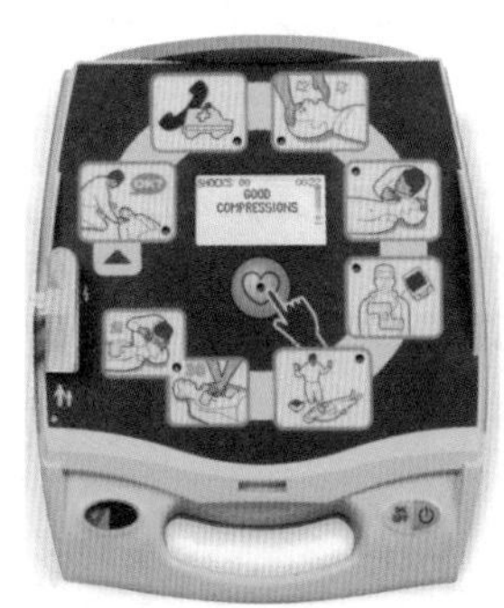

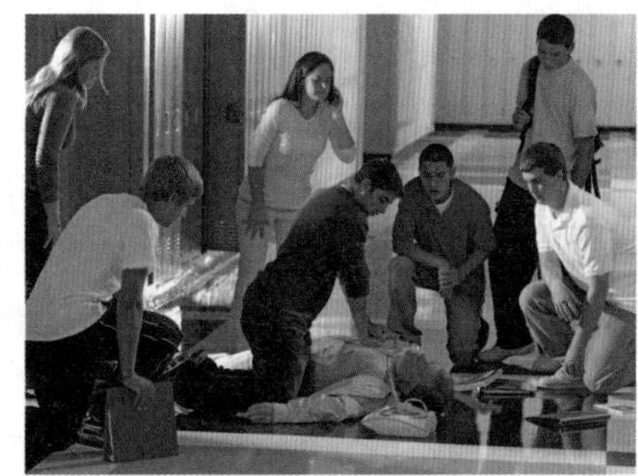

图 11-2　AED（左）和使用中的 AED（右）

11.9　测试是否应该包括维护和服务任务？

如果医疗器械的维护和服务任务会影响其使用安全或一般实用性，则将此类任务包括在可用性测试中是一种很好的做法。

在测试医疗器械的可用性时，很容易产生盲目性。如果只专注于主要用户的需求和目的，您就很容易忽略次要需求和目的，如技术人员和其他人执行的设置、维护、升级和故障排除任务。考虑到主要任务（如由医院的护士或普通人在家中执行的任务）通常是最危险的，这种局限性的视野是可以理解的。但是，人们在执行次要任务时也可能犯下严重的使用错误，因此这些次要任务也可能需要进行深入评估，特别是因为此类错误可能会对医疗器械的使用安全性或治疗效果产生负面影响。

笔者曾多次对受过特定医疗器械培训服务的技术人员进行可用性测试。这些机会的出现是因为客户的风险分析将特定的服务或维护任务确定为与安全相关。在一个案例下，如果技术人员没有正确校准透析机，透析机可能会从肾衰竭患者体内排出错误体积的液体，并导致额外的健康问题。因此，笔者进行了一项可用性测试，其中16名服务技术人员执行校准任务，以及其他与安全相关的维护任务，如更换透析机的内置过滤器（见图11-3）。

图11-3 服务技术人员在可用性测试期间进行维修

除了帮助确保医疗器械的使用安全，医疗器械开发人员还可以从对其医疗器械用户接口的维护和服务相关部分进行的可用性测试中获益良多。通过对次要任务的可用性测试而改进的医疗器械应该更容易出售给让次要用户（如临床工程师）在购买决策过程中有发言权的购买者。此外，销售代表可以宣传给定的医疗器械更易于维护和服务，从而降低相关成本并最大限度地减少医疗器械"停机时间"。

笔者曾经对左心室辅助装置（LVAD）进行了可用性测试，生物医学工程师负责在医院设置该装置并对其进行故障排除。虽然生物医学工程师不是该医疗器械的主要用户，但他快速正确地维修医疗器械的能力对于确保医疗器械可用于临床使用至关重要。此外，在某些医院，生物医学工程师会影响与新医疗器械相关的购买决策，这表明他们对医疗器械的可用性和吸引力的印象可能与每天使用该医疗器械的主要用户的印象一样重要。

维护和服务人员通常很乐意参加可用性测试，只要他们能抽出时间。尽管如此，他们经常对收到参与邀请感到惊讶，因为他们不习惯在医疗器械和用户接口的开发过程中收到反馈邀请。他们的需求经常被忽视的原因是，开发人员通常认为他们是"精通技术的人"，他们几乎可以想明白任何问题。此外，他们还可以阅读用户手册，并在必要时致电制造商的技术支持同事。对开发人员而言，更慷慨的观点是，维护和服务人员是很重要的医疗器械用户，尽管他们不那么显眼，但他们对用户接口中属于"他们的部分"有重要的需求和偏好——这是需要进行可用性测试的部分。

到目前为止，笔者认为专家应负责维护和服务任务。但是，医疗器械主要用户也可能执行次要任务。例如，护士可能必须定期更换医疗器械的过滤器或管路组件。普通人可能需要更换电池、重置医疗器械或通过互联网升级其软件。因此，您可能希望将这些次要任务与主要任务一起包含在单次可用性测试中。在笔者描述的透析机可用性测试中，笔者还让12名透析护士执行维护任务，因为他们可能偶尔会在服务技术人员无法服务时维修医疗器械。

11.10 您能测试长期可用性吗？

用户对医疗器械的看法和使用方法可能会随着他们的反复使用而发生变化。要准确评估医疗器械的长期可用性，您可以进行多次或扩展的可用性测试。

大多数可用性测试侧重于最初的易用性（即直观性），而不是长期可用性本身。例如，在可用性测试期间，您可能会要求一组儿童和家长首次使用计量吸入器。他们与医疗器械的初始交互通常是信息丰富的。此外，他们执行任务的难易程度可以作为长期可用性的指标。尽管如此，基于首次使用来估计长期可用性可能是不准确的。注意到初始和长期可用性的重要性，后者不应被忽视。

考虑对一种新的内窥镜进行评估。内窥镜医师常年使用特定的某种内窥镜，并成为该内窥镜的应用专家。在可用性测试期间，内窥镜医师可能不赞成新内镜的新颖控制方案，并在操作时犯了一些使用错误。但是，如果测试参与者经常使用这种内窥镜，他可能就不会再犯幼稚的使用错误，并认为新设计比其前身更实用、舒适和高效。

判断长期可用性的一种方法是进行纵向研究，通过对同一个人进行多次可用性测试来评估时间线上多个点的用户交互特性。可用性测试之间的适当时间跨度可能是几小时、几天甚至几个月，这取决于医疗器械的学习曲线和使用情况。例如，有些医疗器械可能非常简单且使用频繁，以至于用户在几小时或几天内就习惯了它们的操作。有些医疗器械可能很复杂且不经常使用，因此用户可能需要很长时间（可能是几周或几个月）来熟悉医疗器械的操作方式。

如果要测试患者监护仪的长期可用性，笔者可能希望进行初始可用性测试，然后在几天后对相同的测试参与者进行后续测试。我们可能要等 6 个月才能对 MRI 扫描仪进行后续测试，因为这是一种硬件用户接口有限（至少是控制部分）但软件用户接口可能很复杂的医疗器械。此外，在评估专用的、经常使用的医疗器械（如内窥镜）时，笔者可能会在一周内进行多次会话。

纵向研究可能需要很长时间，因此不适合专注于尽快将新医疗器械推向市场的可用性测试工作。此外，测试参与者将没有机会更好地使用尚未投入临床使用的医疗器械。因此，判断一个原型在实际使用中的长期可用性是不可行的。因此，该方法最好保留用于发布后（即上市后）的监督或基准测试。

日记研究

开展纵向研究，包括记日记，使您能够通过在很长一段时间内收集来自不同代表性用户的反馈来评估产品的初始和长期可用性。假设您想在为您的公司开发下一代血糖仪之前了解用户对您竞争对手的血糖仪的看法，以及与血糖仪的互动，您可能会招募 20 名测试参与者，其中 5 人使用 4 种竞品血糖仪中的 1 种，让他们在两个月内根据与血糖仪交互的情况每周写一篇日记。如果您的目标是深入了解测试参与者的整体用户体验，您将需要招募新的医疗器械用户，在他们从新手转变为经验丰富的用户过程中提供反馈。笔者通常会创建包含开放式和封闭式问题的混合日记，其中一些问题测试参与者只需回答一次，而另一些则在每次输入时都需要回答。

日记研究的适当持续时间取决于您的测试参与者可能使用产品的频率，如果是他们每天使用的产品，几周或 1 个月就可以了；如果这是他们每月使用的产品，那么为期 6 个月的研究可能更合适。如果开发用于家庭使用的医疗器械，您可以在开发过程中进行日记研究，以收集在实际使用环境中使用原型医疗器械的潜在用户的反馈。使用医疗器械一段时间后，测试参与者的意见可能比 1h 可用性测试结束时的意见更准确和更贴切。虽然日记研究比传统的可用性研究需要更长的时间，但它们提供了一种相对低成本的方式来收集来自不同地域用户的反馈。虽然这本书不专注于日记研究，但我们建议转向迈克·库涅夫斯基（Mike Kuniavsky）的 Observing the User Experience：A Practitioner's Guide to User Research，以获取有关如何进行有效日记研究的更多信息。

判断长期可用性的另一种（但有些有限）方法是要求测试参与者重复执行任务，可能是 5 次或更多次，但不应少于 3 次。例如，这种方法使测试参与者能够在使用医疗器械过程中产生一些肌肉记忆，理解软件菜单系统的组织结构，并识别信息源和控制选项。到第 5 次或第 10 次试验时，测试参与者应该已经加快了与给定医疗器械的交互速度，并开始就其对手头任务的长期可用性形成意见。

当您在寻找对长期可用性的洞察力时，笔者将 3 次重复试验视为工作的最低限度，因为测试参与者可能在第 1 次试验时有相当大的困难，在第 2 次试验中掌握了窍门，在第 3 次试验中获得了一些熟练度。但也有可能，测试参与者永远不会完全掌握窍门，这表明有重要的可用性问题需要解决。

测试参与者第 2 次以两倍甚至更快的速度执行任务是很常见的。测试参与者在 2 次或多次试验后改变他们对用户接口设计的看法也很常见。例如，首次尝试使用原型血糖仪的测试参与者可能会喜欢它，因为它有详细的屏幕说明。经过几次试验后，测试参与者可能会掌握该医疗器械的用法并认为这些说明是不必要的，甚至是阻碍性的。

在单次测试的限制内评估长期可用性的另一种方法是，首先进行一次试验以判断初始可用性和直观性，然后提供培训并进行一次或（理想情况下的）几次后续试验。培训使测试参与者沿着学习曲线快速前进，并且可以有效地模拟现实世界中用户接受培训的真实情况。

11.11 您如何测试警报？

您可以通过在具有代表性的环境中呈现警报并观察测试参与者如何响应它们来测试警报。基本上，您需要确认警报能够在潜在的干扰和掩盖声音（如巨大的噪声）的背景下可靠地引起注意。对于某些类型的警报（如警告，请参阅 11.12 节相关内容），您还需要确认测试参与者能够快速识别警报条件的性质并采取适当的措施。

警报系统在医疗器械的安全性和有效性方面发挥着关键作用。有时，医疗器械操作员必须立即响应高优先级警报，以防止患者受伤甚至死亡。中低优先级警报可能不需要立即响应或被描述为“生命危急”，但仍然很重要；否则，它们将被归类为通知。

一个好的警报可能同时具有音频和视觉组件，其具体作用如下：

1）吸引用户的注意力（即确保被检测到）。

2）传达警报条件的重要性级别。

3）传达警报条件（即出了什么问题）。

4）指示解决警报状况的正确纠正措施。

可用性测试是确定单个警报及整个警系统是否有效发挥这些作用的适当方法。

在进行可用性测试之前，制造商应遵循现行标准中提供的警报系统设计指南，如 IEC 60601-1-8：2006，其中建议在 500~3000Hz 的频率范围内实施听觉警报信号。

笔者通常在评估其他用户接口功能并让测试参与者使用医疗器械执行日常任务的过程中评估警报。在一个案例中，笔者触发了气瓶空警报，而测试参与者调整了呼吸治疗设备的流速。笔者观察到，大多数测试参与者在检测到警报后，会快速阅读警报信息，然后按下标有画线铃铛的音频静音按钮让环境安静下来。然后，测试参与者会重新关注警报消息，并参考用户手册来确定如何解决问题。

在对佩戴在身上的输液泵的可用性测试即将结束时，笔者触发原型医疗器械播放 4 种警报音中的一种，并要求测试参与者描述警报信号并使用快速参考指南来确定警报状态。所有的警报音都由一系列蜂鸣声或振动脉冲组成。一些测试参与者正确识别警报音，但另一些测试参与者听不到高频蜂鸣声，并报告该信号仅由振动脉冲组成。可能由于听不见音调或振动的次数和长度相似，一些测试参与者误解了警报。这一发现促使制造商重新设计警报系统以确保信号检测。

最终，在可用性测试期间触发警报使您能够评估哪些警报正常工作，从而导致正确的用户响应，而哪些没有。将音频警报（即数字音频文件）嵌入软件用户接口原型中，通过按下无线键盘上的一个按键以不引人注意的方式触发它们是很简单的。按照这种方法，警报似乎是自发发生的，使警报条件看起来更真实。

此类测试提出的建议包括：

1）更改信号提示词（如警告、注意、通知）以匹配特定警报条件的严重性和紧迫性，并满足既定标准。

2）改写文本以提高信息理解能力。

3）说明基于文本的消息以减少所需的阅读量，并阐明警报的原因和解决基本问题的适当方法。

4）更改显示屏上警报消息的专用位置。

5）更改显示的警报信息的大小或颜色。

6）使用户能够在更大范围内调整警报音量。

7）调整警报音频率以确保大多数用户都能检测到，包括那些有高频听力损失或其他听觉障碍的用户。

8）修改警报音以使其独特，同时仍符合标准。

笔者建议不要单独测试警报，而应在更广泛的任务中测试警报，因为测试参与者会准备好检测并正确响应一个接一个的警报。简单地说，单独测试警报让您消除了通常伴随警报并因此引起不自然反应的意外因素。

> 测试报警系统的可配置性
>
> 除了评估各种警报信号的有效性，您可能还需要评估测试参与者自定义和配置医疗器械警报系统的能力。例如，您可能会要求护士调整患者监护仪的警报限值，以便监护仪在患者血氧饱和度（SpO_2）水平降至90%以下时发出警报。在某些情况下，只有在用户能够安全地调整可变参数并在明确、可接受的范围内以匹配患者时，警报系统才有效。

11.12 您如何测试警告标签？

警告是医疗器械用户接口的一部分，会影响人们与医疗器械的交互方式。因此，它们应该接受与控制和显示相同程度的可用性测试，对于降低风险的警告尤其如此。一种测试方法是观察测试参与者的表现，看看他们是否注意到并遵守给定的警告。另一种更直接的方法是要求用户阅读给定的警告并解释它（见图11-4）。

图11-4 测试参与者审核备选警告标签设计

警告标签的作用是降低风险。因此，如果警告不能有效传达，用户可能会面临风险。因此，医疗器械制造商必须确保放置在其医疗器械上和相关文档（如用户手册）中的警告有效地传达。在评估其他用户接口设计元素时，可用性测试提供了一个很好的机会。

有时，您需要确定测试参与者是否自发地注意到警告。因此，您可能会指导测试参与者执行相关或不相关的任务，然后当他远离医疗器械时，询问他医疗器械是否有任何警告标签。如果答案是肯定的，您可以让测试参与者根据记忆总结警告内容，然后判断总结的准确性；如果答案是否定的，则表示存在检测问题，也许警告不显眼（例如，警告标签太小，文本太稠密以至于用户在用户视线之外无意识地忽略它）。

另外，最好的方法可能是指导测试参与者执行要求他遵守警告标签的任务。如果测试参与者以合规的方式执行任务，则测试参与者很可能看到并理解了警告。您可以提出后续问题以确认他们是否遵守了警告，而不是碰巧按照警告规定的方式执行任务。如果测试参与者没有遵守警告，要么是因为他没有注意到或理解警告，要么是由于其他原因未能遵守警告。您可以通过后续提问来确定不遵守警告的原因。

尽管如此，我们也认识到，让测试参与者执行一些任务来评估对特定警告或注意事项的遵守情况并不总是可行的。例如，如果警告旨在保护用户免受伤害（如手在热表面上烫伤），您可能希望评估警告的有效性，而不会将测试参与者置于任何实际风险中。在这种情况下，您可能希望以某种方式“解除”危险或以绝对可靠的方式保护测试参与者。

表 11-3 列出了警告属性及评价方法。一旦您把测试参与者的注意力吸引到警告上，您就失去了进一步判断它引起注意的能力的机会。但是，您仍然可以判断表 11-3 中列出的警告属性。您可以简单地要求测试参与者根据这些属性来判断警告。更严格的评价方法是进行表 11-3 中所列的几次小型评估。

表 11-3　警告属性及评价方法

属性	目标	评价方法
易读性	确定用户是否可以在最大预期观看距离处阅读文本	指导测试参与者站在离警告标签 3m 远的地方大声朗读标签内容
理解力	确定用户是否正确解释警告	要求测试参与者大声朗读警告，总结其信息，并评论内容的安排和清晰度
图形效果	确定任何图形传达预期信息的难易程度（通常由一部分随附文字重申）	采取严格的方法，简要地向测试参与者展示一个图形，然后将其隐藏并让他解释它。一个稍微不太严谨的方法是保持图形在视野中
可读性	确定文字和图形内容的组织方式是否便于信息获取	要求测试参与者阅读警告并评论从中提取信息的难易程度
信号词的恰当性	评估在标题中放置“危险”“警告”或“注意”等字样的适当性	出示警告标签的文字，然后要求测试参与者根据准备好的定义选择适用的信号词。请注意，标准规定应根据给定危险的级别使用哪个信号词。但是，测试参与者的意见可以帮助解决信号词使用不当的情况

如前所述，事先接触警告会破坏对易读性和图形效果的后续评估。因此，您可能会让一些测试参与者在执行任务后通过评论来评估警告，并让其他测试参与者按照表 11-3 中的描述来判断它们。

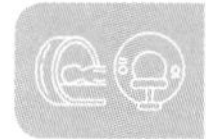

11.13　您如何测试使用说明？

概念良好的书面参考使用说明可以在教导人们如何安全有效地使用医疗器械方面发挥重要作用。为此，可用性测试可以帮助确定使用说明的优势和改进机会。此外，作为风险减轻措施的使用说明元素可能需要通过总结性可用性测试进行验证。此类测试通常可以与医疗器械硬件和软件用户接口的可用性测试一起进行。

医疗专业人员倾向于贬低新医疗器械随附的使用说明。常见的抱怨包括以下内容：

1）使用说明太啰嗦了。

2）使用说明似乎是工程师为工程师编写的。

3）使用说明充满了太多的免责声明、警告和注意事项。

4）在看似无穷无尽的其他内容页面中很难找到关键信息，如故障排除指南。

5）使用说明的索引或目录不完整，因此很难找到感兴趣的信息。

另一个抱怨来源是使用说明通常以厚厚的用户手册的形式出现，并且通常存放在远离医疗器械使用点的存储柜和壁橱中。因此，使用说明很少能在需要时随时可用。一些使用说明书可能在指定的护理环境中使用数月或数年后由于放置位置不方便而完全找不到。

因此，医疗专业人员通常将使用说明视为最后手段，而不是更可取的学习和解决问题的策略，如寻求知识渊博的同事的指导或拨打免费帮助热线。因此，您可能会问："为什么要费心测试使用说明？反正没人会用！"

一个令人信服的测试使用说明书的理由是监管机构认为它们是医疗器械用户接口的一部分，就像标签和包装一样。他们的观点似乎合乎逻辑，并指出使用说明可以影响人们与医疗器械的交互方式，并且医疗器械制造商经常将使用说明作为一种手段来减轻发生危险使用错误的可能性。因此，使用说明应被视为必不可少的设计元素。此外，真正有用且易读的使用说明最终可能会吸引更多医疗专业人员的兴趣，尤其是在他们试图解决问题的紧张时刻。

笔者的非正式评估是，使用说明（以及其他指导文件，如快速参考卡和指南）被操作个人（即家庭）医疗器械（如血糖仪、胰岛素泵和雾化器）的非专业人士更广泛地使用。笔者认为，非专业人士似乎比医护人员更倾向于阅读说明，原因如下：

1）非专业人士担心犯下可能伤害他们的错误。

2）非专业人士有时间阅读说明。

3）非专业人士的护理人员强烈鼓励他们在使用医疗器械之前（可能在使用期间）阅读使用说明。

4）个人医疗器械随附的使用说明通常在编写时更加关注可读性，因此比为临床使用医疗器械编写的使用说明更好、更实用。

5）非专业人士不能总是依赖其他人（如合作的同事）来帮助他们弄清楚如何操作医疗器械。

为了提高效率，您可以与相关医疗器械一起测试使用说明。您只需提供使用说明及给定的医疗器械，并指导用户执行任务。这种方法可以揭示用户是否自发地参考文档，并使可用性专家能够评估测试参与者是否认为文档有帮助。但是，这种方法并不能确保每个测试参与者都与使用说明的每个部分进行交互。

因此，在让测试参与者执行动手任务之后，您可能希望进行后续练习，在此期间测试参与者阅读和解释使用说明的每个部分或至少与旨在减少危险使用错误可能性的风险减轻措施相关的部分。您还可以要求测试参与者根据各种属性（见表 11-3）对使用说明进行评分，并确定 3 个优势和劣势。

根据您要验证的使用说明的时间段，您可能需要专门为此目的进行可用性测试，而不是"捎带"相关医疗器械的常规可用性测试。在此类测试期间，您可以要求测试参与者按照使用说明的指示执行任务，而不是简单地允许测试参与者根据需要访问使用说明。您将记录测试参与者提到的使用说明的哪些部分，以及他是否正确完成了任务。挑战在于决定什么是正确的任务表现。例如，测试参与者可能由于使用说明中的缺陷而跳过最初一个步骤，但后来一旦他发现有问题就会执行最初省略的步骤，从而完成任务。在不了解相关医疗器械的更多细节和潜在安全问题的情况下，很难说偏离规定的程序是成功还是失败。这就是专家判断将发挥作用的地方。

使用说明的总结性（即确认）可用性测试的最终目标是确认它可以防止并且本身不会引发危险的使用错误。具体来说，您需要确认旨在减少危险使用错误的文档部分在这样做时是有效的，并且它们不会导致可能造成伤害的意外使用错误。

编写指南

AAMI 在 ANSI/AAMI HE75：2009/（R）2013 第 11 节和 AAMI TIR49：2013 中为编写清晰、可用的使用说明提供了有用的指南。FDA 的医疗器械患者标签指南——行业和 FDA 审核人员的最终指南也是一个有用的参考资料；该指南描述了建议的使用说明内容，以及如何以可读、清晰的方式呈现内容。其他关于编写清晰、可用的使用说明的有用技巧可在技术写作手册和相关网站（https：//www.plainlanguage.gov）上找到。

使用说明是否需要总结性（即确认）可用性测试？

使用说明的确认是一个灰色的主题区域。原则上，如果使用说明是针对危险使用错误的主要减轻措施，则其有效性需要确认。但是，留在远离护理点的存储柜中的使用说明并不能起到很大的缓解作用。将位于远程的使用说明与永久固定在医疗器械的快速参考卡进行对比（见图 11-5）。后者可以非常有效地降低风险，应该进行确认。因此，真正的问题是如果目标用户可能永远不会访问使用说明，制造商是否应该引用使用说明内容作为合法的风险减轻措施。这个问题最好由制造商和监管机构共同讨论解决。在某些情况下，FDA 已指示制造商按照 FDA 非处方药产品标签理解研究指导文件的适用部分确认使用说明的理解能力，该文件描述了如何识别和衡量对所谓的主要和次要沟通目标的理解能力。

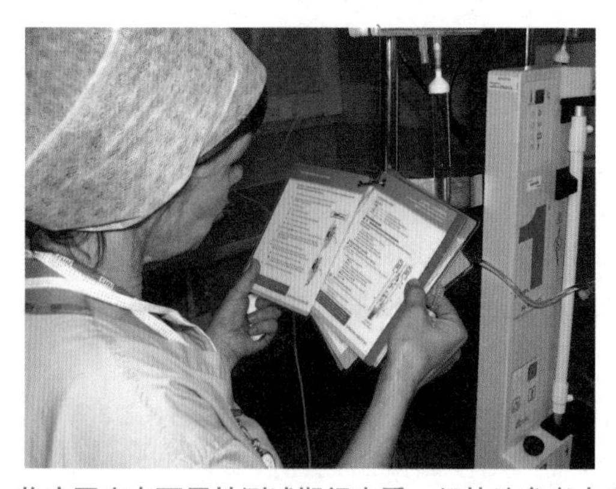

图 11-5　临床医生在可用性测试期间查看一组快速参考卡中的内容

 11.14 您如何测试符号？

一个好的符号可以快速准确地将其含义传达给目标受众。一个糟糕的符号需要更长的时间来解读，并可能导致误解。有多种测试符号理解能力的方法，有些方法比其他方法更严格。一种严格的方法是向用户简要展示一个符号，并要求他们陈述该符号的含义，并在必要时进行猜测。一种要求较低的方法是向用户呈现一组符号和相关定义，并要求他们将符号与其正确定义相匹配。

符号（包括图标）可以是医疗器械或其使用说明用户接口的组成部分。无论符号用作组件标签、状态指示器还是警告，它们都可能对医疗器械的安全性和可用性产生重大影响。因此，在进行可用性测试时，符号需要与其他用户接口设计元素一样受到关注，警告也是如此（请参阅 11.12 节的相关内容）。

评价符号的第一种方法是进行符号理解测试，作为可用性测试的一部分。首先给测试参与者一些关于符号出现位置的背景信息。例如，您可以这样说：

1）这些符号将出现在用于控制磁共振成像仪的软件应用程序中。

2）这些符号用于标记神经刺激装置的硬件控制。

3）这些符号传达了医院病床内置警报系统的状态。

然后，只需每次单独向测试参与者展示一个符号（如每张 PowerPoint 幻灯片一个），并要求他们解释该符号的含义。理想情况下，将每个符号呈现为实际使用中的样子，例如在彩色背景上或与其他元素（如开关或刻度盘）相邻。为了使测试更加严格，请向测试参与者展示该符号几秒钟，然后将其从视线中移除。当人们在实际使用场景中只有时间看一眼符号时，限制曝光时间是判断最初解释符号的速度和准确度的有效方法。但是，如果这种限制不太可能，您不一定必须限制曝光时间。至少让几名研究人员就每个定义的正确性达成共识。

评价符号的第二种方法是递给测试参与者一张纸，在其中一栏中显示符号，在另一栏中无序地显示符号定义。然后，要求测试参与者将每个符号与其定义相匹配。当旨在评价每个符号的可理解性和独特性时，这是一种很好的方法。

评价符号的第三种方法是进行多项选择题测试。这需要您制定一些看似合理但不正确的符号定义，以配合每个符号的正确定义。您可以选择一次展示一个符号（即每张纸呈现一个符号）或同时展示所有符号，从而使测试参与者能够将这些符号解释为一个完整的集合。同样，PowerPoint 演示文稿是演示理解练习的便捷方式。

第四种可能的方法是向测试参与者展示实际的医疗器械（或原型），并要求他陈述个人认为每个符号的含义。

当采用这些测试方法中的任何一种时，您都可以要求测试参与者评论每个符号，并就他为什么误解特定符号提供理论依据。您还可以要求测试参与者提出改进当前符号的方法或提出全新的替代方案。

以下是有关符号测试的一些提示：

1）要求测试参与者提供简短的符号定义。

2）如有必要，请测试参与者对符号的含义做出最好的猜测，而不是说“我不知道”。

3）确保符号具有相对均等的图形细化程度。

4）让参与者在最大预期观看距离处观看符号，并指示他们仅在需要时靠近以查看和解释符号。

5）除非有必要促进其他测试活动，否则不要告诉测试参与者他们给出的解释是否正确。

另外，美国电气制造商协会（NEMA）与 ANSI 一起发布了主要适用于公共警告标志的 ANSI Z535.3-2007。该标准要求符号测试至少有 50 人参与，以兼顾实用性和测试结果的统计意义。此外，符号接受标准是 85% 的测试参与者应该能够正确解释符号，并且对给定符号的含义感到“严重混淆”的测试参与者不超过 5%。例如，如果有 50 人观看“禁止潜水——您可能会摔断脖子”的符号，则至少有 43 人应该陈述一个合理正确的定义（如“禁止潜水（浅水区）您可能会受伤”），并且不超过 2 人陈述严重错误的定义（如“允许潜水，但您应该小心”）。在医疗环境中，您可能希望确认用户可靠地识别一个符号表示“在使用医疗器械期间穿戴铅围裙”，而不是“在使用医疗器械之前脱掉铅围裙”，尽管第二种错误解释似乎不太可能。

ANSI 规定的符号测试方法相对严格，而标准发布之前是不做测试的。不过，规定的测试方法给医疗器械符号评估者带来了两个问题。一是 50 人样本大于推荐用于医疗器械形成性或总结性可用性测试的样本量。二是验收标准不适用于具有安全关键功能的符号。例如，您不希望 100 名初始用户中有 5 人将“紧急关闭”符号误解为“开始治疗”符号。

什么是合适的验收标准？按照监管机构支持的质量保证原则，测试应证明，如果是实际使用场景而不是模拟，给定符号不会让任何测试参与者产生严重混淆，从而避免导致患者受伤或死亡。这与证明多年来医疗器械使用中永远不会出现严重混淆不同，因为这是无法证明的。

如果您难以找到或开发出理想的符号，请记住，您始终可以使用文字来代替（或在符号之外）。尽管如此，符号的使用对于供使用不同语言的人在国际上使用的医疗器械是有利的。它为制造商省去了生产一系列区域化产品和管理其分销的麻烦。然而，有时文本是传达复杂和抽象信息的唯一解决方案。

请注意，放置在旨在供具有不同文化背景的人使用的医疗器械上的符号测试应该涉及能够有效代表这些文化的潜在用户。如果出于预算和时间安排的原因，前往多个测试站点是不可行的，基于互联网的测试可能是一种有效的替代方法（请参阅 9.6 节的相关内容）。

11.15 您如何测试易读性？

很明显，医疗器械应该以清晰的形式呈现信息。但是，设计师认为清晰易读的内容可能并非对所有目标用户都是合适的。一些用户可能存在视觉障碍，这些障碍会影响文本、数字和符号的易读性。了解这一点后，医疗器械开发人员可以采取几个步骤来提高内容的易读性，如放大内容（如使用更大的文字）并确保良好的背景对比度。同时，作为可用性测试的一部分，有几种方法可以评估内容的易读性。相对被动的方法是记录测试参与者是否犯了阅读错误或评论说他们无法阅读某些内容。更积极的方法是引导测试参与者从指定的距离阅读内容并判断他们的阅读准确性。

在让用户帮助评估印刷或屏幕内容（例如文字、数字、符号）的易读性之前，您应该根据已建立的人因工程设计准则进行评估。这些准则将帮助您确定文本从最大预期观看距离观看对预期用户来说是否是清晰的。要考虑的组成因素包括字符高度、字符高宽比、笔画宽度、文本与背景的对比度、颜色的使用和样式。要考虑的环境因素包括环境照明和振动。要考虑的人为因素包括用户的视力、某些视觉障碍的特征（如周边视力丧失和黑斑）、矫正镜片和其他眼镜的类型，以及疲劳程度。

确定显示信息的适当字符高度是一件简单的事情。然而，易读性最终取决于“观察者的眼睛”。因此，在可用性测试中评估易读性以补充所讨论的数学分析非常重要。以下是一些测试方法。

1）例如，要求测试参与者对出现在计算机显示器上的信息的易读性进行评级。然后，询问测试参与者哪些信息（如果有）难以阅读。差评和投诉表明需要提高文本的易读性。这项工作将生成以下数据：

① 平均易读性等级（1 级为“差”，7 级为“优秀”）为 5.3 级。

② 标准偏差为 1.7。

③ 诸如屏幕顶部的提示很难阅读，氧饱和度数在相似的背景颜色中并不突出，用于显示报警限值的字体似乎难以阅读等评论内容。

2）指导测试参与者在规定的最大观看距离尝试阅读显示器内容。例如，您可以根据护士应该能够站在门口阅读房间另一侧的患者监护仪的要求选择 6m 左右的距离（见图 11-6）。这项工作将生成以下数据：

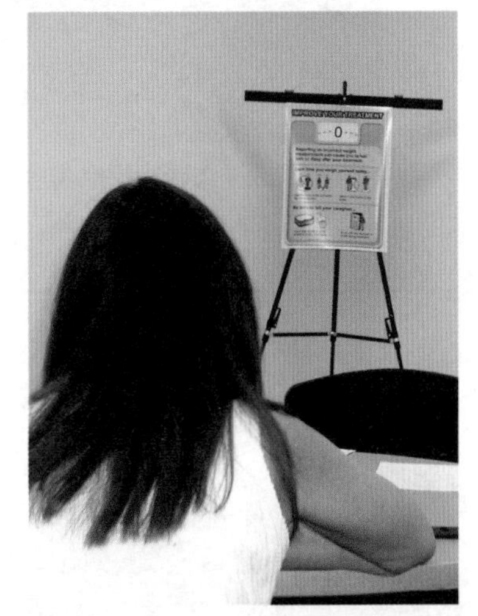

图 11-6 测试参与者从指定距离评估医疗信息海报的易读性

① 正确阅读的测试参与者占 64%。

② 阅读显示错误的测试参与者占 23%。

③ 表示看不清显示器内容的测试参与者占 13%。

3）指导测试参与者站在远超出视力优秀的人可以阅读显示器内容的距离。然后，要求测试参与者每次向显示器迈出一步，将他们的脚尖靠近间隔约 0.30m 的标记，并报告他们何时可以“自信地”阅读显示器内容（见图 11-7 和图 11-8）。这项工作将生成以下数据：

① 平均阅读距离约 8.05m。

② 标准偏差为 1.62m。

③ 最小自信阅读距离约 5.49m。

④ 最大自信阅读距离约 11.28m。

注意不要将易读性与密切相关的属性（如可读性和视觉吸引力）混淆。易读性是指人们辨别视觉细节（即数字或字母形式）的能力。可读性是指人们根据信息布局、密度和格式等因素从显示器获取信息的能力。视觉吸引力是一个品味问题，反映了个人对各种审美属性（如颜色、纹理、图案和图形等）的反应。因此，易读的显示可能既不具有可读性也不具有视觉吸引力。

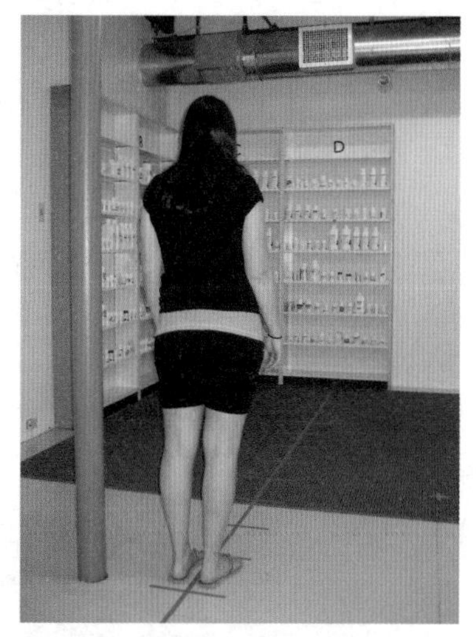

图 11-7 测试参与者在模拟药房中从指定距离读取药物标签

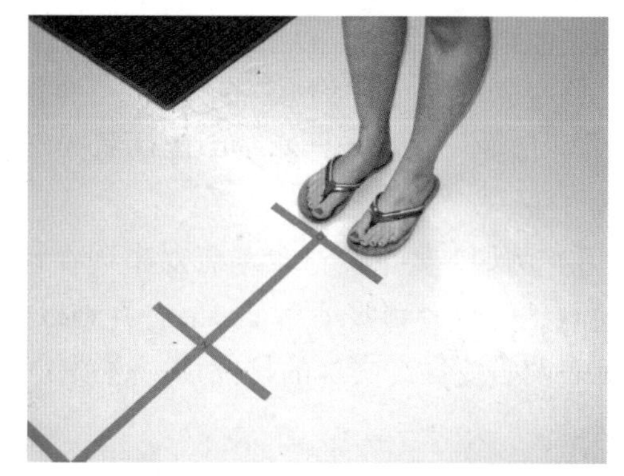

图 11-8 使用地板标记确保不同的测试参与者从相同的距离观看所评估的设计

根据预期阅读距离确定字符大小

基于对向视角确定设定观看距离的字符高度的公式为

$$字符高度（in）= 距离（in）\times 视角（'）/3438$$

注意：1° =60′。

根据 AAMI 的规定，阅读英文文本的首选视角是 20′ ~22′，16′ ~18′ 是勉强可以接受的。根据这一规定，从 10ft（120in）的距离对着 22′ 的首选视角的字符高度应约为 0.77in。只需将观看距离除以 150（如果要精确的话，可以是 156），就可以非常接近正确的字符高度。您可能希望使用更大的字符向可能有视力障碍的人传达重要信息。例如，您可以在血糖仪上显示文本，其字符等于观看距离的 1/100。假设观看距离为 18 in，文本将由 0.18in 高的字母组成。然而，诸如血糖仪之类的医疗器械可能会出现诸如血糖读数之类的关键数值，从而使上述尺寸规定没有意义。

对于以较小的字符呈现的关键信息，如血糖读数、心率和输液速度，字符应对应至少 24′ ~30′ 的视角。图 11-9 所示为一个超大的血糖仪读数，以使视力障碍者尽可能清晰读数。读数数字高约 0.6in，相当于 18in 观察距离的 1/30。

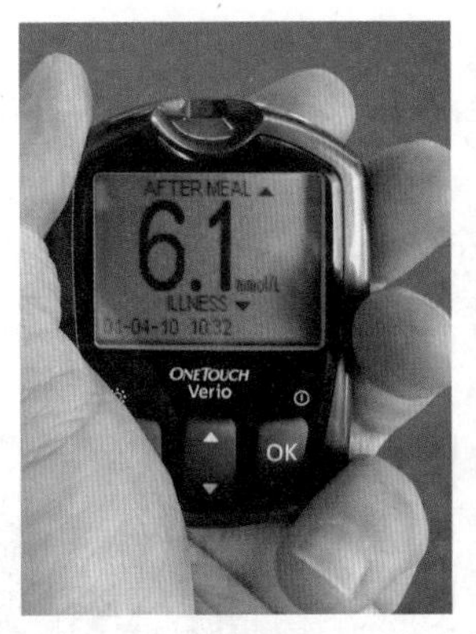

图 11-9　超大的血糖仪读数

注：血糖仪的大读数对于视力模糊的人（如患有白内障的人）应该是相当清晰的。
笔者在 Adobe Photoshop 中制作了模糊图像，以研究正常图像在视觉障碍人士眼中的表现。

在可用性测试中评估易读性时，请务必考虑除视力正常或矫正视力的人（即戴眼镜或隐形眼镜的人）之外的视力受损的人。人们在 40 多岁时往往会体验到近距离视力下降。如果您正在测试供糖尿病患者使用的血糖仪，还有许多其他可能的视力障碍需要考虑，如黄斑水肿、白内障和青光眼，它们分别会导致视力出现斑点、模糊或缩小。

在招募视力受损的测试参与者时，您可以询问他们可能有哪些被诊断出的视力问题（如果有的话）。您还可以向他们提出以下问题：

1）您有任何被诊断出的眼部损伤吗？

2）您戴老花镜还是双光眼镜？

3）您是否需要使用放大镜来阅读药瓶上的小字？

4）您是否能够在可能被认为是正常观看距离的范围内观看电视，或者您通常坐在离电视更近的地方？

5）您能看清手机显示屏上的小字吗？

6）您在昏暗的照明条件下阅读有困难吗？

让医疗专业人员对测试参与者进行眼科检查的做法是不寻常的。您通常要求测试参与者自我报告任何视觉障碍。

但是，某些易读性测试可能需要进行眼科检查，在这种情况下，笔者建议向测试参与者付费让专业人士（如验光师或眼科医生）对他们的眼睛进行测试，并向您提供结果（假设他们同意发布此类信息）。尽管如此，您也可以使用网络资源进行您自己的非接触式视力测试，这些资源提供可以打印或显示在计算机屏幕上的传统眼科测试图表。例如，有一次，笔者使用假同色图（又名石原氏测试图）来筛选测试参与者的色觉障碍。

11.16　您如何评估包装？

用户与医疗器械包装的交互可能和与医疗器械本身的交互一样重要。要评估用户如何与包装交互并设置医疗器械以供使用，您可以将可用性测试的一部分（或全部）集中在用户与包装和所封材料的交互上。

在 6.3 节中，此类可用性测试要求测试参与者从一个密封的盒子开始，然后继续设置和操作封闭的医疗器械，按照他们直观的顺序或随附说明（如果已阅读）的规定执行任务。因此，“开箱即用”可用性测试是评估包装交互特性的好方法，通常与评估封闭医疗器械结合使用。

可用性专家可能会被要求评估各种包装，从一个包含多个糖尿病管理系统组件的大盒子，到一个装有另一袋透析液的塑料袋，再到一个装有肾上腺素自动注射器（如 EpiPen）的小盒子（见图 11-10）。根据 FDA 给出的标签定义（参见本节“‘标签’和‘标识’有什么区别？”），几乎所有的包装、包装上印刷的信息，以及其中包含的信息都可以视为医疗器械标签的一部分。因此，制造商应该通过进行形成性和总结性可用性测试来评估包装设计，就像他们评估其他用户接口设计元素一样。

图 11-10　测试参与者打开模拟医疗器械的包装

以下是您可以在可用性测试期间评估的包装的一些交互特征：

1）便于短距离和长距离提升和携带包装（通常取决于包装形状、重量和把手设计）。

2）标签、说明、警告和广告的显眼性和理解性。

3）易于打开包装（如撕开纸板封口、打开塑料袋、打开药瓶盖、从塑料托盘上剥离纸衬垫、去除硬件组件的密封），同时保持内容物的无菌性。

4）易于识别和区分包装内容物。

5）易于识别和区分类似医疗器械或产品的包装（如同一药物的两种不同浓度的包装）。

6）易于取出包装内容物，而不会损坏或污染它们。

7）用一只手轻松处理包装和组件（如果另一只手用于执行另一项任务）。

8）包装耐久性（即搬运过程中的抗损坏性）。

9）易于存储包装（如包装的整体尺寸和形状是否合适）。

10）材料废弃量的验收。

11）包装的形状、图形和整体视觉设计的视觉吸引力。

12）印刷信息（如警告和有效期）的易读性和显眼性，这可能对降低风险至关重要。

13）易于确定内容物是否损坏。

14）易于将组件放回包装中。

当测试参与者自然地与包装好的医疗器械和附件交互时，您也许可以进行此类评估。例如，您可以要求测试参与者从冰箱中取出一个特定的药盒，该冰箱包含标记为三种不同浓度之一的各种药盒。如果您还要评估测试参与者区分有效药盒和过期药盒的能力，您可以在可用药盒上标记不同的到期日期。

您还可以管理针对某些包装特征的评级练习和访谈。如果您想采取更密集的方法，您可能会要求测试参与者打开多个包装，以便您评估任何学习效果。例如，用户可能在第一次打开包装时遇到困难，并提出对设计的抱怨，但在随后的尝试中会取得更大的成功，并逐渐喜欢该解决方案。

在包装可用性测试期间，笔者观察到测试参与者有以下类型的问题：

1）很难找到并撕下粘住盒子顶部的黏性透明胶带。

2）在强行取走一件物品时，盒子的内容物溢出了（多个一次性医疗器械）。

3）没有注意到校准溶液已过期。

4）无法在塑料托盘的纸衬垫上找到拉环，因此花费了过多的时间在边缘拾取以提起衬垫。

5）将内袋从外袋中取出，同时用剪刀切开外储存袋和内静脉输液袋。

6）将使用说明与材料废物一起丢弃，因为当用户第一次打开包装时它们是不可见的。

7）透析液袋的内容物混合失败，因为袋子内容物的混合机制不直观。

通常，包装将通过文本和图形传达基本信息。例如，包装可能会标明适当的储存温度，说明内部封装的医疗器械仅供一次性使用，甚至标明包装物具有放射性。要评估这些设计元素，您可能会等到测试参与者与包装进行交互并将其放在一边，大概是开始使用随附的医疗器械时。然后，您可以从测试参与者的视线中移除包装并要求测试参与者回忆其上显示的信息。如果测试参与者没有注意到且无法回忆起信息（或者至少是关键元素），那么您可能会遇到可用性问题。

另一种要求不高且可能更公平的评估方法是要求测试参与者查看和解释文本和图形，以确定是否存在任何严重的混淆。这种方法减少了记忆测试的评估，从而减轻了测试参与者的负担。但是，当用户通常专注于其他事情时，它可能会给包装带来过多的注意力。因此，笔者建议采用这两种方法来评估包装。

在决定是否及如何将医疗器械包装作为可用性测试的一部分时，请考虑谁将实际与包装交互。例如，假设您正在评估 ICU 中使用的药瓶包装。一些医院可能会将包装好的小瓶放在病人的房间里，直到需要使用时，护士才会从包装中取出小瓶并按照随附的说明书进行操作。但是，其他医院可能会在他们的药房拆开小瓶的包装，然后将其打开包装送到患者的房间，并且没有说明书。这种不同的用途可能表明，需要对有包装和没有包装的医疗器械进行测试。此外，这种可变使用甚至可能需要包括一小部分药剂师和护士共同评估包装。

“标签”（label）和“标识”（labeling）有什么区别?

术语“标签”和“标识”是相关的，但具有不同的含义。《联邦食品、药品和化妆品法案》（FD&C 法案）第 201（k）节将标签定义为“展现在任何物品的直接容器上的书面、印刷或图形材料……标签上出现的任何文字、声明或其他信息都不应被视为符合要求，除非该文字、声明或其他信息也出现在此类物品零售包装的外部容器或包装（如果有的话）上，或者通过外部容器或包装很容易辨认”。

该法案的第 201（m）节将标识定义为“位于任何物品或其任何容器或包装上的，或者此类物品随附的所有标签和其他书面、印刷或图形材料”。随附材料通常包括广告材料（如海报、小册子）及医疗器械说明材料（如用户手册、快速参考卡）。

简而言之，“标签”一词是指位于医疗器械或其包装上的书面或印刷信息，而“标识”是指与医疗器械相关的标签和文档的完整集合，包括可能不属于医疗器械或其包装的那些标签和文档。

11.17 您如何测试医疗器械的吸引力？

安全性和有效性是医疗器械可用性测试期间评估的最重要属性，但它们不是唯一的属性。医疗器械的吸引力与用户的情绪反应息息相关，可以影响其商业成功，因此可能是可用性测试的重要组成部分。通过在可用性测试中结合关注医疗器械美学的问题，并密切观察测试参与者对医疗器械交互的情绪反应，可能有助于评估医疗器械的吸引力，从而对其进行改进。

一直以来，可用性专家一直关注医疗器械的安全性、有效性和可用性，而很少或根本不关注它的吸引力。平面设计师和工业设计师历来关注最后一个属性，主要是因为他们受过精细制作艺术的教育从而设计很吸引人，而可用性专家通常没有。不过，医疗器械的吸引力并不仅限于表面，而是延伸到其交互特性。

以苹果公司的 iPhone 为例。它确实看起来不错，手感也很好。此外，屏幕上的图形是一流的——事实上，有些非常漂亮。不过，iPhone 的大部分吸引力源于其交互品质，首先是使用手势（如将手指在照片上滑动以进入下一张照片）来有效控制设备的内在吸引力。其次是设备的声誉非常吸引人。很少有人会不同意 iPhone 很“酷”。可用性测试提供了评估这些交互特性的机会，既是为了判断安全性、有效性和可用性，也是为了评估吸引力。

是的，吸引力确实很重要，尽管设备安全无疑在重要性等级中胜过它。唐纳德·诺曼（Donald Norman）在 *Emotional Design* 一书中强调了吸引力的重要性，断言有吸引力的产品效果更好，美学服务于目的，设备的吸引力与其实用性密切相关。因此，当您进行可用性测试时，有令人信服的理由从设备外观、形式和交互机制方面（特别是从用户享受的角度）来关注其吸引力（见图 11-11）。

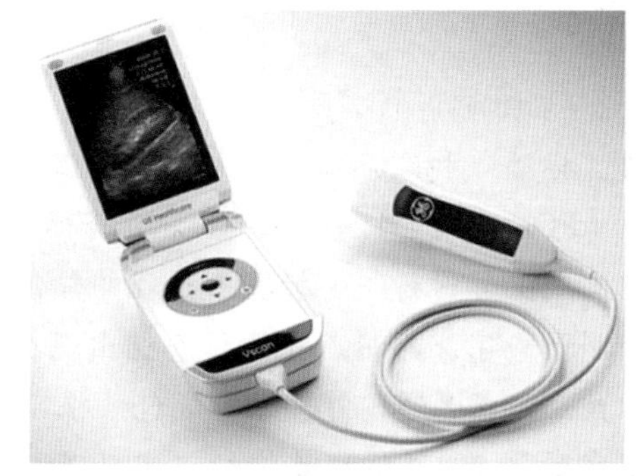

图 11-11　苹果公司的 iPhone（左）和 RIM 公司的黑莓手机（中）等流行消费设备常见的美学改进，在通用电气公司的手持超声医疗器械（右）等医疗器械中变得越来越普遍（照片由苹果公司、RIM 公司和通用电气公司提供）

在可用性测试中评估吸引力的最简单方法可能是问测试参与者一个基本但有效的问题："你觉得医疗器械吸引人还是不吸引人？"您可能会得到有用的回复，这些回复侧重于吸引力，但也整合了医疗器械实用性的各个方面，例如以下内容：

1）"我喜欢从远处看屏幕的效果，数字一目了然。"

2）"该医疗器械完美贴合我的手，因此即使在长时间的手术过程中握持起来也会感到舒适。"

3）"医疗器械如此小巧真是太好了，在病房之间搬运会容易得多。"

4）"它发出美妙的声音。当警报响起时，你不会觉得它在向你尖叫，但它会引起你的注意。"

5）"我喜欢它，因为它看起来就像你可以把它摔在地上而不会破坏它。环绕式橡胶保险杠使它看起来既运动又坚固。"

6）"它看起来像一个最先进的医疗器械。它让我相信它将为我提供准确的临床信息。另外，我认为我的患者会认为我使用的是最新、最好的器械。"

7）"医疗器械的形状和颜色使它看起来很干净，尽管它可能并不比具有不同形状和颜色的医疗器械更干净。"

另一种关注医疗器械吸引力的方法是要求测试参与者对医疗器械的美学品质进行评分或评论，例如以下内容：

1）整体造型（严格从塑形而非功能的角度来看）。

2）硬件颜色。

3）材质手感。

4）屏幕布局和组织。

5）符号和图标。

6）印字（即字体）。

第三种判断吸引力的方法是向测试参与者提供多种设计文案，并要求他们根据吸引力对它们进行排序。笔者曾采用这种方法来判断血液透析机软件用户接口的三种替代视觉风格的吸引力。第一种风格可以说具有实用主义和直线型的外观。第二种风格看起来更柔和，结合了圆形按钮和弯曲的背景元素。第三种风格有"可爱"的元素，如卡通图标和大胆的颜色。

判断吸引力的第四种综合方法是询问测试参与者被评估的医疗器械是否比他们通常使用的同类医疗器械更具吸引力，以及具体原因。或者，您可能会问："您认为您更喜欢使用哪种医疗器械？"这可能会导致测试参与者对吸引力及其他医疗器械属性发表评论。

什么是情感设计？

情感设计是指通过其吸引力吸引用户并引导他们与之形成关系的设计。唐纳德·诺曼在 *Emotional Design* 一书中解释说，要获得最大的成功，产品应该在三个层面上吸引用户：本能、行为和反思。本能设计是指产品的外观，即在潜意识中对用户的直接、初始印象做出贡献的关键属性。行为设计包括用户体验的各个方面，包括医疗器械的功能、实用性和可用性。反思性设计超越了“此时此地”，以说明用户在与医疗器械交互时将如何反思和应用他们过去的体验。唐纳德·诺曼断言，强烈的情感设计组件比实用组件更能促进产品的成功，以苹果公司的 iPhone 为例，截至 2014 年 1 月，已售出超过 4.7 亿部 iPhone。虽然一些用户抱怨设备的触摸屏键盘或对某些地区提供的不可靠的无线服务感到沮丧，但消费者似乎认为这些问题只是轻微的不便，而不是阻碍。

11.18 您如何确定任务的优先级？

FDA 希望总结性可用性测试计划者按风险对任务进行优先级排序。这种优先级排序使该机构的审查人员能够将他们对测试结果的初步评估集中在制造商认为风险最高的用户 - 医疗器械交互上。有几种可能的排序方案。无论您使用哪种方案，关键是以有序、合乎逻辑的方式进行排序工作，仔细考虑在执行给定任务时可能发生的可预见的使用错误。

将接受 FDA 审查的可用性测试计划和报告应表明参与者在测试期间将执行的动手任务的优先级。在其 HFE 指南中，FDA 声明：“测试协议应描述用户任务和 / 或包含测试任务的使用场景、有关任务关键性或相对优先级的信息，以及确定任务包含和优先级的过程。”在您的计划和报告中，您所要做的只是说明每项任务的优先级（即等级），但除了列出相关风险，您不一定要记录相应理由。

标明任务优先级使监管机构和其他测试报告审查者能够专注于对他们最重要的测试数据——表明测试参与者执行最危险任务的情况。可以说，优先级排序只是一种便于 FDA 审查的突出方法。但是，最终确定任务优先级的所有步骤都服务于更大的目的，即确保总结性可用性测试侧重于从安全角度来看最重要的用户 - 医疗器械交互。

11.18.1 评估任务的风险

定量风险分析主要关注特定事件的故障（请参阅 1.4 节的相关内容）。故障可能是使用错误，例如，当流体泵的管夹应该打开以允许流体通过时却将其关闭；或者，在药物注射装置的情况下，使用错误可能是将针头以错误的角度插入皮肤，而不是以 90° 笔直插入皮肤。原则上，每个使用错误都有发生的概率（即可能性），都有可能造成特定估计严重程度的危害。因此，采用传统的风险管理方法，通过将可能性等级（如 1~10 级，其中 10 级表示“最有可能”）乘以严重性等级（如 1~10 级，其中 10 级是“最有害的”）来计算 RPN[㊀]。请参阅 2.3 节了解有关对已识别风险进行评级和计算 RPN 的更多信息。

在大多数情况下，一项任务会受到许多可预见的使用错误的影响，而不仅仅是一个。因此，在按风险对任务进行优先级排序之前，您应该审查与使用相关的风险分析［如应用程

㊀ 请注意，风险分析师使用许多不同的评级量表，包括具有 3 级和 5 级的评级量表。

序故障模式和影响分析（a-FMEA）]，以考虑在给定任务期间可能发生的所有与使用相关的故障。

11.18.2 设置优先级

除了初步确定要考虑的风险和要包括在测试中的任务，如果您确定测试需要包括十几项用户任务，则您应该根据任务的风险对任务进行优先级排序（如 1/12、2/12、3/12、……、12/12）。

确定任务优先级的一种方法是根据在实际使用场景中错误执行任务可能导致的潜在危害。请记住，与使用相关的风险分析中的基本元素不是集成任务，而是在医疗器械使用过程中可能发生的特定使用错误。

例如，a-FMEA 中的一个项目将描述由针刺造成的潜在伤害，而不是由提供注射的更广泛任务（包括其所有步骤）造成的潜在伤害。这种区别很重要，因为特定任务可能会出现多个使用错误而不仅仅是一个。任务和潜在错误之间不一定存在一对一的关系。

一项特定的任务可能容易受到多个可预见的使用错误的影响，并且可能还有其他未预料到的错误。考虑与两项任务相关的风险概况；出于本讨论的目的，这两项任务是通用任务。假设分析师在实施风险减轻措施之前（即风险减轻前）评估了风险水平，假设使用五点严重性和可能性评级量表（见表 11-4），风险在不可接受的范围内。

表 11-4 与两项任务期间可能发生的使用错误相关的风险估计

序号	可能的使用错误	RPN（严重性 × 可能性）	RPN 合计
任务 1	错误 *A*	20（5 × 4）	32
	错误 *B*	12（4 × 3）	
任务 2	错误 *A*	16（4 × 4）	46
	错误 *B*	12（3 × 4）	
	错误 *C*	9（3 × 3）	
	错误 *D*	9（3 × 3）	

将总风险视为个体风险的总和，则任务 2 的风险最高，累积风险为 46。不过，任务 1 的使用错误中错误 *A* 的可能性很大，具有最高的个体风险，RPN 为 20（最大值为 25）。在笔者的实践中，笔者会将任务 1 优先于任务 2，这不仅是因为错误 *A* 与最高的风险减轻前 RPN 相关联，还因为错误 *A* 具有最高的严重性评级（5 级）。

如果您需要在两个似乎具有相同风险的任务之间“打破僵局”，请不要担心，这可能是因为它们包含具有相同 RPN 的使用错误，并且这些任务具有相同的累积风险。一种“打破僵局”的方法是提升可能出现的使用错误中具有最高严重性等级的一项任务的优先级。另一种方法是提升对用户来说新的任务的优先级，而不是使用以前的和 / 或类似的医疗器械熟悉的任务。

关键是采取合理且一致的优先级排序方法，使您能够为选定的任务分配独特的优先级。您可能会采用上述方法之一或您认为对监管机构有利的另一种方法。

医疗器械制造商无须为选择最佳优先级方案而苦恼。最终的优先级排序只是为了让FDA初步了解您认为哪些任务风险最高。这样，FDA的审查人员就可以将注意力集中在从安全角度来看最重要的事情上。

11.18.3 记录任务优先级

考虑在测试计划和报告中包含任务优先级表（见表11-5），该表显示了任务的顺序及其优先级，注意顺序和优先级不必匹配㊀。以表11-5为例，可能会优先处理涉及药物注射装置的五项任务。

任务顺序应反映预期或记录的工作流程。请注意，在这种情况下，最高优先级任务是执行的第三项任务，而不是第一项。

笔者的目标，特别是总结性可用性测试的目标，是以代表现实工作流程的顺序呈现任务。但是，笔者偶尔会更改任务顺序，以使测试参与者能够更快地执行高优先级任务。最常见和不幸的原因是测试参与者完成任务的时间比预期的要长，并且测试总时间无法延长。例如，如果我们正在执行包含表11-5中的任务的测试，我们可能会跳过任务4（优先级5，共5个）以执行任务5（优先级4，共5个）。我们一定会在我们的报告中将这种修改记录为测试计划偏差。当然，最佳实践建议运行引导测试，作为选择不需要跳过任务的足够长的测试环节的基础。另外，最好是缩短与测试参与者的后续讨论，而不是跳过任务，即使后续讨论也很重要。

表11-5 任务优先级表

任务优先级	任务顺序	用户任务
1	3	检测由于药物注射装置内的机械故障导致注射不成功
2	2	进行注射，分别采用用过的、近乎空的药盒和新的、满的药盒
3	1	使用单个医疗器械进行常规注射
4	5	用新药盒更换医疗器械的空药盒
5	4	从备选药盒中选择合适的药盒，每种药盒都含有不同浓度的药物

11.18.4 评估减轻前的风险

在确定任务的优先级排序时，您可能意识到一个复杂的问题。如果您将RPN作为评估任务风险以准备总结性可用性测试的起点，您应该使用减轻前还是减轻后RPN？

使用减轻前RPN可确保随后的任务优先级与总结性可用性测试的关键目标相关联——确认风险减轻措施（即风险控制措施）是否有效。相比之下，使用减轻后RPN强调制造商

㊀ 表11-5中显示的用户任务、任务顺序和任务优先级是假设性的，并非旨在作为实际测试的基础。该信息并非来自实际使用相关的风险分析。

认为医疗器械所带来的剩余风险，这是基于所有实施的风险减轻措施都有效的假设，但这种假设毫无根据。此外，一些风险减轻措施可能会使某些任务变得毫无意义。设想一个药物注射医疗器械的情况，它只能提供完整的全剂量（而不是部分剂量，如果药盒几乎是空的，可能会导致这种情况）。可用性测试计划者可能会选择不指导测试参与者使用几乎空的医疗器械注射全剂量，因为他们知道这项任务是不可能的（这本身就证明了有效的风险控制）。接下来用一个更简单的案例来说明同一问题。如果实施的风险减轻措施是完全取消按钮，则您也就无须测试意外按钮起动的可能性。

11.19 指导测试参与者重复任务是否有价值?

在可用性测试期间，指导测试参与者重复一项任务有时会有所帮助。重复试验可能会揭示最初的交互问题是持续存在还是很快消失，这可能是由于一次试验的学习造成的。您可以指示总结性可用性测试参与者仅在第二次（或最后一次）试验期间自言自语，以更好地了解在第一次试验期间也可能发生的交互问题的根本原因。或者，在重复任务期间，您可以指导测试参与者严格按照使用说明逐步进行操作，以评估其清晰度和有效性。

许多（如果不是大多数的话）可用性测试计划要求测试参与者只执行一次特定任务。即便如此，单独任务的数量（如十几项）可能会导致测试时间持续 2h 或更长时间。出于这个原因，测试计划者通常不会要求测试参与者重复任务。尽管让测试参与者只执行一次任务很有效，而且由于时间限制可能是必要的，但这样做可能会付出代价——错过确定任务表现是否在多次试验中发生变化的机会。

11.19.1 评估任务速度

通常，在最初的几次试验中，任务表现会显著提高。例如，呼吸治疗患者第一次组装雾化器可能需要 12min。在第二次尝试中，患者可能需要 5min 来组装雾化器，并且患者最终可能学会在不到 2min 的时间内学会完成任务，并且始终以舒适的速度工作。或者，如果医疗器械具有固有的设计缺陷，则组装任务时间可能不会随着用户变得更有经验而显著减少。

11.19.2 评估使用错误

任务表现可能提高的可能性也适用于使用错误。同一个呼吸治疗患者第一次可能会错误地组装雾化器，这可能是因为他无法区分两个外观相似的组件。在第二次尝试中，由于缺乏与第一次正确执行任务相关的压力，患者可能会更加关注组件的形状并正确组装它们。事实上，使用错误可能再也不会发生了。HFE 专家将此称为“一次性学习”。

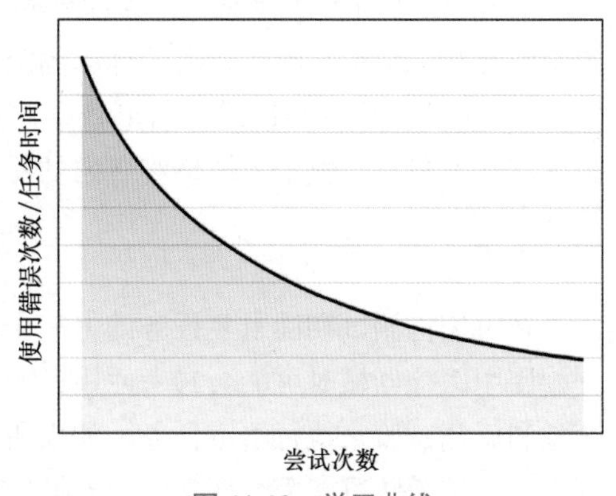

图 11-12 学习曲线

换句话说，测试参与者的表现通常遵循一个学习曲线（见图 11-12），通过重复执行任务来提高任务表现。

医疗器械制造商有强烈的意愿来记录提高任务表现的模式。此类证据可能是安全声明的基础，即特定使用错误不值得引起关注，因为它不太可能持续存在，因此剩余风险是可以接受的。

11.19.3 确定交互问题的根本原因

重复一项任务的另一个原因（尤其是在总结性可用性测试期间），是为了更好地了解任何使用错误、险肇事故或困难的根本原因。在 FDA 的 HFE 指南的推动下，当前的总结性可用性测试实践是让测试参与者尽可能自然地执行任务。原则上，这排除了指导测试参与者在执行任务时自言自语的可能性（请参阅 13.1 节的相关内容）。相反，测试管理员应该鼓励测试参与者像单独工作一样执行任务。值得注意的是，如果测试参与者在工作时断断续续地说话，这并不是问题。不过，测试管理员应该向测试参与者解释一个连续的叙述是可以接受的，但不是必需的。

当测试参与者安静地工作时会发生什么？当然，一项任务可能会更自然地展开，但测试管理员和数据记录员可能无法检测到某些使用错误，或者更常见的是，没有收集足够的信息来完全了解使用错误的根本原因。一种解决方案是要求测试参与者在完成任务后回忆并解释任何交互问题的根本原因。这可能会也可能不会识别以前未检测到的问题和原因，因为测试参与者可能会忘记或完全不知道他犯了使用错误。此外，在每项任务后立即采访测试参与者可能会造成消极影响。

一种解决方案是要求测试参与者重复任务，可能在完成对其初始任务执行的有限讨论之后，但不讨论可能有助于重复执行任务的主题。如果该方法似乎可能对分析任何交互问题的根本原因产生积极影响，您可以要求测试参与者在执行第二次重复任务时自言自语。请注意，要求测试参与者自言自语可能会增加任务时间，除非长时间的任务会导致无法容忍的治疗延迟，否则这不应该是一个问题。

以下是通过要求测试参与者在重复给定任务时自言自语可能获得的一些见解：

1）由于颜色编码相似，测试参与者将一个参数读数误认为另一个参数读数。

2）测试参与者双击按钮，因为他认为按钮第一次按下时没有起作用。

3）测试参与者认为他已将管件牢固地推入端口，因为相关的使用说明图形没有清楚地表明需要在端口中顺时针转动管件以固定它。

4）测试参与者在错误地断定悬浮在药物中的微粒（为测试目的而故意添加，是注射禁忌）实际上只是在狭窄的玻璃小瓶内的反射光后，继续进行模拟注射。

11.19.4 确认使用说明

在可用性测试期间重复任务的另一个原因是评估医疗器械的使用说明。虽然一些用户在开始使用医疗器械时可能会参考使用说明，但其他用户可能会忽略使用说明，而是选择依靠直觉和反复试验来执行给定任务。如果所有测试参与者都选择在可用性测试期间依靠他们的直觉，测试团队可能无法评估医疗器械使用说明的清晰度和可用性。

用户文档是医疗器械标签的一部分，就像医疗器械本身一样需要验证。但是，FDA 认识到医疗器械用户在使用医疗器械时可能不会参考文档。这就出现了两个看似矛盾的目标：①让总结性可用性测试参与者尽可能自然地使用医疗器械；②验证用户文档是否清晰有效。同时实现这两个目标的一种方法是要求测试参与者执行一项任务两次或多次。在第一次试验中，用户文档将像通常一样可供参考，但测试管理员不会指导测试参与者使用该资源。在第二次试验（或最后一次试验，如果有两个以上）中，测试管理员会要求测试参与者遵循并依赖说明，因为在第一次试验中已经记录了自然使用的情况。

11.19.5 反驳意见

有哪些反对重复任务的反驳意见？其中最关键的一点也许是重复任务很耗时。另一个反驳意见是，可用性测试是有意设计的，以揭示使用错误和其他可能会消失的交互问题。以这种观点出发，人们可能会质疑第二次试验数据的最终价值，因为人们第二次可能表现得更好。

11.19.6 结论

您应该考虑指导测试参与者多次执行任务的平衡。也许您会决定在形成性可用性测试期间重复任务，而不是在总结性可用性测试期间，主要是因为形成性可用性测试可能不那么全面，并且提供了重复任务的时间。另外，您可能会决定重复一些体现一次性学习模式的任务，或者您可能会在总结性可用性测试期间重复任务，以促进对使用说明及医疗器械本身的全面确认。

在考虑重复任务所需的额外时间时，请记住测试参与者第二次执行任务的速度可能会更快。假设测试参与者执行十几个任务平均需要 60min，而执行同组任务两次可能只需要 90min（仅多 30min）。

> 一次性学习（One-trial learning）
>
> 一次性学习是美国心理学家埃德温·格思里（Edwin Guthrie）提出的一个简单概念。该概念表明，一个人只需尝试一次即可学会某件事情。如此快速的学习可能源于您做错了什么的戏剧性反馈。例如，一个人的行为可能会破坏医疗器械或使其发出刺耳的警报。不愉快的反馈起到防止同样的错误再次发生的作用。一次性学习的一个不太引人注目的例子是，选择错误的屏幕菜单选项来校准医疗器械，回退一步以纠正使用错误，然后选择正确的选项，此后再也不会犯同样的错误。在这种情况下，使用错误的唯一后果可能是浪费时间。一般来说，一次性学习是一个积极的概念，因为它限制了医疗器械用户继续犯错的程度。

参考文献

1. American Diabetes Association. *Diabetes Basics—Common Terms.* Retrieved from http: //www. diabetes. org/diabetes-basics/common-terms/.

2. U.S.National Library of Medicine. 2002. *Hippocratic Oath.* Trans. M. North. Retrieved from http：//www.nlm.nih.gov/hmd/greek/greek_oath.html.

3. Food and Drug Administration（FDA）/Center for Devices and Radiological Health（CDRH）. 2011. *Draft Guidance for Industry and Food and Drug Administration Staff—Applying Human Factors and Usability Engineering to Optimize Medical Device Design.* Retrieved from http：//www.fda.gov/downloads/MedicalDevices/DeviceRegulationandGuidance/GuidanceDocuments/UCM259760. pdf.，Section 10.1.1 Tasks and Use Scenarios，p.24.

4. International Electrotechnical Committee（IEC）. 2012. *IEC 60601-1—Medical Electrical Equipment—Part 1：General Requirements for Basic Safety and Essential Performance.* Third edition. Geneva，Switzerland：International Electrotechnical Commission.

5. Kuniavsky，M. 2003. *Observing the User Experience：A Practitioner's Guide to User Research.* Boston：Morgan Kaufman.

6. International Electrotechnical Commission（IEC）. 2006. *IEC 60601-1-8：2006，Medical Electrical Equipment—Parts 1–8：General Requirements for Basic Safety and Essential Performance—Collateral Standard：General Requirements，Tests and Guidance for Alarm Systems in Medical Electrical Equipment and Medical Electrical Systems.* Geneva，Switzerland：International Electrotechnical Commission.

7. Association for Advancement of Medical Instrumentation（AAMI）. 2010. *ANSI/AAMI HE75：2009：Human Factors Engineering—Design of Medical Devices.* Arlington，VA：Association for Advancement of Medical Instrumentation，Section 11 User Documentation.

8. U. S. Department of Health and Human Services，Food and Drug Administration，Center for Devices and Radiological Health. 2001. *Guidance on Medical Device Patient Labeling—Final Guidance for Industry and FDA Reviewers.* Retrieved from http：//www.fda.gov/downloads/MedicalDevices/DeviceRegulationandGuidance/GuidanceDocuments/ucm070801. pdf.

9. U. S. Department of Health and Human Services，Food and Drug Administration，Center for Drug Evaluation and Research（CDER）. 2010. *Guidance for Industry—Label Comprehension Studies for Nonprescription Drug Products.* Retrieved from http：//www. fda. gov/downloads/Drugs/GuidanceComplianceRegulatoryInformation/Guidances/UCM143834. pdf.

10. National Electrical Manufacturers Association（NEMA）. 2007. *ANSI Z535.3：2007，American National Standard Criteria for Safety Symbols*. Rosslyn，VA：National Electrical Manufacturers Association.

11. Association for Advancement of Medical Instrumentation（AAMI）. 2010. *ANSI/AAMI HE75：2009：Human Factors Engineering—Design of Medical Devices.* Arlington，VA：Association for Advancement of Medical Instrumentation，Section 6.2.2.5 Visual Angle.

12. Association for Advancement of Medical Instrumentation（AAMI）. 2010. *ANSI/AAMI HE75：2009：Human Factors Engineering—Design of Medical Devices.* Arlington，VA：Association for Advancement of Medical Instrumentation，Section 19.4.1.2 Optimal Character Height.

13. Federal Food，Drug，and Cosmetic（FD&C）Act，Chapter II（Definitions），Section 201（k）. 2009. Retrieved from http：//www.fda.gov/Regulatory Information/Legislation/FederalFoodDrugandCosmeticActFDCAct/FDCActChaptersIandIIShortTitleandDefinitions/default.htm.

14. Federal Food，Drug，and Cosmetic（FD&C）Act，Chapter II（Definitions），Section 201（k）. 2009. Section 201（m）. Retrieved from http：//www.fda.gov/RegulatoryInformation/Legislation/FederalFoodDrugandCosmeticAct/FDCAct/FDCActChaptersIandIIShort TitleandDefinitions/default. htm.

15. Norman，D. A. 2004. *Emotional Design：Why We Love（or Hate）Everyday Things.* New York：Basic Books.

16. *iPhone Sales Chart.* Retrieved from http://commons.wikimedia.org/wiki/File: IPhone_sales_per_quarter. svg#Data_and_references.

17. Federal Drug Administration. 2011. *Draft Guidance for Industry and Food and Drug Administration Staff; Applying Human Factors and Usability Engineering to Optimize Medical Device Design.* Section 10.1.1 Tasks and Use Scenarios. http://www.fda.gov/MedicalDevices/DeviceRegulationandGuidance/GuidanceDocuments/ucm259748.htm.

18. Federal Drug Administration. 2011. *Draft Guidance for Industry and Food and Drug Administration Staff; Applying Human Factors and Usability Engineering to Optimize Medical Device Design.* Section 10.1 Simulated Use Validation Testing. http://www.fda.gov/MedicalDevices/DeviceRegulationandGuidance/GuidanceDocuments/ucm259748.htm.

第12章 执行测试

 12.1 引导测试的价值是什么?

在正式测试之前进行引导测试可以避免大量麻烦，并帮助您确定多种方法来使测试环节更顺利有效地进行。例如，引导测试结果可能会导致您更改动手任务的顺序以确保实际工作流程，调整收集数据的方式以确保数据完整性和准确性，并解决原型医疗器械的缺点（如修复无法正常工作的问题）。在正式测试前几天甚至几个小时进行1~2次引导测试就足够了。

引导测试提供了在开始收集重要数据之前微调可用性测试的机会。虽然进行引导测试对所有可用性测试类型都有帮助，但它是总结性可用性测试之前特别重要的一步。总结性可用性测试不是搞砸可用性测试并产生假阳性或假阴性结果的时间和地点。

笔者通常在开始总结性可用性测试前至少几天进行引导测试，这为进行以下类型的改进提供了充足的时间：

1）调整面谈问题，使其更加具有相关性和准确性。

2）调整测试环境，使其更真实。

3）重新定位摄像机以更好地捕捉关键细节。

4）修改或减少动手任务，以便您可以在可用时间内完成测试。

5）调整任务顺序，实现更自然的工作流程。

除了确定改进测试方法的机会，引导测试还具有以下目的：

1）使既得利益方有机会在实际测试之前观察测试并表达对测试方法的任何担忧。

2）确认对人类受试者的保护（如向IRB提交的相关文件中所定义；请参阅7.3节的相关内容）。

3）使测试管理员能够演练他们的角色，包括提供可能需要的任何培训、以公正的方式提问，以及观察和记录使用错误。

4）使数据收集人员（即分析师）能够改进数据收集表格（如使用错误清单），并确认测试不会超过他实时记录数据的能力。

5）确认测试项目处于正常工作状态，如果项目被运送到测试现场，可能在运输过程中损坏，或者如果项目是不稳定的原型（如有“错误”软件），这一点尤其重要。

在进行形成性可用性测试时，您可能会选择在正式会议开始前几个小时进行引导测试。这样，您只需设置一次即可进行测试。此外，这种方法使可能已经长途跋涉抵达测试场地的观察者能够在同一时间查看引导测试和正式测试。如果您采用这种方法，请在引导测试和正式测试之间安排 2~4h 的休息时间，以便有时间进行必要的方法调整。请注意，引导和正式测试之间的短暂休息会妨碍进行重大调整或从重大问题（如医疗器械故障）中恢复。如果出现必须解决的严重问题，请准备好取消最初的几次测试。

尽管只进行几次引导测试会有所帮助，但笔者通常会计划进行规模稍微大一点的引导测试，可能有超过 8 名测试参与者，作为总结性可用性测试的前奏。这些更大规模的引导测试（笔者更喜欢将其称为“预总结性”测试）使笔者能够让每个不同用户组的多个代表参加测试，并使笔者能够对医疗器械和附件是否与生产等效并准备好进行正式确认。考虑到与大多数总结性可用性测试相关的高风险和高成本，笔者更愿意在正式测试之前至少几周进行这些“预总结性”测试，理想情况下，在开始总结性测试参与者招募之前进行。毕竟，“预总结性”测试可能会产生需要耗时的设计更改，并延迟随后的总结性可用性测试。

如果利益相关者不能亲自参加引导测试，他们可能会选择通过基于网络的视频会议来观察测试。

> **何时在正式测试之前进行引导测试**
>
> 在某些情况下，在测试前几周（而不是几天或几小时）进行引导测试是最明智的。一种情况是，如果您在计划测试时无法交互并熟悉测试项目（即医疗器械）。如果医疗器械太大而无法移动或数量有限（或位置有限），则可能会发生这种情况。如果您预计此类测试可能会发现在开始正式测试之前需要纠正的残留设计缺陷，您可能还需要提前几周进行引导测试。无论您何时进行引导测试，在进行测试之前寻求并获得 IRB 批准是很重要的（请参阅 7.3 节的相关内容）。正如一项 IRB 培训计划所述，“（豁免）的决定必须在开始研究或活动之前做出。它不能追溯进行。”

12.2 谁应该观察测试过程?

任何对给定医疗器械的使用安全性、有效性、可用性和一般吸引力感兴趣或负责的人都可能从观察测试过程中受益。至少，让一两名观察员在场是有帮助的，他们可以在测试期间提供技术支持。

如果您邀请所有关注特定医疗器械交互特性的人，可用性测试嘉宾列表可能会变长。而且，邀请数十名同时出席的观察员通常是不切实际的，这会给测试管理员和测试参与者带来过度的压力，并超出观察室的容量。此外，有些测试需要保持低调（即避免成为焦点），而有些测试则需要炫耀，因此嘉宾名单的规模可能会相应变化。

在传统的市场研究机构进行测试，该机构有两个由单向镜隔开的房间，为容纳更多的观察者打开了大门（见图 12-1)。笔者曾进行过一次由多达 15 人观察的测试，可能总共观察了 25~30 人，大多数观察者会观看一些而不是所有的测试项目。不过，2~3 名观察员是常态，部分原因是前往遥远的测试场地的成本，或者因为原本计划参加的利益相关者太忙了。

在同一个房间内进行和观察的测试（见图 12-2）限制了观察者的数量，由于空间限制和需要限制不适当的干扰，排除了大量观察者的可能性。一些可用性测试专业人士认为，观察者不应该与测试参与者在同一个房间。事实上，有些人甚至不喜欢测试管理员在同一个房间，因为他们可能会对测试参与者产生偏见。不过，笔者看到了在与测试参与者相同的房间内进行管理（即主持）的好处，因为它通常可以更好地查看用户 - 医疗器械交互，否则可能会被摄像机画面阻挡。

图 12-1　设计团队成员通过单向镜和实时视频观察可用性测试过程

图 12-2　设计团队成员在测试室内观察可用性测试

对于允许观察员进入测试室，笔者通常采取更宽松的态度，因为笔者认识到，在医院会议室和酒店会议室等地点进行的测试不提供其他观察方式选项，除非您使用网络将视频传输到另一个房间或场地。只要观察者承诺保持中立和安静，笔者认为 2~3 名观察者坐在测试参与者身后一段距离，远离视线是可以接受的。涉及儿童和自我意识极强的人的测试可能是个例外。

最热心的观察者往往是以下几类人员：

1）致力于确保客户接受和认可医疗器械，并采取沉浸式方法来实现目标的产品或项目经理。

2）已经接受 HFE 价值并希望目睹用户执行软件任务的能力的软件开发经理。

3）希望“提前”了解不断发展的设计如何满足既定客户要求的营销专业人士。

4）寻求证据证明怀疑的可用性问题确实需要修改设计的工业设计师、机械工程师、软件工程师和电气工程师。

5）希望了解哪些任务对用户构成更大挑战并需要工作辅助工具（如快速参考卡、动画视频或特定用户手册内容）的技术创作者和培训师。

6）监管事务专家，他们可能会领导其公司对监管机构采取的执法行动做出回应，并寻求确保识别和解决可用性问题。

7）可能需要根据测试结果进行设计修改的用户接口设计人员。

您知道嘉宾名单会如何增加吗？您可能需要进行分类来决定谁可以观察测试环节。采取“循环”方法，让相关人员观察一部分测试环节，这可能是法规上最宜人且功能最有效的方法。

在任何情况下，对可用性测试结果有切身利益的个人都应该观察测试环节。当医疗器械需要特殊“护理和供给”，甚至出现故障并需要维修时，可以利用观察者拥有的深入技术或医学知识来回答可能出现的详细问题，笔者会感到更加自信。因此，同时担任营销角色的临床专家是一个很好的观察者。

下面是关于观察者的更多观点：

1）您会想要让他们吃得饱，以避免脾气暴躁（笔者是半认真的）。笔者偏爱熟食三明治或比萨饼、椒盐脆饼，以及巧克力曲奇或花生糖豆，因为笔者也可以在测试期间的休息时间吃零食。吃饱喝足的观察者通常更友善和专心。

2）在测试期间，观察者应避免情绪失控（如大笑或断言“我不敢相信他做到了！”），因为测试参与者仍然可能通过理论上的隔音墙听到声音。

3）观察者应避免根据测试总数的一小部分对测试结果下结论。大多数观察过可用性测试的人都会同意没有两名测试参与者是一样的。他们很少提供相同的反馈或以完全相同的方式与产品交互。

4）只观察部分测试环节的人应该至少观察三次测试，以避免对医疗器械的交互特性产生偏见。

5）没有多少HFE或可用性测试经验的观察者应该避免对测试计划的变化指手画脚。不幸的是，他们可能不会这样做。因此，您可能希望采取积极主动的方法来避免冲突。在前几次测试之后，请与项目经理（或与您合作计划测试的任何人）核实，以确保他对您进行测试和与测试参与者互动的方式感到满意。尽早寻求此反馈将使您能够进行任何必要的方法调整，以消除疑虑，同时保持测试的完整性。

6）如果测试参与者可以接受（否则他们可能会受到时间限制或筋疲力尽），1~2名观察员可以与测试参与者进行后续聊天。但是，观察者应该保持客观，永远不要试图说服测试参与者放弃先前表达的观点，或者更糟糕的是，告诉测试参与者做错了什么。所有后续互动都应与测试期间表现出的愉快、不带偏见和中立的沟通风格相匹配。

确保良好的礼仪

在开始测试之前，重要的是让您的观察者了解测试环境，并强调不引人注目的重要性，尤其是当他们坐在测试室中时。这有时会让人感到尴尬，因为外部顾问不想“约束”他们的客户，所以会保持外交礼仪。强调创建一个中立的测试环境的重要性，这样测试参与者可以在其中以最小的干扰执行动手任务。如果您需要提醒一组观察员注意适当的测试观察礼仪，请考虑与项目负责人或经理交谈，然后由他们将信息传达给他的同事。

12.3 可用性测试中会出现哪些类型的可用性问题？

几乎每一个可用性测试都会暴露设计问题。如果您勉强满足进行测试的实际要求，那将是一个坏消息。相反，如果您正在追求卓越的交互性，那将是一个好消息，因为可用性问题标志着设计改进的机会。在医疗器械开发的早期进行可用性测试有助于确保在后期测试中出现的可用性问题是可以轻松缓解的小问题。

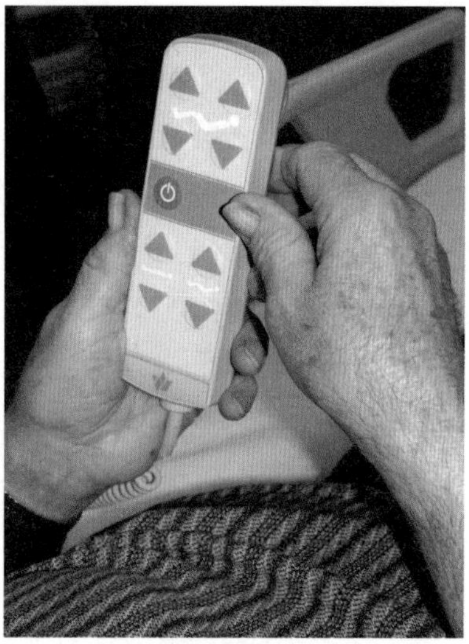

医疗器械的可用性测试（见图 12-3~ 图 12-7）可以揭示可能导致人身伤害、任务效率降低和用户不满的各种可用性问题。这里有 50 个问题的样本（改编自真实的测试结果）让您了解它们的多样性。为了一致性和简洁性，每个问题都被描述为用户的行为、不作为或感知，然后描述问题的根本原因。

图 12-3　测试参与者试图调整他的病床的位置

1）术语：由于菜单选项描述不佳，即使在浏览多个屏幕后仍找不到趋势图。

2）图形解读：由于图标解读错误，选择了错误的操作模式。

3）易读性：由于数字小、文本与背景对比度差及屏幕眩光而误读了参数值。

4）确认：由于缺少确认对话而意外删除了信息。

5）视觉差异：由于切换模糊，以及触摸屏显示器上虚拟按钮位置（即正常按钮与缩进按钮）之间的图形区别不足，导致打开而不是关闭功能。

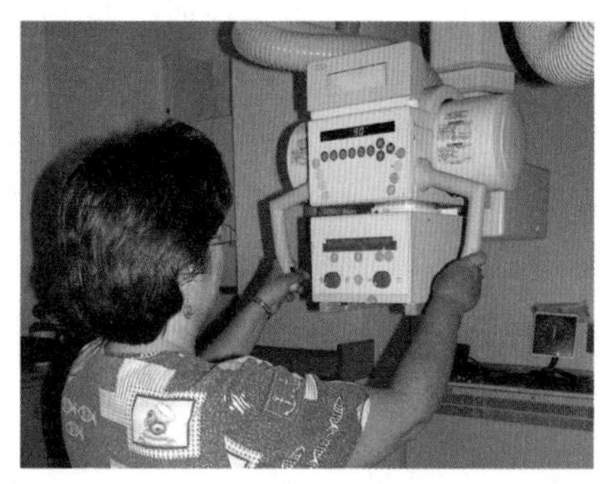

图 12-4　测试参与者使用手柄移动医疗器械

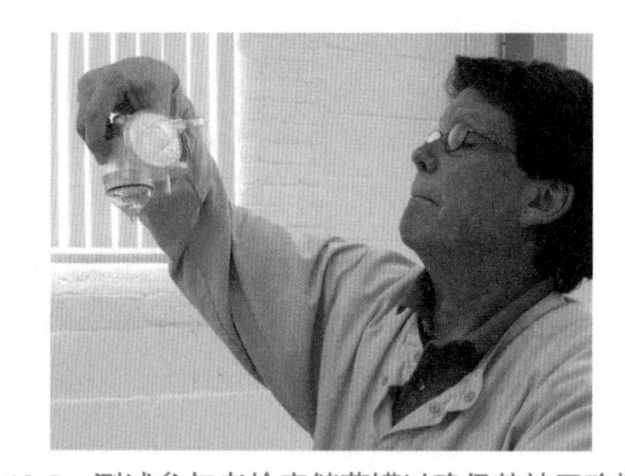

图 12-5　测试参与者检查储药罐以确保其被正确填充

6）兼容性：由于组件的相似外观（如相同颜色）和物理兼容性，将管件连接到错误端口。

7）提示：由于缺少“电池电量不足”提示，并且没有尽快将医疗器械插入交流电源的说明，电池已完全放电。

图 12-6 测试参与者努力用她的指甲打开医疗器械的电池盒

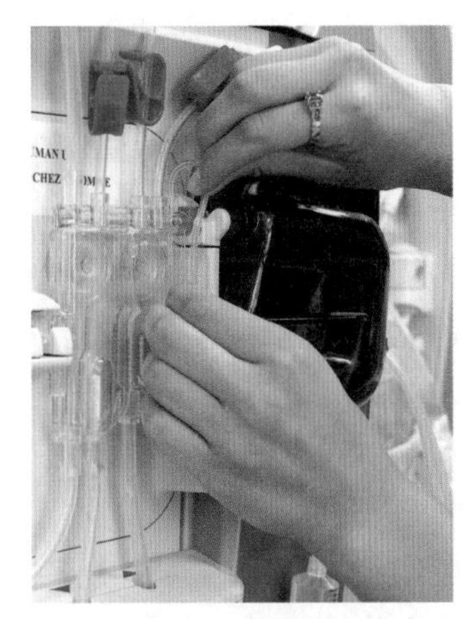

图 12-7 需要手动操作将管件安装到空气探测器中

8）安全防护：由于没有安全防护，手指被铰接的隔间门夹伤。

9）手柄：由于手柄既没有铰接也没有与医疗器械的重心对齐，因此在拿起沉重的医疗器械时手腕扭伤。

10）数据输入：由于与键盘关联的“防抖动”算法不足，在数字字段中输入了一个额外的零。

11）安全防护：由于意外和过早启动释放按钮，使尖端部件朝面部弹出。

12）说明：由于缺乏说明，在将流体管线连接到模拟患者之前未能从流体管线中去除空气（即灌注管线）。

13）材料：在尝试混合流体袋内容物时，由于材料薄弱而撕开了流体袋。

14）标签：由于标签混淆，关闭而不是静音警报。

15）警告：在使用医疗器械之前忽略了清洁传感器的警告，很可能是由于警告饱和。

16）视觉提示：因为塑料盒的正面和背面看起来几乎相同，所以将塑料盒向后推入泵腔，从而破坏了它。

17）稳定性：由于难以将微创医疗器械稳定在正确位置，导致外科缝合钉的位置不正确。

18）提示：丢失了输入在线表格的所有患者信息，因为应用程序在导航到另一个屏幕之前没有明确指示用户保存信息。

19）说明：获得错误的患者体重，因为床秤没有明确指示用户从床面上移除辅助物品。

20）存储：丢弃了一个可重复使用的医疗器械组件，因为它看起来是一次性的，并且在医疗器械使用后没有明显的地方存储它。

21）说明：未能对注射部位进行消毒，因为 IFU 没有包括该步骤，也没有描述适当的无菌技术。

22）提示：在开始监测新患者之前未能删除以前的患者数据，导致趋势数据不准确或报警限值不合适。

23）视觉提示：用浓度过高的药物填充储液罐，因为不同浓度的相同药物的小瓶看起来相似。

24）节拍：未能以瞬间精确夹住一条管线，导致红细胞污染一袋血浆。

25）可见性：使易碎（即易损）销完好无损，防止储存在不同腔室中的流体正确混合，因为在塑料袋的流体隔间内很难看到浅色销。

26）可见性：注射了过期的药物，因为有效期以小而不显眼的字符打印。

27）机械：由于脚轮没有正确对齐，导致工作站侧翻，从而使滚动工作站撞到门框上。

28）反馈：没有用足够的力将两个组件压在一起以确保连接牢固，因为它们没有发出“咔哒”声就位，而是通过摩擦固定。

29）感知：由于医疗器械的众多控件和复杂显示屏而不愿“探索”，没有发现必要的功能。

30）反向旋转：误以为旋钮的工作方式与其他熟悉的医疗器械上的旋钮一样，以错误的方式转动旋钮以增加气体流量。

31）说明：找不到有关如何执行任务的说明，因为IFU缺少索引。

32）可见性：未能将注射器固定在其支架中，因为闩锁不显眼并且融入了与医疗器械的颜色匹配的外壳。

33）插图：在吸入气雾剂药物时没有将吸入器插入口中，因为快速参考卡显示吸入器在用户的嘴前。

34）声音：说该医疗器械的风扇发出了令人无法接受的巨大噪声，会干扰睡眠。

35）颜色：反复查看显示屏上的错误波形，因为波形是红色（与其他血压波形一样）而不是其他颜色。

36）可供性：最初无法确定如何打开泵舱门，因为没有明显的抓握点或闩锁。

37）可见性：找不到快速参考指南，因为它位于显示屏下方不显眼的狭窄插槽内。

38）尺寸：断开传感器棒的连接，因为它的线缆太短，无法从相关工作站的正常位置到达患者的上躯干、颈部和头部。

39）握把：在退出过程中弯曲针头，因为注射器的手柄在退出过程中会引起旋转。

40）动力学：污染（并因此浪费）无菌的一次性器械，因为当纸盖突然离开下面的塑料托盘时，器械从包装中掉出并落在地板上。

41）易读性：由于显示屏没有背光，操作灯变暗时无法读取显示屏。

42）标签：由于缺乏明确的标签，将自上次测量以来的时间解释为下一次测量之前的剩余时间。

43）格式/标签：输入错误的手术日期，因为屏幕上的字段使用欧洲格式（DD-MM-YYYY）而不是美国格式（MM-DD-YYYY），并且没有提供明确的标签。

44）声音：由于高频听力损失（老年男性的常见情况），未检测到高频警报音。

45）声音：未检测到中等音量警报，因为它被大音量的环境噪声所掩盖。

46）视差：由于视差，在触摸屏上选择了错误的菜单选项。

47）洞察力：不喜欢这个设计，因为它的图形用户接口由于使用了太多的颜色和未优化的图标而显得花哨和过时。

48）障碍：按预期握住医疗器械时无法看到整个显示屏。

49）组织：由于缺乏用于布置杂乱线路的支架，难以追踪线路和管道的源头连接。

50）控制：由于导管过度弯曲，检测到对导管位置的控制不足。

12.4 测试前、测试中和测试后会出现什么问题？

虽然大多数可用性测试进展顺利，但仍有很多事情可能会出错。常见的问题包括旅行延误、测试参与者未出现、测试医疗器械损坏、未能记录测试过程及测试观察员行为不端等。良好的计划（即建立应急预案）有助于避免许多意外情况，但不是全部潜在的不稳定因素。无论发生什么，在遇到困难时都尽量保持积极的态度，并与利益相关者开诚布公地沟通。

可用性测试通常会顺利进行，尤其是在您做好充分准备的情况下。但是，没有测试计划（或测试管理员，就事论事来说）是完美的。您为顺利进行测试所做的最大努力可能会被不可预测和无法控制的事件所取代。结合本书其他章节讨论的事件并添加一些新事件，笔者列出了您在可用性测试前、测试中和测试后可能遇到的以下障碍：

1）尽管 IRB 承诺在测试开始日期前 1 周批准您的研究，但您至今尚未收到批准进行该研究的回复。

2）测试参与者在最后一分钟取消了他的测试。天气、交通、生病和最后一刻的工作安排是取消的常见原因。有时，笔者很确定真正的原因是睡过头和更有吸引力的社交计划。

3）测试参与者错误地提前一天（或更多）出现，但仍想参加测试并获得补贴。同时，您已经有完整的测试时间表，无法满足请求。

4）您的招募筛选过程不完整，导致一名或多名测试参与者因测试期间检测到意外特征而被取消资格，例如，工作记忆缺陷或与竞争制造商的积极联系。

5）您提供不适合测试参与者的点心（如给糖尿病患者的含糖零食）或可能引发食物过敏（如含有坚果的食物）。

6）测试医疗器械（即您正在测试的医疗器械）在运输中出现延误，并且未能及时到达测试现场以进行第一天的测试。

7）包含重要测试医疗器械的行李在运输途中丢失。

8）外国的移民官员将您认定为工作人员而不是游客，并要求您出示工作签证（但是您没有）。

9）硬件原型在其防压运输容器内被压碎。

10）您聘请帮助在国外进行可用性测试的翻译人员没有出现。或者，他出现但不具备您需要的双语能力。

11）一名测试参与者破坏了硬件原型。这对于由 3D 打印机生产的部件组装而成的硬件原型尤为常见。

12）您正在测试的医疗器械莫名其妙地无法工作，制造工厂的开发人员无法确定原因。

13）您的测试需要互联网连接，并且测试机构的互联网无法正常工作。

14）观察室内有人打开灯，抵消了单向镜的效果，该镜旨在使观察者的存在对相邻测试室的测试参与者隐藏。

15）测试参与者暴露了未知的医疗器械危害，为了安全起见，您需要立即停止测试。

16）测试参与者因意外原因受伤。

17）测试参与者诅咒并做出其他不恰当的言论。

18）测试参与者主动或被动骚扰测试团队成员或观察员。

19）测试管理员在为期 3 天的测试工作中只工作 1 天便病倒了。

20）测试场地的工作人员迟到了，让您、测试参与者和观察者在测试应该已经开始时站在测试场地外。雪上加霜的是，天气可能又冷又下雨。

21）您的一名或多名测试参与者是骗子，假装有适当的背景参加测试以快速赚钱。

22）测试参与者情绪不稳定，可能是由于他生活中正在发生的事件，并且在执行具有挑战性或令人沮丧的任务时情绪爆发或崩溃。

23）测试参与者因担心被观察和录像而感到不知所措，要么退出测试，要么奇怪地执行任务（暗示他可能需要被视为“异常值”）。

24）测试场地的邻居们用响亮的音乐开始了一场派对。

25）测试观察员无法控制自己，在测试过程中对测试参与者或测试管理员提出建议或批评。

26）天气条件（如冰雪、雷暴、飓风、酷热）使测试参与者前往测试地点很危险。

27）您用来记录测试数据的计算机崩溃了，几乎没有或根本没有数据恢复的机会。

28）旅行延误会导致您延迟（时差）到达测试地点，几乎没有时间为第一次测试做准备。

29）测试团队成员或场地工作人员忘记打开摄像机或传声器来记录测试过程，因此您只能看到无声视频或根本没有影片。

30）您应该对医疗器械制造商的身份保密，但在谈话中意外透露，或者未能掩盖硬件和一次性配件上的所有徽标和品牌名称。

31）对可用性测试知之甚少的观察者会对不按要求提供测试参与者任务帮助的测试管理员感到生气。

32）营销专家试图终止可用性测试，因为他不希望潜在客户对未完成的设计产生不好的印象，或者不希望客户得知新医疗器械即将问世，从而可能抑制当前医疗器械的销售。

33）某公司统计学家将您的测试工作贬低为伪科学，并试图破坏您工作的可信度，因为与从事市场研究和临床研究的测试参与者样本相比，您的样本量“微不足道”。

34）测试参与者准时到达测试设施但忘记戴他的眼镜，从而损害或排除了对某些设计组件（如标签、显示器和使用说明）的评估。

您能阻止这些情况的发生吗？尽管您可以做一些事情来尝试减少某些事故发生的可能性，但它们无法完全预防。例如，即使您使用屏幕捕捉软件记录测试参与者与基于软件的原型的交互，您也可以使用摄像机记录测试过程。虽然摄像机可能无法很好地看到计算机屏幕，但如果屏幕捕获软件在会话中途崩溃，您至少可以清楚地记录测试参与者的评论。您可以在冬季的测试之间增加额外的时间，因为天气相关的交通延误更有可能延长测试参与者的旅行时间并导致迟到。您可以安排一些额外的测试参与者，以防有些人不管确认电子邮件和提醒电话如何提醒都不会出现。您可以将必要的测试医疗器械和材料带上飞机，而不是托运行李。

至于其他问题，笔者将留给您自己想办法解决。关键是要意识到可能发生的事情，并尽可能确定应急预案。

遗憾的是，不可能在测试前、测试中和测试后预测所有可能出错的事情。如果事情变得糟糕并且无法补救，唯一要做的就是与项目利益相关者就当前的问题和您解决这些问题的尝试进行清晰的沟通。

12.5 测试人员要承担哪些风险？

可用性测试通常是一种良好的专业活动。但是，测试人员也要承担一些风险，如骚扰索赔和未能保护专有信息等。有一些具体的方法可以防止出现不良结果，或者至少可以应对发生的不良结果，包括执行适当的知情同意和保密协议、拥有职业责任保险、获得赔偿和团队合作。

在13.5节中，笔者将与您讨论如何保护可用性测试参与者免受危险，如手指被活动部件夹住、被针刺伤或将危险材料洒到自己身上。在本节，笔者将重点转移到保护测试人员（如测试管理员和数据分析师）上。

当然，测试人员需要避免与测试参与者相同的危险。测试人员还需要保护自己免受潜在的诉讼，即使此类诉讼的风险很低。

从法律风险的角度来看，以下是一些假设的、有风险的场景：

1）一名妇女参加血糖仪的可用性测试。她患有糖尿病，每天使用非处方血糖仪多次测试她的血液，使她成为合格的测试参与者。在测试期间，她习惯了测试项目（原型血糖仪）的工作方式。可用性测试几小时后，这位女士用她自己的血糖仪测试她的血液。由于使用原型血糖仪的经验对她产生负面影响，她错误地操作了自己的血糖仪，将以前的读数误解为她现在的读数，并注射了过量的胰岛素。过量导致低血糖症，导致她昏倒在地，随后通过救护车紧急送往医院。测试参与者后来起诉可用性测试组织要求赔偿。

2）某客户聘请顾问对预生产的C形臂X射线机进行总结性可用性测试，该机器具有多个移动部件，使其能够将自身包裹在患者周围以捕获所需的X射线图像。测试显示没有危险的使用错误，因此可以被认为是成功的。经确认的设计投入生产。在投放市场两个月后，一台机器对一名男子的手臂造成挤压伤。调查人员确定事故的根本原因是机器的触摸屏软件用户接口上的一个令人混淆的标签。该男子起诉机器制造商，而制造商起诉可用性专家，声称可用性测试应该识别出软件用户接口的缺陷。

3）测试参与者在了解秘密医疗器械之前签署了一份保密表格。几周后，测试参与者违反了他的保密协议，与技术记者谈论该医疗器械。随后，制造商起诉可用性测试专家不控制专有信息的泄露。

4）一名测试参与者声称受到了测试管理员的骚扰。

这些情况令人不安，因为人们在身体或精神上受到伤害。同样令人不安的是，那些可能正在尽其专业努力公平评估医疗器械可用性的人，即可用性专家，可能会受到法律诉讼，并遭受相关的精神、经济和名誉损失。

毫无疑问，可用性专家负责按照公认的专业实践进行测试，并保护测试参与者免受伤害。然而，考虑到可用性问题的隐私性，以及一些使用错误极为罕见的事实，可用性专家又如何对没有发现问题负责呢?

这个问题没有明确的答案。事实是，许多领域的工程师和设计师都会被起诉。结构工程师因结构缺陷而被起诉，建筑商因屋顶漏水而被起诉，机械工程师因设备失火而被起诉，平面设计师因侵犯版权而被起诉。这就是存在职业责任或错误和遗漏（E&O）保险的原因。然而，由于以下原因，用户接口设计缺陷的责任界线是模糊的：

1）可用性专家不一定是用户接口设计者。因此，可用性专家可能会为没有发现其他人的错误负责，这是不公平的。

2）可用性测试检查用户任务的样本，而不是每个可能的用户在每个可能的使用场景中执行的每个可能的任务。因此，一些可能触发使用错误的用户接口缺陷可能会因为没有出现相关的使用场景而被漏检。

3）制造商不需要可用性专家来纠正所有报告的可用性问题，包括那些可能导致人身伤害和财产损失的问题。例如，制造商可能会认为与特定使用错误（和用户接口缺陷）相关的风险很低，即发生危险事件的可能性很低且后果很小，并选择不改进可能存在缺陷的医疗器械特征。

4）一些使用错误非常罕见（如10万次试验中发生1次的使用错误），可用性测试几乎没有机会触发它们。但是，如果指定的器械实现了相当大的市场渗透率，导致全球每月有100万次使用，那么使用错误可能会以适度的频率发生。

因此，您需要识别（但不一定会因诉讼而瘫痪）潜在的风险并采取一切适当的预防措施，主要是以极其彻底的方式进行总结性可用性测试，为测试计划和报告寻求广泛的意见。以下是顾问可以采取的更多保护措施：

1）如果可以的话，购买E&O保险。但是，要做好被认为医疗器械设计风险太大的保险公司拒绝的准备。

2）仔细查看您的客户为该项目提出的条款和条件（T&C）。医疗器械制造商可能会向您发送与大型制药公司和材料批发商相同的基准条款和条件。此类条款和条件通常要求供应商对所提供的所有产品和服务承担全部责任，其中包括一些可能不适用于可用性测试的条款。

3）为您的可用性测试服务向您的客户寻求赔偿。否则，您将承担不成比例的风险以换取微薄的回报。

4）成立公司以保护参与测试的个人免于承担个人责任。有限责任公司（LLC）和小型股份公司是小型咨询集团的常见形式。

5）与测试参与者签署知情同意书和保密协议。

6）提醒测试参与者，他们可以随时以任何理由退出测试过程，而不会失去补贴。

7）让两人团队进行可用性测试，以防止虚假的骚扰指控。

12.6　测试人员是否应该全部为女性或全部为男性?

某些医疗器械仅供一种性别使用，或用于特定性别的解剖结构。因此，一些测试参与者可能不愿意与异性测试管理员讨论特定性别的细节。为了增加测试参与者的舒适度并促进对话，您可能希望由全男性或全女性团队进行测试。

一些可用性测试需要一个全男性或全女性的测试团队，从而确保测试参与者的心理舒适并促进开放式沟通。当您测试与特定性别解剖结构（即隐私部位）和医疗程序相关的医疗器械时，以及当您寻求非专业人士的补充或就地参与时，最明显需要聘请单一性别团队的医疗专业人员。

例如，您可能希望由一个全女性团队领导女性避孕产品的测试，并希望由一个全男性团队领导阴茎（泌尿）导管的测试（见图 12-8）。

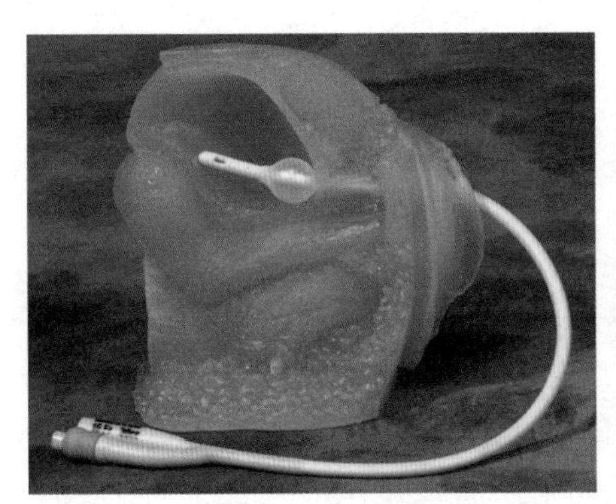

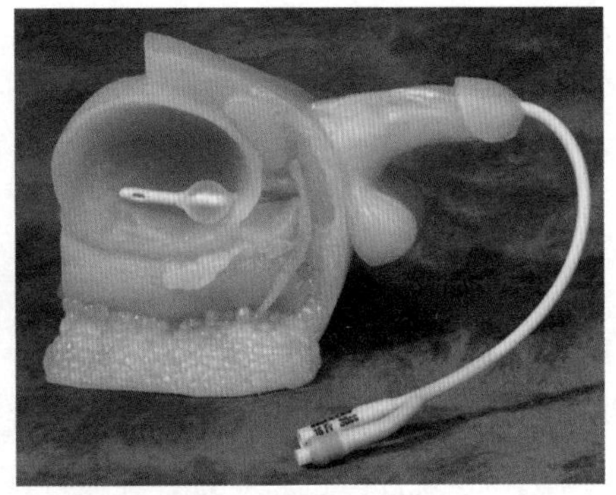

图 12-8　男性和女性导尿管训练模型使测试参与者能够模拟执行导尿任务（照片由 Health Edco 公司提供）

如果您在这些和类似的情况下混淆性别，您就会为潜在的困难和麻烦打开大门，包括：

1）难以招募测试参与者，他们可能会觉得使用和讨论特定性别的医疗器械很尴尬，即使没有身体接触。

2）测试参与者因尴尬或不恰当的感觉而犹豫是否传达设计问题。

3）测试参与者不准确地回答背景、预测试和最终问题，可能是由于对讨论主题感到尴尬或普遍不适（如使用一种主要用于美容的医疗器械）。

4）声称（希望是虚假的）测试团队成员言语或行为不当。

如果您不确定让混合性别团队参与是否有意义，笔者建议采取保守的方法：无论您是否有信心以适当和专业的方式进行测试，都不要让混合性别团队参与。笔者还建议您在测试参与者操作与隐私部位交互的医疗器械时避免只有一名研究人员在场，有两个人在场可以防止任何人的不当行为和任何虚假指控。

在与医疗专业人员打交道时，您可以不太担心使用混合性别团队，特别是因为在涉及面向女性的医疗器械（如乳腺活检医疗器械）和女性测试参与者的测试中，您可能有男性测试参与者（如妇科医生）参加测试；同理，女性测试参与者（如泌尿科医生）在涉及面向男性的医疗器械（如用于进行前列腺手术的医疗器械）的测试中也可能出现。医疗专业人员不太可能关心是男性或女性要求他们操作和评论特定性别的医疗器械。

如果您没有实现全女性或全男性团队所需的资源怎么办？

笔者认识到，由于项目预算、时间表和工作人员经验等多种原因，您可能无法让全女性或全男性团队对特定性别的医疗器械进行测试。如果是这种情况，笔者建议在招募过程中告诉测试参与者会与异性共同进行研究，并询问他们是否愿意回答背景问题并讨论一些可能敏感的医疗器械和治疗相关话题。当测试参与者到达预定测试地点时，重申可用性测试的动态管理，并确保个人能够舒适地参与。然后，如果可能的话，至少保证团队中有一名成员与测试参与者的性别相同。

这是笔者在海外测试导尿管时采用的方法。笔者会安排相同数量的男性和女性参加由包括男性和女性在内的两人团队进行的个人测试课程。测试参与者将导管插入双腿之间放置的男性和女性生殖器的弹性解剖模型中，以使导管插入任务尽可能逼真。包括截瘫患者在内的测试参与者毫不犹豫地在异性面前执行任务。尽管如此，如果测试参与者是将导管插入自己的身体，他们可能会有一些犹豫。

12.7 用户接口设计师应该对自己的设计进行可用性测试吗？

没有规定禁止用户接口设计师对他们自己的设计进行可用性测试，但前提是他们有这样做的专业知识和客观性。也就是说，让设计师测试他们自己的作品可能会牺牲表面效度。这是不幸的，因为用户接口设计师可以为可用性测试工作带来深入的知识，甚至可能比对医疗器械的给定交互设计问题有更肤浅知识的“局外人”进行更有效的医疗器械评估。

您可能听说过这样的说法：“为自己辩护的律师对委托人来说是个傻瓜”。您可能也熟悉“外科医生不应该对家庭成员进行手术”的道德政策。那么用户接口设计师（个人或团体）是否应该对他或他们自己的设计进行可用性测试？这个介绍的语气似乎表明不是。不过，笔者认为有赞成和反对这种做法的论据。

有人可能会争辩说，用户接口设计师将无法进行客观的可用性测试，设计师将不可避免地对测试产生偏见并指导其结果，也许是在不知不觉中。或者，有人可能会争辩说，一个优秀的用户接口设计师将有动力进行最客观的可用性测试，以追求最佳的最终设计。或者，也许设计师通过进行合理测试来产生最佳设计的动机类似于飞行员实现安全着陆的自我保护动机。

诚然，笔者对评估自己工作的适当性的辩论带有偏见，因为笔者经常这样做。笔者将可用性测试视为整个用户接口设计过程中的一个重要步骤，并相信用户接口设计师运行自己的可用性测试是高效且有效的，前提是应具备适当的能力。笔者相信可以做到客观，就像记者报道政治新闻时不会介绍自己的政治观点一样。但是，笔者承认有些人比其他人更有能力做到这样的客观性。

经济性是决定设计师是否也应该担任测试管理员的另一个因素。处理用户接口设计和测试的内部人因工程小组可能不愿意从外部组织寻求测试支持，因为除其他原因，它还很昂贵。另一方面，人因工程咨询小组可能希望通过进行自己的可用性测试来保持对创意的控制，这样做也可能增加他们的业务量。在这种情况下，一个合理的、妥协的解决方案可能是让同一咨询小组中的一位同事进行可用性测试，而实际的设计师则记笔记或只是观察。

利益相关方将需要评估他们对让用户接口设计师运行他们自己的可用性测试的舒适度。根据相关人员的技能和举止，测试可能会进行得好或不好。与技能、完整性和效率相关的几个问题会产生影响。

最终，笔者认为您应该在选择可用性测试管理员方面做自己认为正确的事情。如果对特定设计师的客观性存在重大担忧，则需要付出额外的代价来聘请替代测试团队，无论他们与设计师密切相关还是不相关。但是，一定要考虑让设计师对自己的设计进行测试的好处。设计师可能会带来对设计开发（以及先前考虑过的替代方案）的广泛了解，并具备更强的能力提出相关后续问题。

12.8 您应该何时以及如何帮助测试参与者？

请记住，可用性测试不是产品演示，目标是让测试参与者独立执行任务，至少在测试参与者陷入僵局之前。因此，测试管理员应该将他们的参与限制在介绍任务、提示测试参与者在适当的时间保持沟通及收集数据（如评级）。但是，有时测试参与者会犯错或陷入僵局，需要进行干预才能使测试继续进行。干预措施也可能是必要的，以保护测试参与者免受过度压力和疲劳。测试报告应提及此类干预措施。

至少在一段时间内，可用性测试专家应该避免帮助测试参与者完成动手任务。毕竟，可用性测试的重点是观察代表性用户与医疗器械的自然交互，并由以下事项确定其用户接口设计的优缺点：

1）冗长的任务完成时间。

2）不正确的操作（即使用错误）。

3）援助请求。

4）任务放弃（即退出）。

5）沮丧、困惑或士气低落的迹象。

但是，有些时候，最好向前推进测试进程，而不是继续观察测试参与者努力完成任务。否则，您将把时间浪费在探索其他用户接口元素上。此外，让测试参与者挣扎太久可能会使他们超过他们的情绪崩溃点——这是正确实施人类受试者保护计划应该防止的不良结果。

您可以选择不完成当前任务，或者提供足够的帮助使测试参与者克服给定的障碍。但是，您如何知道何时该采取这些方法中的哪一种？在形成性可用性测试期间，您有更多随机应变的自由（从方法论上讲）。所以，当您已经尽可能多地了解可用性问题及其原因，而且要求测试参与者坚持下去几乎没有什么收获时，用您的判断来确定继续测试的时机。但是，在高风险的总结性可用性测试中，您应该为每个任务预先设定一个时间限制（如 3min、5min 或 10min），在这个时间限制内，您将跳到下一项任务或提供一个预先确定水平的帮助。始终如一地提供帮助将使您能够比较接受帮助的测试参与者的表现。相比之下，提供即兴帮助则会引入一个混淆变量。请记住，被帮助任务将被视为失败任务。

如果后续任务不依赖于被帮助任务的完成，无论是就医疗器械的配置或测试参与者形成医疗器械交互特性的准确心智模型的能力而言，任务不完整是合理的。如果存在依赖关系但没有足够的时间让测试参与者继续执行任务，您可以选择自己正确配置医疗器械（最好不让测试参与者观看）或为测试参与者提供继续执行任务所需的信息。例如，您可能需要正确校准气体传感器才能继续进行气体测量任务。或者，您可能只需要告诉测试参与者“正确的气体测量取决于每次打开医疗器械时校准传感器，如每天早上使用前”。

以下场景说明了您可以如何帮助陷入困境的测试参与者。

（1）场景 1

1）产品：输液泵。

2）测试参与者：重症监护护士。

3）任务：准备输液泵，以 150mL/h 的速度向患者输注 500mL 5% 葡萄糖溶液（D5W）。

4）情景：测试参与者反复尝试将输液器插入输液泵，但没有成功。似乎有什么东西阻碍了该装置正确滑入其插槽。

5）辅助 1（5min 后）：“出于安全原因，输液泵当前阻止您插入输液器。在插入输液器之前，您还必须完成另一个步骤。”

6）辅助 2（再过 2min 后）：“您不能在没有首先起动泵的情况下插入输液器。”

7）辅助 3（再过 1min 后）：“在您使用背面的开关打开输液泵之前，输液泵不会让您插入输液器。”

（2）场景 2

1）产品：急救呼吸机。

2）测试参与者：医护人员。

3）任务：在前往事故现场的途中，准备好供成年男性使用的呼吸机。

4）情景：测试参与者得出结论，他已正确设置呼吸机以供使用。但是，采样管未连接其端口。

5）辅助 1（在测试参与者错误地认为他完成了设置任务之后）：“呼吸机尚未完全准备好使用。您还需要做更多的事情。”

6）辅助 2（再过 3min 后）：“检查您是否建立了所有必要的联系。”

7）辅助 3（再过 2min 后）：“呼吸机对流经 Y 形管道的气体进行采样。检查您是否设置了呼吸机以正确执行此功能。”

（3）场景 3

1）产品：结肠镜检查记录软件。

2）测试参加者：内窥镜医师。

3）任务：记录完整结肠镜检查的结果。

4）情景：测试参与者探索屏幕上的各种菜单选项，寻找记录他在手术过程中使用药物的特定位置。

5）辅助1（3min后）："您在正确的菜单中进行了搜索。您应该继续在那里查看。"

6）辅助1（再过2min钟后）："有一个菜单选项您还没有尝试过。"

7）辅助3（再过1min后）："尝试选择标题为'报告'的菜单选项。"

当您帮助测试参与者时，您可能希望提供积极的反馈以保持他的精神状态，但也要鼓励测试参与者尽可能独立地向前迈进。例如，您可能会说："谢谢您的坚持。现在我会为您提供一些帮助，之后我希望您继续独立工作。"

如果测试参与者说他会拨打器械制造商的免费支持热线怎么办？您可以通过指导测试参与者向测试管理员或数据分析师提出问题来处理这种情况。理想情况下，更现实的是，测试参与者可以致电制造商的技术代表或支持热线的其他人员。任何提供支持热线帮助的个人都应做好充分准备，以提供符合实际情况的指导，甚至可以使用脚本。

请务必记录您提供的帮助数量、提供帮助的时间及所提供帮助的类型（例如，"告诉测试参与者他需要再完成一个步骤来设置医疗器械""告诉测试参与者选择'报告'菜单选项"）。在对任务完成状态进行分类时，总结测试参与者的独立性（或需要帮助）会很有帮助。例如，设置您的数据收集工作表以使您能够表明测试参与者是否进行了以下操作：

1）正确执行了任务。

2）正确执行任务（在x次帮助后）。

3）错误地执行了任务。

4）错误地执行了任务（在x次帮助之后）。

鼓励测试参与者坚持不懈

正如您所料，一些测试参与者比其他测试参与者更有可能努力克服与医疗器械交互时出现的困难。这是一个性格问题，也是培训和经验的问题。一些测试参与者似乎很快从全力以赴完成任务的状态转变到在微不足道的努力后宣布失败和寻求帮助。在某些情况下，没有退路，测试环节很快就失去了价值；当您必须经常帮助测试参与者时，您得到的东西很少。因此，当测试参与者倾向于放弃时，笔者会尝试回退一点。在回应求助时，笔者会回复："我希望您再坚持几分钟，就像您在工作，没有人可以帮助您一样。""我了解您不会继续尝试在实际使用场景中执行此任务。但是，如果您能继续完成这项任务，那将对我们有很大帮助。""虽然在实际使用场景中寻求帮助可能非常有意义，但我们的研究方法要求我们保留帮助，直到我们尽可能多地了解人们使用该医疗器械可能面临的困难。请记住，我们不会评判您的表现。我们正在对医疗器械进行评价，并学习如何让它更好地为像您这样的人服务。因此，如果我们在对您遇到的任何问题的原因产生足够的见解之前不提供帮助，请您原谅。"

总结性可用性测试期间提供的报告协助

FDA在多次介绍和致制造商的信函中表示，向总结性可用性测试参与者提供的任何帮助都应视为任务失败。这意味着总结性可用性测试报告应描述测试管理员协助的任何实例和相关的根本原因，类似于报告描述与安全相关的使用错误和其他任务失败的方式（请参阅15.3节的相关内容）。您应该首先描述测试参与者提出的问题和测试管理员提供的信息，包括足够的详细信息，以便监管机构和其他审核人员了解所提供帮助的性质和范围。用测试参与者报告的根本原因（即测试参与者对他需要帮助的原因的反馈）和测试人员的根本原因分析补充描述，该分析考虑了测试参与者的评论及测试团队对HFE和医疗器械设计的观察和知识原则。

12.9 您可以更改正在进行的测试吗？

在形成性可用性测试期间，您可以调整评估的设计或测试方法以提高测试效率（即帮助您识别和解决尽可能多的可用性问题），只要有足够的测试环节来正确评估所做的更改。中途调整总结性可用性测试也是可能的，但由于需要确保足够的样本量并保持各次测试之间的方法一致性，因此更加复杂。

考虑这个可用性测试场景：

1）您已经完成了原型医疗器械的形成性可用性测试中的三分之一（12次中的4次）。

2）在4次测试中，每次都出现了相同的可用性问题，而且是一个主要问题。

3）您认为对原型进行快速更改（如修改屏幕说明中的文本、优化图标或在硬件模型中添加一个小塑料管夹）将解决可用性问题。

可以快速更改吗？笔者认为是可以的，并指出形成性可用性测试应该是一种确定设计优势和改进机会的实践练习。它不应该与临床试验所需的高标准方法纯度相匹配。您只需要确保对测试方法的任何中期调整，包括改变刺激的性质（如更改原型），不会导致错误的结论，因为您是根据较少的测试环节的数据得出结论的。您还需要获得项目利益相关者的批准，并在测试报告中正确记录测试中途的调整，比较和对比在您实施修改前后与医疗器械交互的测试参与者的数据。如果您的测试需要IRB批准（请参阅7.3节的相关内容），请注意不要进行可能使测试参与者面临新风险的更改。

如5.6节所述，从一次测试中得出结论可能很危险。因此，可用性专家与工程师、设计师和项目经理合作，将所需的领域和经验知识汇集在一起，以评估给定问题是否会给其他用户带来问题。例如，在某些情况下，观察到的使用错误可能是特定测试参与者对细节缺乏关注的结果。

在所描述的场景中，如果三分之二的测试环节还没有开始，笔者会很乐意修改原型并从随后的8名测试参与者那里收集额外的数据。如果笔者完成了大部分测试，笔者会犹豫是否做出改变测试，并且只剩下几个环节来判断修改的有效性。在这种情况下，随着对原型的修改，笔者可能会招募更多的测试参与者，以将数据数量增加到 5 个或更多。

如果您不能 100% 确定特定的设计修改将解决已识别的可用性问题，请考虑让测试参与者与当前和修改后的设计进行交互。例如，让测试参与者在正常测试工作流程中使用当前设计，然后在测试环节结束时使用修改后的设计重复任务。或者，在正常测试工作流程中平衡活动顺序，以考虑学习效果和其他潜在的性能塑造偏差。与正在测试的设计相比，这些方法将使您能够收集测试参与者关于设计变更及其有效性（或缺乏）的反馈。

同样，笔者也认为可以改变测试方法。例如，在形成性可用性测试期间，如果涉及未经培训的测试参与者的测试环节被证明效率低下（即测试参与者都无法完成初始设置任务），那么将不提供培训改为向测试参与者提供少量培训可能更有价值。

在总结性可用性测试期间，中途调整更加复杂。总结性可用性测试几乎不是设计迭代的时候。在这个阶段继续设计迭代的话，建议将总结性可用性测试重新定义为另一个形成性可用性测试。由于总结性可用性测试通常是通往临床试验或产品发布的关键路径的关口，因此测试人员可能会对修改医疗器械或测试方法感到有压力，以确保完成验证工作。在这种情况下，继续使用修改后的测试方法的可行性就变成了一场数字游戏。

在 8.1 节中，笔者指出设计确认通常需要每个不同用户组至少包含 15 名测试参与者的性能数据。例如，如果您计划进行 36 人参加的测试，其中涉及两个同质用户组的代表（以及一些“后备”测试参与者以解决潜在的“缺席”情况），并且您完成了 6 次测试，还有 30 次未进行，那么您还有时间做出改变。但是，如果您已经完成了 30 次测试，还有 6 次未进行，则情况并非如此。您的测试报告应记录修改测试方法的原因。可以说，测试报告还应该包括最初测试阶段的数据，尽管是以分开的方式。如果您认为可能需要进行中途调整，请考虑提前中止测试计划，以评估迄今为止的结果，并对评估中的医疗器械或测试方法进行任何必要的调整。

快速迭代测试和评估（RITE）方法

一些可用性专家主张在几乎每次形成性可用性测试之后都要修改用户接口。微软公司的 RITE 方法指导工程师和设计人员在继续测试之前针对已识别的可用性问题立即做出设计更改（在约 1h 内实施）。该方法没有指定应解决明显问题的测试次数，但描述表明 1~3 个数据点可能是证明设计更改合理性的正确数字。RITE 方法要求：①安排 1h 左右的测试会议（为汇报和原型修改提供时间）；②快速解决方案识别；③快速决策；④开发人员到场，以便按所需的速度进行更改。这种方法是在用户接口设计的早期阶段进行改进的有效方法，因为原型和模型很容易更改，而在后期工作模型更难以更改时不太实用。与硬件用户接口开发相比，这种方法可能更适用于软件用户接口开发。不过，测试集群之间可能需要稍长的时间间隔，让测试人员有足够的时间使用 3D 打印机快速制作硬件原型。此外，更改计算机屏幕上显示的虚拟硬件解决方案可能与更改传统软件用户接口一样简单。

 12.10 您能可靠地检测出使用错误吗?

在可用性测试期间，一些使用错误很明显。测试参与者按了错误的屏幕按钮或将管路连接到错误的接口。测试管理员可以创建清单来帮助记录这些使用错误。其他使用错误（如心算错误）则更难以观察或不可能观察到，因此询问用户是否记得犯过任何使用错误非常重要，尤其是那些可能使自己或他人处于危险之中的错误。这种双管齐下的方法应该可以帮助测试管理员检测到大多数使用错误，但也存在不可避免的缺点，这就是为什么开发人员需要采取额外的步骤来识别潜在的使用错误。

一些使用错误很容易检测到，如将气体管线连接到错误的墙壁气体出口。您只需要观察测试参与者在做什么或检查最终设置。其他使用错误，如默默地误读生命体征监视器上的数值，则很难检测到。在后一种情况下，您将需要超感官知觉（ESP）来立即检测使用错误，因为它不会公开地显示自己，至少不会立即显示。您能做的最好的事情就是观察测试参与者困惑的迹象，并跟进正确的问题（如“你在想什么？”）以揭示使用错误。因此，可用性专家检测某些使用错误的可靠性是有限的。

提高使用错误检测可靠性的一种策略是在测试期间观察它们。例如，假设您正在测试一种用于急诊科（ED）的雾化器，用于向患有严重哮喘发作的患者提供药物。假设可能出现的使用错误包括以下内容：

1）在将面罩戴到模拟患者身上之前未能对面罩进行消毒。

2）用过多的药物填充药物罐。

3）用太少的药物填充药物罐。

4）用错误的药物填充药物罐。

5）气软管连接不正确。

6）气软管连接失败。

7）错误组装雾化器。

8）未能收紧面罩带。

9）将面罩带错误地放置在患者头部。

10）未牢固连接药物罐盖。

11）气软管打结。

请注意，其中一些使用错误是显而易见的（如药物填充过量）。但是，如果在设置任务后不检查雾化器，有些使用错误就很难检测到（如没有完全拧紧药物罐盖）。因此，您可能需要在日程安排中为此类检查分配时间，这些检查要巧妙地执行或在测试参与者的视野之外进行，这样您就不会影响测试参与者随后与医疗器械的交互。笔者有时会要求测试参与者休息一下并走出测试室，以便笔者（或支持测试的开发人员）进行检查，并解释需要为下一项任务做准备。如果您创建使用错误清单来指导您的检查，请将其包含在测试计划中。该清单将使测试计划审查人员（可能包括监管机构）确信您拥有检测使用错误的策略，并且具有一定的可靠性。

第二种提高错误检测可靠性的策略是对来自测试的视频片段进行测试后分析。如果您从多个摄像机角度捕捉镜头，这样的分析可以证明更有成效，它可以揭示任务执行细节，这些细节在实时观察时会被忽视（并且可能与测试参与者相距一定距离）。不过，分析视频片段是耗时、乏味的，最好保留只用于需要进行如此详细分析的可用性测试，并且密集的视频片段分析可能产生有用的结果。例如，您可能希望对医生使用手术医疗器械的视频记录进行此类分析，因为医生使用设备的速度很快，无法实时进行详细检查。

第三种策略是让测试参与者帮助回忆任何使用错误。具体来说，在测试参与者完成一项任务或所有计划任务后，问他："您记得在执行任务时犯过什么错误（"错误"是"使用错误"的通俗替代词）吗？"为了全面起见，请询问有关险肇事故和困难的同等问题。测试参与者通常急于回顾问题所在并解释原因（有时表现为借口）和影响，FDA敦促测试人员提出开放式问题并收集测试参与者的主观印象以补充客观的任务绩效数据。值得注意的是，在形成性可用性测试期间，如果测试参与者在与医疗器械交互时自言自语，他们的评论可能会帮助您识别困惑和不确定的地方，以及测试参与者何时可能犯了使用错误（或认为他们犯了）。

要求测试参与者在测试结束时回忆使用错误可能会降低获得有用见解的可能性，因为自使用错误发生以来又经历较大的任务数量和时间量。但是，在每项任务之后提出这样的问题可能会打断动手任务的自然流程和/或让测试参与者过度意识到犯使用错误的可能性，从而影响后续任务的执行。在决定何时要求测试参与者反思潜在的使用错误时，您需要考虑和权衡这些问题和其他问题。

笔者可以断言，应用所讨论的所有错误检测策略将识别所有重要的使用错误。但是，某些使用错误可能仍然未被发现。这就是可用性测试的现实情况，这也是为什么医疗器械开发人员应在临床研究期间和产品发布后（即，作为其上市后监督工作的一部分）继续进行可用性测试。

12.11 您可以为测试参与者提供培训吗?

如果医疗器械将由受过培训的用户使用，那么在可用性测试之前培训测试参与者将增加测试的真实性，并提供更合法和有用的结果。但是，重要的是要注意培训测试参与者的方式和程度。

是否可以为测试参与者提供培训的问题一直困扰着许多可用性测试计划者，他们的本能可能是拒绝培训以确保最严格的评估。普遍的假设是，未经培训的用户会遇到并因此暴露出更多障碍，以使用指定的医疗器械进行有效交互。同样，未经培训的用户更可能出现使用错误。

笔者发现这种说法通常是正确的。然而，拒绝培训的本能可能会适得其反，并导致其他产品开发专业人员认为可用性专家过于死板和不切实际，或者更糟糕的是，把他们看作不知情的破坏者。此外，仅测试未经培训的用户可能会导致测试团队忽略由于培训不足而可能出现的可用性问题。

在医疗领域，优化医疗器械通常最好是为了长期使用，而不是首次使用。设计一种医疗器械以确保未经培训的用户最初易于使用可能会牺牲长期可用性。以 LVAD 控制器或机器人手术系统为例，临床医生花费大量时间学习在模拟和练习中使用该医疗器械，然后再将其用于患者。临床医生在没有经过培训的情况下使用这种医疗器械几乎肯定会被认为是渎职行为。因此，单独测试这种医疗器械的直观性会被误导。同时测试直观性和长期可用性才更有意义。

最终，您需要确定该领域的绝大多数用户是否会在使用医疗器械之前接受培训。如果培训是现实世界的要求，而不是医疗器械使用的假设前提，那么在可用性测试之前给测试参与者一些培训是有意义的（见图 12-9 和图 12-10）。如果至少有一些用户未经培训，例如，临时机构的护士可能第一次在医院的内科 / 外科接触医疗器械，那么您的可用性测试计划应该考虑到这一点。例如，如果您正在进行一项涉及 12 名测试参与者的形成性可用性测试，您可能会选择只训练其中的一半。未经培训的测试参与者也可以充当接受培训但忘记所学内容的用户的代表，这可能是因为他们在数周、数月甚至数年内没有应用新获得的知识和技能。值得注意的是，对于总结性可用性测试，FDA 要求一些制造商将经过培训和未经培训的用户视为不同的用户组。因此，如果一些最终用户在独立使用医疗器械之前接受培训，而另一些则没有，则通常可能包括 15 名糖尿病患者和 15 名糖尿病护士教育者的 30 名测试参与者样本将增加一倍至 60 名测试参与者。

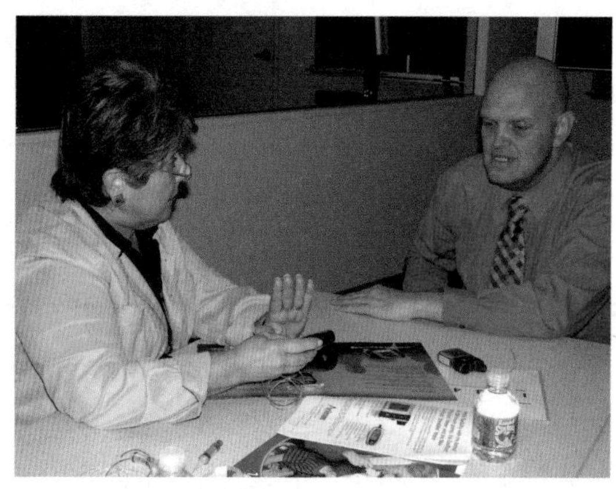

图 12-9　糖尿病护士教育者在测试前培训可用性测试参与者

安排适当的培训量是下一个挑战。假设一名护士通常会参加为期半天的呼吸机使用课程。您是否要求他们参加（或曾经参加过）这样的课程，并在参加测试之前获得使用该医疗器械的正式认证？如果课程参加或认证是大多数护理环境中的正式或事实上的要求，也许可以这样做。但是，如果您正在对全新医疗器械进行形成性可用性测试，并且尚未开发培训材料怎么办？这是常识应该占上风的时候。您可以提供一些“预留位置”培训，这可能就像向测试参与者口头“介绍”医疗器械的有关主要功能、交互机制和相关领域知识（例如，“气体 XYZ”导致血管舒张）。您甚至可以引导用户完成他们将在可用性测试期间执行的所有任务。这种实践培训将反映在某些在职培训期间发生的情况（请参阅本节中的“什么是在职培训？”）。

图 12-10 护士教育者训练引导测试参与者设置雾化器

每当您向测试参与者提供培训时，您应该在进行相关的可用性测试之前留出一些时间（即插入“衰减期”）。这样，测试将较少关注测试参与者的短期记忆，而更多地关注医疗器械的内在可用性优点和缺点。

在笔者的实践中，笔者会在完成培训后至少等待 2h 才能开始测试，笔者通常会等待几个小时甚至几天。在评估植入式可编程药物泵时，笔者曾等了两周。这种延迟可能会使招募变得复杂，因为它们要求测试参与者将更多时间投入联合培训和测试活动中，并且可能需要来到测试场地两次。不过，两阶段的研究工作是值得的。衰减期真实地模拟了当某人在服务中学习使用医疗器械，但直到很久以后才将他学到的东西应用到实际案例中时可能发生的情况。

以下是一些培训指南：

1）以有代表性的方式针对测试的医疗器械类型提供培训。

2）如果可能，请让实际的培训师进行培训。

3）不要提供比正常情况更好的培训来提高测试参与者在可用性测试中的表现。

4）鼓励测试参与者不要在测试前练习他们在培训中学到的东西。

5）不要在培训和测试期间向受过培训的测试参与者提供培训材料或评估中的医疗器械，除非后续独立研究是常规做法。

6）允许测试参与者在培训期间做笔记，在培训结束时收集笔记，然后在医疗器械实际使用时也可能提供这些笔记时，将笔记还给他们以供测试使用。

7）考虑包括一些接受最低限度培训的测试参与者。

另一种方法是进行两阶段可用性测试。在第一阶段，无论大多数用户是否通常会接受培训，您都会评估直接上手的直观性。然后，您提供培训并在适当的衰减期后进行进一步的测试。如果用户在现场使用医疗器械之前需要接受培训，那么第一阶段的测试仍然可以为如何改进医疗器械提供有用的见解。

如果您决定培训测试参与者，您将必须决定是否要进行某种类型的能力测试。仅当此类测试是预期发布后培训计划的一部分时，监管机构才提倡能力测试（即，如果测试参与者在未通过测试或在现实世界中未表现出一定程度的理解力的情况下，不允许使用该医疗器械）。否则，能力测试将是没有根据的。能力测试可能要求测试参与者回答一组问题或演示一组任务。建立和应用现实的通过 / 失败标准很重要。创建不切实际的高通过标准将使人们难以获得参加可用性测试的资格，并且会产生“挑剔”的假象，即有意或无意地只让最有能力的人参加测试。如果测试参与者未能通过能力测试（即未通过培训并继续参加计划的可用性测试课程），应在能力测试表和可用性测试报告中记录失败和被排除的原因。总结测试参与者的人口统计数据和相关经验（如性别、年龄、相关医疗状况、损伤、使用类似医疗器械的经验），呈现培训师的逐字记录，并总结取消资格的原因。

> 什么是在职培训？
>
> 在职培训是一种培训活动，有时由医疗器械制造商的代表在午餐时间在临床医生休息室进行，当时与会者可能正在用餐。在 30~60min 内，“代表”试图传达有关安全有效地使用给定医疗器械的要点。有时，与会者有机会尝试使用该医疗器械。理想情况下，代表提供多次在职培训，以便在不同班次和不同工作日工作的员工都可以参加。但是，单次活动更常见。此外，在服务后某个时间开始工作的新员工或可能休假回来的员工需要从同事那里学习使用给定的医疗器械，他们可能会提供更好、类似或质量较低的培训。通常，除非医疗器械制造商定期进行进修培训活动，否则给定地点的大多数用户将以最后一种方式接受培训。制造商更常见的做法是“培训培训师”，将未来培训的任务留给客户的临床工作人员。一些机构要求临床医生在使用特定医疗器械之前接受培训，而另一些机构则不需要。此外，一些机构会在培训后进行能力检查，而另一些机构则不进行。在一些医院，临床医生的名字出现在在职培训名单上就足够了。

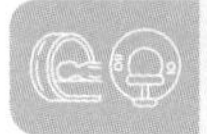

12.12 您是否应该提供对学习工具的访问权限？

学习工具（如用户手册或快速参考卡）可以为用户（尤其是新用户）提供重要的指导，否则可能在很大程度上被忽略。如果学习工具以任务为导向且编写得当，并且与相关的医疗器械一起保存，那么学习工具肯定会更有用。要探索医疗器械最坏的使用场景，您可能会选择扣留学习工具，就好像它们丢失了一样，打印文档时很容易发生这种情况。否则，为了最大限度地提高任务的真实性，您应该为用户提供通常可用的学习工具，无论是文档还是在线帮助等数字资源。

您如何决定是否应该让可用性测试参与者访问医疗器械的学习工具，如快速参考卡或用户手册？这里有一个简单的方法：问问自己，用户通常是否可以立即访问此类学习工具。如果答案是肯定的，那么如果您想评估医疗器械的实际性能，您可能应该提供这些工具，然后用户可以选择是否使用它们。否则，通过扣留资源，您会扭曲现实，让测试参与者比平时更难执行任务。如果用户通常不能立即访问学习工具，那么让它们可用可能会产生相反的扭曲效果。这些学习工具的可用性可以使用户交互比平常更容易，从而产生假阳性结果。

不过，有一个重要的注意事项。在某些类型的可用性测试中，让测试参与者与医疗器械的交互比平时更难是有好处的。一些可用性测试旨在进行压力、应力或跌落测试，在这些测试中，您可以创建最坏的情况以查看用户接口设计可能会如何失败，目标是识别（并随后解决）设计缺陷，并使最终医疗器械用户接口设计得更好。在如此严格的测试中，拒绝访问学习工具与创建最坏情况下的现实使用场景的目标是一致的。例如，输液泵通常可能附带一张层压的快速参考卡。但是，一个没有经验的护士可能在夜班期间独立使用输液泵，却发现卡片丢失，从而发现自己的使用场景比平时更具挑战性。

一些医疗器械可以随时访问学习工具。例如，指定的医疗器械可能在其外壳上印有说明，其手柄上挂有快速参考卡，其底座专用插槽中放置了用户手册，或者具有在线帮助系统（见图 12-11）。而其他医疗器械可能没有相关学习工具，其学习工具可能保存在离患者护理点相对较远的中心位置（如护士站或供应柜中）。供非专业人士使用的医疗器械（如血糖仪）通常带有用户手册和快速参考卡，这些卡片可能放在手边（如放在床头柜抽屉中）或最终放错地方。

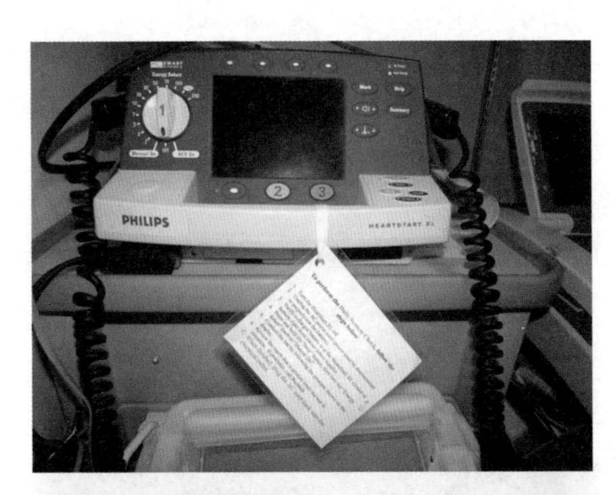

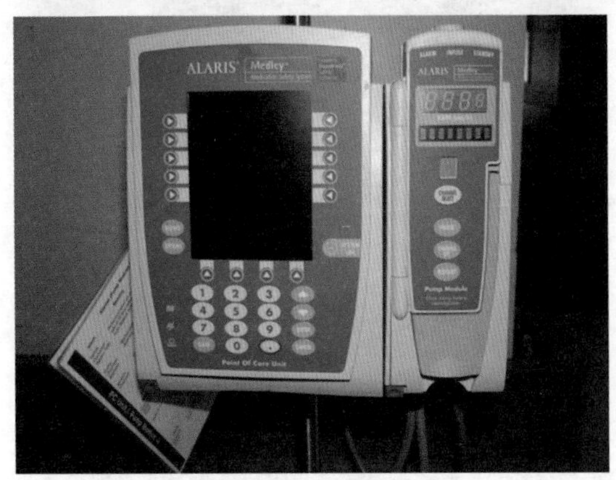

图 12-11 连接到除颤器（上）和输液泵（下）的快速参考卡

原则上，极其直观的用户接口不需要学习工具。许多人将 iPhone 作为直观易用设备的一个很好的例子，它使用户不必阅读有关如何使用它的信息。事实上，笔者都有 iPhone，很少查阅用户手册。虽然笔者可能不熟悉该设备的所有更高级的功能，但可以毫无问题地拨打电话、阅读电子邮件和获取行车路线。一些医疗器械（如数字温度计）需要这种程度的直观性。然而，复杂的诊断和治疗机器（如 MRI 扫描仪）却没有这种直观性，尽管它们的设计者可能渴望实现这种直观性。因此，在评估需要大量专业知识的复杂医疗器械时，您可能希望为测试参与者提供通常的学习工具，而不是拒绝提供它们。笔者认为这也是大多数审查可用性测试计划的监管机构所看到的方式。

当学习工具可用时，它们可能是草稿形式。这为有缺陷的学习工具创造了误导医疗器械用户的可能性，使得看起来存在用户接口设计问题，而不是支持材料的问题。因此，在将学习工具草稿版提供给测试参与者之前，请确保它们尽可能简洁准确。

有时，最好的测试方法是让测试参与者在医疗器械使用一段时间后再使用学习工具。例如，您可以让测试参与者使用他们的直觉执行基本任务，然后授予他们访问学习工具的权限，随后执行更广泛的任务。或者，您可能让测试参与者对同一任务执行基于直觉和指令的试验。笔者经常发现让测试参与者在使用学习工具重复任务之前根据他们的直觉设置医疗器械非常有价值。采用这种方法，您可以独立于学习工具来判断给定医疗器械的直观性，然后再判断学习工具可用时的易用性（以及学习工具的有效性）。

请注意，一些用户可能会充分利用可用的学习工具，而其他用户可能不会。选择使用它们的部分原因取决于个人的学习方式。有些人喜欢在使用医疗器械之前阅读有关医疗器械的信息，而另一些人则喜欢跟随他们的直觉，只有在陷入僵局时才求助于阅读说明（见图 12-12）。笔

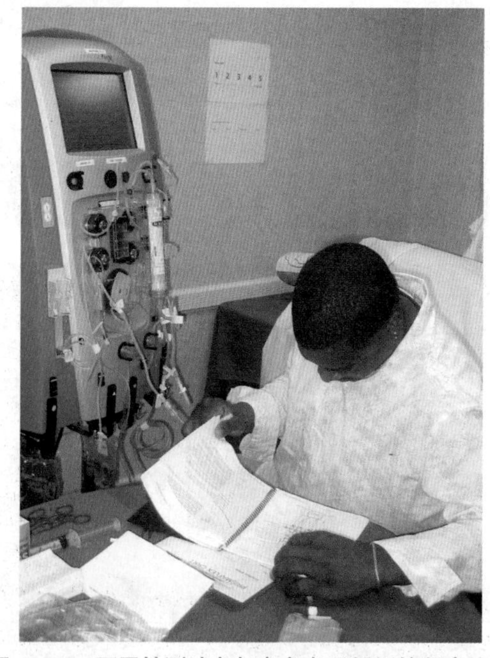

图 12-12　可用性测试参与者参考透析机的用户手册

者通常会邀请测试参与者在他们认为合适时使用看到的可用学习工具。这导致一些测试参与者立即使用它们，而另一些测试参与者则忽略它们。有时，当笔者知道现实世界的用户将严重依赖用户手册并且希望结合医疗器械使用来评估其质量时，笔者会指导测试参与者遵循用户手册。例如，笔者可能会要求测试参与者按照提供的分步说明执行涉及硬件拆卸和重新组装的复杂故障排除任务。请注意，采用这种方法并要求使用学习工具不适合总结性可用性测试，除非测试的唯一目的是确认学习工具（而不是医疗器械本身），或者您要求测试参与者以更自然的方式重复一项他们已经执行过的任务，特别是为了确认学习工具中的内容。

当然，向测试参与者提供学习工具的前提是，这些学习工具存在。实际上，学习工具的开发往往落后于用户接口的开发，即在用户接口几乎完成之前，您不必费心开发学习工具。因此，在早期形成性可用性测试期间，可能没有任何学习工具可以与测试参与者共享。在这种情况下，您可能希望以书面或口头形式向测试参与者提供功能概述，注意提供足够的信息以使测试富有成效，但要留出足够的信息让测试参与者自己发现和辨别。例如，代替学习工具而提供的输液泵介绍可能如下所示：

1）您将与原型输液泵进行交互。它是一种单通道泵，还使您能够提供二次输液，即所谓的“背负式输液”。通常，您可能已经参加了20~30min的培训以学习使用输液泵或至少阅读其快速参考指南或用户手册摘录。今天，我们要求您在没有任何在职培训或此类学习工具的情况下执行任务。因此，我将分享一些关于输液泵的基本操作的细节。

2）该输液泵旨在用于低敏锐度的护理环境，主要用于提供液体支持及输送抗生素和温和的镇痛剂。其集成的触摸屏使您能够按下屏幕按钮来选择和控制某些操作。您会看到有额外的屏幕控件来调整各种输液参数。在某些情况下，您需要在屏幕上滑动手指进行调整。

3）该输液泵使用交流电源或电池电源运行。您可以锁定屏幕以防止未经授权使用输液泵。解锁或激活屏幕的代码是当前年份数值。该输液泵有一个内置剂量计算器。输液泵还保留所有输液程序调整的日志。通过使用无线互联网连接，输液泵可以从医院的计算机网络下载患者信息并上传药物输送记录。在安装一次性输液盒之前，您无法对输液泵进行编程。

您将必须决定这种程度的引导是否合适。显然，如果测试参与者在第一次接触给定医疗器械之前不太可能得到介绍，那么就没有必要对他们进行引导。

参考文献

1. Collaborative Institutional Training Initiative（CITI）. 2008. *Basic Institutional Review Board（IRB）Regulations and Review Process*，p.7. Retrieved from https：//www.citiprogram.org/.

2. Medlock，M.C.，Wixon，D.，Terrano，M.，Romero，R.，and Fulton，B. 2002. *Using the RITE Method to Improve Products：A Definition and a Case Study*. Orlando，FL：Usability Professionals Association，July.

3. Food and Drug Administration（FDA）/Center for Devices and Radiological Health（CDRH）. 2011. *Draft Guidance for Industry and Food and Drug Administration Staff—Applying Human Factors and Usability Engineering to Optimize Medical Device Design*. Retrieved from http：//www.fda.gov/downloads/MedicalDevices/DeviceRegulationandGuidance/GuidanceDocuments/UCM259760. pdf.

第 13 章　与测试参与者互动

 13.1　什么时候适合让测试参与者自言自语？

通常，测试参与者在测试过程中的评论是深入了解医疗器械的交互特性优劣的最丰富的信息来源，甚至超过了任务评级、时间及观察的价值。然而，将测试参与者的大脑置于“免提”状态会改变测试参与者执行任务的方式，从而可能会提高或降低他们的表现。因此，在形成性可用性测试中指导测试参与者自言自语是合适的，但在总结性可用性测试中则不行。

要求测试参与者在与医疗器械交互时自言自语有正确和错误的时机。正确的时机是您寻求有关医疗器械优势和改进机会时，并相信要求测试参与者用语言表达他们的想法将产生重要的见解。错误的时机是您希望测试参与者尽可能自然地与医疗器械交互，并且不希望自言自语影响他们的表现时。

因此，您可能需要让形成性可用性测试参与者自言自语。在形成性可用性测试期间，您希望听到测试参与者对他们的交互体验的所有看法。您想了解测试参与者对设计的期望及给定医疗器械满足他们的程度。

与形成性可用性测试相比，您不应该指导总结性可用性测试参与者自言自语，因为重点是自然状态下的任务表现，而不是接受测试参与者主观体验的连续评论。在总结性可用性测试中，自言自语可能有助于揭示有用的见解，但可以说会扭曲参与者的表现，因为这要求他们的行为与在现实世界中使用医疗器械时的行为不同。因此，FDA 指导制造商不要在总结性可用性测试中使用自言自语这一方式。与往常一样，也有一些例外情况，主要的例外情况与重复任务有关。假设您想知道测试参与者是否在使用前检查药盒是否有裂缝并检查有效期。尽管测试参与者在将药盒插入注射装置之前可能会先看一眼药盒，但您不能确定测试参与者是否专门检查了药盒破裂情况和药物有效期。因此，在让测试参与者自然且无须自言自语地执行药盒选择和注射任务（可能还有其他动手任务）后，您可能会要求测试参与者重复相同的任务，这次用语言表达每一步，这样您就可以更好地了解测试参与者在检查药盒时检查的内容（如果有的话）。如果您让总结性可用性测试参与者自言自语，即使是一两个任务，请务必在您的可用性测试计划和报告中提出这样做的充分理由。

一些测试参与者喜欢自言自语的过程。这似乎是一种不同于外向型的性格特征，这也解释了为什么一些看似害羞的人最擅长自言自语。其他一开始可能有点安静的测试参与者，随着测试的进行会感到更自在，他们在提示时会变得更健谈。

在测试开始时，笔者希望测试参与者自言自语，笔者通常会演示如何自言自语。如果正在测试具有硬件和软件用户接口的医疗器械，笔者可能会使用数码相机进行演示。以下是演示内容：

假设我是一名测试参与者，在产品评估过程中被要求对这款数码相机自言自语（笔者通常避免在与测试参与者交谈时使用“测试”一词）。想象一下，我的任务是拍照。现在，我将开始执行任务。聆听我如何自言自语并不断解释我的想法、感受、决定、意见和行动，就像我的大脑处于“免提”状态一样。

好的，我尝试使用这台数码相机拍照。这是一款外观相当复杂的数码相机，因为它有很多小按钮，不完全是“傻瓜相机”。它看起来专业且昂贵；它可能会拍出很好的照片。我希望我不要破坏它！无论如何，我正在寻找一种打开它的方法，我看到顶部有一个大而闪亮的按钮。我试着按了一下，什么也没发生。我将按住按钮更长时间，看看是否有效，但似乎仍然没有发生任何事情。哦，我现在明白了，必须旋转按钮周围的项圈才能将其打开。这很有效，镜头出来了，显示屏显示了数码相机的视图。所以现在我可以将数码相机对准我想要拍照的东西，然后按下大按钮拍照。那行得通，我在显示屏上看到了那张照片，但现在它消失了，我本来希望我拍的照片能在显示屏上出现更长时间。

这种演示指导通常对确保有效的自言自语大有帮助。您可以看到正在运行的自言自语如何影响任务时间——可能会加倍，尤其是当测试参与者倾向于进行冗长的自言自语时。但是，您也可以看到自言自语如何突出好恶，以及清晰和困惑之外。

以下是测试参与者在与静脉输液袋互动时如何自言自语的假设案例：

所以，我需要把这个袋子连接到输液泵上。我想我会先把它从保护包装中撕下来。好吧，撕开顶部并不顺利。也许有一个撕开标签，但我没有看到。我想我会用剪刀剪掉顶部。在我的工作区域，我没有时间去拿剪刀，所以这会令人沮丧。哦，现在我看到有一个地方可以撕开，不过很难注意到这个地方。如果把它做成鲜亮的颜色就更好了，这样能引起注意。于是，我拉动标签，打开保护包装实际上很容易。塑料粘在一起的程度超出了我的想象，但撕掉保护包装也不难。现在，我将通过刺入袋子连接输液管。所以，现在我要刺入袋子并把它挂起来。嗯，我刚刚注意到这个袋子有两个隔层和一个管状塑料片将它们隔开，我以前没看到。我知道我需要打破塑料区域才能将两种流体混合在一起。通常，我会在挂起袋子之前这样做，但我现在也可以这样做，只是在挂袋子之前这样做更容易。有些护士可能看不到卡针，因为它是透明的，它不像其他卡针那样颜色鲜艳。

根据这些信息（以及其他测试参与者的输入），您可能会得出以下结论：

1）塑料件的设计应限制流体袋与其保护包装之间的黏附。

2）外袋上的“撕开”指示物（即标签）需要更显眼，并且可能与保护包装的其余部分颜色不同。

3）塑料易碎卡针应该是有颜色的，不是透明的。

4）液体袋上应印有警告信息，通知用户在使用前折断易碎卡针并混合两种溶液。

让测试参与者养成自言自语习惯的一种方法是指导他们在开始每项任务之前大声阅读任务说明。

> **自言自语一定会增加任务时间吗?**
>
> 自言自语并不一定会增加任务时间。一些可用性专家认为，自言自语实际上可能会减少任务时间，因为自言自语的测试参与者比平时更专注于指定任务，可能会避免需要时间来检测和纠正的错误。因此，自言自语可能被认为是一种任务辅助，它可以促使测试参与者更彻底地考虑任务完成路径和可用选项。

13.2 提出问题的正确方法是什么?

提出清晰、相关和公正的问题是优秀可用性测试管理员的标志。这种做法需要与测试结果有一定程度的分离——即使只是暂时的。相比之下，未能正确提问的测试管理员会影响测试参与者的回答。在法庭上，这种做法被称为“诱导证人”，会遭到反对。在可用性测试中，引导测试参与者可能会产生潜在的错误，从而误导相关的医疗器械开发工作。

在可用性测试期间，有很多时候您会想向测试参与者提问。测试参与者在使用医疗器械时可能会显得很沮丧，而您想知道原因。您可能会观察到使用错误，并希望测试参与者解释他的行为或确定导致错误的因素。或者，您可能想收集测试参与者对特定设计功能的印象。因此，测试管理员会问很多问题，而且都应该是很好的问题。

一个好的问题会激励测试参与者敞开心扉分享信息，这反过来会帮助您做出好的设计决策。一个好的问题可以开门见山，不会显得咄咄逼人或生硬，也不会让测试参与者感到不自在。它能唤起一个清晰而完整的答案。重要的是，它不会引入偏见。

将“正能量”带入测试当然有帮助，而且基本的亲和力总是对测试管理员有利。您不需要有亲和力方面的功绩勋章，但您必须专注于提出好的问题，并认识到您偶尔会犯错误。

有时，通过询问“你现在感觉如何？”来简洁地提示测试参与者发言即可。“事情进行得如何？”“你现在在想什么？”或“此时有任何评价吗？”其他时候，您需要更加具体才能获得所需的信息。表 13-1 列出了问题举例，对好问题和差问题进行了对比，并解释了为什么差的问题被置之不理了。

表 13-1　问题举例

好问题	差问题
您如何看待心率读数的大小?	如果我们把心率数字做得更大一点，您会怎么想? 缺陷：这个问题巧妙地暗示了更大的数字可能更好

（续）

好问题	差问题
您如何看待流程图的外观？	您喜欢流程图的蓝色背景吗？ 缺陷：这个问题巧妙地表明颜色很好。相比之下，“您能想出更好的流程图背景颜色吗？”表明蓝色可能不是一个好的背景颜色
您觉得急停按钮的形状怎么样？	您喜欢紧急停止按钮看起来像停车标志吗？ 缺陷：问题预先建立了按钮形状和停车标志之间的关联，而不是允许测试参与者做出（或不做出）关联
您如何看待信息布局？	新的信息布局是否更容易查看您对患者档案所做的更改？ 缺陷：问题揭示了一种新的布局和潜在的优势，而不是让测试参与者自发地进行观察

“好问题”可能因其措辞而显得单调（如“您认为……”“您感觉如何……”等）。此外，以这种方式提问的测试管理员听起来像是在进行精神分析。然而，事实上，这正是您在采访测试参与者时所做的事情。您正在尝试尽可能多地了解测试参与者的相关想法和感受。因此，笔者有时会使用幽默的方式，警告测试参与者我们可能会开始听起来像治疗师或唱片。

在要求测试参与者对医疗器械特性进行评级时，采用相同的、公正的方法很重要。例如：如果您要让测试参与者对医疗器械的整体易用性进行评级，请不要说“使用 1~5 级，1 级代表“困难”，5 级代表“容易”，评价医疗器械易于或难以使用的程度”。这种措辞巧妙地表明该医疗器械易于使用。相反，在征求数字评级时，请以平衡的方式提示用户，例如“使用 1~5 的数值进行评级（1 级表示“困难”和 5 级表示“容易”），评估使用该医疗器械的易用程度”。

有关提出好问题的更多提示，请参阅 *Moderating Usability Tests*：*Principles and Practices for Interacting*。

13.3　在可用性测试中是否需要幽默？

有时，测试医疗器械需要使用一点世界上最好的良药（笑声）。虽然您不应该试图将可用性测试变成脱口秀，但在与测试参与者的互动中加入一点幽默可以帮助测试参与者放松，并帮助您更顺利地进行测试。

您可能认为可用性测试必须以语气严肃的正式方式进行。实际上，通过随意的谈话来缓解情绪，偶尔不经意地尝试幽默可以让测试参与者放松并帮助他们适应不熟悉的活动。

笔者发现，当测试管理员感到轻松时，测试参与者会感觉更轻松，因此与他们使用的任何医疗器械进行更自然的交互。因此，引入微妙的幽默感可以产生积极的影响。只要保持事物的雅致和尊重，并观察在让测试参与者感到愉快的测试过程和轻视或贬低活动之间的界限。

如果您在测试过程中加入幽默元素，请确保观察者会欣赏它，而不是认为您是在开玩笑。做到这一点的一种方法是给观察者一个“提醒”，让他们知道您会有意用偶尔的幽默言论来缓解气氛。如果他们认为幽默在此类研究活动中不恰当，这使他们有机会提出反对意见。

当然，有些测试管理员天生幽默风趣，有些则不然。所以，在尝试幽默之前，要先了解自己和自己的幽默技巧，注意不应该勉强。此外，请确保幽默的相互变化不会升级到分散注意力或减缓计划活动进展的程度。

如果断章取义，脱离实际环境，笔者如何在测试中使用幽默的例子听起来很蹩脚。但是，以下是笔者使用的一些台词，让测试参与者在娱乐中放松身心，并促进流畅的沟通和良好的信息交流：

1）“今天我将担任您的导游。请把手放在行驶中的车辆内，并记住禁止使用闪光灯拍照。”

2）“感谢您抽出宝贵时间参加今天下午的评估会议。我们几乎肯定会在午夜前结束工作。”

3）“当我对系统设置进行调整时，请将您的注意力从显示器上移开。您可能会发现空白面板特别迷人。”

4）“我希望您在工作时‘自言自语’，因为我很难读懂您的想法。”

5）“如果您饿了，可以随意吃椒盐脆饼和糖豆。是的，这是我允许自己这样做的方式。”

6）“您说您来自德克萨斯州。每年这个时候那里的气温不是180°F左右吗？”

7）“那是一面单向镜——我们对此毫不掩饰。我的几个同事正在观察并帮助记录测试结果。如果他们在玻璃上敲一次，就表示他们在专心听。如果他们敲两下，他们根本没有注意听。”（接着是两声敲击声）

8）“现在，是时候补偿您的时间了，除非您因为玩得很开心而愿意付钱给我们。”

9）（在您拍摄测试参与者与医疗器械交互的照片之后）“这些照片将在您离开时的礼品店出售。”

当然，有时使用幽默是不恰当的。例如，当测试参与者正在努力完成一项任务并且明显感到沮丧时，您应该停止开玩笑。虽然您可能认为一点幽默可能会缓解紧张局势，但它可能会使事情变得更糟。一般来说，在测试参与者执行任务时使用幽默可能会影响他们的任务表现并可能分散他们的注意力。因此，最好将您的测试参与者感兴趣的话限制在开场白、休息和总结部分。

这里还有一个提示：如果您在不熟悉当地文化的地点进行测试，请不要试图搞笑。您可能面临与测试参与者建立牢固关系的挑战，并且您可能会在不知不觉中冒犯测试参与者或让他感到不舒服。如果您在口译员的帮助下用外语进行测试，则情况尤其如此。幽默的尝试并不总是翻译得很好。

将幽默融入每一种可用性测试中是否合适？

虽然对这个主题没有严格的规定，但笔者建议在总结性（即确认）可用性测试期间谨慎使用幽默或根本不使用幽默。因为测试目标是确认医疗器械，并在可能的情况下以几乎相同的方式进行多个对话，而尽量减少测试管理员的参与，因此最好密切关注测试样品，不要即兴发挥。此外，您也不想因为您的幽默尝试而分散测试参与者的注意力，并导致他在执行任务时犯下使用错误。您还应该避免将幽默融入比较和基准测试中，因为在这些测试中，任务时间和其他基于性能的衡量标准可能很关键。

13.4　您如何最大限度地减少测试参与者的疲劳?

一个执行良好的可用性测试应该能吸引测试参与者的注意力，即使是在长时间的测试过程中。有很多方法可以在测试期间保持高精神水平，其中最主要的是确保测试管理员保持全神贯注。此外，尽量安排测试参与者在休息良好时进行测试，除非您想评估医疗器械在疲劳用户使用时使用错误的脆弱性。

如果您安排与刚刚完成 12h 轮班的护士进行早晨测试，您将面临一场失败的测试。他可能会筋疲力尽并渴望尽快完成测试，提供有限的反馈，在执行任务时可能会走捷径。解决此类疲劳问题的最佳方法是在测试参与者休息时安排测试课程，并在每个测试课程中精力充沛，除非您试图评估疲劳如何影响用户表现。

无论测试参与者的精神水平如何，打哈欠的触发因素包括以下内容：

1）要求测试参与者重复回答相同的基本问题。

2）提出看似毫无意义的问题。

3）以机器人的方式提问，照本宣科。

4）在同一主题上花费太多时间（即“白费口舌”）。

5）要求测试参与者重复执行相同的任务。

6）表现疲倦或无聊（或打哈欠），这可能会传染。

7）对测试进行长篇介绍，让测试参与者多听少说（一位同事曾经评论说“多用耳朵，少用嘴巴”更好）。

让您的测试参与者保持警觉和热情的良好测试管理习惯包括：

1）提出很好的问题（和后续问题），直接触及设计和性能问题的核心。

2）提出个性化和相关的后续问题，向测试参与者表明您正在倾听并考虑他的反馈。

3）说话很接地气，很愉快。请记住，您是在进行访谈，而不是盘问。

4）专注并表现出对测试参与者所说和所做的真正感兴趣的行为。

5）偶尔告诉测试参与者他正在提供有价值的反馈。

6）在测试时间的中点前后休息 5min（例如，在 2h 的测试中，在测试进行 1h 左右时休息 5min）。

7）在不同类型的活动中尽可能频繁地转换，包括基本访谈、动手任务和评级练习等。

8）有品位地使用幽默来缓和气氛并使测试参与者放松。不过，当幽默蹩脚且不合时宜时，幽默会适得其反（请参阅 13.3 节的相关内容）。

9）确保测试室处于舒适的温度。

10）提供补充能量的茶点，如巧克力、咖啡、苏打水（见图 13-1）。

图 13-1　典型的可用性测试点心包括糕点、椒盐脆饼和糖果；更健康的零食（蔬菜和水果切片）也很受欢迎

在某些情况下，笔者可能会建议将测试时间限制在 2h 或更短，以尽量减少疲劳。然而，让测试参与者筋疲力尽的并不总是测试时间的长度，而是计划活动的性质。与使用电子病历软件程序交互 4h 的人相比，一个正在设置透析机并连接管路和悬挂流体袋的人在 2h 后可能会更加疲惫。5.2 节描述了选择最合适的测试时间长度时要考虑的各种因素，这些考虑因素包括完成任务所需的时间及测试参与者是否在自言自语，它们通常与尽量减少测试参与者疲劳的目标一样，都会影响测试时间长度的选择。

在某些情况下，您甚至可能希望测试参与者感到或变得疲劳。疲劳可能会很好地适应使测试场景和任务尽可能真实的尝试。在现实世界中，临床医生有时会在长时间轮班结束时一边使用医疗器械，一边努力保持警惕。因此，不要自动排除更长的测试过程或努力保持快节奏，因为降低警觉性可能正是您需要暴露用户接口设计漏洞所需要的。例如，疲劳的测试参与者可能容易犯数据输入错误、误读数据呈现内容，以及由于精神失误或误判而按下错误的按钮。因此，如果您想评估疲劳可能如何影响护士与给定医疗器械的交互，您可能会有意招募护士在他们完成轮班后立即参加测试。如果您想组织真正的严厉测试，您甚至可以不提供含咖啡因的饮料。

13.5　您如何保护测试参与者免受伤害？

原则上，可用性测试不应使测试参与者面临重大的身体或精神风险。但是，如果可用性测试可能带来风险，则必须在测试计划中说明此类风险和降低风险的方法，并由 IRB 审查，该 IRB 将确定它们的接受度。为了快速取得进展而忽视风险（即故意将测试参与者置于重大风险中）是应受谴责的，即使您可以让测试参与者接受风险。

通过想象在可用性测试期间可能发生的所有坏事，然后采取必要的措施来防止它们发生，您可以保护测试参与者免受伤害。做好这件事是道义上的责任。

在美国，一些可用性测试必须符合 *Code of Federal Regulations* 中规定的要求，即 IRB 监督的要求。如 7.3 节所述，IRB 通常包括至少五名具有不同和适当背景的个人，他们可以判断与计划的研究工作相关的风险和保护措施。在实践中，委员会成员阅读可用性测试计划并决定研究是否可以按计划进行，或者测试计划者是否需要修改他们的方法以更好地保护测试参与者。大多数可用性测试对测试参与者构成的风险很小（如果有的话），并且有资格获得豁免或所谓的加快审查。但是，一些测试可能会引发有关测试参与者安全的重要问题。

考虑一下测试通电除颤器这种不太可能的情况。只需一个错误的举动，除颤器就可以向其他健康的测试参与者（或测试管理员）提供 300J 的电能量。要求使用通电除颤器的可用性测试计划极不可能获得 IRB 的批准。更有可能的是，该计划需要指定使用明显断电的除颤器。

重要的是，测试医疗器械带来的危害并不总是像高能电击那样明显。有一次，笔者计划进行一项测试，要求用户使用一种包含液体小瓶和干粉的产品重新配制抗生素药物。在笔者的计划中，笔者了解到重组药物可能会在少数人身上引起危险的过敏反应——过敏性休克。尽管笔者没有计划注射药物，甚至没有将配制好的溶液装入注射器，但药瓶在使用过程中可能会破裂，抗生素可能会接触到某人的皮肤，并且可能会吸入微量的物质。因此，笔者筛选出对抗生素过敏的人，但又担心过敏而不自知的人可能会接触到的抗生素。这种担忧促使笔者要求使用含有更安全物质的小瓶，但笔者了解到，只有含有特定抗生素的原型小瓶可用，而且注水的小瓶无法对重组过程进行准确测试。事实证明，这项可用性测试由于与此不相关的原因没有进行，但是笔者在没有让所有测试参与者都通过过敏症专家检查的情况下，对如何以绝对安全的方式进行测试感到困惑。

总之，计划对可能对测试参与者构成危害的医疗器械进行可用性测试时，应始终确定潜在的有害事件和保障措施。表 13-2 列出了潜在的有害事件和保障措施示例。

表 13-2　潜在的有害事件和保障措施示例

潜在有害事件	保障措施
测试参与者在弯腰向人体模型提供心肺复苏术时背部受伤	在测试参与者招募期间，询问候选人是否有任何背部问题，或者在会议期间弯腰和 / 或坐在地板上一段时间是否会感到不舒服。排除回答“是”的个人
测试参与者不小心用胰岛素笔的针头扎到了自己	反复警告测试参与者通过握住胰岛素笔以防止针头刺伤，针头末端指向远离他们的身体。确保胰岛素笔是无菌的并且填充了安全、非活性物质（如水、盐水）
测试参与者在尝试将一个大型气瓶装载到呼吸治疗机上时，将其撞到脚上	不使用时将气瓶侧放。在参与者举起和移动气瓶时充当“观察者”

可能适当的其他安全措施包括：

1）将电话机放在附近，以防您需要拨打急救电话。

2）知道最近的医院在哪里。

3）准备好急救箱以治疗轻伤（如割伤）。

4）如果合适，要求测试参与者戴上眼睛或耳朵保护装置。

5）如果合适，要求测试参与者戴上防护手套。

6）要求测试参与者携带医生证明，证明他们足够健康，可以参加计划的活动（如果活动很剧烈）。

确保测试参与者不受情绪伤害也很重要。毕竟，测试参与者可能会因为被直接观察、录制他们的动作视频及未能正确执行任务而承受相当大的压力。限制压力的方法包括：

1）向测试参与者保证您正在测试产品，而不是评判他们的技能和能力。

2）当您看到测试参与者感到压力的迹象时，请休息一下。

3）告知测试参与者，他们可以随时退出研究，无须说明理由，也不会丧失其补偿。

4）向测试参与者保证，测试数据不会与他们的姓名相关联，对于 HCP 而言，也不会与他们的工作地点相关联。

您可以阅读 *Moderating Usability Tests*：*Principles and Practices for Interacting* 一书以获取更多关于保护测试参与者免受情绪伤害的重要提示。

每当您进行可能造成伤害的可用性测试时，请务必获得测试参与者的知情同意。不要将签署的知情同意书视为全权委托，使测试参与者面临不必要的风险，也不要认为它在发生事故时会提供太多的法律保护。相反，应将该文档作为一个机会，提醒测试参与者任何可能的和可能性很小的风险。

13.6 如果测试参与者受伤了怎么办？

即使是最充分的准备也不能完全消除测试参与者受伤或不适的可能性。测试管理员必须密切关注测试参与者，阻止他们做出任何可能导致受伤的动作。在极少数情况下，如果测试参与者变得过度不适或受伤，测试管理员的首要责任是照顾测试参与者。

在 13.5 节中提到，在可用性测试期间保护测试参与者。但是，如果测试参与者在测试过程中受伤，尽管已经尽了最大努力避免这种情况发生，该怎么办？测试管理员应立即暂停测试以照顾测试参与者。

运气好的话，测试参与者的伤势会很轻微，例如，只是一个小划痕，只需要用消毒棉签清洁，涂一点抗菌药膏，再贴上创可贴即可。考虑到可能会出现这种需求，笔者通常会在实验室中保留一个急救箱。显然，您会想要呼叫紧急服务以应对更严重的伤害，如严重的钝性创伤、严重撕裂或接触危险化学品。将电话机放在测试实验室中并知道在紧急情况下拨打的电话号码总是很明智的。如果您在不熟悉的城市进行测试，最好在测试前确定最近医院的位置。笔者建议准备好应对计划，并在测试计划和知情同意书中进行描述，从而使 IRB 审查员（请参阅 7.3 节的相关内容）和测试参与者了解您的应急措施。

难道，对测试参与者的人体保护努力不应该排除严重伤害吗？是的，原则上应该如此。

但是，测试计划者无法预见每一个可能的危险事件，也无法阻止人们做一些奇怪的事情，如在填写问卷时用铅笔戳伤自己的眼睛。因此，始终存在严重伤害的可能性，我们用以下这些假设的例子来说明：

1）测试参与者正在处理一个装满酸性溶液的塑料袋，袋子突然裂开（由于制造缺陷），浸湿了他的上半身。

2）测试参与者用力挤压 3D 打印模型，导致模型破碎并划伤他的手。

3）在将一个沉重的便携式医疗器械连接到静脉输液杆时，测试参与者失去了对医疗器械的控制，并将其掉落在他的脚上，导致骨折。

4）在试图去除气泡时，一名测试参与者使可拆卸的针头从注射器顶部脱落并刺破手指。

5）一名测试参与者由于在手臂上佩戴了贴片样品而出现了中度皮肤过敏。

如果出现上述情况或类似情况之一，测试管理员应立即询问测试参与者是否安好，停止测试（至少暂时停止），并提供任何需要的急救或其他帮助。您可能想要保留视频记录以记录您对事件的正确反应。假设您无法在现场解决受伤问题，受伤的测试参与者需要去医院接受治疗。您还有什么事情要做吗？笔者建议到医院与测试参与者会合，并提供可能需要的任何帮助。如果您确定您对伤害负有责任（例如，如果您安装的测试设备有故障而导致倒塌），您可以为事件道歉，并描述您将如何从不幸事件中吸取教训及保护未来的测试参与者免受伤害。您甚至可以作为善举提供额外的补偿，而不仅仅是支付合法的经济损失（如毁坏的衣服、医疗费用）。

采用这种方法，您将从医疗专业人士那里得到启发，他们已经了解到，防止医疗事故诉讼的最佳方法是充分披露不良事件的性质，并在事件发生后立即对患者表示同情。但是，重要的是要等到适当的时间道歉，注意有些人可能会将礼貌的姿态等同于对责任的主张。事实证明，许多诉讼的出现是因为违规方没有表达同情或（在适当时）对不利事件承担责任，使受害者感到愤怒。这就是为什么一些医院现在聘请风险管理人员来培训医务人员，使他们在应对此类不良事件时采取积极主动的态度。

虽然在可用性测试期间可能会发生身体伤害，但测试参与者更有可能生病或心烦意乱。笔者进行过许多测试，测试参与者要么说他们感到不适或疲倦，要么至少看起来和表现上是那样。在大多数情况下，笔者会询问测试参与者是否想停止测试（不丧失补偿），将选择权留给测试参与者。在其他情况下，当测试参与者表现出越来越多的疲劳或不适迹象时，笔者会故意缩短测试时间，虽然测试参与者想要继续进行测试，但笔者认为结束测试并放弃测试数据更合适。

关于严重伤害的可能性，笔者同意本杰明·富兰克林（Benjamin Franklin）的观点，他提出了“一分预防胜过十分治疗”的说法。以下是您可以在测试前和测试期间向测试参与者提供的一些说明，以鼓励他们尽可能注意安全：

1）在处理医疗器械和用品时请小心。

2）如果您对自己的人身安全有任何疑虑，请说出来。

3）如果您在任何时候感到有受伤的危险，请停止。

如果您看到测试参与者做危险的事情，请务必立即干预。例如，不允许测试参与者取下一个大型气瓶的安全带，然后让瓶体直立放置，这样很容易倒在他身上。

其他预防措施包括要求测试参与者佩戴防护装备（如手套、安全眼镜、铅屏蔽背心和项圈），并在他们与测试项目交互之前对其进行安全培训。

道歉的价值

"'对不起'表示尊重，是一种表达同情的方式。它可以分散愤怒并防止误解。它还可以包括承认并发症、不良结果或医疗错误。虽然'对不起'不能消除所造成的伤害，但它可以防止这种伤害的后果。"在可用性测试的背景下，这些后果的范围可能包括测试参与者只想提前结束参与，也可能包括愤怒的测试参与者冲出测试室并破口大骂，准备向有关部门和组织提交严厉的报告。

自我保护

代表客户进行可用性测试的顾问可能会通过以下方式寻求额外的保护，以防止测试期间的事故后果：①在咨询合同中添加赔偿条款；②明确客户将承担与适当应对事故相关的费用，如提供去医院的交通工具和更换破损衣服。记录不良事件及其明显的解决方案也是一种很好的做法，以防随后发生诉讼。更极端的情况是，美国顾问可能会做出宅基地声明，以保护他们的房屋（全部或部分）免受与法律和解相关的留置权的侵害。

参考文献

1. U. S. Food and Drug Administration（FDA）. 2012. Presentation by Molly Follette Story：FDA human factors draft guidance document：Agency expectations for human factors data in premarket submissions. *AAMI/FDA International Conference on Medical Device Standards and Regulation*，slide 29. Retrieved from http：//www.fda.gov/downloads/MedicalDevices/DeviceRegulationandGuidance/HumanFactors/UCM320901.pdf.

2. Dumas，J.S.，and Loring，B. A. 2008. *Moderating Usability Tests：Principles and Practices for Interacting.* Burlington，VT：Morgan Kaufmann.

3. Protection of human subjects. *Code of Federal Regulations*，Title 21，Pt.46，2009 ed.

4. Wojcieszak，D.，Saxton，J.W.，and Finkelstein，M. M. 2007. *Sorry Works！Disclosure，Apology，and Relationships Prevent Medical Malpractice Claims.* Bloomington，IN：AuthorHouse.

5. Wojcieszak，D.，Saxton，J.W.，and Finkelstein，M.M. 2007. *Sorry Works！Disclosure，Apology，and Relationships Prevent Medical Malpractice Claims.* Bloomington，IN：AuthorHouse，p.13.

第14章　记录测试

14.1　您应该收集哪些数据？

可用性测试数据集通常是定性和定量数据的组合，描述了测试参与者的行为和意见，并有助于确定评估设计的可用性优势和劣势。根据测试的类型，数据集通常包括任务时间、任务完成率、设计属性评级、对调查和访谈问题的回答及测试参与者的轶事评论。

可以说，您可以从可用性测试中获得的最重要的信息是对医疗器械整体交互特性的优势和劣势的总体感觉——称为格式塔（gestalt）。这是通过观察许多人在数小时内执行许多任务而获得的一种洞察力，它为诊断和解决用户接口设计问题提供了坚实的基础。定量数据是格式塔的重要补充。

在可用性测试期间收集的最常见的数据类型如下：

1）任务时间。

2）任务完成率（例如，测试参与者是否在有或没有帮助的情况下 / 在时间限制之内或之外 / 正确或不正确地完成任务）。

3）测试参与者犯下的使用错误（部分基于预定义的潜在使用错误列表）。

4）测试参与者遇到的险肇事故。

5）测试参与者遇到的困难。

6）测试管理员协助的实例。

7）测试参与者报告的特定事件的根本原因。

8）关于选定设计属性（如使用安全性、易用性、感知任务速度、视觉吸引力等）的主观反馈（即评估）。

9）对替代设计的偏好（例如，下一代原型与当前使用的医疗器械对比）。

10）相关的口头评论（即轶事评论）。

11）可用性专家对观察到的测试参与者行为和医疗器械交互的描述。

根据您进行的测试类型（如形成性、总结性、比较性），某些类型的数据将比其他类型的数据更有意义。例如，如果您对两种血糖仪进行比较性可用性测试，目的是宣传一种血糖仪比另一种使用速度更快的营销主张，那么任务时间将是最有用的数据，因为它能最客观地反映血糖仪使用速度。相反，如果您正在对新的患者监护仪进行形成性可用性测试，测试参与者的评价和对患者监护仪使用速度的主观评价可能最受关注，因为它们将比实际任务速度更准确地反映用户的感知。如果您正在对生产等效设计进行总结性可用性测试，则主要数据包括任务失败（如与安全相关的使用错误、测试管理员协助）、险肇事故、困难和相关的根本原因。

冗长的任务时间和低评级通常表明潜在的用户接口设计问题，重复使用错误和对特定设计功能的抱怨也是如此。虽然您可能会从观察中总结出格式塔，但重要的是要审查定量数据，识别其他设计问题并改进您的总体印象。此外，测试报告的读者会期望看到能证明您发现的数据。如果没有这些数据，可用性测试结果可能很容易被认为是假设而不是事实。

一些可用性专家甚至会测量测试参与者的心率和电流反应（出汗），并使用眼球追踪器械随时记录测试参与者的视线。根据正在评估的医疗器械，生成的数据可能会导致重要的发现或看起来可疑。例如，心率升高可能与困难任务引起的精神压力有关，也可能仅仅是由于特定任务的身体需求。

以下是在各种可用性测试期间收集数据的一些经验教训：

1）要求测试参与者在执行任务时自言自语是一项重要的诊断技术。但是，它可能会延长任务时间，特别是如果测试参与者在任务期间停下来解释他的行为或感受，或者岔开话题并描述与任务不相关的经历。因此，如果您尝试为执行任务所需的时间制定基准，请不要让测试参与者自言自语。或者，让测试参与者在他们第一次执行任务时自言自语，然后让测试参与者安静地重复任务，以便您可以计时。但是，这不是确定第一次执行任务所需时间的好方法，因为由于学习效果，第二次尝试可能比第一次花费更少的时间。

2）当使用1~5级（1级为“差”，5级为“优秀”）评级标准时，笔者预计评级会表现出集中趋势，平均值约为3.5级，这让人们质疑评分的价值，尤其是当测试管理员在测试时不向测试参与者一个规范的参考——判断依据。因此，笔者认为优秀的设计和笔者个人认为差的设计可能会获得相似的平均评级。另一个问题是，一些测试参与者似乎无法给出低评级，即使他们在这项任务中非常挣扎。这就是为什么笔者经常指导测试参与者避免“评级膨胀”，并鼓励他对设计给予应有的评级，以便我们能够更好地区分好设计和坏设计。有时，笔者在测试参与者评估表现的同时评估测试参与者。如果测试参与者在任务中非常挣扎，然后却将他的体验评为优秀，这种方法就能很好地发现交互问题。此外，笔者有时会指导测试参与者牢记标准参照物，将可比较的医疗器械视为平均值（即3级），并通过比较对新医疗器械进行更高或更低的评级。在征求评级时，确保测试参与者专注于他们刚刚经历的事情，而不是他们下次执行任务时可能如何进行。

3）很少需要收集精度超过1s的时间数据。因此，笔者认为可以使用手动操作的秒表。鉴于此级别的测量精度，请确保您的数据报告与之匹配（即不要报告精度超过1s的平均任务时间）。

4）除了收集时间数据，让测试参与者对任务完成速度进行评级可能很有用（例如，在1~5级的范围内，1级表示“慢”，5级表示“快”）。尽管笔者之前对评级提出了批评，但在评估医疗器械的交互特性时，感知任务时间（即任务消耗的时间比预期的多还是少）可能比时间测量更有价值。

5）使用错误可能很难可靠地检测到。当测试参与者按下错误的按钮或选择错误的菜单选项时，这一点相当明显。例如，当测试参与者未能在他们眼前获取和理解信息时，就更难检测到了。您能做得最好的事情是：①制定一个可预测的潜在使用错误清单并查找它们（或使用软件工具自动记录它们）；②要求测试参与者自言自语，并在他们认为他们可能犯了错误时提及使用错误（在形成性可用性测试期间）；③要求测试参与者在完成给定任务后回忆任何使用错误。虽然最后一种方法可能是三种方法中最不可靠的，但要求测试参与者回忆使用错误可以帮助查明测试参与者感觉不太自信的交互和任务。

6）在由两人测试团队进行总结性可用性测试时，让测试管理员和数据分析师记录使用错误可能是有益的。笔者让测试管理员在纸质使用错误清单上记录了使用错误，而数据分析师则在记录使用错误的同时，记录险肇事故、困难、任务时间（如果适用）、轶事评论和各种其他项目。这种双管齐下的方法使笔者能够交叉检查观察到的使用错误并增加使用错误（和其他事件）检测的可能性。该方法还有助于笔者在测试参与者评论和其他医疗器械交互的背景下更深入地审查和分析关键事件。

7）通常只需记录观察结果和转述的重要评论，而不是测试参与者的确切评论（即原话）。虽然逐字转录测试参与者的评论可能被认为是数据收集爱好者的黄金标准，但完整的记录需要更多时间来记录和审查，不能突出关键评论，并且可能不会比转述的评论产生更深刻的见解。请注意，记录转述的评论可能需要输入同样多的内容，有时甚至更多，但这样做可以消除无关信息。

> **逐字评论**
>
> “好的。我已经输入了血压值，现在我正在寻找是否需要做任何事情来确认它。……我希望以某种方式锁定它，而不是假设我设置正确，但我没有在屏幕上看到任何东西。所以我会继续按主屏幕按钮。……我不确定我做对了，但我想我做到了。”
>
> （1）值得注意的观察
>
> 1）不确定他是否需要确认血压值。
>
> 2）似乎没有注意到 <Enter> 按钮，而是选择了主屏幕。
>
> （2）轶事评论（释义）
>
> 1）“预计将确认血压值。”
>
> 2）“不确定我是否正确执行了任务。”

> **记录可用性测试数据的最佳方式是什么？**
>
> 笔者通常将测试数据直接记录到 Microsoft Excel 电子表格中，通过为每项任务的观察和绩效测量创建一个“工作表”，以及用于记录任务前和任务后采访响应的附加工作表，这很容易使用（见图 14-1）。使用定制的电子表格使笔者能够在完成测试后几乎立即开始

分析数据，而无须重新格式化、重新组织或传输数据。如果您独立运行测试并且没有第二位同事的帮助来记录测试数据，您可能会选择手写笔记，使您能够专注于测试参与者而不是打字，然后将数据输入电子表格。快速打字员可以无视这个建议。

除了无处不在的电子表格，还有一些基于计算机的程序可以促进可用性测试数据的收集。

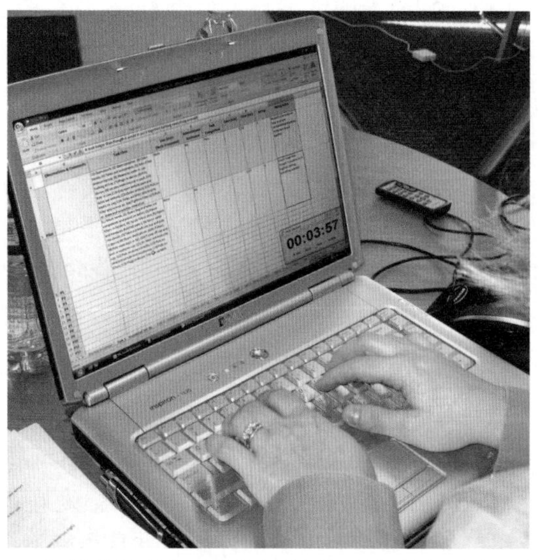

图 14-1　数据分析师在测试期间将测试数据输入到电子表格中

14.2 任务时间有什么用？

任务时间并不是衡量易用性和使用安全性的特别可靠的标准。例如，让测试参与者在执行任务时自言自语可能会改变任务时间。最好将任务时间视为设计优势和劣势的总体指标，然后再参考其他数据（如任务完成率、使用错误和主观评价）来判断用户接口。

测量任务时间有一些内在的回报。也许这是因为任务所用的时间是一个客观和精确的测量，不像在可用性测试期间收集的许多其他主观性能指标。或者，也许测试管理员只是喜欢使用秒表。不管是什么原因，任何有自尊心的可用性专家都收集了数千次任务时间。不幸的是，很多时候时间数据被证明没有什么价值，尽管它可以让您制作出漂亮、有时令人信服的图表。

您可能会认为任务时间是易用性的重要指标，良好的用户接口会减少任务时间，而糟糕的用户接口会增加任务时间。然而，任务时间真的是判断用户接口质量的好方法吗？假设您正在设计一个软件应用程序，店员用它来完成毛皮靴的电话订单。在订单履行业务中，时间就是金钱，目标是设计有助于快速处理订单的软件。但是，如果任务是对脑深部刺激器进行编程，则最短任务时间可能不是衡量用户接口质量的适当方法。事实上，情况可能正好相反。使用户能够过快地完成任务的用户接口可能会导致更多的使用错误和潜在的患者伤害。

接下来讨论一些其他的缺点。在大多数形成性可用性测试中，测试参与者会因为 13.1 节中讨论的原因而自言自语。因此，任务时间被花在谈话而不是处理手头的任务上的时间所延长。一名测试参与者用 197s 完成一项任务，而另一名测试参与者用了 94s，这之间的区别可能是第一名测试参与者花了将近 2min 的时间来讨论为什么他更喜欢闹钟是一个闪烁的铃铛而不是一个带有混响线的抽象三角形。

使任务时间更具相关性（即准确）的一种方法是要求测试参与者安静地工作，并且不会受到干扰。这种方法消除了并发叙述对任务时间的扭曲影响。只要被评估的医疗器械在所有测试参与者之间以一致的时间量执行功能（如起动、准备），时间数据就会更加准确。您可以开始判断用户是否能够在相关医疗程序所需的时间内或在与既定基准相比所需的时间内执行任务（如在 *x*min 内“完成”心输出量测量值）。以这种方式收集任务时间听起来很有希望。但是，时间数据的价值取决于您进行测试的时间和原因。在形成性可用性测试期间，您最好让测试参与者自言自语，这样您就可以更轻松地识别和诊断用户接口设计的缺陷。您可能会选择让测试参与者在自言自语时执行任务一次，然后再次以没有自言自语的状态下执行任务。请注意，由于学习效果，测试参与者可能会在第二次更快地执行任务，这可能会让您对医疗器械最初的易用性产生不准确的感觉，或者让您对有经验的用户执行任务可能的时间有更真实的感觉。

在总结性可用性测试期间，与任务成功 / 失败率和特定使用错误、险肇事故和困难相比，时间数据通常对监管者来说并不重要。但是，如果与时间相关的项目已被确定为医疗器械使用的关键措施（例如，延迟治疗被视为与使用相关的风险，如操作自动体外除颤器时），则时间数据可能是相关的。值得注意的是，在总结性可用性测试期间收集准确的任务时间更可行，因为测试管理员干预有限，并且在大多数情况下，测试参与者没有自言自语。

在对竞争医疗器械的性能进行基准测试时，笔者认为任务时间是可用性指标中最有用的，无论是确定下一代医疗器械的用户需求还是准备营销声明。关键是通过确保所有基准可用性测试参与者对所选医疗器械具有同等程度的熟悉程度来“公平竞争”。然后，选择具有明确定义的起点和终点，以及成功或失败标志的任务并收集数据是一件简单的事情。如果您的目标是在市场中宣传用户可以比医疗器械 *B* 更快地操作医疗器械 *A*，请确保您的测试样本量保证良好的统计能力，应抵制从统计上并不显著的平均任务时间的微小差异得出结论的诱惑。Microsoft Excel 等软件应用程序可以轻松地生成图表，使其看起来存在真正的性能差异，而实际上这种差异可能是由于偶然性造成的。

以下是一些有效收集、分析和报告任务时间的技巧：

1）为每个任务和每名测试参与者同时启动和停止秒表。在测试参与者大声阅读任务说明后启动计时器，并要求测试参与者说“任务完成”或“我完成了”以表明他们何时完成了任务，此时您应该停止计时。

2）尽可能不要让人注意到您正在为任务计时。请务必使用在开始、停止和清除时间时不会发出蜂鸣声的秒表。理想情况下，秒表的按钮在按下时不会发出“咔嗒”声。如果一些测试参与者知道您在为他们计时，他们可能会变得焦虑。

3）分析结果后，列出平均任务时间，以及置信区间或最小和最大任务时间。

 14.3 什么是视频录制测试的好方法?

设备齐全的可用性实验室（或市场研究设施）使视频录制变得轻而易举。遥控摄像机（见图 14-2）使您能够捕捉测试参与者与指定医疗器械的交互。不过，通常将摄像机安装在三脚架上就足够了，可以四处移动摄像机并根据需要放大和缩小以获得良好的视野。数字录音和软件编辑工具使您能够为测试中最相关的时刻制作引人入胜的视频摘要。但是，请记住，大多数可用性测试的主要目标是收集数据，而不是制作漂亮的视频。

笔者通常更喜欢使用摄像机。好吧，这是一个微弱的幽默尝试，但答案包括一个核心的建议。笔者经常使用“一台摄像机”而不是“多台摄像机”，因为通常一个就足够了。在某些测试中，您只是试图记录测试的发生，并且满足于从广义上捕获测试参与者的交互和声音（图 14-3）。大多数录像带（如果仍有一些在流通）在被回收或丢弃之前，只能在很少打开的存储柜中度过短暂的一生。同样，保存在硬盘驱动器上的数字记录最终会根据预设的时间表被覆盖或删除。

录制测试环节视频的最佳办法是将摄像机安装在三脚架上，最好是带有大容量集成硬盘的摄像机。与更复杂的配置（例如，那些安装在顶棚上的摄像机可能无法提供测试活动的直接视图）相比，这种简单的解决方案意味着更少的费用、更大的便携性和相当大的视角灵活性（见图 14-4）。

图 14-2　顶棚安装的遥控摄像机

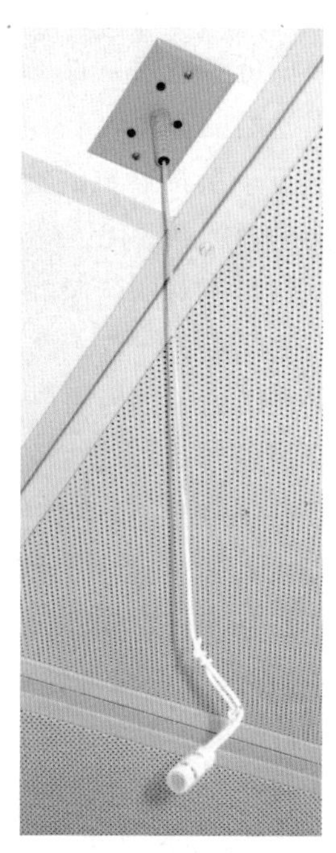

图 14-3　顶棚安装的传声器

图 14-4 中显示了一种适用于大多数医疗器械可用性测试的有效配置。摄像机放置在一个可以捕捉测试参与者和评估医疗器械的角度。当测试参与者转身与坐在左边的测试管理员交谈时，他的脸将可见。如果您将摄像头放在对面，测试参与者会在此类对话中转身远离摄像头，让您可以清楚地看到他的后脑勺。将摄像机升高到 5~6ft 的高度通常足以从坐着的测试参与者的肩膀上看到监视器。

图 14-4　安装在三脚架上的摄像机具有灵活性和便携性

现在，让我们谈谈更复杂的配置，如在许多可用性测试实验室和医学模拟器中发现的设置。标准解决方案是将两个或三个摄像机放置在固定的墙壁和顶棚安装位置，并将来自摄像机的信号发送到视听（A/V）工作站中的混音单元。A/V 工作站通常有几个小型视频监视器，显示每个摄像机视图和可能创建的合成图像。例如，合成图像可以是两个或三个相机视图之一或组合来自两个相机图像的画中画视图。当您希望看到指定医疗器械与测试参与者的小嵌入图像时，后一个选项很有用，使您能够捕捉测试参与者与医疗器械的交互及其面部表情（以及录音）。A/V 操作员可以使用更多视频效果，并根据需要添加字幕和转场效果。

过去，可用性专家将镜头记录到家用录像系统（VHS）录像带上，然后再转到微型数字录像带上。现代解决方案是录制到摄像机硬盘驱动器和 / 或云端服务器。虽然最新的数字视频录像机具有内部存储能力，也可以录制到计算机的硬盘驱动器，但是将视频录制到（或将视频传输到）容量比其他数字存储解决方案大得多的独立硬盘中是一个很好的长期解决方案。数字存储使检索精彩视频的素材变得更加容易，因为您可以更快地跳过录像以访问感兴趣的“片段”。

增加生产价值

您可以通过在适当的时间放大和缩小视频，以捕捉用户与医疗器械的关键交互，从而增强视频录制效果。例如，您可能希望在测试参与者执行（或模拟）腹部注射之前放大注射部位。

此外，您有时可能需要平移固定的摄像机或移动三脚架，以保持对“动作”的无障碍观察。毫无疑问，从远程控制室进行这些调整既快速又不引人注目。不过，进行手动调整并不是特别困难或突兀。如果您打算将测试中最有趣和最有启发性的时刻汇编成一个经过编辑的简短视频，请确保将这些时刻发生时的时间记录下来。否则，您可能会迷失在数小时的录像中，并且可能无法找到感兴趣的片段。内置在软件应用程序中的无数功能使您可以轻松地为编辑的视频添加更多复杂功能，包括令人愉悦的淡入淡出效果、标题和配音。

14.4 您如何视频记录测试参与者与移动医疗器械的互动？

很多医疗器械（尤其是手持医疗器械）可能在使用过程中处于移动状态。因此，很难录制测试参与者与某些医疗器械交互的稳定视频。但是，使用手持摄像机或视频捕获技术，您通常可以找到一种可靠的方法来捕获正在使用的医疗器械的稳定视频画面。

有时，一个或多个遥控摄像机不足以捕捉用户与移动医疗器械的交互。操作员可能无法以足够快的速度平移和倾斜摄像机以跟上动作。此外，测试参与者可能会将医疗器械放在几个摄像机中的任何一个都无法直接看到的地方，或者将其保持在一个医疗器械显示屏不可读的显示角度（如果有的话）。有几种解决方法可以在这些情况下录制有效的视频记录。

一种明显的解决方案是使用手持摄像机。笔者就是这样拍摄用户从存储位置携带 AED 到模拟患者身边的视频，以及护理人员与便携式呼吸机交互的视频。为避免造成过度分心，摄像师应与测试参与者保持距离，并根据需要放大以查看特写镜头。如果您采用这种方法，笔者建议您使用配备电子图像稳定功能的摄像机。否则，跳动的视频可能会令人讨厌，甚至令人恶心。

另一种解决方案是将医疗器械安装在始终处于摄像机视野中的位置，并指示测试参与者不要移动它，即使它通常在正常使用期间四处移动。例如，笔者曾经建造了一个支架，在上面放置了一个胰岛素泵，这样它的屏幕就可以一直处于放大摄像机的视野范围内（并且以这样的方式定向，可以减少头顶荧光灯的眩光）。例如，编程由多个胰岛素输送速率组成的基础配置文件并输送推注时，这是跟踪测试参与者在执行各种任务时与胰岛素泵用户接口的交互的最可靠方法。笔者本可以要求测试参与者自言自语以帮助笔者跟踪他们的进度，但正在进行的是总结性可用性测试，在此期间笔者希望测试参与者安静地工作。显然，将医疗器械固定在一个地方会改变测试参与者与医疗器械进行物理交互的方式，因此您必须确定这是否重要。如果确实重要，请考虑让测试参与者仅在某些任务期间移动医疗器械，因为在这些任务中，实际操作是一个问题。如果将医疗器械安装在固定位置不切实际，请考虑要求测试参与者在指定区域（例如，在桌子上的 *X* 标记上方或在地板上用胶带勾勒出的空间内）与医疗器械交互。

对于配备计算机显示器的医疗器械（如便携式超声扫描仪、手持式血糖仪），第三种解决方案是将其配置为将数字视频信号直接发送到您的视频捕获设备上。如果您的视频设备具有画中画功能，您可以将屏幕图像与来自固定或移动摄像机的另一个视频源混合。通常，这种方法需要您使用计算机电缆连接医疗器械，但也可以使用无线解决方案。

第四种解决方案是在医疗器械本身外部安装一个小型摄像头（即“口红”或“间谍”摄像头）。笔者还没有在医疗器械上采用过这种方法，但是在测试华尔街使用的手持交易设备时，这种方法效果很好。

最后，笔者将提及一种基本的、简洁的方法，即使用一台或多台固定摄像机以传统方式捕获视频，并接受摄像机可能会错过某些动作的现实。采用这种方法时，您可能希望测试管理员（可能还有数据分析师）坐在或站在测试参与者附近，以观察并记录摄像机可能错过的详细交互。

第 15 章　分析测试数据

15.1　什么样的统计分析最有用？

统计分析在可用性测试中有多种用途。虽然执行高级统计分析以确定测试结果的重要性可能很诱人，但此类分析通常不会增加任何价值，并且有时会适得其反。在大多数情况下，基本分析（如计算平均值、中位数和标准差）就能对可用性问题产生足够的定量洞察力。

统计数据分为两个基本类别：

1）描述性统计，用于总结数据和揭示一般模型。此类别统计数据包括平均值、中位数和标准差。

2）推论统计，用于揭示更详细的数据模式及其可重复性，以及进行预测。统计方法包括方差分析（ANOVA）和线性回归。

如果您从未学习过高级统计技术，您可能不习惯执行推论统计分析，这可能是复杂而微妙的。不过好在大多数可用性测试只需要描述性统计分析。

接下来讨论各种类型的统计分析如何融入可用性测试。

15.1.1　案例一

您如何选择可用性测试的测试参与者数量？统计学家会考虑目标人口规模，预测收集数据的可变性，并设置所谓的置信水平。然后，他们将进行计算以确定统计上合理的样本量，这个样本量可能很大（如 50~150 人）。这样的样本量可能在统计上是合理的，但出于进度和预算的考虑是不切实际的。由于务实，可用性专家制定了选择样本量的经验法则：形成性可用性测试总共可能有 8~12 名测试参与者（包括所有不同用户组的代表），总结性可用性测试中每个不同用户组至少有 15 名测试参与者。尽管此类样本量很小，但它们是基于对可用性测试数据的严格评估，评估表明小样本量通常能揭示大多数可用性问题。值得注意的是，即使只有 3~5 名测试参与者参与的形成性可用性测试也可能是富有成效的。

15.1.2　案例二

假设想知道在实际产品使用过程中观察到的使用错误再次发生的可能性。统计专家可能会回答："在 95% 的置信水平下，计算表明使用错误的发生频率可能比另一个已识别的使用错误高 2%（±5% 的误差范围）。"但是，笔者一般会回答："这并不重要。"请记住，可用性测试的典型目的不是估计潜在使用错误的预期频率，而是识别潜在的使用错误并确定评估的设计是否有效地防止它们发生。

15.1.3　案例三

笔者的第三个案例假设您对从先前测试的设计演变而来的改进设计进行了第二次形成性可用性测试，还假设您记录了任务时间和可用性属性评级。现在是时候进行比计算平均值更复杂的统计分析了吗？不，在笔者看来不是。您应该关注已证明的优势和改进设计的剩余机会。平均任务时间，以及最大和最小任务时间将突出哪些任务更容易或更难执行，从而表明需要进一步改进设计的地方。平均、最大和最小可用性属性评级也是如此。

15.1.4　案例四

现在，假设您对 12 导联心电图电缆的两种替代设计概念进行了比较性可用性测试。在测试期间，测试参与者将导联线连接到人体模型上，然后再连接到心电图仪。测试结果和您的后续分析表明，这两种设计同样安全（即测试参与者在任何一种设计中都没有犯任何明显的使用错误）。不过，平均而言，测试参与者连接设计 *B* 的速度比设计 *A* 快约 45s；平均而言，测试参与者还认为设计 *B* 比设计 *A* 更易于使用和更快捷。不幸的是，设计 *B* 的制造成本更高。工程团队决定忽略您继续开发设计 *B* 的建议，继续开发设计 *A*，理由是测试结果缺乏统计显著性。在这种情况下，推论统计可能有助于说服具有统计头脑的工程师和营销专家追求某些设计方向。事实上，一些公司要求使用统计证据来支持设计决策。

15.1.5　案例五

也许使用推论统计分析的最佳时间是在进行比较测试以生成营销广告时。像"医疗器械 *A* 比医疗器械 *B* 更易于使用"这样看似简单的可信声明应该有统计基础。因此，旨在开发营销声明的可用性测试需要严格、一致的协议，并且通常需要更多的测试参与者来生成足够的数据来得出具有统计意义的结果。

所谓的功效分析，就是要求您预测测试数据的可变性，这通常会要求涉及 30 名或更多测试参与者的测试。但是，请注意，包含 30 名或更多测试参与者的样本并不能保证具有统计意义的结果，因为您对由此产生的数据可变性的预测可能会偏离轨道。当可变性较低时，您需要更多的数据来确定统计上的显著差异，这意味着数据（如任务时间）是紧密聚集的而不是分散的。因此，在进行可用性测试之前，请尝试估计待收集数据的可变性。预测分散的数据时，采用较少数量的测试是合理的；而预测聚集数据时，应采用更多数量的测试。

不幸的是，除非您事先对相同的基本设计进行了可用性测试，否则很难预测数据的可变性。例如，您预计新用户使用三种不同的血糖仪执行他的第一次血糖测试所需的时间会有多大的变化？是10%，20%，还是50%？听起来像在胡乱猜测，不是吗？避免猜测的实用方法实际上很简单。如果您时间充裕，可以进行一次小规模的测试，可能有3~5名测试参与者，以便对收集到的数据的可变性有一个普遍的认识，然后计划更大规模的测试。更大规模的测试可能会被适当地调整以产生统计上显著的结果来支持营销声明。如果由于一个或多个原因而无法进行预测试，请使用您的专业判断来猜测数据的可变性，执行功效分析以确定最低测试参与者数量，然后进行包含比最低数量更多的测试参与者的测试——可能是多20%。例如，如果您的功效分析建议进行33名测试参与者的测试，那么您可能应该进行40名测试参与者的测试。

需要说明的是，为特定测试工作确定最合适的统计分析的详细指导超出了本书的范围。如果您认为高级统计分析是必要的，那么您最好的选择可能是与具有统计专业知识的统计学家或可用性专家合作（这也是笔者采用的方法）。

计算置信区间

电子表格应用程序（如Microsoft Excel）除了可以计算平均值和标准差，还可以轻松计算置信区间（见表15-1）。

表15-1 样本任务时间数据和相关置信区间

测试参与者序号	任务时间/s		
	设计 *A*	设计 *B*	设计 *C*
1	66	32	112
2	54	27	134
3	89	44	98
4	44	56	56
5	37	43	82
6	56	24	104
7	45	57	111
8	46	51	53
9	92	49	100
10	34	78	96
11	57	37	49
12	102	48	124
置信增量［置信水平=95%（α=0.05)］	12.8	8.4	15.8

由表15-1中的数据集相关的置信区间（平均值±置信增量）可知，笔者有95%的信心认为用户执行给定任务所需的时间将是：

1）使用设计*A*的任务时间为47.4~72.9s。

2）使用设计*B*的任务时间为37.1~53.9s。

3）使用设计*C*的任务时间为77.5~109.0s。

因此，您可能会自信地得出结论，设计 *B* 几乎可以肯定使用户能够比使用设计 *C* 更快地执行给定任务。如果信心稍低，您可能会得出结论，与使用概念 *A* 相比，设计 *B* 可能使用户能够更快地执行给定任务。如果与设计 *B* 相关的任务时间变化更大（即，如果与设计 *B* 相关的任务时间的标准偏差更大），您对这些结论的信心将逐渐降低。但是，无论计算出的置信区间如何，如果根据任务时间做出决定（同样，笔者不建议这样做），您仍然会根据简单平均值选择设计 *B* 而不是设计 *A*，或选择设计 *A* 而不是设计 *C*，这又回到笔者最初的观点，即高级统计分析可能只能提供有限的好处。

确定统计意义的经验法则

在某些情况下，您可以使用快捷方法来确定多个数据集是否具有统计意义。首先，将计算的置信区间叠加到图形平均值上。考虑到表 15-1 中提供的数据，您可以将指示计算的置信区间的误差条叠加到显示平均任务时间的条形图上（见图 15-1）。

然后，检查垂直误差条是否重叠。如果误差条重叠，则两个数据集之间的差异不太可能具有统计意义。如果误差条不重叠，则差异更有可能在统计上显著。该快捷方法对于初步数据审查可能很方便，但需要额外的分析（如 t 检验、方差分析）来确定是否存在显著差异。

查看置信区间（图中标有误差线），设计 *B* 和设计 *C* 的平均任务时间可能存在显著差异，但设计 *A* 与设计 *C*，以及设计 *A* 与设计 *B* 的平均任务时间可能没有显著差异。

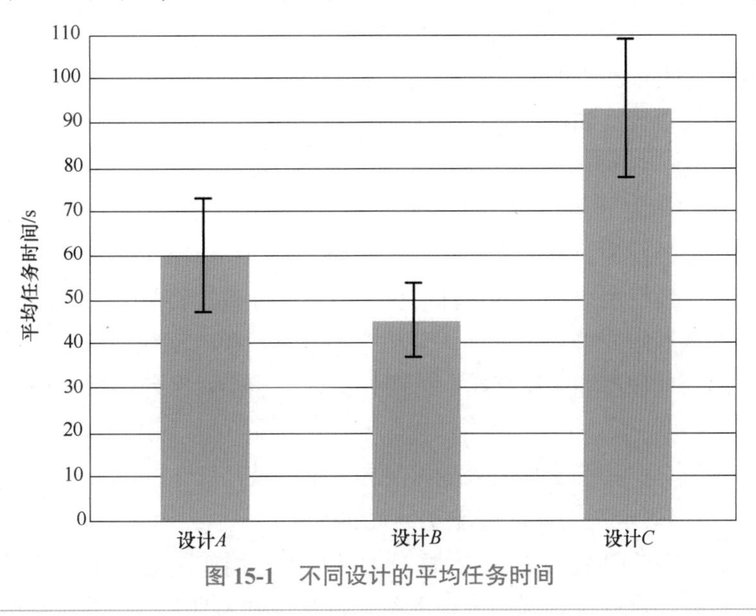

图 15-1　不同设计的平均任务时间

15.2　您如何处理异常值？

尽管听起来带有贬义，但统计学家通常使用异常值一词来描述不寻常的数据点。可用性专家也使用它来描述不合格的测试参与者。现实情况是，招募工作可以找到符合招募标准但不代表预期用户群体的个人。例如，测试参与者可能会表现出某种形式的痴呆症，这会混淆他与指定医疗器械的交互。或者，测试参与者可能完成了一半的动手任务，然后报告说他没有戴眼镜就无法很好地阅读屏幕。涉及此类测试参与者的测试数据可能会不合理地扭曲测试结果。因此，最好的办法是将这些测试参与者的测试结果隔离或完全排除。它有助于预先建立一个结构化的过程和标准，将某人归类为异常值。

在统计学术语中，异常值是一个远离其他数据点的数据点，这表明可能存在测量错误，或者数据来自不适当的来源或奇怪的情况。统计学家制定了详细的策略来确定是否应将潜在异常值包含在数据集中或排除在数据集之外。一个相对简单的策略是拒绝比数据集的平均值高或低两个或三个标准差以上的数值。

在可用性测试业务中，笔者更有可能将参与者描述为异常值而不是特定数据点。导致宣布某人为异常值的事件和条件包括：

1）招募过程中的缺陷可能会导致您招募缺乏适当资格的测试参与者。例如，您可能招募了 12 名经过认证的重症监护护士，随后发现其中 1 名实际上并没有经过认证，而是一名兼职护理学生，这很可能是由于招募过程中的沟通错误造成的。或者，您可能会招募一个非专业人士，她告诉招募人员自己有过自我注射药物的经历，但预测试背景面试显示她只服用过口服药物。在这种情况下，她将被视为未注射过而不是注射过，因此可能被认为没有资格参加测试。

2）测试参与者的障碍（如视力、听力或认知限制）在医疗器械的预期用户中并不常见，并且可能会扭曲测试参与者执行给定任务的方式。

3）可用性测试期间出现过度情绪紧张的迹象，这也可能会影响任务绩效。情绪触发因素可能是看似良性的事情，如被录像。

4）计划外的干扰，如医生在测试期间接听了几个紧急电话。

您需要准备好捍卫宣布测试参与者为异常值的决定，特别是因为监管机构或其他可用性专家可能会批评此类行为。看起来您正在“修饰”数据，以防止异常数据使您的分析复杂化或阻碍您验证接近最终用户接口的设计。例如，可能导致您将某人声明为异常值的事件和条件实际上可能在预期用户群和预期使用环境中很常见。换句话说，排除这些人（和环境条件）是错误的，因为他们参与（和存在）可用性测试可能会对医疗器械的交互特性产生重要的见解。

尽管如此，这里有一些关于如何处理可疑异常值的技巧：

1）为将测试参与者定性为异常值建立一致的标准。

2）让几个人参与决定将测试参与者宣布为异常值。例如，如果测试打算在家中使用的医疗器械，请与经验丰富的医疗保健专业人员（如培训师、护士、医生）合作，以确定非专业人士是否适合在家中独立使用该医疗器械。

3）如建议的那样，不要取消在测试期间表现出不称职但仍有可能使用该医疗器械的测试参与者的资格。这些人更适合被认为是“最坏情况的用户”或“边缘情况”。

4）不要宣布测试参与者在某些方面为异常值，但在其他方面则不是，这会导致包含一些测试数据而忽略其他数据。采取“全有或全无”的方法来包含和分析每名测试参与者的数据。

5）永远不要告诉测试参与者您认为他是异常值。那将是侮辱性的，并且没有任何意义。但是，为了节省时间，您可以通过说您已完成计划的活动，只让测试参与者执行一半的任务，从而缩短测试时间。

6）除非测试参与者在招募过程中故意误导您，否则请提供补偿。

7）如果测试参与者在他的资格方面误导了您，请让测试参与者注意这一点，并将其作为中断测试的理由。基于您的判断来补偿测试参与者的时间，注意扣留补偿可能会导致不受欢迎的冲突并可能损害您的声誉。此外，尽量避免对抗，因为您可能正在与一个不怀好意的人打交道。

8）根据导致取消资格的情况，将异常值放在"请勿调用列表"中，这样您就不会无意中招募他们参加未来的可用性测试。

9）如果您不确定是否将某些测试参与者声明为异常值，请不要这样做。相反，应对测试参与者的数据进行限定，并在您的测试报告中添加适当的警示，以帮助读者将不寻常的测试结果和发现置于适当的背景中。

在测试前的培训课程中识别异常值

在可用性测试之前进行的培训课程（请参阅 12.11 节的相关内容）提供了识别和消除异常值的机会。首先，创建一份受训人员在成为测试参与者之前必须展示的能力清单。如果测试参与者不能展示必要的能力，他可能会接受更多的培训，假设这种方法反映了现实世界的培训。如果测试参与者不能展示必要的能力，您可以将他视为不合格——作为一个异常值。

请注意，这种方法仅适用于涉及医疗器械的测试，因为培训是使用的先决条件，并且现实世界的培训师将使用能力检查表来确定个人是否有资格使用给定的医疗器械。例如，透析患者只有在能够证明其安全操作机器的能力后，才被允许在家中独立操作腹膜透析（PD）机。护士教育者通常会决定患者是否有足够的能力在家中使用 PD 机。如果要确认一种打算用于家庭使用的 PD 机，您可能只想将那些可以在家中操作机器的合理候选人包括在内，并通过在培训课程结束时（或期间）进行的能力测试。值得注意的是，如果您正在进行形成性可用性测试，您可能希望将技术上不合格的个人包括在内，以了解如果个人在没有帮助的情况下使用医疗器械，或以前合格的个人出现障碍（如遭受短期记忆丧失、灵活性限制）并继续使用该医疗器械，将会发生什么情况。

如果您想关注特定数据，而不是个人数据，请注意，看似极端的数据实际上可能落在预期范围内。在正态分布的数据集中，5% 的数据将会与平均值的标准差相差 2 倍或以上。但是，实际数据点与平均值相差 3 倍标准差（或更多）的情况并不常见。实际上，剔除数据的最可能原因是某种形式的数据损坏，例如以下情况：

1）测试参与者似乎颠倒了评级量表（1 级为"差"，5 级为"优秀"），并错误地认为 1

级表示“优秀”。

2）在一项简短的定时任务中，测试参与者打了 5 次喷嚏，然后擤鼻涕，使任务时间变为计划时间的 3 倍。

3）测试参与者误解了任务指令，导致他执行与预期任务无关的动作。

15.3 根本原因分析起什么作用?

用户接口设计问题通常是交互问题的根本原因，包括任务失败、使用错误、险肇事故和困难。可用性专家是分析可用性测试期间发生的交互问题并确定问题根本原因的合适人选，有时他们可以确定问题的根本原因，或者有时基于专业判断指出问题根本原因。关键是要避免把设计缺陷造成的问题归咎于用户。

当公路桥梁倒塌时，根本原因可能是结构缺陷，如钢梁尺寸过小或混凝土柱因风化、裂缝和剥落而变弱。当汽车发动机出现故障时，根本原因可能是机油泵故障，导致发动机部件润滑不足、过热和零部件变形。诸如此类的不良事件总是有根本原因，这个根本原因可以广泛或具体地描述。

可用性测试专家的职责之一是确定测试参与者与指定医疗器械交互时发生的交互问题（主要是任务失败和使用错误，还有险肇事故和困难，尤其是那些形成模式的问题）的根本原因。因此，如果测试参与者在尝试 10min 后未能重新起动血泵，结果（在实际使用医疗器械期间）血液会开始在相关管道中凝结，可用性测试专家必须分析使用错误以确定其根本原因）。通常，分析任务需要与其他学科的个人共同分担，包括项目经理、临床专家和研发工程师。

表 15-2 列出了一些假设的使用错误和相关的根本原因。对于险肇事故和困难，也可以构建一个类似的表格。

表 15-2　假设的使用错误和相关的根本原因

使用错误	根本原因
按下了错误的按钮	1）按钮间隔太近 2）按钮驱动不受联锁保护，也无须在动作生效前确认动作的要求
对声音警报没有反应	1）警报频率为 5000Hz，对于一些与年龄相关的高频听力损失（老年性耳聋）的人来说，这个频率太高了，无法听到 2）警报器相对较低的音量被嘈杂的环境噪声（对话、背景音乐、空调系统噪声）部分掩盖
误读显示的参数值	1）来自顶灯和直射阳光的强烈眩光，触摸屏显示器上的指纹和其他污染物会降低图像清晰度 2）根据 ANSI/AAMI HE75：2009 的指南，关键信息的字符大小应为查看距离的 1/150，1/4 in 高的数字在 5ft 的观察距离内无法辨认 3）中绿色数字与中灰色背景的对比度很低（1.1 ∶ 1），降低了易读性
选择了错误的菜单选项	功能放置在用户接口结构中的意外位置；用户希望在标题为“维护”而不是“其他选项”的菜单选项下找到校准功能

（续）

使用错误	根本原因
注射前未对注射部位进行消毒	1）使用说明未以图形方式描述消毒过程。同时，以图形方式描绘了其他步骤，这可能导致用户认为皮肤消毒步骤不重要 2）冗长、高密度的使用说明以小文本为特色，从而阻止用户仔细阅读它们。根据 ANSI/AAMI HE75：2009，家用医疗器械随附的印刷说明应使用 12~16 磅的字体

形成性可用性测试通常会生成一长串可能需要进行根本原因分析的使用错误。分析的重点是找出根本原因，您应该将其假定为用户接口缺陷，以便开发团队可以补救问题。根本原因分析可能是正式的或非正式的，这很大程度上取决于医疗器械制造商的标准操作程序和可用性测试文档的要求。

总结性可用性测试也可能生成需要进行正式根本原因分析的交互问题列表。同样，分析的重点集中在根本原因上，这通常是用户接口设计问题。但是，制造商还应进行残余风险分析，以确定问题是否需要采取新的风险减轻措施（如用户接口设计更改、修改使用说明）。制造商可能会确定使用错误及其后果不会构成不可接受的风险，并将此结论提交给监管机构以供其做出最终判断。

重要的是，监管机构（尤其是 FDA）希望制造商对总结性可用性测试期间发生的所有与安全相关的使用错误进行深入的根本原因分析。FDA 并不期望对与安全性无关的交互问题进行同样的深入分析，并指出医疗器械的可用性在其管辖范围内不是问题，除非可用性问题延误了关键治疗，在这种情况下，问题应被定义为安全性相关。

根本原因分析的最佳实践要求分析师不要将使用错误归咎于用户。请注意，避免责怪用户与从不责怪用户不同。关键是在断定用户有过错且用户接口是无辜方之前，要努力寻找用户接口的缺陷。

深入了解 HFE 有助于对使用错误进行根本原因分析。对医疗器械的预期用户群体、预期使用环境、危害和危险使用场景的深入了解也是如此。对于主要根本原因分析师来说，观察所有或大部分发生使用错误的可用性测试过程也是非常有帮助的，笔者认为这是必要的。

本书的范围并未扩展到详细描述根本原因分析或 HFE 基本原则。对此主题感兴趣的个人可能希望仔细阅读 *Medical Device Use Error-Root Cause Analysis*，这是一本专门针对该主题的书。但是，以下是一些根本原因分析的建议：

（1）回顾观察　回顾测试人员关于发生的使用错误的笔记，以及他们观察到的给定使用错误的原因，再次在笔记中寻找关联模式。

（2）查看测试参与者评论　查看测试参与者对他犯下特定使用错误的原因的解释。在评论中寻找关联模式。认识到测试参与者有时并没有阐明真正的根本原因。

（3）查看 HFE 指南　查看 HFE 指南以确定给定医疗器械是否违反与使用错误相关的任何规定。例如，如果测试参与者误读了参数值，请查看有关显示易读性的指导原则。

（4）考虑多个根本原因　认识到单一使用错误可能有多个根本原因，这些原因共同作用导致给定的使用错误。

（5）强化结论　在适当的情况下，引用测试参与者的评论和测试人员的观察结果来说明给定根本原因。此外，引用支持根本原因评估的人因工程文献（如ANSI/AAMI HE75：2009）。

（6）承认分析局限性　以区分事实和判断的方式记录根本原因分析（即不能绝对确定的结论）。因此，在撰写结论时，应酌情使用诸如“似乎是由于”之类的短语代替诸如“是由于”之类的短语。

（7）如果需要，进行有针对性的补充测试　在某些情况下，全面的根本原因分析可能需要补充可用性测试，因为预计会再次出现特别关注的使用错误。可用性测试专家可以更深入地探究根本原因，可能通过进行特殊测量，提出更具体的问题，也可能通过让测试参与者在执行任务时自言自语。

提供一份将责任归咎于用户的根本原因列表似乎是对立的。不过，这里笔者谨慎提供一份这样的列表，除非您绝对确定使用错误不是由与用户接口相关的原因引起的，否则不要引用这些根本原因：①健忘；②注意力不集中；③粗心大意；④疲劳；⑤不遵守公认的规则（如公认的临床实践）；⑥身体或认知障碍（预期用户群体中的那些人）；⑦分心（在预期使用环境中的分心）。

如果犯下使用错误的测试参与者说：“这是我的错，我接受过培训，以检查输液泵的内部时钟在输入时间时是否设置为上午或下午，我只是忘了做。”为什么不将“健忘”宣传为使用错误的根本原因呢？答案是，健忘是一种已知的人类特征，应该在医疗器械开发中加以考虑。当然，用户似乎确实有过错，因为他确实忘记检查医疗器械的时钟是否设置正确。但是，考虑到这种故障的可能性，泵的用户接口设计可以通过以下多种方式避免故障：

1）要求用户输入上午或下午，而不是接受默认设置。

2）要求用户确认一天中的时间，其中可能包括大文本中的“AM”或“PM”标签，以及说明一天中的一般时间（如晚上）的详尽标签。

3）使医疗器械能够通过与广播时间同步来自动设置时间，但要确保用户了解与时区和夏令时等相关的时间变化。

在某些情况下，如在形成性可用性测试之后，您可能会选择在根本原因分析的基础上提出建议，以减轻已识别的交互问题。但是，在进行总结性可用性测试后，您应该暂缓提出任何建议，直到器械制造商完成剩余风险分析，确定是否需要额外的风险减轻措施。

一些结论性建议：可能存在组织上的压力，将使用错误和其他交互问题的责任从医疗器械转移到用户身上。出于这个原因，在进行可用性测试之前为根本原因分析建立规则是有帮助的。如果各方都明白，只有在其他根本原因被排除后，才可能是用户的责任，那么这个过程可能会进行得更顺利。

参考文献

1. Virzi，R.A. 1992. Refining the test phase of usability evaluation：How many subjects is enough？*Human Factors* 34：457–468.

2. Kirk，R.E. 1999. *Statistics*：*An Introduction*. New York：Harcourt Brace College.

3. Association for Advancement of Medical Instrumentation（AAMI）. 2010. *ANSI/AAMI HE75*：*2009*：*Human Factors Principles for Medical Device Design*. Arlington，VA：Association for Advancement of Medical Instrumentation，Section 21.4.6.3 Text size.

4. Wiklund，M.，Dwyer，A.，and Davis，E.（In press）. *Medical Device Error—Root Cause Analysis*. Boca Raton，FL：CRC Press.

第16章 报告结果

16.1 怎样才能写出一份好的测试报告？

一份好的可用性测试报告会告诉读者您为什么以及如何进行可用性测试，记录一般的和具体的发现，并提供支持数据。简明的报告格式，如幻灯片演示，可能是记录形成性可用性测试的合适方式。笔者认为，图文并茂的叙述格式是记录总结性可用性测试的最佳方式。任何报告的目标都是清楚地描述被评估项目的交互特性的优势和劣势。总结性可用性测试报告应特别注意任务失败（主要是与安全相关的使用错误）及相关的根本原因。

一些组织重视冗长的可用性测试报告，其中包含数据表、对设计问题的深入讨论、图解设计建议（用于形成性可用性测试）及多个附录，如原始测试计划、原始数据表和视觉刺激的副本（如来自评估的软件用户接口的屏幕截图）。另一些组织重视简洁，更喜欢尽可能简短的报告，这些报告“直截了当”，没有很多支持细节。当然，许多组织寻求介于两个极端之间的可用性测试报告。归根结底，报告格式和长度取决于项目利益相关者的偏好，其次才是内容质量。笔者倾向于编写较短的形成性可用性测试报告，但编写较长的总结性可用性测试报告，包括内容摘要。笔者认为监管机构重视篇幅较长的总结性可用性测试报告，尽管这些报告包括执行摘要，并为监管机构提供详细审查结果的选项。

如果受众重视简洁性且您正在记录形成性可用性测试，那么 PowerPoint 类型的报告可能是您最好的选择。在提供适当的方法和测试参与者背景信息后，您可以解决每张幻灯片的一个主要设计问题，包括简短的讨论和推荐部分。这种报告风格的好处是您可以轻松地结合静态照片、视频剪辑和医疗器械图像或软件屏幕截图来说明书面内容。没有什么比照片或短视频更能展示设计的优势或缺点了。下面是一个 PowerPoint 类型的报告大纲，笔者发现它可以有效地报告形成性可用性测试结果。

1）封面：一页幻灯片显示测试名称、报告日期、项目发起人（即客户名称），以及代表测试场景的静态照片。

2）执行摘要：一页或两页描述测试情况，并介绍主要发现和建议。

3）测试目的：一页概述可用性测试目标的幻灯片。

4）方法：1~3 页幻灯片，总结测试方法并确定测试管理员和观察员。

5）测试参与者：测试参与者的照片阵列（缩略图）和人口统计数据摘要。

6）一般发现：介绍整体设计问题和建议（包括设计范例）。

7）详细发现：介绍局部（即更具体的）设计问题和建议（包括设计范例）。

8）数据：表格和图表显示任务时间、评级、排名，以及测试参与者的评论和反馈的摘要。

笔者通常会得到一个 30~50 页幻灯片的演示文稿，它比传统的叙述报告更实用。将签名页添加到演示文稿的打印件中，您就可以完美地将这份报告添加到设计历史文件中。

尽管“幻灯片”是记录形成性可用性测试结果的有效方法，但笔者认为它对于记录总结性可用性测试结果来说过于非正式。也许反映了传统思维，但笔者认为，叙述性报告“感觉”比采用简洁标题风格的演示文稿更具权威性。传统的叙述性报告格式也更适合包含附录，如测试计划、招募筛选人员，甚至原始数据。尽管前面概述的一些元素，如执行摘要和测试参与者的人口统计详细信息，在叙述性、总结性可用性测试报告中也是合适的，但这两份报告的核心内容（无论您喜欢哪种格式）是不同的。

总结性可用性测试报告应包括描述您如何根据相关风险级别选择任务，以及您如何记录任务失败和其他关键事件的部分，包括使用错误（请参阅 1.4 节），险肇事故（请参阅 1.5 节）和困难（请参阅 1.6 节）。重要的是，报告应描述与测试期间执行的特定任务相关的具体风险和危害。

报告应清楚地描述发生的每个事件，并辅以测试参与者报告的根本原因摘要（即测试参与者对事件发生的主观解释）和可用性专家的根本原因分析。该报告还应总结测试参与者对有关医疗器械使用安全，以及与医疗器械、附件或学习工具（如使用说明）相关的任何其他特征的开放式问题的回答。

如果您正在准备一份总结性可用性测试报告以支持一项 FDA 申报，笔者建议您区分与安全相关的发现和非安全相关的发现，以使监管机构能够专注于已识别的可能导致患者伤害的可用性问题。例如，在报告正文中描述可能导致患者伤害的事件，并在附录中提供与一般可用性和任务效率相关的其他发现。

如果您正在准备总结性可用性测试报告以支持向美国以外的监管机构提交，请记住，该报告可能只是完整设计历史文件的一个组成部分，可能会受到审核方根据 IEC 62366-1：2015 进行一致性评估的审查。在 2015 年更新该标准之前，IEC 62366 系列标准建议制造商可以为医疗器械的用户接口质量建立验收标准，满足这些标准可能是可用性确认的重点。同样，在更新之前，该系列标准建议建立可用性目标，允许确认测试可以用来衡量医疗器械针对目标的性能。在本书的第 1 版中，笔者建议将与接受标准和可用性目标相关的数据放在向 FDA 提交的报告中，承认 FDA 对关键事件（如任务失败）和相关根本原因的叙述性描述的持续关注。如今，笔者建议在将提交给 FDA 的任何报告中删除对可用性目标的提及。此外，由于更新后的 IEC 62366 系列标准不再将可用性目标设置作为主要工作，笔者建议根据这些目标建立和衡量医疗器械的性能，作为可能服务于制造商商业利益的增值活动。

现在，将注意力转向编写一份好的测试报告。以下是一些技巧：

1）用主动语态书写。这种写作风格更吸引人，也许是因为它听起来很像对话，而且直截了当，让人为所报告的活动直接负责。

① 主动——“我们在波士顿、巴黎和柏林进行了形成性可用性测试。”

② 被动——“形成性可用性测试由（公司名称）在波士顿、巴黎和柏林进行。”

2）当以直接方式报告结果时，应缓和任何负面评论，以免您的报告令人反感。

① 温和——“15 名测试参与者中有 3 名成功完成了校准任务。在未能完成任务的测试参与者中，有 10 名测试参与者没有将对照溶液放在试纸的正确位置。3 名参与者表示，如果试纸上有一个明确标记的目标，那将很有帮助。”

② 苛刻——“几乎没有测试参与者可以校准血糖仪，因为他们不知道在哪里应用控制溶液。这些试纸没有给用户提供一个目标，因此测试参与者必须猜测在哪里应用解决方案。”

3）酌情委婉描述您基于意见的断言。

① 委婉——“菜单导航错误的数量表明需要重新组织和重命名某些菜单选项。”

② 直言直语——“由于大量菜单导航错误，（公司名称）必须重新组织和重命名菜单选项。”

4）除非您有一份可以引用的测试参与者发言的记录稿（几乎不可能），否则请解释和浓缩测试参与者的发言。请务必在您的报告中指出，为了简洁的同时保持语气而对发言进行了转述和总结。

① 转述——“凹陷式（即下沉式）显示器可以很好地防止破损，因为重症监护病房中的粗暴处理有时会导致医疗器械破损。”

② 逐字逐句——“下沉的显示器被推得足够远，所以，你知道，它不会太容易折断之类的。……它受到了一点保护，不会被担架滚过或撞倒。我们在我们的单位打破了很多东西，感觉每周都会有。”

5）为了保护人类受试者，请勿以将数据与特定测试参与者的唯一标识符（如姓名、工作、头衔、雇主）相关联的方式报告结果。

① 匿名——“在起动后检查装置时，一名重症监护室护士没有发现并清除患者管路中的大气泡。”

② 具体测试参与者——“儿童医院的一名新生儿重症监护室护士没有发现并清除患者管路中的大气泡。”

6）不要让数据呈现“淹没”读者，例如，以各种组合和颜色呈现的任务等级的直方图。相反，只展示最重要的数据视图，并提供简要的叙述性解释，总结关键要点。如果合适，应说明数据是否具有统计意义。

7）解释您为何对某些数据进行特殊处理。例如，解释您排除数据的原因是您判断相关的测试参与者是异常值（请参阅 15.2 节的相关内容）。

8）避免将根本原因归咎于用户。在确定与特定可用性测试结果相关的根本原因时，首先查看与设计相关的根本原因，避免责怪用户（请参阅 15.3 节的相关内容）。

9）包含大量照片。照片通常让读者认为测试工作看起来更真实，同时让他们感觉已经观察了部分测试并有效地说明了用户接口设计问题。但是，请确保您拥有使用测试参与者图像的权限，并且您不会将测试参与者的图像与测试数据相关联。一种方法是按照与参与测试的顺序不同的顺序呈现测试参与者照片。这可以防止读者将测试参与者1犯下的使用错误与测试参与者照片阵列中的第一个人联系起来。

> **是否有标准规定如何报告和呈现可用性测试结果?**
>
> 通用行业格式（CIF）是报告可用性测试结果的官方标准。该标准由美国国家标准与技术研究院（NIST）创建，经ANSI批准，后来以ISO/IEC 25062：2006的形式发布。CIF旨在指导总结性可用性测试报告，可在线获取html和Microsoft Word格式模板文档。认识到该文档是为报告软件应用程序的总结性和比较可用性测试结果而创建的，因此CIF不一定被视为医疗器械行业使用的标准。相反，CIF应该被视为一种资源，可以帮助测试人员构建针对任何医疗器械或系统的可用性测试报告。值得注意的是，NIST目前（截至2015年）正在调整大纲，以帮助可用性专家记录从形成性可用性测试中得出的发现和建议。除了CIF，还有一些公开可用的文档可以用作形成性和总结性可用性测试报告的模板或大纲（但不是“标准”）。此类文件的一个来源是https：//www.usability.gov，这是一个由美国卫生与公众服务部（HHS）支持的网站，它提供报告模板及其他与测试相关的文件（如测试计划、招募筛选员和知情同意书的模板）。

16.2 测试报告应该包括设计建议吗?

笔者认为可用性专家应该在形成性可用性测试报告中包含详细的设计建议，并在总结性可用性测试报告中不要提及它们。形成性可用性测试的目的是确定设计改进的机会，因此设计建议可能会有所帮助。相比之下，总结性可用性测试的目的是确认生产等效医疗器械——可能是最终设计。总结性可用性测试报告应侧重于用户性能，尤其是与使用安全相关的情况，而不是设计改进。

笔者认为形成性可用性测试报告应该包括详细的设计建议，而总结性测试报告不应该。正如6.1节中所讨论的那样，形成性可用性测试的目的是确定用户接口设计的优势和改进机会。因此，没有理由不提供与所引用的改进机会相匹配的设计建议。相比之下，总结性可用性测试的目的是确定可能的最终设计如何执行以及代表性用户是否可以安全有效地使用该医疗器械。因此，笔者认为总结性可用性测试报告不应为改进设计提供具体建议。

一些可用性专家认为，可用性测试人员应该将他们的建议限制在确定需要改进（或问题严重性）的范围内，而不是建议或说明解决方案。他们看到了将可用性评估与设计分开以保持更大的客观性的价值。笔者不敢苟同，笔者认为可用性测试人员应该提供尽可能详细的设计建议，假设他们具备必要的技能和创造力来确定有效和实用的设计改进。另一方面，我们认为人因工程培训应该包括硬件和软件设计课程。

按照这个逻辑，我们会期望影评人对如何改进电影有具体的建议吗？如何使对话更生动？如何在某些场景下调整背景照明？如何让结局更圆满？不，我们不会。然而，可用性测试人员无法与影评人相提并论。他们是一个团队的成员，他们试图使给定的医疗器械尽可能好。

表 16-1 列出了可用性测试人员可能提供的建议案例。正如所提供的案例所建议的那样，笔者鼓励可用性测试人员针对已识别的可用性问题提供现实的、具体的和可操作的建议。笔者甚至可以说，如果建议含糊不清或无法实施，请不要费心提出它们。笔者认识到，可用性测试人员可能不具备使用美观、高保真示例仿真化软件和硬件用户接口推荐的必要技能。然而，我们相信深思熟虑的设计建议可以有效地指导工程师和开发人员适当地修改设计。或者，显示其他用户接口（来自医疗或其他领域）的屏幕截图或图片，以举例说明您推荐的解决方案。

表 16-1　可用性测试人员可能提供的建议案例

可用性问题	设计建议
许多测试参与者认为电源按钮在医疗器械操作过程中很容易受到意外起动的影响	将电源按钮嵌入前面板表面下方。要求用户长按按钮 3s 才能开机。关机时提供屏幕倒计时
一些测试参与者认为屏幕标题是一个可触摸的控件，因为它的外观与屏幕上的按钮相似	通过将边缘斜角增加 2 个像素，使按钮具有更显著的 3D 外观。通过在标题横幅右侧添加“S 曲线”，使其看起来不那么直
一些测试参与者将日历图标误认为是电池图标	将单个日历页面图标替换为显示 2 个或 3 个堆叠日历页面的图形。在图形顶部添加一对圆环，表示日历页面可以随着每一天或每一个月的过去而翻转
许多测试参与者试图直接从监视器的主屏幕访问血压趋势图	在屏幕的左下角添加一个按钮，让用户可以直接访问预设的可视化内容，包括血压趋势图。用图标和文本标签标记按钮
一些测试参与者未能将泵门按得足够紧以固定它，因此收到了“门打开”警报	修改门闩，使其在正确关闭时发出明显的“咔嗒”声。将弹簧集成到门的铰链中，这样门在关闭后就不会再解锁，而是会再次摆动打开

除了具体明确，请确保建议适合您正在评估的医疗器械及其开发阶段。例如，如果制造商已经选择了特定的现成平板电脑用于其病历软件，则不建议增加医疗器械的屏幕尺寸来解决与内容易读性相关的问题。相反，如果可能，建议扩大屏幕信息，或将非关键信息从主屏幕移至辅助屏幕。例如，如果您建议增加字体大小，请通过确保文本仍然在分配的屏幕区域内（如作为标签的按钮上或特定文本字段内）来检查您的建议的可行性。

关于建议的其他一些快速技巧：

1）解释驱动您提出建议的人因工程原则，并阐明实施您的建议将如何提高医疗器械的可用性。

2）检查医疗器械的用户和产品要求，以确保您的建议不与任何规定的要求或限制相冲突。

3）确保您对解决一个可用性问题的建议不会产生另一个不相关的可用性问题。

4）确保您对改进用户接口元素的建议可以有效地应用于整个界面中该元素的所有实例。例如，如果您建议在特定屏幕上用下拉菜单替换选择列表，请确保可以在整个用户接口中一致地实施新的选择机制。

5）努力提出一些建议，以保证对医疗器械进行不同程度的重新设计。例如，如果一项建议是可行的，但可能被认为难以实现，则提出一个有效的替代方案，制造商可能更容易实施，同时仍然可以解决可用性问题。

6）考虑根据预先定义的等级（如高 / 中 / 低）对您的发现和建议进行优先排序，以表明它们的相对重要性和对提高使用安全性和可用性的影响。

现在，讨论一下为什么这些详细的建议在总结性可用性测试报告中不太合适。正如6.1节中所述，总结性可用性测试是高风险事件，而不是提出设计改进建议的时候。可用性专家的工作是客观地评估医疗器械的交互特性，并将结果报告给可能包括科学家、工程师、医学专家和产品经理的更大群体。在风险分析结果、质量标准、商业目标和其他考虑因素的更大范围内评估测试结果是更大群体的职责。在可用性测试报告中包含设计建议可能会破坏这一过程。也就是说，如果项目利益相关者有兴趣在未来的产品发布中考虑此类建议，可用性专家可以并且应该在更大的论坛中提供建议（例如，在单独的封面下编写）。当然，如果医疗器械未通过其总结性可用性测试，则寻求设计建议的大门会敞开。

16.3 可用性测试结果会产生误导吗？

可用性测试是评估和确认用户接口的一种优秀但不完美的方法。因此，由于许多原因，测试可能会产生误导性结果。可能需要经验丰富的可用性专家来区分可靠和可疑的结果。例如：测试结果可能表明医疗器械概念 *A* 比医疗器械概念 *B* 更好，但这只是因为医疗器械概念 *A* 最初被证明更易于使用，而从长远来看，一旦用户有使用经验，医疗器械概念 *B* 会更易于使用它。此外，一些测试约束可能会引入伪影，例如，无法在可能非常嘈杂的现实使用环境中判断医疗器械的性能。防止误导性结果的最佳方法是意识到出现此类结果的可能性，在测试期间消除偏差来源，并根据您的专业判断和分析结果做出设计决策。

当然，由于许多原因，可用性测试结果可能会产生误导。测试方法可能选择不当。例如，可能过于关注初始易用性而没有充分考虑长期易用性；进行测试和分析结果的人可能没有接受足够的培训或没有足够的经验；测试参与者样本可能包括符合招募标准但不能准确代表实际用户群体的人；或者，测试项目可能缺乏足够的细化并触发了可用性问题（如伪影）而如果测试参与者使用更细化的版本进行交互，这些问题就不会出现。所有这些缺陷都可能导致假阴性和假阳性结果。

笔者认为确保准确测试结果的最佳方法是聘请有能力的可用性专家。他们可能会计划一个适当的测试，正确地运行它，并识别出测试参与者或测试项目的不足之处。例如，知识渊博的可用性专家可能会计划对超声扫描仪进行测试，该测试可能会评估最初的易用性，但更多地关注长期易用性，因为超声医师倾向于每年使用同一台机器数百小时。过于关注初始易用性的测试可能会产生过度情景化的结果，并导致设计更改不恰当地牺牲长期易用性。熟练的可用性专家也可能会识别出一名或多名测试参与者何时是异常值（请参阅 15.2 节的相关内容），并准确地区分对设计特性的深刻见解和轻描淡写的评论。

为避免被可用性测试结果误导，以下是一些更详细的指导方针：

1）不要从单一数据（即一名参与者的输入）中得出一般性结论，如一名护士没有注意到屏幕上标有“开始”的绿色大按钮。相反，应根据多名测试参与者的输入（如任务绩效测量、陈述的偏好）及您的专业判断得出重要结论。如果您没有多个数据源，但认为单一数据很重要，请在您的测试报告中澄清这一点，并谨慎地进行相关的设计决策。也就是说，总结性可用性测试期间的一个关键使用错误将保证后续风险分析。

2）确保测试参与者对基本设计问题（例如，如何通过软件用户接口结构分配功能）的意见不会因外观问题（如主菜单的配色方案）而扭曲。例如，一些医生可能会“讨厌”某个设计概念，因为主菜单具有橙色和棕色的配色方案，即使整个用户接口和其中包含的信息被有效地安排，并且与他们的典型工作流程相辅相成。实现这一目标的一种策略是以简单、“精简”的形式评估基本设计元素，其中不包括可能令人反感或两极分化的风格修饰。单独评估样式问题，或许可以通过向用户展示穿着不同的“皮肤”（即视觉样式）的相同基本设计方案。

3）确定适当的测试参与者培训级别，并根据给定医疗器械的预先建立的用例选择示例任务。笔者通常倾向于评估各种医疗器械的初始易用性，因为第一印象很重要。但是，如果医疗器械用户应该接受培训，笔者会在评估医疗器械的长期易用性之前安排他们接受培训。请记住，培训您的测试参与者是一种可接受的做法。事实上，培训对于进行适当的可用性测试可能是至关重要的（请参阅 12.11 节的相关内容）。当用户在第一次使用医疗器械之前可能没有接受过培训，或者可能在长时间中断使用而忘记所学内容后使用医疗器械时，请务必评估初始易用性。

4）设计决策不要过于依赖统计数据。例如，当 15 位测试参与者对设计 A 和设计 B 的易用性平均评级为 3.4 级和 3.7 级（1 级代表“难以使用”，5 级代表“易于使用”）时，不要仅凭数字做出决定。在做出决定时还应考虑其他因素，如测试参与者的评论和专业判断。但是，不要犹豫是否让非统计意义的数据为您的决定提供依据，特别是如果您强烈认为如果将样本量增加 1 倍或 2 倍，结果可能仍然相同。

5）如果您想判断动态设计功能的可用性，请向用户展示该功能的动态模型，而不是静态模型。例如，向医生展示具有移动波形的原型患者监护仪。如果您仅在监视器上向他们显示多个 ECG 波形（即轨迹）的静态图像，您将没有真正的根据去评估测试参与者更喜欢移动波形，还是每隔几秒刷新一次的静态波形。另一个案例中，测试参与者需要查看动态模型，以在他们观察完成操作（如完成起动周期或分析患者数据）实际需要多长时间时对进度指示的需求发表评论。

6）进行一次或多次引导测试以确定即将进行的测试是否可能产生准确的结果（请参阅12.1节的相关内容）。

7）仔细思考非专业人士对提议的测试方法的反对意见。虽然您可能需要在基本的方法论上站稳脚跟，但非专业人士可能对提议的测试方法产生伪影有强烈的看法。

8）提出一个问题："这个结果可信吗？"如果目击测试或分析测试数据的人有疑问，请进行进一步分析。换句话说，对结果进行"气味测试"。

9）如果测试结果模棱两可，请在测试报告和简报中明确说明任何不确定因素。例如，"测试参与者对教学动画的适当性和实用性的意见各不相同。许多护士似乎更喜欢按需显示教学动画，而不是在进入启动屏幕时自动显示。然而，也有一些护士希望动画自动播放，并指出他们可以选择忽略它。一位护士主张完全取消动画。她认为动画会让患者认为护士没有受过培训，不知道如何使用该医疗器械。"

16.4 您如何报告坏消息?

在可用性测试期间发现主要问题可能会让在特定设计上投入巨资的开发团队成员大失所望。为了帮助他们应对失望，通过客观地描述测试结果并关注改进机会来建设性地传递坏消息。不要责备或"庆祝"您如何有效地"解决"了问题。

有时，可用性测试会很糟糕，因为测试参与者很难使用给定的医疗器械。一个糟糕的结果实际上可能表明测试在发现可用性问题方面是有效的，但它很少能让开发团队心情愉快。所以，不要庆祝测试的有效性，因为它会引起其他人的愤怒。

开发人员和工程师通常对他们的医疗器械在可用性测试中表现良好抱有很高的期望。然而，设计有时会崩溃，笔者曾见证了这样的情况，如以下案例所示：

1）一名测试参与者撕开了一个本应保持密封的一次性套筒。它透明的外壳看起来像一个包装盖，在使用前应该取下来。

2）一名测试参与者对输液泵进行了编程，以向模拟患者输送过量的麻醉药物。

3）一名测试参与者向模拟患者推注足够的空气以引起危险的栓塞。

4）一名测试参与者花了半个多小时执行本应不到5min的设置程序。

5）一名测试参与者将大量患者数据输入软件应用程序中，但未能在返回主屏幕之前保存信息。

6）一名测试参与者以为她注射了20个单位量的药物（在注射垫中），而实际上她只注射了2个单位量的药物。

当可用性测试发现重大问题时，最好让开发团队成员作为观察员在场。目睹自己设计的交互缺陷可能是一种顿悟，从而立即洞察潜在的设计改进方案。尽管如此，要忍受设计被揭露重大问题的痛苦还是需要情感上的坚韧。观察可用性测试经验有限的人可能倾向于将重大"错误"归咎于测试参与者，私下称他们为"傻子"和"白痴"。或者，他们可能会责怪测试管理员，因为当测试参与者在执行麻烦的任务而寻求帮助时，他们故意拒绝提供帮助。

在进行和观察可用性测试方面经验丰富的人都认识到，可用性测试实验室是见证“内爆”的正确场所，因为制造商可以在医疗器械投入实际使用之前解决已识别的可用性问题。当然，人们更愿意在形成性而非总结性可用性测试期间见证这种“内爆”。无论哪种方式，经验丰富的可用性专家都知道测试参与者可能会被一些人嘲笑为“白痴”，而他们通常是聪明、有上进心的人，他们被有缺陷的用户接口误导了。

当测试过程中出现问题而开发团队成员不在场时，情况会变得很棘手。您必须温和地传达坏消息，除非您的支持者特别“厚脸皮”或表现出“直说吧，我可以接受”的态度。以下是有关如何报告坏消息的一些技巧：

1）客观地陈述结果。

2）不要指责他人。

3）不要激化矛盾。

4）除了描述问题，还要关注可能的解决方案。

5）播放重点视频，让开发团队成员目睹可用性问题。

16.4.1 案例一

1）差：“您没有告诉用户在输入患者信息后保存信息。所以，用户自然没有按‘保存’键，而且‘保存’键比‘确定’键小很多。您将不得不解决这个问题，否则用户将继续犯这个完全可以避免的错误。此外，您不知何故忘记为用户提供返回主菜单的方法。”

2）好：“输入患者信息后，许多测试参与者立即按下‘确定’键，而不是先按下‘保存’键再按下‘确定’键。因此，他们丢失了刚刚输入的信息。一个相关的问题是测试参与者不确定如何取消数据输入任务并返回主菜单。一种可能的解决方案是修改按钮标签并向用户提供保存和取消选项。”

要认识到，当您与开发团队成员谈论医疗器械的交互缺陷时，即使是脾气平和的人，情绪也可能会高涨。因此，以理智和尊重的方式说话，但不要觉得必须“装饰”您的评价。

16.4.2 案例二

1）差：“上周的测试表明 α 原型存在很多问题。如果您不修复它们，则该医疗器械将无法获得监管许可。如果它确实获得了许可，则会让很多人感到沮丧，甚至会伤害到很多人。”

2）好：“上周的测试很有效。我们发现了几个设计优势和改进机会。我们应详细讨论改进的机会，以便您确定最佳行动方案。特别是，我们应该讨论缺少过滤器的问题。可能有几种方法可以增加用户在起动泵之前安装过滤器的可能性。”

这些示例对话可能夸大了好和差的沟通方式，但它们展示了您可以如何激化或缓和局势。在好的情况下，说话者通过使用代词“我们”而不是作为对手，从而表现出积极的态度和合作伙伴的姿态。

 16.5 您如何解释缺乏统计意义？

可用性测试数据通常缺乏统计意义，因为您可以从少量测试对话和动手任务中获得准确、可操作的结果。为了收集具有统计意义的数据而进行更大规模的测试可能是一种浪费。通常的目标是确定可以修复的设计缺陷（在形成性可用性测试期间），然后验证修复是否有效（在总结性可用性测试期间）。仅观察一名测试参与者使用医疗器械并遇到主要的可用性问题可能就足以激发改变设计的动力。

笔者的可用性测试很少旨在产生具有统计意义的数据。在笔者务实的观点中，旨在产生具有统计意义的结果的测试很少得到保证，并且需要经常扩展可信度范围的工作假设。一些统计分析和样本量计算技术可能需要您估计检测到使用错误的可能性，这需要您做出猜测（尽管是有依据的猜测）。当您考虑到某些使用错误在测试之前是未预料到的（和未知的）时，事情会变得更加复杂，并且通常进行单次测试需要识别可能具有不同检测可能性的多个使用错误。正如8.1节所述，这些复杂性使许多可用性专家根据传统实践选择样本量。

尽管如此，可用性专家可以在他们的职业生涯中回答诸如"只有12名测试参与者的测试如何产生有意义的结果？"之类的问题。这个问题很有可能来自习惯于分析大量临床试验数据集的统计学家，或者来自对数百名潜在用户进行过研究的营销代表。以下是笔者经过良好实践的解释：

1）可用性专家旨在确定应该解决的用户接口设计问题，而不是试图量化某个问题在超过10000次使用时可能发生的频率。目标是识别问题并根据风险分析结果判断它们是否需要更改用户接口设计或采取补救措施。

2）根据精确得出的发生概率来决定是否修复可用性问题可以说是愚蠢的。例如，如果您在12人参加的测试中观察到一个用户接口会引发使用错误，那么得出可用性问题（和相关的使用错误）很可能在实际使用中发生的结论并不是一个巨大的飞跃，除非根本原因得到缓解。尽管发生的概率很重要，但后果严重性最终应该是识别和优先考虑用户接口风险减轻措施的驱动因素。

3）与具有总样本量相同的大型测试相比，公司更适合进行涉及较少测试参与者的多轮可用性测试。因此，与其进行50~60名测试参与者的测试（据说会产生具有统计意义的发现），不如先进行15名测试参与者的形成性可用性测试，然后再进行30名测试参与者的总结性可用性测试。

4）FDA和其他监管机构似乎对可用性测试更感兴趣，让合适的人执行适当的任务以评估使用安全性，而不是涉及非常大的人口样本的测试，因为后者可能产生统计意义的发现，但不一定提供对任何安全问题更深入的理解。

5）在人因工程领域，统计意义上不重要的发现，在非统计意义上仍然可能具有重要性。例如，当笔者观察到护士扭动动脉血管时，笔者认为这很重要，如果在实际使用过程中而不是在模拟医疗过程中发生使用错误，就会使患者的血液溶血。

 16.6 怎样才能拍出好的精彩视频?

基于计算机的视频编辑工具可以轻松地将可用性测试中比较有趣和重要的时刻制成短片，包括关键动作序列和有启发性的评价。

测试团队经常制作精彩视频来补充可用性测试报告。此类精彩视频通常采用两种常见形式。

您可以创建可能持续 15~20s 或几分钟的独立视频片段。您可以将视频片段导入演示文稿（如 PowerPoint 幻灯片放映），将一个或多个视频片段放在一张幻灯片上。笔者经常在一张幻灯片上放置 4 个视频片段，总共制作 2~5 张幻灯片（展示 8~20 个视频片段）。您可以将视频片段作为独立的视频文件（如 Quicktime、Windows Media Video 或 Flash 视频文件）发布，并将它们附加到电子邮件中，如果文件不是太大，就像发送照片一样。如果文件太大，您可以使用视频编辑软件将它们压缩到更小的尺寸。您还可以将视频剪辑上传到网站或 FTP 服务器，使人们可以从任何支持互联网的计算机上查看和下载它们。如果您没有自己的网站或 FTP 服务器，您可以将内容放在由第三方维护的安全站点上。

另一种形式是创建简短的合辑或视频蒙太奇，连续呈现一系列剪辑。这种方法在对剪辑进行逻辑排序、在剪辑之间以令人愉悦的方式转换、为剪辑命名，以及可能添加画外音或字幕来介绍单个剪辑方面需要更多的计划和艺术性。这种剪辑过去需要专门的视频剪辑设备和大量录像带的快进和倒带。现在，几乎每个人都在以数字方式录制视频并在计算机上进行编辑。流行的免费编辑应用程序包括 Windows Movie Maker（在 PC 上运行）和 iMovie（在苹果计算机上运行）。合辑通常在 5~15min，尽管您可能有充分的理由制作更长的合辑。与独立剪辑一样，编辑可以集成到演示文稿中或上传到网站或 FTP 服务器上（或通过电子邮件发送，如果剪辑被压缩充分的话）。

创建精彩视频的目的包括以下方面：

1）让可能没有参加测试的项目利益相关者对活动有一个大致的感受，包括培训、实践任务和访谈。

2）通过呈现测试参与者轻松执行任务并对其进行积极评论的场景来说明用户接口的优势。

3）通过展示测试参与者努力执行任务的场景并对其进行批判性评论来说明用户接口的缺陷。

4）总结测试参与者对产品可用性和一般效用的反馈。

当然，制作好视频的关键是选择合适的素材。如果可用性测试管理员记录值得拍摄精彩视频的事件发生的时间，这将有很大帮助。例如，当测试参与者强行按下医疗器械组件或说“这对我目前的医疗器械来说是一个巨大的改进，它完美地在我手中”时，管理员应该记下测试时间。一些视频和数据记录软件应用程序（如 TechSmith 公司的 Morae；请参阅本章中的“使用计算机软件促进视频录制”）使测试管理员和观察者能够标记重要时刻

（如测试参与者使用错误、关键医疗器械交互或反馈），这些重要时刻可能适合包含在精彩视频中。

有经验的人可能需要一整天的时间来制作一组好的片段或合辑。但是，如果您对视频不那么挑剔，并且对较低的生产价值感到满意，您可以在几个小时内创建一部视频。将精彩视频快速组合在一起的风险在于，它可能会歪曲医疗器械的性能。呈现过于积极或消极结果的视频可能会导致开发团队走错方向，这就是为什么笔者建议关键项目利益相关者参加几次甚至全部测试会议。在坐下来选择视频剪辑之前，请与项目利益相关者沟通，了解他们对视频数量、长度和主题焦点的期望。

如果您要编辑视频，以下还有一些提示：

1）遵守 HIPAA 规定，确保视频片段不包含可单独识别的患者或健康信息（如姓名、社会保险号、诊断结果、出生日期）。

2）如果您将视频片段嵌入 PowerPoint 演示文稿中，请不要以空白屏幕或淡入效果开始播放视频，因为观看者在播放视频片段之前会看到一个空的黑框（而不是测试参与者或测试设置的静态图像）。

3）通过显示标题屏幕约 3s 来开始每个视频剪辑。

4）在视频片段的开头淡入配乐并在结尾淡出。持续 1s 的淡入淡出效果很好。

5）淡入淡出视频片段。或者，添加特殊的视觉效果，如让一个视频片段在另一个之前滑动。不过，当过度使用时，这些效果似乎是业余的和分散注意力的。笔者的建议是不要轻易使用它们。另一种选择是在视频片段之间短暂地淡入和淡出黑屏。

6）在视频片段结束时淡出到黑屏。

7）在关键事件之前包括几秒钟的引导动作。这有助于观众准备见证事件并了解事件发生的背景。这就像在语音播报之前说“现在请听”，它集中了观众的注意力。

8）请准备一份简短的感谢辞，以备获得奥斯卡奖“可用性测试精彩视频最佳剪辑奖”。

使用计算机软件促进视频录制

虽然大多数可用性测试软件都是为支持网站或软件用户接口评估而构建的，但 TechSmith 公司的 Morae 有助于为基于硬件和软件的产品编写可用性测试文档。您可以将 Morae Recorder 配置为录制音频及计算机屏幕活动（如鼠标点击）或来自一两个数码摄像机的实时信息。在测试基于软件的产品时，笔者喜欢捕获屏幕及测试参与者的画中画视图，并使用便携式计算机上的内置摄像机记录下来。通过 Morae Observer，测试团队可以记录任务数据（如任务时间、主观评分、测试参与者评论）和确保进一步审查或包含在精彩视频中的视频部分。Morae Observer 还使其他项目利益相关者能够从他们在全国各地（或世界各地）的办公桌或相邻的观察室远程观察，提供实时音频和视频资料。与测试管理员一样，观察员也可以记录他们的观察结果并记录测试参与者的表现。该软件包的第三个应用程序——Morae Manager，可以帮助测试团队审查和分析数据、记录结果并导出精彩视频。

> **获得许可**
>
> 确保您获得测试参与者的录像许可。在您的知情同意书中说明您可能将视频片段展示给参与医疗器械开发工作的相关人员，并且（如果适用）将片段展示给更广泛的受众，如在小组会议上讨论可用性测试的方法。笔者发现，大多数测试参与者都乐于接受视频录制，并乐于将视频用于广告之外的广泛用途。话虽如此，许多测试参与者会打趣道："我不会在自媒体平台上看到自己，是吗？"笔者向他们保证不会。在极少数情况下，您打算在自媒体平台上发布视频或通过等效媒体分发视频，您应该在知情同意书中明确说明您的意图。

参考文献

1. International Electrotechnical Commission（IEC）. 2007. *IEC 63266：2007，Medical devices—Application of usability engineering to medical devices.* Geneva，Switzerland：International Electrotechnical Commission，Section 5.9：Usability Validation.

2. International Electrotechnical Commission（IEC）. 2015. *IEC 63266-1：2015，Medical Devices—Part 1：Application of Usability Engineering to Medical Devices*. Geneva，Switzerland：International Electrotechnical Commission.

3. International Organization for Standardization（ISO）. 2006. *ISO/IEC25062：Software engineering—Software product Quality Requirements and Evaluation （SQuaRE）—Common Industry Format （CIF） for Usability Test Reports*. Geneva，Switzerland：International Organization for Standardization.

4. See http：//zing.ncsl.nist.gov/iusr/formative/IUSR_Formative/index.html for more examples of various formative usability test report elements.

5. Information about Morae is available from https：//www.techsmith.com/morae-features.html.

第17章 确认测试

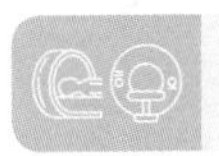

17.1 设计验证和设计确认的区别是什么?

您通过让有代表性的用户以真实的方式使用医疗器械来确认它的用户接口。相比之下，您通过检查来验证医疗器械的用户接口，确保其各种元素满足预先确定的要求并执行预期的功能。成功验证并不能确保确认成功，反之亦然。

不幸的是，确认和验证这两个术语听起来如此相似，因为它会引起一些混乱（是的，笔者曾经也对此感到困惑）。以下解释阐明了确认和验证之间的区别：

1）确认要求您确定最终医疗器械（生产等效医疗器械）满足用户需求的程度，主要是安全有效地使用医疗器械的能力。因此，确认医疗器械的要求是推动制造商进行总结性可用性测试的动力。它还导致可用性专家交替使用确认可用性测试和总结性可用性测试这两个术语。

2）验证要求您将医疗器械的用户接口设计与预先确定的用户要求进行比较，确保设计满足每个要求。

为便于参考，此处介绍了 FDA 对这两个术语提出的定义。

设计验证：每个制造商应建立和维护验证医疗器械设计的程序。设计验证应确认设计输出满足设计输入要求。设计验证的结果，包括设计的识别、方法、日期和执行验证的人员，应记录在设计历史文件中。

设计确认：每个制造商应建立和维护确认医疗器械设计的程序。设计确认应在定义的操作条件下对初始生产单元、批号 / 批次或其等效物进行。设计确认应确保医疗器械符合定义的用户需求和预期用途，并应包括在实际或模拟使用条件下对生产单元进行测试。适当时，设计确认应包括软件确认和风险分析。设计确认的结果，包括设计的识别、方法、日期和执行确认的人员，应记录在设计历史文件中。

对可用性测试持怀疑态度的制造商很快指出，FDA 在 CFR 中提出的设计确认定义并没有用这些确切的词来规定可用性测试。甚至没有提到可用性测试这个术语。然而，笔者认为除了可用性测试（或类似的方法，如临床使用评估，请参阅 17.3 节），没有其他方法可以有效地满足法规的意图。就好像法规提到了一个将钉子钉入木头等基材的重物，但没有提到锤子。也就是说，FDA 的 HFE 指南明确规定可用性测试（又称“模拟使用测试”）作为确认医疗器械使用安全性和有效性的关键手段，前提是此类确认可以在实际（即临床）使用条件之外进行。

理论上，设计确认可以先于设计验证，但相反的顺序更合乎逻辑。首先，您检查您的设计是否符合您的预期，然后您会看到人们使用它的能力如何。例如，您验证有一个满足紧急停止机制要求的按钮，然后进行可用性测试，以确保代表用户可以在紧急情况下快速停止医疗器械的运行。验证发生在设计师或工程师的桌面上，确认则发生在可用性测试实验室或其他代表性或模拟使用环境中。

17.2 您是否需要在申请研究性医疗器械豁免之前进行测试?

在美国，FDA 希望寻求研究性医疗器械豁免（使临床研究得以进行）的制造商进行可用性测试，以确保医疗器械不会出现危险的使用错误。因此，研究性医疗器械豁免前可用性测试与总结性可用性测试有很多共同之处，尽管给定的医疗器械不必是生产等效的。

IDE 是研究性医疗器械豁免的缩写。如 FDA 网站所述，计划对原型医疗器械进行临床研究的制造商必须获得 IRB 的 IDE 批准。此外，如果给定的医疗器械对临床研究的人类受试者构成重大风险㊀，IDE 还需要获得 FDA 批准（注：虽然此处对 IDE 的讨论以美国为中心，但欧盟、中国、日本和许多其他国家和地区也有类似的流程来管理在获得市场准入许可之前进行的临床研究）。

向 FDA 申请 IDE 批准的制造商必须提供符合该机构设计控制的设计，这意味着进行可用性测试以确认医疗器械的使用安全性。此类测试应符合进行总结性可用性测试时应用的类似标准。因此，在测试期间，测试参与者应执行高优先级任务，这些任务构成危险使用错误的风险相对较高，以及涉及已修改的用户接口部分，以减轻以前可能导致危险用户错误的问题。

IDE 之前的可用性测试是事实上的总结性可用性测试吗？笔者认为是这样，但这是一个语义问题，因为有人可能会争辩说，只有最后一次为确认最终设计而进行的可用性测试才带有“总结性”标签。抛开语义不谈，重点是您正在测试一种将用于人类的医疗器械。因此，是时候确保使用给定的医疗器械对临床研究参与者造成伤害的可能性很小。一个包含来自每个不同用户组的 15 名测试参与者样本的测试就足够了（请参阅 8.1 节的相关内容）。如果您正在测试一个供医生和护士使用的医疗器械，他们可能会与医疗器械进行类似的交互，同时利用相同的适用知识和技能，那么 15 名测试参与者的职业平衡组合将是合适的。相比之下，如果医生和护士可能会以不同的方式使用该医疗器械，并带来不同的背景知识和技能，那么对每

㊀ 重大风险医疗器械可能对人类受试者的健康、安全或福祉造成严重风险。重大风险医疗器械可能包括植入物、支持或维持人类生命的医疗器械，以及在诊断、治疗、缓解或治疗疾病及预防人类健康受损方面具有实质重要性的医疗器械。

种类型的测试参与者进行15人的测试会更合适。也就是说，您可能需要联系相应的监管机构以确定是否可以接受较小的样本量。

虽然您需要一个生产等效医疗器械来进行总结性可用性测试，但在进行IDE前可用性测试时情况并非如此。您只需要一个可证明使用安全且与您计划在临床研究中使用的医疗器械等效的医疗器械。事实上，IDE前的测试医疗器械可能与最终上市的医疗器械有很大不同，这得益于为响应临床研究结果而实施的设计变更，以及与临床研究并行并遵循临床研究的持续设计和工程努力。值得注意的是，一些制造商进行临床研究的目的是明确改进原型医疗器械的方法。

> 研究性医疗器械豁免（IDE）
>
> FDA规定："根据相关法案和条例，个人、机构或公司可以赞助医疗器械的临床研究，以确定其安全性和有效性。不过，在进行临床试验之前，申办者必须获得IRB的批准及研究对象在参加研究时的知情同意。如果IDE对人类受试者构成重大风险，申办者必须根据21 CFR 812获得FDA对'研究性医疗器械豁免'申请的批准。IDE必须包含有关研究的研究计划、先前调查报告的信息、医疗器械制造、IRB行动、研究者协议、人类受试者知情同意书、医疗器械标签、医疗器械成本及与研究相关的其他事项。自收到申请之日起，FDA有30个日历日来批准或驳回IDE申请。"

17.3 临床试验能否取代总结性可用性测试?

临床试验不是可用性测试的适当替代品。当然，临床试验提供了一个实际使用条件下评估新医疗器械的广泛机会，包括使用安全性的各个方面。事实上，FDA偶尔会要求高风险产品（如输液泵）的制造商进行总结性可用性测试，并对临床使用期间的医疗器械性能进行可用性评估。不过，出于患者安全和实际原因，临床试验不允许对使用场景进行全面探索，包括各种紧急情况和不良事件。无论是在临床评估还是市场推出之前，总结性可用性测试的重点都是为了确定医疗器械是否可以投入实际使用，或者危险使用错误的风险是否太大。

过去，临床试验取代了总结性可用性测试，作为识别危险使用错误的一种手段。这是因为，直到最近，大多数医疗器械制造商都没有定期进行可用性测试。在20世纪90年代末之前，大多数医疗开发人员从未听说过可用性测试，尽管它在20世纪80年代已经在其他行业（如消费品、软件）中流行起来。不过，在这种情况下，过去并不代表现在。临床试验无法达到与总结性可用性测试相同的目标。

首先，监管机构希望医疗器械制造商（至少是生产Ⅱ类和Ⅲ类医疗器械的制造商）确认他们的医疗器械是否满足用户的需求，其中最主要的需求是安全有效地运行。临床试验不是实现这一目标的足够全面的手段。其次，如果给定医疗器械的用户接口过时并导致一个或多个危险的使用错误，临床试验可能会使用户（临床医生或患者）处于危险之中。最后，人们的目标是在实际使用之前确认设计的使用安全性，而不是之后。

但是，如果制造商已经发展到即将开始或已经开始临床试验的阶段呢？这对于任何制造商来说都是一个不幸的情况，因为制造商必须在临床试验的同时进行总结性可用性测试，这已经违反了在实际使用之前验证医疗器械使用安全性的目标。如果测试证明需要改变设计，那么这些改变可能会使临床试验停滞，这一结果可能对患者安全有利，但可能会造成商业损失。

为了辩论起见，暂时搁置用户接口设计投入谨慎控制的使用之前对其进行验证的问题。临床试验无法像总结性可用性测试一样深入了解用户接口设计质量，原因有以下几项：

1）临床试验的目的不是让多个用户在使用该医疗器械时可能会遇到不利的情况。

2）临床试验参与者通常会接受关于如何使用被评估医疗器械的全面、高质量的培训，而未来的医疗器械用户（如巡回护士）可能不会。

3）在临床试验期间，医疗器械用户可能不会注意到出现的危险使用错误，但不会产生任何后果。

4）临床试验很少由擅长检测可用性问题和使用错误并追踪其根本原因的可用性专业人员进行监控。

5）在临床试验期间，医疗器械制造商的代表可以“建议”临床医生如何操作医疗器械，但不应跨越提供建议和执行需要医疗执照的医疗程序之间的界限。

可能有人会质疑，从 30 名测试参与者为期一周的测试中获得的见解如何与从数月的临床试验中获得的见解相提并论。在笔者看来，问题不在于有价值的见解是否来自数月的实际使用（笔者认为确实如此），而在于这些见解完全不同。例如，临床试验的关键见解将与医疗器械对患者护理（即临床、治疗相关的益处）和员工生产力的影响密切相关，可能会报告一些需要进行后续分析的关键事件[⊖]，但这些见解主要来自该医疗器械的常规使用，可能还增加了一些紧急情况。

在可用性测试中，您可以评估常规和非常规使用，而不会使患者处于危险之中（见图 17-1）。表 17-1 列出了一些可用性测试的使用场景，而您不想（或被允许）在临床试验中探索。

表 17-1　可用性测试的使用场景

场景	测试对象
计算机上的显示失败	确定测试参与者识别显示器无法正常工作及需要获得另一个显示器的速度
血液回路管道扭结，可能会使在压力下流动的血液中的红细胞破裂（即导致溶血）	确定测试参与者是否在起动血泵之前检测并消除了线路中的扭结
一个危险的高基础率被成功地编程到胰岛素泵中，并可能导致低血糖症	确定测试参与者是否检测到过高的基础率并将基础率降低到规定值
透析液供应管线在应该打开时被夹住，以允许透析机从患者的血液中“抽取”适量的液体	确定测试参与者是否自发地检测到流动问题或正确响应触发的流体流动警报
四环素类抗生素已过期并已降解。如果摄入，变质（并且可能有毒）的药物可能会导致范科尼综合征，这对某些患者可能是致命的	确定测试参与者是否检查药物已过期，正确理解过期日期，并寻求替代药物

⊖ 关键事件是指在对医疗器械的用户感知和临床结果等方面产生积极或消极影响的事件。研究人员可以通过要求医疗器械用户讲述与特定医疗器械的积极和消极互动的故事来识别关键事件。

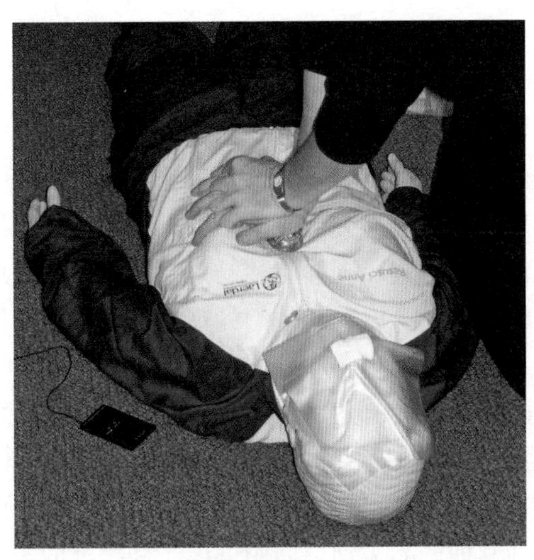

图 17-1 为保护人类受试者免受伤害，需要使用“复苏安妮”或其他人体模型来评估 CPR 辅助医疗器械的性能（该医疗器械会指导用户以适当的速度按压患者的胸部）

重要的是，即使临床试验不是总结性可用性测试的合适替代品，您仍然可以使用在临床试验期间进行的人因工程研究来补充总结性可用性测试数据。事实上，FDA 要求制造商这样做，呼吁他们通过调查、访谈和直接观察，从用户那里收集有关使用错误、困难、喜欢和不喜欢的系统反馈。此类活动是 HFE 计划在产品开发生命周期的最终部署阶段和上市后监督阶段之前的逻辑延伸。

您还可以在进行临床试验的同时进行可用性测试。原则上，您甚至可以要求让使用给定医疗器械治疗真实患者的同一个人首先参与可用性测试。测试结果应该与任何其他可用性测试的结果一样有用，尽管有临床试验活动。但是，时机可能会出现问题。想象一下，可用性测试可能识别出一个特别危险的使用错误，而这些错误是无法通过编辑文档或调整培训材料来轻松解决的。

同时，临床试验将花费大量资金来准备，如果出现重大延误，后果将十分严重。因此，最好在临床试验之前发现并解决可用性问题。

2010 年 5 月，FDA 举办了输液泵研讨会。从输液泵开发和 HFE 的角度来看，这是一个分水岭事件。该机构描述了其对涉及输液泵的不良事件数量的持续关注，其中很大一部分涉及可追溯到用户接口缺陷的使用错误。该机构第一次呼吁制造商补充为确认目的而进行的传统可用性测试（即“模拟使用研究”），并对尚未批准临床使用的医疗器械进行可用性研究。实际上，该机构要求输液泵遵循 510（k）申请通道，要求与等价医疗器械进行功能比较，并进行正常的确认工作，以通过更典型的需要上市前批准（PMA）的医疗器械的评估步骤。该机构澄清说，后续可用性研究将要求研究人员检查或观察剂量管理不当的迹象和其他称为“险肇事故”的问题。在与 FDA 的后续讨论中，代表医疗器械制造商的可用性专家确定了与进行此类研究相关的各种后勤挑战。未解决的问题包括：

1）如果研究人员发现潜在的危险使用错误并可以采取措施防止患者受伤，是否应该进行干预？在笔者看来，干预似乎是合乎道德的事情，但会将研究人员推入一个不受欢迎且几乎可以肯定是不适当的监督角色，这可能会造成法律风险。

2）对医疗器械使用情况进行临床观察的适当尺度是什么？例如，可用性专家是否应该观察至少 15 次临床使用，与总结性可用性测试的数量相匹配？

3）临床观察是否应辅以对次要活动（如储存和维护活动）的观察？

显而易见的是，以临床为基础的研究应该是不引人注目的；可用性专家不应在指导用户与给定医疗器械的交互方面发挥作用。同样清楚的是，可用性专家应该在医疗器械完成使用后的某个时间采访合作的临床医生，以补充他们的观察结果，但时间不能太长，防止他们忘记与医疗器械交互的细节，包括使用错误和烦恼。

鉴于本节提及的后勤挑战，FDA 似乎已经降低了对基于临床的可用性评估的期望。在撰写本书时，笔者不知道有任何制造商进行了基于临床的可用性测试来验证他们的医疗器械。不过，展望未来，FDA 要求输液泵制造商对未经批准的临床使用医疗器械进行可用性研究的要求可能仍会扩展到其他产品类别，如用于诊所和家庭的透析机。一般来说，笔者认为此类研究有助于最大限度地提高医疗器械的使用安全性。但是，医疗器械行业和监管机构将需要共同努力，找出进行此类研究的最佳方法，这与为支持 PMA 而进行的临床试验的目标不同。毫无疑问，如果仅出于支持 PMA 与获得补充使用安全和可用性信息的临床评估之间的规模差异，该方法将需要改变。在本书出版之日，笔者对这个主题的最终看法是，关于这一切将如何运作仍然“尚无定论”但笔者喜欢这个新举措。

17.4 您可以在进行临床试验的同时进行可用性测试吗？

紧迫的时间表和有限的预算可能会促使医疗器械制造商考虑将其可用性测试活动整合到临床试验中。然而，可用性测试与临床试验的目的不同，应该在临床试验之前进行。将这两种活动结合起来可能会暴露出本应在临床试验之前识别和解决的可用性缺陷，从而危及产品开发进度。

从理论上讲，没有什么能阻止制造商在进行临床试验的同时进行可用性测试。但是，如果临床试验与可用性测试同时进行，则设计过程中可能出现了问题。形成性和总结性可用性测试都应该在医疗器械进入临床试验之前进行。这样一来，临床试验就不太可能因本可以更早解决的可用性问题而陷入困境。此外，制造商更有可能生产出最安全和可用的医疗器械。

可用性测试的目的是确定医疗器械是否满足用户的需求，并识别（随后解决）任何可能导致危险使用错误的医疗器械特性。在形成性可用性测试期间，测试管理员识别设计改进的机会。发现问题可能被认为是“好事”，即您希望在完成设计之前发现任何问题，继续进行初始“构建”，并将样本医疗器械用于临床试验。即使是为了验证可能的最终设计而进行的总结性可用性测试的结果，也可以引导制造商进行进一步的设计改进和重新测试，而不会产生不必要的费用。

相比之下，临床试验的目的是收集安全性和有效性数据。临床试验管理员从医学角度记录医疗器械的性能。制造商在临床试验中的首要目标是证明医疗器械对市场引入和预期患者治疗的适用性，而不是确定逐步改进的机会。因此，虽然可用性测试和临床试验的基本目的听起来相似，但方法和首选时间却大不相同。

考虑制造商同时对手术医疗器械进行可用性测试和临床试验的情况。假设 30 名可用性测试参与者中有 7 名在使用医疗器械时犯了危险的使用错误，揭示了需要修复的基本设计缺陷。制造商很有可能需要停止临床试验以解决安全问题；除了微小的设计调整，任何事情都需要制造商重复完整的临床试验。这将造成巨大的混乱。临床试验涉及密集的计划，费用非常昂贵，并且需要广泛的审查、批准和控制。就其本身而言，改变设计和重复临床试验的需要可能会破坏研发工作，甚至可能影响整个公司，尤其是资金有限的初创公司。

临床试验可以为您提供有关医疗器械可用性的有用见解，但它不能替代单独的、适当管理的可用性测试（或一系列测试）。毕竟，与可用性测试不同，临床试验涉及现场的志愿者患者。临床医生使用试验医疗器械进行真正的诊断，他们使用试验医疗器械提供真正的治疗。这种现实排除了对异常和潜在危险使用场景的结构化调查，如断电或医疗器械故障。正在进行的治疗也对以近乎实时的方式收集可用性相关数据构成障碍。

当然，您可以随时要求临床医生对几小时前发生的事件进行反思，但重要的细节可能会丢失。最后，临床试验有时会涉及专家——训练有素的医疗保健专业人员，或者至少是积极主动的医护人员，他们被招募来与高端设施中的医疗器械进行交互。因此，临床试验的参与者样本或使用环境可能无法准确地代表实际的最终用户或环境。在不利情况下评估用户与医疗器械交互的最佳方法是在受控的模拟环境中与有代表性的用户一起进行可用性测试。

> 临床试验能否揭示可用性问题?
>
> 虽然临床试验不能取代可用性测试，但它们可以对早期没有解决的可用性问题产生有用的见解。可用性专家可以收集临床试验参与者的反馈，以确定是否存在任何“阻碍因素”——这些问题可能导致制造商停止寻求监管部门批准以销售其医疗器械的计划。可用性专家也可能会发现调整培训材料和改进医疗器械未来版本的机会。

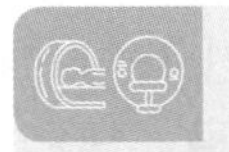

17.5 您能在不进行形成性可用性测试的情况下进行总结性可用性测试吗?

日程安排和预算限制可能会促使制造商跳过形成性可用性测试，一旦他们认为设计已经准备好，就直接跳到总结性可用性测试。然而，由于在总结性测试期间出现主要可用性问题的可能性增加，这种方法是危险的，并且最终更有可能延长项目进度和扩大预算。

医疗器械开发人员可能会在没有进行形成性可用性测试的情况下进行总结性可用性测试。事实上，一些医疗器械公司只有在监管机构要求他们证明他们的医疗器械满足用户需求并且不易受到危险使用错误的影响，并指出在医疗器械许可的初始申请［如美国的 510（k）］中缺乏证据时，才进行首次可用性测试。不过，虽然在事先疏忽的情况下这样做是必要的，但笔者认为，等到当局强制要求这样做时再评估医疗器械的交互特性是不好的做法。

显然，总结性（即确认）可用性测试不适合出现测试参与者犯下严重的使用错误，例如：

1）将过高的药物剂量编程到输液装置中（结果 = 药物过量）。

2）设置呼吸机以过高的压力输送气体（结果 = 肺损伤）。

3）在手术医疗器械上激活烧灼功能而不是冲洗功能（结果 = 组织损伤）。

4）将气体管线连接到静脉导管（结果 = 栓塞）。

5）在透析机上扭结输血管路（结果 = 溶血）。

这些主要问题通常可以在形成性可用性测试期间发现，并在设计确认阶段之前解决。这样，在总结性可用性测试期间就不应该出现重大的可用性问题。如果形成性可用性测试包括与总结性可用性测试相同的任务，则尤其如此，即使两种类型的测试之间可能存在方法上的差异。总结性可用性测试期间发生危险的使用错误本质上将总结性可用性测试转换为形成性可用性测试。换句话说，如果发现对安全至关重要的可用性问题，可能需要进行某种重新设计并需要重新测试。

一小部分医疗器械将在其第一次可用性测试中表现良好，这可能是由于特别巧妙的设计，或者可能是因为设计（如输液泵 *A*，300 系列）从早期版本（如输液泵 *A*，200 系列）演变而来，而早期版本已经通过广泛的可用性测试和可能的实际使用进行了验证。在后一种情况下，前代产品通过测试得到确认，笔者是否赞同跳过形成性可用性测试而直接进行总结性可用性测试？不赞成。细微的设计差异会对用户交互产生重大影响。例如，与其经过确认的前代产品大体相似的产品可能具有看似微小的工作流程或标签差异，这可能导致用户犯下他们在前代产品中没有犯过的错误。由于上述原因，在总结性可用性测试期间识别此类差异将是危险的。形成性可用性测试不需要高昂成本或大量时间，而未能通过总结性可用性测试可能恰恰相反——既昂贵又耗时。

制造商也可能倾向于跳过他们打算向新用户群推销的已批准医疗器械的形成性可用性测试（如推销供患者家庭使用的临床医疗器械）。这也是一种危险的做法。思考一个用于植入式泵的手持控制器，医疗保健专业人员可能会使用该控制器为经历严重疼痛的患者设定吗啡输送程序。想象一下，控制器经过确认和批准可用于肿瘤科，医生和注册护士在每月患者就诊期间调整泵设置。制造商现在希望创建一个“家庭使用”版本的医疗器械，该版本具有供患者使用的有限用户接口。制造商可能会争辩说，原来的植入式泵已被数千人安全使用，因此不需要额外的可用性测试，特别是考虑到用户接口的变化。尽管如此，用户群体的医学知识、教育水平、对此类医疗器械的编程经验和认知功能之间的差异将足以值得进行可用性测试。

在评估您的测试选项时，需要从以下角度进行考虑：为了测试和改进他们的设计，电气工程师会构建“面包板”（电气或电子设备的早期原型），机械工程师会对计算机模型和样品零件进行应力分析，程序员会重复运行他们的代码以尝试识别错误。大多数开发人员会认为在尝试确认他们的设计之前，忽略这些步骤即使不是不可能的，也是危险的。同样，用户接口设计人员需要目标用户在开发过程的早期“试驾”设备。

参考文献

1. Design Verification and Design Validation. *Code of Federal Regulations*, Title 21, Pt. 820.30（f–g）, 2009 ed.

2. Food and Drug Administration（FDA）/Center for Devices and Radiological Health（CDRH）. 2011. *Draft Guidance for Industry and Food and Drug Administration Staff—Applying Human Factors and Usability Engineering to Optimize Medical Device Design*. Retrieved from http：//www.fda.gov/downloads/MedicalDevices/DeviceRegulationandGuidance/GuidanceDocuments/UCM259760.pdf., Section 7.2.

3. U.S.Food & Drug Administration（FDA）. 2010. Retrieved from http：//www. fda.gov/MedicalDevices/DeviceRegulationandGuidance/HowtoMarket YourDevice/InvestigationalDeviceExemptionIDE/ucm046164.htm.

4. U.S.Food&Drug Administration（FDA）. 2010. *Investigational Device Exemptions（IDEs）*. Retrieved from http：//www.fda.gov/AboutFDA/CentersOffices/CDRH/CDRHOffices/ucm115879.htm#4.

5. Food and Drug Administration（FDA）/Center for Devices and Radiological Health（CDRH）. 2011. *Draft Guidance for Industry and Food and Drug Administration Staff—Applying Human Factors and Usability Engineering to Optimize Medical Device Design*. Retrieved from http：//www.fda.gov/downloads/MedicalDevices/DeviceRegulationandGuidance/GuidanceDocuments/UCM259760.pdf.

6. The FDA meeting on May 25–26, 2010, was announced in the Federal Register, Docket No. FDA-2010-N-0204, available at http：//edocket.access.gpo.gov/2010/2010-9208.htm. The announcement stated, "The purpose of the meeting is to inform the public about current problems associated with external infusion pump use, to help the agency identify quality assurance strategies to mitigate these problems, and to solicit comments and input regarding how to bring more effective external infusion pumps to market."

7. U.S.Food and Drug Administration（FDA）. 2009. *510（k）Clearances*. Retrieved from http：//www.fda.gov/medicaldevices/productsandmedicalprocedures/deviceapprovalsandclearances/510kclearances/default.htm.

附　　录

参考书及报告

• Barnum，C. 2011. *Usability Testing Essentials：Ready，Set...Test!*Atlanta，GA：Elsevier.

• Dumas，J. S.，and Loring，B. A. 2008. *Moderating Usability Tests：Principles and Practices for Interacting*. Burlington，VT：Morgan Kaufmann.

• Dumas，J. S.，and Redish，J. C. 1999. *A Practical Guide to Usability Testing*（rev. ed.）. Portland，OR：Intellect.

• Nielsen，J. 1994. *Usability Inspection Methods*. Hoboken，NJ：Wiley.

• Nielsen，J. 2013. *Return on Investment（ROI）for Usability*. 4th ed. Norman Nielsen Group Report. Available at http：//www. nngroup. com/reports/roi/.

• Rubin，J.，and Chisnell，D. 2008. *Handbook of Usability Testing：How to Plan，Design，and Conduct Effective Tests*. Indianapolis，IN：Wiley.

• Sanders，M. S.，and McCormick，E. J. 1993. *Human Factors in Engineering and Design*，7th ed. New York，NY：McGraw-Hill.

• Tullis，T.，and Albert，W. 2008. *Measuring the User Experience：Collecting，Analyzing，and Presenting Usability Metrics*. Boston，MA：Morgan Kaufmann.

• Weinger，M.，Wiklund，M.，and Gardner-Bonneau，D. 2011. *Handbook of Human Factors in Medical Device Design*. Boca Raton，FL：CRC Press.

• Wiklund，M.，Dwyer，A.，and Davis，E. In press. *Medical Device Error—Root Cause Analysis*. Boca Raton，FL：CRC Press.

• Wiklund，M.，and Wilcox，S. 2005. *Designing Usability into Medical Products*. Boca Raton，FL：CRC Press.

美国食品药品监督管理局出版物

以下 FDA 人因工程相关文件可在其网站上找到：

• *Draft Guidance for Industry and Food and Drug Administration Staff—Applying Human Factors and Usability Engineering to Optimize Medical Device Design*. Retrieved from http：//

www. fda. gov/RegulatoryInformation/Guidances/ucm259748. htm.

• *General Human Factors Information and Resources*, which presents links to various CDRH presentations and projects, and other medical device HFE resources. Retrieved from http: //www. fda. gov/MedicalDevices/DeviceRegulationandGuidance/HumanFactors/ucm124829. htm.

• *Human Factors Implications of New GMP Rule*; *Overall Requirements of the New Quality System Regulation*. Retrieved from http: //www. fda. gov/MedicalDevices/DeviceRegulationandGuidance/HumanFactors/ucm119215. htm.

• *Human Factors Points to Consider for IDE Devices*. Retrieved from http: //www. fda. gov/medicaldevices/deviceregulationandguidance/guidancedocuments/ucm094531. htm.

• *Human Factors Principles for Medical Device Labeling*. Retrieved from http: //www. fda. gov/downloads/MedicalDevices/Device RegulationandGuidance/GuidanceDocuments/UCM095300. pdf.

• *Human Factors/Usability for Infusion Pumps*: *Additional Test Data Requested in New Draft Guidance*. Retrieved from http: //www. fda. gov/downloads/MedicalDevices/NewsEvents/WorkshopsConferences/UCM217461. pdf.

• *Medical Device Use-Safety*: *Incorporating Human Factors Engineering into Risk Management*. Retrieved from http: //www.fda.gov/MedicalDevices/DeviceRegulationandGuidance/GuidanceDocuments/ucm094460. htm.

• *Write It Right*: *Recommendations for Developing User Instruction Manuals for Medical Devices Used in Home Health Care*. Retrieved from http: //www.fda.gov/downloads/MedicalDevices/Device RegulationandGuidance/GuidanceDocuments/ucm070771. pdf.

其他相关的 FDA 文件

• *CFR—Code of Federal Regulations Title 21*. eCFR Accessible from http: //www. ecfr. gov/cgi-bin/ECFR ? page=browse.

• *Device Classification*. Retrieved from http: //www.fda.gov/MedicalDevices/DeviceRegulationandGuidance/Overview/ClassifyYourDevice/default. htm.

• *Guidance for Industry and FDA Staff—Infusion Pumps Total Product Life Cycle*. Retrieved from http: //www. fda. gov/ucm/groups/fdagovpublic/@ fdagov-meddev-gen/documents/document/ucm209337. pdf.

• *Guidance for Industry—Label Comprehension Studies for Nonprescription Drug Products*. Retrieved from http: //www.fda.gov/downloads/drugs/guidancecomplianceregulatoryinformation/guidances/ucm143834. pdf.

• *Guidance for Industry—Self-Selection Studies for Nonprescription Drug Products*. Retrieved from http: //www. fda. gov/downloads/drugs/guidancecomplianceregulatoryinformation/guidances/ucm272122. pdf.

• *Human Factors Considerations for Combination Products*. Retrieved from http: //www. fda.

gov/downloads/MedicalDevices/Device RegulationandGuidance/HumanFactors/UCM282338. pdf.

• *Human Factors Engineering of Combination Products and the FDA*. Retrieved from http：//www.fda.gov/downloads/MedicalDevices/DeviceRegulationandGuidance/HumanFactors/UCM320906.pdf.

标准文件

• AAMI TIR49：2013. *Design of Training and Instructional Materials for Medical Devices Used in Non-Clinical Environments*. Association for the Advancement of Medical Instrumentation.

• AAMI TIR50：2014. *Post-Market Surveillance of Use Error Management*. Association for the Advancement of Medical Instrumentation.

• AAMI TIR51：2014. *Human Factors Engineering—Guidance for Contextual Inquiry*. Association for the Advancement of Medical Instrumentation.

• AAMI TIR55：2014. *Human Factors Engineering for Processing Medical Devices*. Association for the Advancement of Medical Instrumentation.

• AAMI TIR51：2014. *Generating Reports for Human Factors Design Validation Results for External Cardiac Defibrillators*. Association for the Advancement of Medical Instrumentation.

• ANSI/AAMI HE74：2001. *Human Factors Design Process for Medical Devices*. Arlington，VA：Association for the Advancement of Medical Instrumentation.

• ANSI/AAMI HE75：2009. *Human Factors Engineering—Design of Medical Device*. Arlington，VA：Association for the Advancement of Medical Instrumentation.

• IEC 62366：2007. *Medical Devices—Application of Usability Engineering to Medical Devices*. Geneva，Switzerland：International Organization for Standardization.

• IEC 62366-1：2015. *Medical Devices—Part 1：Application of Usability Engineering to Medical Devices*. Geneva，Switzerland：International Organization for Standardization.

• IEC/TR 62366-2，Ed 1. In press. *Medical Devices—Part 2：Guidance on the Application of Usability Engineering to Medical Devices*. Geneva，Switzerland：International Organization for Standardization.

• ISO14971：2007. *Medical Devices—Application of Risk Management to Medical Devices*. Geneva，Switzerland：International Organization for Standardization.

网站

• A common industry format for usability test reports. Retrieved from http：//zing.ncsl.nist.gov/iusr/documents/cifv1.1b.htm.

• General Human Factors Information and Resources. Retrieved from http：//www.fda.gov/MedicalDevices/DeviceRegulationand Guidance/HumanFactors/ucm124829.htm.

• IDE Institutional Review Board（IRB）information. Retrieved from http：//www.fda.gov/

medicaldevices/deviceregulationandguidance/howtomarketyourdevice/investigationaldeviceexemptionide/ucm046745.htm.

• Links to medical device design and evaluation articles published by this book's coauthor（Michael Wiklund）in *Medical Device&Diagnostic Industry*. Retrieved from http：//www.mddionline.com/search/node/michael%20%20wiklund.

• Templates for various usability test documents， including plans and reports. Retrieved from http：//www.usability.gov/templates/index.html.

• Wide array of human factors and usability testing related information. Retrieved from http：//medicaldevicehumanfactors.org/.

• Wide array of human factors and usability testing related information. Retrieved from https：//uxpa.org/.

• Usability-related information with a European perspective. Retrieved from http：//www.usabilitynet.org.

• Usability testing guidance. Madrigal，D.，McClain，B. 2010. *UX Matters：Do's and Don'ts of Usability Testing*. Retrieved from http：//www.uxmatters.com/mt/archives/2010/03/dos-and-donts-of-usability-testing.php.

• Usability testing guidance. *Usability Testing*. Retrieved from http：//www.usability.gov/how-to-and-tools/methods/usability-testing.html.

美国医疗器械促进协会（AAMI）资源

• Human Factors Collection CD，which includes various human factors standards，guidance documents，and articles. Available from http：//www.aami.org/productspublications/ProductDetail.aspx？ItemNumber=926.

• Webinar titled *Applying Human Factors Engineering to Legacy Medical Device*. Association for the Advancement of Medical Instrumentation University. Originally presented on March 5，2013. Retrieved from http：//university.aami.org/diweb/catalog/item/id/217756/q/c=140&t=3277&t=3282.

• Webinar titled *Creating Effective Quick Reference Guides*. Association for the Advancement of Medical Instrumentation University. Originally presented on July 24，2014. Retrieved from http：//university. aami. org/diweb/catalog/item/id/266169/q/c=140&t=3277&t=3282.

• Webinar titled *Designing User-Friendly，Wearable Medical Devices*. Association for the Advancement of Medical Instrumentation University. Originally presented June 17，2015. Retrieved from http：//university.aami.org/diweb/catalog/item/id/660076/q/c=140&t=3277&t=3282.

• Webinar titled *Introduction to Updated IEC 62366—Parts 1&2*. Association for the Advancement of Medical Instrumentation University. Originally presented May 20，2015. Retrieved from http：//university.aami.org/diweb/catalog/item/id/613976/q/c=140&t=3277&t=3282.

• Webinar titled *Root Cause Analysis of Medical Device Use Error*. Association for the

Advancement of Medical Instrumentation University. Originally presented May 29，2014. Retrieved from http：//university.aami.org/diweb/catalog/item/id/244533/q/c=140&t=3277&t=3282.

• Webinar titled *Simulating Invasive Medical Procedures During Usability Tests*. Association for the Advancement of Medical Instrumentation University. Retrieved from http：//university.aami.org/diweb/catalog/item/id/287314/q/c=140&t=3277&t=3282.

• Webinar titled *Writing a Human Factors Engineering Report*. Association for the Advancement of Medical Instrumentation University. Originally presented February 13，2013. Retrieved from http：//university.aami.org/diweb/catalog/item/id/217765/q/c=140&t=3277&t=3282.

• Webinar titled *Writing an Effective Human Factors Engineering Report*. Association for the Advancement of Medical Instrumentation University. Originally presented June 26，2014. Retrieved from http：//university.aami.org/diweb/catalog/item/id/266163/q/c=140&t=3277&t=3282.

培训课程

课程可能是临时的，并很快使推荐课程列表过时。考虑到这种风险，笔者推荐以下课程：

• Association for the Advancement of Medical Instrumentation. *Human Factors for Medical Devices*. Three-day course focused on human factors related to medical devices and FDA regulatory requirements and expectations，typically offered in the fall and spring. Details available at http：//www.aami.org.

• Bentley University. *User Experience Boot Camp*. Five-day course typically offered in spring. Details available at http：//www.bentley.edu/centers/user-experience-center/training/ux-boot-camp.

• http：//www.aami.org/meetings/courses/humanfactors.html.

• University of Michigan. *Human Factors Short Course*. Two-week course typically offered in summer. Details available at http：//www.umich.edu/~driving/shortcourse/.

• University of Wisconsin–Madison Center for Quality and Productivity Improvement（CQPI）. *SEIPS Short Course on Human Factors Engineering and Patient Safety*. Five-day，two-part course typically offered in summer. Details available at http：//cqpi.wisc.edu/seips-short-course.htm.

工具

• Artificial skin available from Nasco. Products listed at http：//www.enasco.com/c/healthcare/Diabetes/Injection+Replicas/？ref=breadcrumb.

• Artificial skin available from PocketNurse. Products listed at http：//www.pocketnurse.com/sc/details. asp？ item=10-81-3513.

• Impairment simulator software. Available at http：//www.inclusivedesigntoolkit.com/betterdesign2/simsoftware/simsoftware.html.

• Low vision simulators. Available at http：//www.lowvisionsimulators.com/find-the-right-low-vision-simulator.

• Morae usability testing and remote observation software. Available from Techsmith at http：// www. techsmith.com/morae.asp.

• Patient simulators available from Laerdal. Products listed at http：//www.laerdal.com/us/ nav/207/Patient-Simulators.

• Patient simulators available from CAE Healthcare（formerly，METI）. Patient simulators listed under *products* at http：//www.meti.com/eng/patient-simulators/.

• Pocket Controller Pro software for piping the screen of a handheld device to a computer. Available from http：//www.soti.net/PCPro/Default.aspx.

• Silverback usability testing software for use on Macs and for testing Web sites or software-based applications. Available from http：//silverbackapp.com/.

• Vischeck color vision impairment simulator. Available at http：//www.vischeck.com/ vischeck/.

组织

• Association for the Advancement of Medical Instrumentation（AAMI）（Human Factors Engineering Committee），4301 N. Fairfax Drive，Suite 301，Arlington，VA 22203-1633，www. aami.org/.

• Association for Computing Machinery，Special Interest Group Computer-Human Interaction（ACM SIGCHI），2 Penn Plaza，Suite701 New York，NY 10121-0701，http：//www.sigchi. org/.

• Human Factors and Ergonomics Society（HFES），P. O. Box 1369，Santa Monica，CA 90406-1369，USA，https：//www.hfes.org/web/Default.aspx.

• International Electrotechnical Commission（IEC）（IEC 62A JWG4），3，rue de Varembé P. O. Box 131，CH-1211 Geneva 20，Switzerland，http：//www.iec.ch/index.htm.

• The Society for Human Performance in Extreme Environments（HPEE），790 E. Willow，Long Beach，CA 90806 USA，http：//www.hpee.org/.

• User Experience Professionals Association（UXPA），https：//uxpa.org/.